JN107214

栄養管理と生命科学シリーズ

新版 調理学

吉田惠子・綾部園子 編著

理工図書

編集者

綾部　園子　高崎健康福祉大学健康福祉学部　教授

吉田　惠子　つくば国際大学医療保健学部　教授

執筆者

綾部　園子　高崎健康福祉大学健康福祉学部　教授（1 章　6 章 1.1、1.2、1.3）

荒田　玲子　常磐大学人間科学部　教授（5 章　6 章 1.6）

伊藤　有紀　東京家政学院大学現代生活学部　助教（3 章 4）

梅國　智子　人間総合科学大学人間科学部　教授（4 章 4　6 章 4.1）

大橋きょう子　前昭和女子大学生活科学部　教授（6 章 4.2）

岡本　洋子　修道大学健康科学部　教授（2 章　6 章 5）

久木野睦子　活水女子大学健康生活学部　教授（6 章 2.2、2.4、2.6）

小林　理恵　東京家政大学家政学部　准教授（3 章 1、2、3）

四十九院成子　前東京家政学院大学現代生活学部　教授（6 章 1.4）

中澤　弥子　長野県立大学健康発達学部　教授（4 章 1、2、3）

西澤千惠子　前別府大学食物栄養科学部　教授（6 章 2.1、3.3、3.4、6.1、6.2）

峯木真知子　東京家政大学家政学部　教授（6 章 2.2、2.3、2.5）

村元　美代　盛岡大学栄養学部　教授（6 章 4.3、4.4）

吉川　光子　湘北短期大学生活プロデュース学科　教授（6 章 3.1、3.2）

吉田　惠子　つくば国際大学医療保健学部　教授（1 章　6 章 1.5、2.7）

はじめに

食べることは人間が生きていくために欠かすことのできない行為であり、おいしく楽しい食事は人生を豊かにし、楽しみともなる。食事とは食材を調達し、それを安全でおいしい料理にして調えられるものである。安全でおいしい料理にすることが「調理」である。「調理」は、人が食べ物を口にする最終段階であり、調理操作の良否は、でき上がった料理の良否に関わる。おいしく作るためにはどのようにしたらよいのかを、解明しようと試み体系化された学問が「調理科学」である。

「調理にはコツがあり、そこには科学がある」という信念の下、「調理科学」が誕生した。調理操作で起こる種々の現象を適切にコントロールすることがコツであり、言い伝えで伝承されてきたコツを、その後の研究により、科学的に解明して理論づけてきた。また、社会的にも、食品関係の企業などもこれらを取り入れ製品開発につなげた。

21世紀に入り、食をとりまく環境は多様化した。食事はおいしいだけでなく、栄養性、機能性なども重要な要因として捉えられるようになった。私たちは食材を調理して食べているのである。それはおいしくする、安全なものにするという目的が主であったが、調理して食べるということは、食品成分（栄養成分）を変化させることである。すなわち、食品に含まれていた栄養成分や機能性成分が、調理によりどのように変化しているのかを明らかにすることが注目されてきた。食品学の分野では、食品中に含まれる食品成分、栄養成分、機能性成分を学ぶ。調理の科学では、食品中のこれらの成分の調理過程における変化をも解明することが求められてきた。

管理栄養士は、より専門的な栄養指導を通じて、国民の健康の保持増進、疾病の予防、傷病者の栄養療法などにあたる専門職である。また、病院においてはチーム医療のメンバーとして業務することになる。その際、管理栄養士が、医師、薬剤師、看護師などと異なる点は、食の専門家であるということである。食品のこと、それが調理によりどのように変化するか、栄養のことなどに答えられる専門家は管理栄養士だけである。将来、管理栄養士となる学生はこの点をきちんと認識し、栄養学や食品学、そしてこの調理の科学を学んでもらいたいと思っている。

本書は、上記のことを踏まえ、管理栄養士養成課程のコアカリキュラム、国家試験ガイドラインの内容に沿い新知見を盛り込み、食事設計の基礎、調理の基本、調理操作と栄養、献立作成について広く著している。調理操作と栄養の項については、栄養だけではなく、調理操作により起こりうる変化（組織・物性・色など）について述べ、その後、栄養、機能性の変化をも述べた。また、献立作成の項では、食品構成の作成、献立作成条件、手順についてわかりやすく記述した。調理の科学を知るためには、食品化学が基礎となる。本書は調理の科学であるが、必要に応じて食品化学的な記述も加えた。図表についても、新しい考え方を取り入れ作成した。調理の科学はまず「考える」ことである。調理過程で起こる諸現象について「なぜ？」ということを考え、その科学的な理論を説明できる力を養ってほしい。

管理栄養士課程に学ぶ学生向けではあるが、栄養士、家庭科教員を目指す学生、栄養・食物学を学ぶ学生、調理に関心がある方にも広く読んでいただきたい。そして、ご意見があれば遠慮なくご指摘いただければ幸いである。

2012年７月22日

編著者　吉田惠子

綾部園子

目　次

第6章　食品の調理性／121

調理の概念

達成目標

管理栄養士・栄養士として調理の大切さを理解する。食品の機能には3種あり、栄養的機能、嗜好的機能、生理的機能である。調理学では食品の嗜好性（第二次機能）について、おいしさとは何かを習得し、食品を調理することにより生じる嗜好性の変化、化学的変化、物理的変化の理論を理解する。また食品を調理した際の、第一次機能である栄養性、第三次機能である機能性の変化も理解し、その面からも調理することの大切さを考える。

1 食事の意義

私たちは、日々食事をとって生きている。食事の第１の機能は、生命や健康を維持する「**生理的機能**」であることはいうまでもない。食事の機能には、そればかりではなく、おいしい食事をとることで、生活の楽しみ・喜びなど、精神的にも満足感を得ることができる「**精神的機能**」がある。さらに、私たちは誰かと一緒に食事をすることが多い。そこでは、家族や仲間などの集団への帰属が確かめられ、会食しながらの会話は人間関係の媒体となる「**社会的機能**」がある。また、子どもにとっては、家族の団らんの食卓で、食べ方のルールや、感謝の気持ちを学ぶ「**教育的機能**」も重要である（表 1.1）。

表 1.1　食事の機能

生理的機能	生命維持、健康の維持・増進	栄養素、摂取量、機能成分
精神的機能	楽しみ、満足感	嗜好性
社会的機能	集団への帰属、連帯感、人間関係の媒体	社会学、心理学
教育的機能	家庭教育、思いやり、コミュニケーション	教育、発達

2 調理の意義と目的

人間は、生産・保存・流通の過程を経て入手した食品を、最終的に調理しておいしい食べ物にして摂取している。調理は口に入る前の最終段階であり、火を使って調理することは、他の動物とは異なる人間独自の知恵であり技術である。加熱することによって、食物の安全性や保存性を高めるとともに、でんぷんは糊化し、野菜は軟化して、おいしく食べやすく、消化しやすくなる。このように、他の動物が食料として利用できないものも利用することにより、人類は繁栄を導いた。

調理の工程は、食事計画から、食品材料の選択・購入、調理操作、供食・食卓構成に至る一連の流れである（図 1.1）。**狭義の調理**とは、「調理操作」つまり、「食べられないもの・食べにくいもの」を、「食べられるもの・食べやすくおいしいものにする」ことをいう。**広義の調理**では、調理操作を含む食事計画から供食に至る一連の工程をいう。

以下に目的を項目別にあげる。

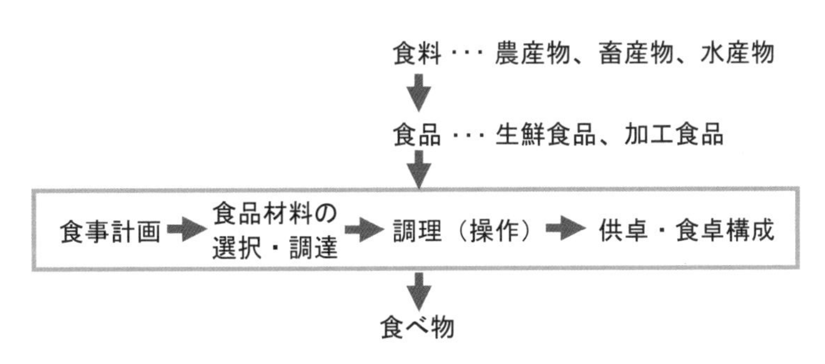

図 1.1　調理の工程

2.1 衛生的に安全なものにする

青梅、ふぐ、じゃがいもなどに含まれる毒物を無毒な状態に変えたり、毒物を除去したりする。また食中毒の原因となる細菌などの微生物を加熱により殺し、食品を安全に食べられるものにすることである。これは、人類の生存に必要な調理操作で調理の大きな目的であり意義である。

2.2 栄養効率を高める

調理は消化吸収機能の補助ともいえる。例えば、切る・きざむことは、咀嚼の代替操作であり、加熱により、でんぷんの糊化、たんぱく質の熱変性、組織の軟化などの変化を生じさせ、消化吸収性をよくする。しかし、その一方で、水溶性ビタミンや無機塩類は、切断、浸漬、加熱などの調理操作中に流出あるいは破壊され、栄養価を低下させることもある。調理では、これらの損失は前もってカウントして全体として栄養が充足された状態にする。また、機能性も調理により増加することが認められている。

2.3 おいしさの創出

調理の究極の目的はおいしくすることにある。食物の嗜好性は文化的色彩が強く、国・地域・民族により異なる。例えば、日本では白飯はやわらかく粘りがある状態が好まれるが、インディカ米を主食とする地域では、多量の水で米をゆでる湯炊き法で調理したパラパラの状態の飯が好まれる。文化により好ましいできあがりの状態は異なり、調理方法も異なるが、いずれの場合も調理によっておいしい料理を作るという目的は共通である。

2.4 外観的価値を高める

食物のおいしさを最初に感知するのは視覚である。料理の彩り、形、器との調和、盛り付けなど外観を美しく整えることにより、おいしさを演出することができる。

2.5 食の文化を継承する

食は文化遺産のひとつであり、国により、民族によりそれぞれ異なる特性をもち、変容しつつ現在まで伝承されてきた。調理法、食材、盛り付け、行事食などの食文化を継承していくことも重要である。「和食」は2013年に「日本人の伝統的食文化」として、ユネスコ無形文化遺産に登録された。先人の知恵を理解し、新しい知識との融合こそが管理栄養士に求められることである。

現在は食品中の機能性の研究が進み、機能性に富んだ食品が開発されてきている。これらは調理をしなくても第一次機能と第三次機能に富む食品である。しかし、食事はそれだけでよいのであろうか？世界の人々は、そこで生産される食材を使用して、環境、風土に適した食事を作ってきた。それらを食べることにより、その国の人間の個性も形成されてきた。人間は生きるためだけに食べるのではなく、食べることはその人間の生き方そのものであるといえる。

3 調理学（調理の科学）の目指すもの

人々は、入手できる食品に工夫を重ねて調理し、日々の食事を調えてきた。口伝や伝承により伝えられてきた調理技術や知恵に新しい食材や料理法を加えて、今日の食生活が形成されている。うまく調理するには、コツや秘伝がある。松元文子先生は、「調理のコツといわれるものが真実ならば、そこには科学があるはずである」と、その科学性を明らかにする学問として**調理学（調理科学）**を定義した。調理科学では、あいまいなコツや勘によってできあがるのではなく、いつも失敗なく再現性をもたせる条件を明らかにしてきた。これが調理の理論を明らかにすることである。例えば、シューの膨化には生地の加熱温度をコントロールできれば、失敗なく膨らむことが分かった。自動炊飯器は、おいしく炊ける加熱条件を明らかにし、その理想的な温度履歴になるようにマイコンで制御することにより、スイッチひとつでおいしいご飯ができる。このように、調理科学の成果は、さまざまな分野に応用されて、私たちの食生活を豊かにしている。そして食物学のなかに栄養学、食品学、調理学（調理科学）という３分野が確立された。調理科学は、食材について（食品化学）、加熱について（物理学）、味覚について（生理学）、どのように感じるか（心理学）などを含む複合的な学問である。

現在、食品には**第一次機能（栄養性）**、**第二次機能（嗜好性）**、**第三次機能（機能**

性）という3つの機能があると定義されている。調理の目的は、一言でいえば食材をおいしく安全に食べられるようにすることといえるが調理することにより、人間が消化できない生でんぷんを消化できる状態にして、エネルギー源にすること（栄養機能）や、食品に本来存在する機能性を引き出したり、増大させたりすること（機能性）が明らかとなってきた。すなわち、おいしく安全に食べることは、栄養性の面からも機能性の面からも重要なことであり、私たちの健康の源であるといえる。

4 管理栄養士と調理

食品加工技術が進んだ現在は、加工品が数多く市場に出ている。給食、医療、福祉の現場でもこのような加工品の需要は能率性、安全性、価格の面などから増加している。しかしながら調理は必要ないとはいえない。食の先導者としての管理栄養士は、そのような加工品の良し悪しをきちんと見分ける力が試されるのである。この加工品はどのように作られているのか？本来の味とかけ離れていないか？などを見極め、食品を選ばなければならない。そのために、基礎としての調理学の知識が必要である。また、管理栄養士として、人間の栄養管理を支援するためには、具体的な食べ方を示したり、食事計画を指示することが必要であり、その基礎的知識および技能である調理理論と技術を修得することが専門性を高めることにつながるのである。

将来、管理栄養士としての仕事に従事する学生には、「食品を調理しておいしく食べること」は我々が健康で生きていくための原点であること、それが人間としての尊厳にも関わることであることを理解してほしい。

5 他の学問分野との関連

調理学は、食材について（食品学）、加熱について（物理学）、味覚について（生理学）、どのように感じるか（心理学）などを含む複合的な学問であるということは前述した。ここでは、管理栄養士専門（基礎）科目との関連を述べる。

調理学を学ぶには、まず食品そのものの成分、性質を把握していなければならない《食品学》。食品の成分や性質が、調理操作によりどのように変化するのかを解明するのが《調理学》である。《調理学》と《食品加工学》は操作として同じ点も多い。加工食品は一次加工食品（精米、精麦、原糖、缶・瓶詰果汁、酒類、味噌、醤油、植物油、漬物など）、二次加工品（製パン、精糖、製麺、糖化糖、マーガリン、ショートニング、マヨネーズ、ソースなど)、三次加工食品（一次あるいは二次加工食品を2種以上組み合わせて本来のものと異なる形に加工した食品、菓子類、嗜好飲料など)、数次加工食品（冷凍食品、インスタント食品、包装食品、レトルト食品、調理済み・半調理済み食品、コピー食品など、加工度の高いもの）に分類される。この分野を学ぶのが《食品加工学》である。

近年まで家庭で調理されていた料理が、加工され市場に出まわるようになった。すなわち、数次加工品は調理品と類似しており、調理を工場で大規模に行うことが加工であり、それらは保存性も考慮に入れ作られることにより利便性は高まった。しかし、調理学と加工学の区別は存在する。調理学において、各食品のおいしさ、化学的変化、物理的変化を理解したうえで、大量に行う場合の方法論が確立されるのである。調理学は、食材が調理によりどのように変化するのかを見極める基礎である。例えば、肉類を加熱した場合、温度変化とたんぱく質の変性の状態、それに伴う味、テクスチャーの変化を学ぶのが調理学である。これを基礎として、大量に行うときの変化を予測し、《加工学》に応用するのである。

また、調理による栄養価の変化、機能性の変化については、《栄養学》《食品機能学》とも関連がある。《給食経営管理》において、調理学は大量調理への基礎であり、この知識なくして大量調理はできない。また《応用栄養学実習》《臨床栄養学実習》でも調理学の知識が基礎となる。

このようにみていくと管理栄養士として習得すべき科目はすべての科目が関連しているといえよう。

参考文献

・川田由香、久保泉、丸山智美、神田知子、石田裕美、栄養学雑誌、70、71-81 2012

・長尾慶子編著「調理を学ぶ」八千代出版2009

・渋川祥子、畑井朝子編著「ネオエスカ調理学」同文書院2008

・大越ひろ、品川弘子編著「健康と調理のサイエンス」学文社2010

・畑江敬子、香西みどり編「スタンダード栄養・食物シリーズ６　調理学」東京化学同人2003

第2章 食べ物の嗜好性（おいしさ）

達成目標

食事は健康的・栄養的な配慮がなされなければならないが、それとともに、その食事を構成する食べ物がおいしく感じられることが重要である。食べ物のおいしさについて、味、におい、テクスチャーなどの食べ物の特性要因、生理・心理的特性や食事環境などの人の特性要因を理解することができる。

おいしさを評価する方法として、官能評価による手法と機器による測定法があることを知り、いくつかの官能評価の手法を理解することができる。

1 おいしさとは

食事は健康的・栄養的な配慮がなされなければならないが、重要なことはその食事を構成する食べ物がおいしく感じられることである。

例えば、我々はローストビーフやいちごを食べておいしいと感じるが、これは、味やにおいがいいからおいしいと感じる人もいれば、そのときの気分がいいからおいしいと感じる人もいる。また、食卓の演出がすばらしいからおいしいと感じる人もいれば、気の合った仲間と食べるからおいしいと感じる人もいる。このようにいろいろな要素が絡み合って、自分の物差しでそのときのおいしさを感じているのである。

おいしさ*1とは、食べ物の特性と食べる人側の要因が相互に関連しながら、総合的に評価されるものである。

1.1 おいしさの要因

おいしさに関わる要因を図 2.1 に示した。おいしさの要因は、食べ物の特性と食べる人側の要因に大別される。

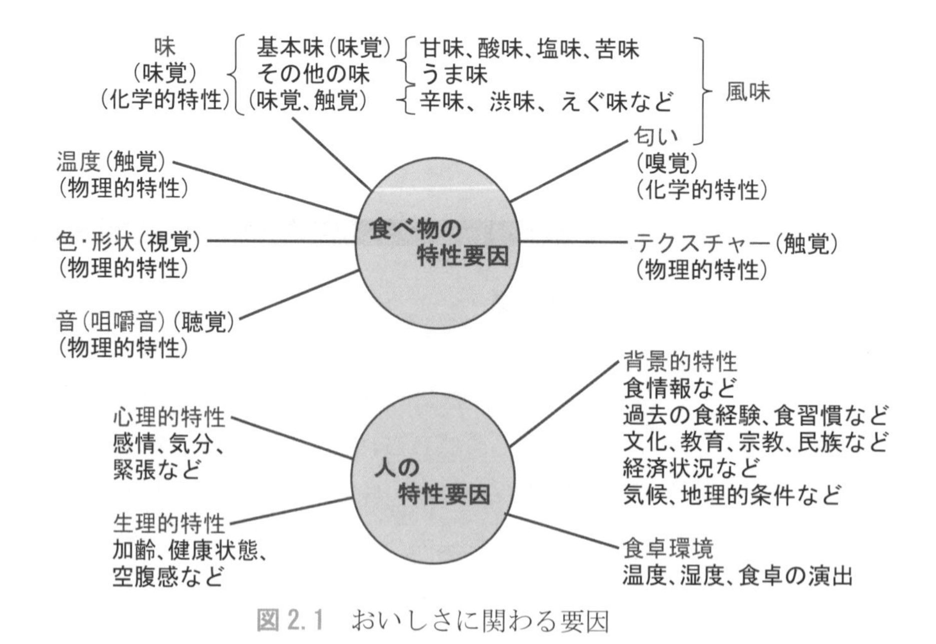

図 2.1　おいしさに関わる要因

---

*1 一般に食べ物のおいしさに関わる要因としては、食べ物の特性である化学的要因（味、匂い)、物理的要因（テクスチャー、色、音）と食べる人の心理・生理・環境・背景的要因があげられる。これらが複雑に影響しあってそのときどきのおいしさを感じるのである。その繰り返しによって我々の嗜好性が形成される。

1.2 おいしさを感じるメカニズム

私たちは、料理を見ておいしそうと感じ（視覚）、料理からでる匂いを感じ（嗅覚）、食べてみて味（味覚）、歯触り（触覚）を感じて、また、漬物やせんべいなどは、食べた時の音（聴覚）を感じて、最終的に「おいしい」「まずい」などと表現するのである。このようにおいしさには、味覚、嗅覚、触覚、視覚、聴覚の五感が関わっている。

(1) 味を感じるメカニズム（図 2.2）

我々は砂糖や塩をなめて、甘い、塩からいという。味はどのように認識されるのだろうか。

舌の表面には細かな突起が一面にあるためざらざらしており、この突起の一部に乳頭が存在する。乳頭は喉頭、軟口蓋の粘膜上皮などにも存在するが、主に舌に存在する。茸状乳頭は舌全体、有郭乳頭は舌根部、葉状乳頭は舌両縁部にあり、これら乳頭には味を受けとめる味蕾が多数存在する。味蕾にはいくつかの細長い味細胞がある。味細胞はシナプスとよばれる構造を介して、味神経と接続している。

食べ物は口の中で咀嚼されることによって味物質が唾液と混じり合って、味蕾の入口にある味孔に溶けてしみ込む。味物質は味細胞表面の受容膜に接触して受容膜の活動を変化させ、神経伝達物質が放出されることになる。それが味神経を通じてパルス状の電気信号に変換され、脳に伝達され味として感じられる。

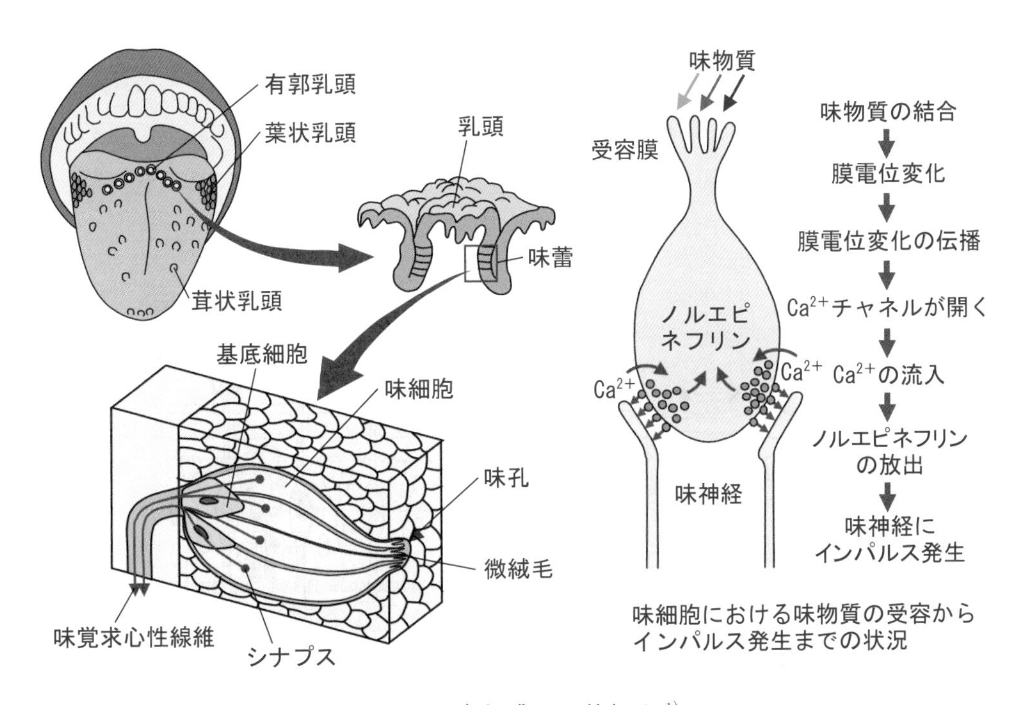

図 2.2　味を感じる仕組み[1)]

コラム　味蕾と味感受性

味蕾が最も多いのは乳幼児（約10,000個）であり、成人では、5,000〜7,500個といわれている。高齢者では味蕾数が減少するので、味感受性が低下するという説もあるが、最近の研究では個人差が顕著であり、全体としてはやや味感受性が低下する程度ともいわれる。味細胞は短期間のうちに死滅と新生を繰り返している新陳代謝の激しい細胞である。こうした細胞では、細胞の新生に必要なたんぱく質の合成がさかんである。たんぱく質の合成には、亜鉛を含む酵素が重要な働きをしているので、亜鉛が不足すると、味細胞が新しく作り変えられなくなり、味感受性の低下を招く。亜鉛不足の原因は薬剤の使用や、若年層では食事のかたよりもある。亜鉛を多く含む食品はカキ、牛肉、小麦胚芽、ゆでたけのこなどである。また、加工食品にはポリリン酸、フィチン酸など亜鉛と結合しやすい添加物が多く含まれるので、加工食品の取り過ぎには注意する。

(2) においを感じるメカニズム

我々が香気・においとして感じる物質は、分子量が200〜300の有機化合物で水に溶けにくい揮発性物質が多い。におい物質は40万種類以上存在し、人が嗅ぎ分けられるのは約1万種類である。このにおいはどのように認識されるのであろうか。

においを感じるメカニズムを図2.3に示した。においを受容する嗅細胞は鼻腔の奥に存在する。空気中に漂っているにおい分子は、嗅細胞の先端にある嗅繊毛の中の受容体に吸着する。受容体では、におい分子が吸着すると、情報伝達物質を放出して、それぞれの嗅細胞の膜に電気的変化が発生し、電気信号が嗅球を経て脳に伝達され、どんなにおいか判断される。

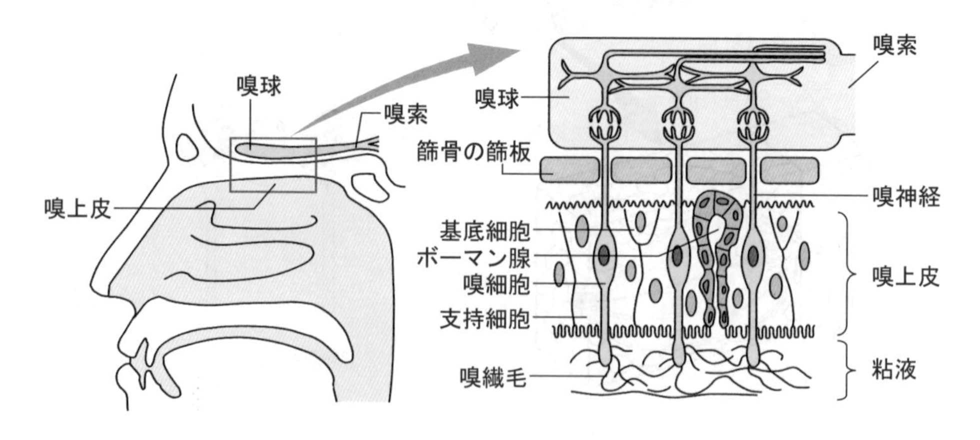

図2.3　においを感じるメカニズム

(3) テクスチャーを感じるメカニズム

テクスチャーを感じる皮膚感覚の受容器は、舌、口腔粘膜、歯根膜などに広く分布している。これらには、痛点、圧点、冷点、温点の受容器が存在し、食物の大きさや硬さ、温度などの情報を脳に伝達している。食物は口に入ると、まず舌上に置かれ、左右の歯の上に運ばれることが多い。最初に食物のテクスチャーを感じるのは、口唇や舌の受容器である。

咀嚼運動が始まると、硬い食物は歯で咀嚼され、軟かい食物は舌で潰されて、いずれの食物も唾液と混ざり合って嚥下に適した食塊となる。この際にも舌や口腔粘膜、歯根膜の受容器が受け取った、「硬い」、「軟らかい」、「熱い」、「冷たい」などの刺激は感覚神経から大脳へ伝えられる。

(4) おいしさの判断の仕組み

図 2.4 においしさの判断の仕組みを示した。食べ物の味（味覚）、匂い（嗅覚）、テクスチャー・温度（触覚）、色・形状（視覚）、音（聴覚）などの情報は、別々の感覚器官（舌、鼻、口腔皮膚、目、耳）で受容され、大脳皮質のそれぞれの感覚野に送られる。各感覚野に送られた情報は大脳皮質連合野で統合・判断される。例えば、“ごはん”を食べたときに、甘み・うま味がある、香りがよい、粘りがある、つやがよいという情報がここで統合され、“ごはん”という食べ物の判断が行われる。統合された感覚情報は、扁桃体、視床下部、海馬で総合的にやり取りされて、最終的においしさの総合判断が行われる。

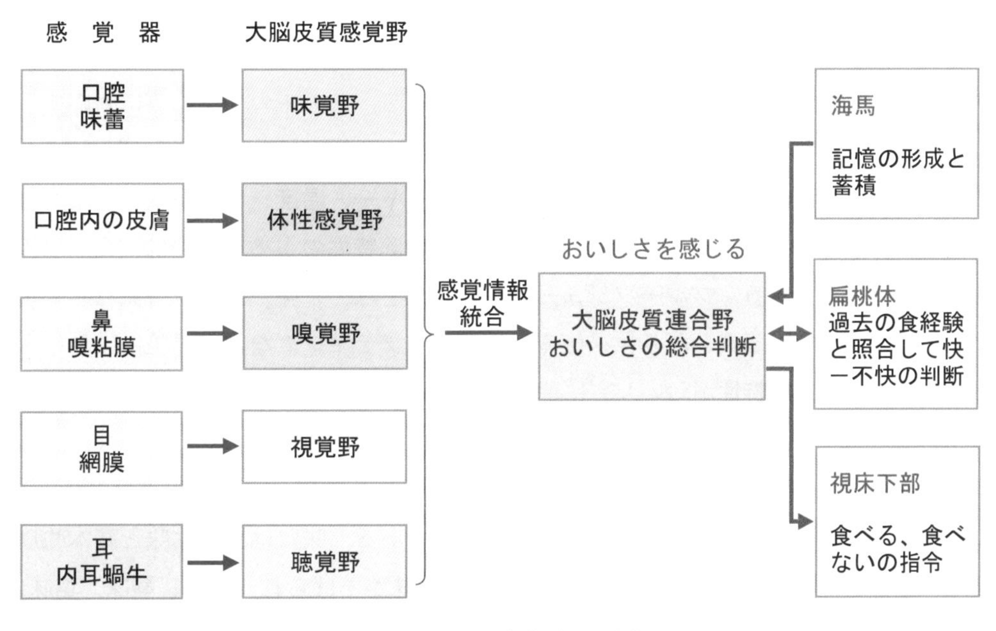

図 2.4　おいしさ判断の仕組み

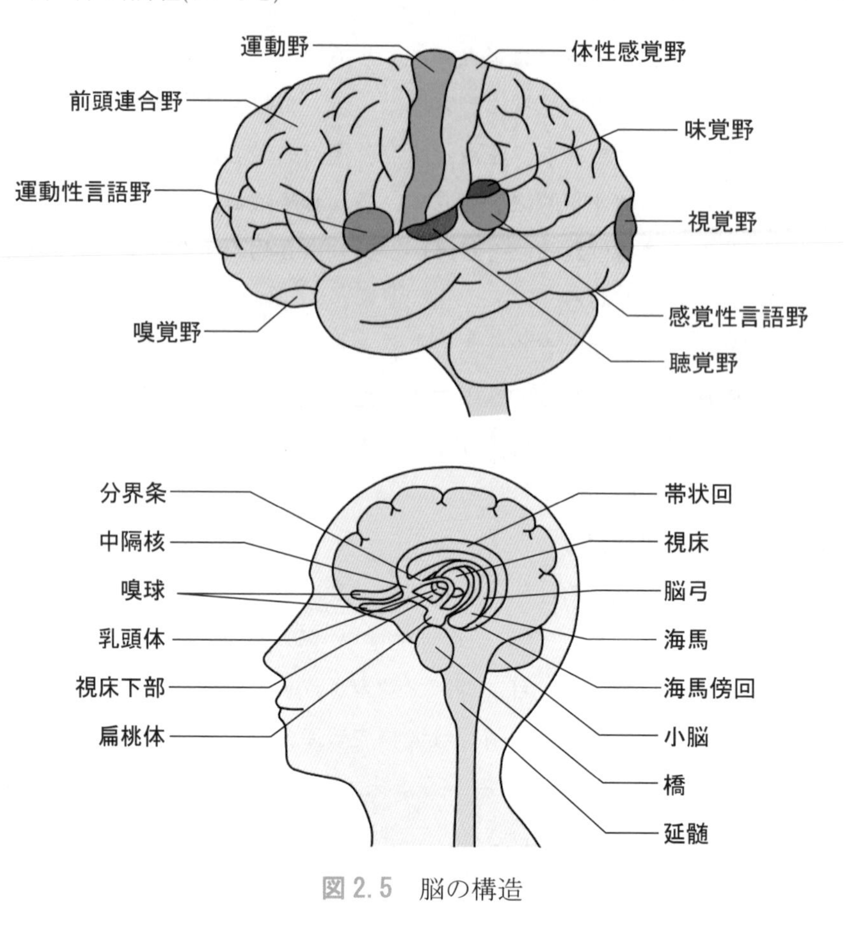

図 2.5　脳の構造

2 食べ物の特性要因

おいしさの要因のうち、食べ物の特性要因として、食品中の化学物質に対応する化学特性、並びに、食品の組織や構造などが関与する物理的な特性があげられる。**味や香気・においは化学的特性であり、テクスチャー、温度、色・形状、咀嚼音は物理的特性である**（図2.1）。おいしさに寄与する両特性の占める割合は、食べ物の種類によって異なる。フルーツジュースや紅茶などは、甘味、酸味、香気などの化学的特性が大切な要素となり、米飯やカスタードプディングなどは口腔内における感触などの**物理的特性**がおいしさに関与する主要な特性となる。

2.1 味

味は食べ物のおいしさを大きく左右する要素である。味には、基本味と基本味以外のその他の味がある。前者として、**5つの基本味**があげられ、**甘味**、**酸味**、**塩味**、**苦味**、**うま味**である。後者には、辛味、渋味、えぐ味、アルカリ味、金属味、油脂味、でんぷん味、こくなどがある。

コラム　味質を表現する用語

味質を表現する用語は少なく、それぞれの味質を適切に表現できないといわれている。砂糖やはちみつの甘さは、いずれも甘いと表現するが、その甘さの質は異なる。また、食酢、レモン、ヨーグルトの味を酸っぱいと表現するが、含まれている酸味物質によって、酸っぱさの質は異なる。一般に我々は、お酢の酸っぱさ、砂糖の甘さなどと表現している。甘いとか酸っぱいという用語は、その味の基本的な表現で、その内容の質を正確に表しにくいので、その味をもっている物の名前をつけて概念を示すことになる。このような味質の表現の少なさが味の研究を遅らせた原因のひとつであるといわれている。なお、色については、マンセルや JIS の色表示法によって多くの色が適切に表現され、再現性もある。系列、明度、彩度で何番と表現すれば世界共通の色を示すことができる。

(1) 味の栄養生理的意義

味には、生体に必要な栄養素の存在を知らせるシグナルとしての役割や有害であることを警告する機能がある。実際、エネルギーを消耗して疲れたときには甘いものを食べたくなり、汗をかいたときには塩味の強いものを食べたくなることを経験している。

甘味は、糖類によるエネルギー源のシグナル、塩味は、体液の平衡に不可欠な塩類のシグナルとして働く。酸味は、未熟な果実や腐った食物に含まれることが多いので、代謝を促すクエン酸などの有機酸のシグナルであるとともに、腐敗を察知するシグナルである。苦味は食べてはいけない有害物のシグナルとして機能している。うま味は、食物にたんぱく質が存在することを示唆するシグナルの役割を担う。たんぱく質そのものには、一般には味はないが、たんぱく質を含む食物には、アミノ酸や核酸が含まれうま味を感じる。いうまでもなく、たんぱく質は人体の細胞をつくる主要成分である。

(2) 甘味

甘味は人に生得的に好まれる味であり、好まれる甘味濃度は広範囲である。

表 2.1 に各種甘味料の甘味度と特徴を示した。糖類、糖アルコールなどを含む糖質甘味料と非糖質甘味料に大別される。

ブドウ糖や果糖などは水溶液中で α 型と β 型の立体異性体が存在するので、同一の糖でも甘味度が異なる。ブドウ糖溶液では α 型の甘味が強く（1.5 倍）、果糖溶液ではβ型が強い（3 倍）。**溶液が低温になると、グルコースはα型が、フルクトースはβ型が増加する。**つまり、ブドウ糖や果糖を含む**果物や飲料などでは、低温のほうが甘味が強いといえる。**

甘味料として調理ではショ糖（砂糖）が用いられることが多い。また、虫歯になりにくい、整腸作用をもつ、低エネルギーであるなどの特性を示す各種甘味料も用途にあわせて開発されている。

表 2.1　各種甘味料の甘味度と特徴

	甘味量	甘味度［スクロースの甘味度を１とする］	特　徴
糖質甘味料	ショ糖(スクロース)	1	安定した甘味
	ブドウ糖(グルコース)	0.6～0.7	清涼感のある甘味
	果糖(フルクトース)	1.2～1.7	果物に含まれる
	乳糖(ラクトース)	0.2～0.3	乳に含まれる
	麦芽糖(マルトース)	0.4	でんぷんをβ-アミラーゼで分解して生成
	トレハロース	0.3～0.4	非還元性
	異性化液糖	1～1.2	ブドウ糖と果糖の液状糖
	フルクトオリゴ糖	0.6	むし歯になりにくい、低エネルギー、整腸作用
	ガラクトオリゴ糖	0.7	むし歯になりにくい、低エネルギー、整腸作用
	グルコオリゴ糖	0.5～0.6	むし歯になりにくい
	マルチトール	0.8	むし歯になりにくい、低エネルギー
	ソルビトール	0.6～0.7	むし歯になりにくい、低エネルギー
	エリスリトール	0.8	むし歯になりにくい、低エネルギー
	キシリトール	0.6	むし歯になりにくい、低エネルギー
	ラクチトール	0.4	低エネルギー
非糖質甘味料	ステビオサイド	100～300	ステビアの葉から抽出
	グリチルリチン	250	甘草の根から抽出
	アスパルテーム	200	ペプチド(アスパラギン酸とフェニルアラニン)
	アセスルファムカリウム	200	合成甘味料

コラム　α型とβ型の立体異性体

水溶液中ではD-グルコースやD-フルクトースは環状構造となる。そのときに生じたヒドロキシ基（-OH）はカルボニル基に基づいており、このヒドロキシル基の立体配置によりα型、β型となる。CH_2OH 基と反対側にある場合をα型、同じ側にある場合をβ型とよぶ。

α型　⇄　β型

(3) 酸味

酸味は、無機酸や有機酸が水溶液中で解離して生じる水素イオン（H^+）によって引き起こされる爽快な味であり、水素イオンが口腔内の味細胞に吸着したときに感じられる。しかし、酸味の強さは水素イオン濃度とは必ずしも一致しない。無機酸は渋味や苦味を含み不快なものも多いが、炭酸やリン酸は酸味料として利用される。一方、クエン酸、酒石酸、リンゴ酸、L-アスコルビン酸などの有機酸は果物や野菜に含まれ、清涼感のある酸味を呈する。表2.2に食品中の主な有機酸の種類と特徴を示した。酸の味質は食物に含まれる酸味物質の種類によって異なる。

食品中に含まれる有機酸含有量（表2.2）は、0.02〜1％程度である。なお、調理に調味料として用いられる食酢については、酢酸濃度4％である。食品のpHは一部の食品を除いて酸性であるが、pH 4.8以下でなければ一般に酸味を感じないといわれている。

表2.2　食品中の主な有機酸の種類と特徴[2)]

有機酸	分布	酸味の特徴
クエン酸	柑橘類、梅干し	おだやかで爽快な酸味
酒石酸	ぶどう	やや渋みのある酸味
リンゴ酸	りんご、なし	爽快な酸味、かすかに苦味
コハク酸	日本酒、貝類	コクのあるうまい酸味
乳酸	ヨーグルト、漬物	渋味のある温和な酸味
L-アスコルビン酸	野菜、果物	おだやかで爽快な酸味
酢酸	食酢	刺激的臭気のある酸味

コラム　柑橘類の酸味

食品がおいしく感じられるのは、弱酸性の pH4〜6 である。レモンやゆずなどは料理に用いられる酸味の強い柑橘類であるが、その絞り汁は pH 2.5 前後の強い酸性である。これらを料理に少量加えることにより味がしまるとともに、爽快感が加わる。

(4) 塩味

塩味*2は調味するときの基本となる味であり、好まれる塩濃度は範囲が狭い。0.5〜1.0 %程度である。

塩味は、食塩が水溶液中においてナトリウムイオン（Na^+）と塩素イオン（Cl^-）に電離することによって生じる陽イオンと陰イオンの両方の存在によるものといわれている。表 2.3 に各種塩類の種類と特徴を示した。純粋な塩味を呈する物質は食塩のみで、KCl、NH_4Cl、KBr、NH_4I などの無機塩は苦味を伴うものが多い。

表 2.3　各種塩類の種類と特徴

塩　類	塩味の特徴
NaCl　KCl　NH_4Cl	塩味を強く呈する
KBr　NH_4I	塩味に苦味が加わった味を呈する
$MgCl_2$　$MgSO_4$　KI	苦味に塩味が加わった味を呈する
$CaCl_2$	不快な塩味を呈する

コラム　食塩摂取

食塩は生命維持には不可欠である。ナトリウムは細胞外液に存在し、体液の浸透圧の調節や、酸・アルカリの平衡に重要な役割を担っている。過剰のナトリウムは体外へ排出され、体液中のナトリウムイオン濃度を一定に調節している。「日本人の食事摂取基準（2020 年版）」において日本人の成人に勧められている 1 日の食塩摂取の目標値は、男性 7.5 g 未満、女性 6.5 g 未満である。また高血圧および慢性腎臓病（CKD）の重症化予防を目的とした量として、6 g/日未満と設定された。日本人の食塩摂取量は、平均で 1 日9〜11 g（2019年）であるので、健康増進のためにはさらに食塩摂取を控えたいものである。

＊2 酸とナトリウム塩：グルタミン酸、イノシン酸、グアニル酸は、酸の状態でもうま味をもつが酸味もあるので、ナトリウム塩としたものが最もうま味が強く、調味料として用いられる。

(5) 苦味

苦味は強いと好まれない味であるが、適量であれば食物のおいしさに寄与する味である。コーヒー、お茶、チョコレートや野菜・山菜などの苦味は食品独自の味、風味として好まれる。表 2.4 に各種苦味物質の種類とその分布を示した。**カフェイン**、**テオブロミン**、**カテキン**などの苦味物質には、抗酸化作用、動脈硬化予防、抗ストレス効果などがあることが報告されている。

表 2.4　各種苦味物質の種類とその分布

	苦味物質	分　布
アルカロイド	カフェイン	茶、コーヒー
	テオブロミン	ココア、チョコレート
カテキン	カテキン	茶、ワイン
テルペン	リモニン	柑橘類
	ククルビタシン	きゅうり、かぼちゃ
	フムロン	ビール
配糖体	ナリンギン	柑橘類
	ソラニン	じゃがいも
アミノ酸	バリン、イソロイシン	しょうゆ、みそ、肉類
ペプチド	ペプチド	チーズ
塩　類	カルシウム塩	にがり
	マグネシウム塩	にがり

(6) うま味

うま味は、現在、甘味、酸味、塩味、苦味と並ぶ基本味のひとつとして、世界中で受け入れられている。

1907（明治 40）年、わが国で池田菊苗博士がこんぶからグルタミン酸を発見し、うま味と名付けた。その後グルタミン酸に続いて 1913 年にかつお節に含まれるイノシン酸、1960 年にしいたけに含まれるグアニル酸もうま味を呈することが明らかにされた。1985 年にはうま味が Umami Taste として国際的に評価され、5 つめの基本味となった。

うま味を呈する物質は、アミノ酸[*3]系物質、ヌクレオチド（核酸）系物質、有機酸の 3 つに分類される。アミノ酸系物質（**グルタミン酸ナトリウム**など）はこんぶや

＊3 アミノ酸の味：一般にたんぱく質は無味であるが、たんぱく質を構成するアミノ酸には甘味、苦味、うま味をもつものがある。うま味を呈するアミノ酸のひとつとして、グルタミン酸やアスパラギン酸がある。

野菜に、ヌクレオチド系物質（**イノシン酸ナトリウム**、**グアニル酸ナトリウム**など）は主に魚介・肉類やきのこ類に含まれる。表2.5に、主なうま味物質の種類とその分布を示した。

アミノ酸系うま味物質とヌクレオチド系うま味物質が共存すると、相乗効果が認められ、うま味が飛躍的に強められる。こんぶとかつお節、こんぶと干ししいたけ、トマトと魚介類などを併用すると相乗効果がみられ、うま味の呈味性が増す。わが国のだしには、うま味の相乗効果を活用したものが多いが、欧米やアジアの食文化においても植物性と動物性の食素材などが同時に用いられ、うま味の増強効果をねらっている。

表2.5　主なうま味物質の種類とその分布

	うま味物質	分　布
アミノ酸系	L-グルタミン酸ナトリウム	こんぶ、チーズ、茶、のり、トマト、しめじ
	L-アスパラギン酸ナトリウム	みそ、しょうゆ
	L-テアニン	茶
ヌクレオチド（核酸）系	5′-イノシン酸ナトリウム	煮干、かつお節、まぐろ、鶏肉、豚肉、牛肉
	5′-グアニル酸ナトリウム	干ししいたけ、えのきだけ、のり、ほたて貝
	5′-キサンチル酸ナトリウム	魚介類
有　機　酸	コハク酸	はまぐり、しじみ、日本酒

(7) 基本味以外のその他の味

辛味、**渋味**、**えぐ味**、アルカリ味、金属味、油脂味、でんぷん味、こくなどがある。これらの味は基本味とは味を感じるメカニズムが異なるといわれているが、多くは解明されていない。表2.6に、その他の味の呈味物質とその分布を示した。

表2.6　その他の味の呈味物質とその分布[3)]

味の種類	味物質	分　布
辛　味	カプサイシン	とうがらし
	ピペリン	こしょう
	サンショオール	さんしょう
	ジンゲロン	しょうが
	ジアリルジスルフィド	ねぎ、にんにく
	アリルイソチオシアネート	からし、わさび、だいこん
渋　味	タンニン	赤ワイン、渋柿
	カテキン	茶
えぐ味	ホモゲンチジン酸	たけのこ、わらび
	シュウ酸	たけのこ、ほうれんそう

辛味は、従来、口腔、鼻腔粘膜などで感じられる皮膚感覚と考えられていたが、近年、辛味物質カプサイシンの受容体が発見され、皮膚感覚のみでは説明できないことが明らかにされた。辛味成分は、低濃度ではおいしさを向上させ、体脂肪の燃焼促進や抗酸化作用、抗菌作用などの生理的効果をもたらす。

渋味は舌粘膜の収れんによる味であり、好まれる味ではないが、緑茶やワインに少量含まれることによっておいしさが増す味である。

えぐ味はたけのこやわらびなどの山菜に含まれ、アクとよばれる。食する際にはアク抜きを行うが、アクを完全に除去するのではなく、少量残すことによってその食品特有のおいしさが感じられる。

アルカリ味は生卵を食べたときに感じる味、金属味は金属製スプーンでスープを食するときに感じる味といえよう。油脂やでんぷんにはそれ自体には味はないが、それらが加わることによって、よりおいしくなる。カレーのこく、牛乳のこくなどと表現されるが、こくについての研究は進んでいない。

(8) 呈味の閾値

呈味物質の味質と強さは異なるので、味の強さを比較する尺度のひとつに呈味の閾値（taste threshold）がある。閾値には**刺激閾値**、**認知閾値**、**弁別閾値**などがある。呈味の味質を区別できないが、水とは異なることが感知されたとき、このときの最小濃度を**刺激閾値**という。味の特性が判断できる最小濃度を認知閾値という。例えば、ショ糖溶液では甘いと判別できる最小濃度である。閾値という場合、認知閾値をさすことが多い。味の強さの変化が検知できる最小の濃度差を**弁別閾値**という。表 2.7 に、呈味物質の閾値を示した。

閾値は、パネリストの生理・心理的条件、テスト環境、実施条件、手法などが異なると一定した値が得られない。

表 2.7　呈味物質の認知閾値[2)]

呈 味 物 質	閾値（%）
ショ糖	0.1〜0.4
クエン酸	0.0019
塩化ナトリウム	0.25
カフェイン	0.03
L-グルタミン酸ナトリウム	0.03

(9) 味の相互作用

食物の味は多数の呈味物質が相互に関連しあって形成される。2 種類以上の味が存在すると、互いに作用しあって味質や味の強さは変化する。作用過程には2種類あり、調味の際に2種類以上の味を入れたときの同時作用と、時間をおいて味わうときの継時作用である。**表2.8**に味の相互作用を示した。

表2.8　味の相互作用[4)]

相互作用		味	例
同時作用	対比効果	甘味＋塩味	しるこやあんに少量の食塩を加えると、甘味を強く感じる
		うま味＋塩味	だしに少量の食塩を加えると、うま味を強く感じる
	抑制効果	苦味＋甘味	コーヒーに砂糖を加えると、苦味が緩和される
		酸味＋甘味	グレープフルーツに砂糖をかけると、酸味が抑えられる
		塩味＋酸味	古漬けは発酵して酸味が加わるため、塩味を弱く感じる
		塩味＋うま味	塩辛は熟成してうま味が加わるため、塩味を弱く感じる
	相乗効果	うま味＋うま味	こんぶ（グルタミン酸ナトリウム）とかつお節（イノシン酸ナトリウム）を併用すると、うま味が強められる
		甘味＋甘味	ショ糖に少量のアセスルファムカリウムを加えると、甘味が強められる
継時作用	対比効果	甘味→酸味	甘いデザートの後に、すっぱいフルーツを味わうと、酸味を強く感じる
		苦味→甘味	苦い薬の後、甘い菓子を味わうと、甘味を強く感じる
	変調効果	塩味→無味	塩からいものを味わった後では、無味の水を甘く感じる
		苦味→酸味	スルメの後に、レモンを味わうと、レモンを苦く感じる
		味変容物質→酸味	ミラクルフルーツの後、酸味のある食べ物を味わうと、甘く感じる
		味変容物質→甘味	ギムネマシルベスタ茶の後、甘い食べ物を味わうと、甘味を弱く感じる
	順応効果	甘味→甘味	甘味菓子を続けて味わうと、甘味を弱く感じるようになる
		塩味→塩味	吸い物の塩味の確認を繰り返し行うと、塩味を弱く感じるようになる

1）同時作用

（ⅰ）対比効果

少量の異なる味を加えたときに、主の味が強調される現象をいう。しるこやあんに少量の食塩を加えると、甘味が強く感じられたり、だし汁に少量の塩を加えるとうま味が強まるなどである。

（ⅱ）抑制効果

2つの異なった味を混ぜたときに、一方の味が抑えられる現象をいう。柑橘類に砂糖をかけると、酸味が緩和される。野菜の古漬けは発酵して酸味が加わると、塩味がまろやかに感じられるようになる。

(iii) 相乗効果

同じ味の2つの味物質を同時に味わうことよって、味が強められる現象をいう。アミノ酸系のうま味物質とヌクレオチド系のうま味物質が共存すると、うま味が著しく強くなるのは、この例である。図2.6に、L-グルタミン酸ナトリウムと5´-イノシン酸ナトリウムの相乗効果を示した。例えば、MSGとIMPをおおよそ1：1（配合比率）で混合すると、うま味の強さは8倍になる。

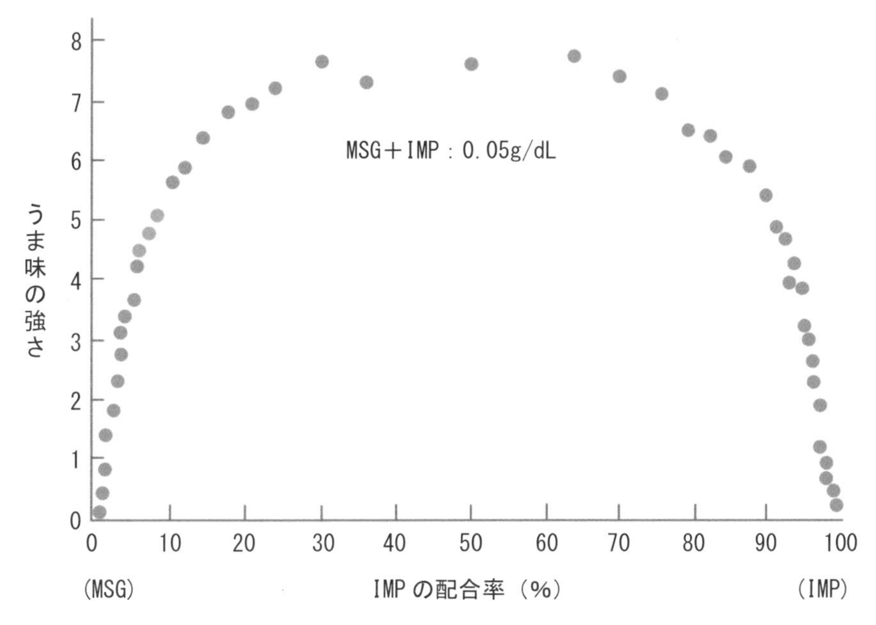

MSGとIMPの濃度の和を0.05%と一定にし、その配合比率（IMPを0～100%に）を変化させたときのうま味の強さを示している。

図2.6　L-グルタミン酸ナトリウムと5´-イノシン酸ナトリウムの相乗効果[5)]

2) 継時作用

(i) 対比効果

甘いお菓子の後に、いちごを食べると酸味を強く感じる。

(ii) 変調効果

2つの異なった味を続けて味わったとき、後の味が変化する現象をいう。塩からい食物を味わった後には、水を甘く感じる。ギムネマシルベスタ茶を飲んだ後、甘いものを味わうと、甘味が弱く感じられる。

(iii) 順応効果

同じ味を長く味わっていると、他の味やその味に対して閾値が上がる現象である。

2.2 におい

においには、基本味に対応するような、基本臭や原臭の存在について明確な定義は得られていない。それぞれの食品には、におい成分が単独で存在する場合はほとんどなく、数十から数百種類以上のにおい成分が共存し、お互いに複雑に作用しあって、その食品特有のにおいとなっている場合が多い。

(1) 食品のにおい成分

表 2.9 に代表的な食品のにおい成分とその特徴を示した。におい成分は**テルペン化合物**、**鎖状化合物**、**フェノール化合物**、**含窒素化合物**、**含硫化合物**に分類される。

表 2.9　代表的な食品のにおい成分とその特徴

化合物	成分	特徴
テルペン化合物	リモネン	柑橘類
	リナロール	レモン
	ゲラニオール	ローレル、緑茶
	シトラール	柑橘類
	メントン	ハッカ
鎖状化合物	青葉アルコール	緑茶、野菜の青臭さ（シス-3-ヘキセノール）
	青葉アルデヒド	野菜の青臭さ（トランス-2-ヘキセナール）
フェノール化合物	オイゲノール	チョウジ、コーヒー
	チモール	タイム・オレガノ
	バニリン	バニラ
	チャビコール	バジル
含窒素化合物	トリメチルアミン	海水魚
	ピペリジン	淡水魚
	ピロール	コーヒー
	インドール	みそ、しょうゆ、納豆
含硫化合物	アリシン	にんにく
	アリルイソチオシアネート	からし、わさび、だいこん

(2) におい成分の調理による変化（非加熱調理・加熱調理）

食品を切る、すりおろす、すりつぶす、浸すなどの非加熱調理操作によって組織が破壊され、におい成分が揮発しやすくなる場合と、酵素が作用してにおい成分を生成する場合がある。前駆物質の含硫アミノ酸に酵素アリイナーゼが働き、揮発性の香気成分を生じる例として、たまねぎのプロパナールS-オキシドやにんにくのアリシンなどがある。また、わさびやだいこんでは、すりおろした、カラシ油配糖体に酵素ミロシナーゼが働き、時間経過とともにイソチオシアネート類を遊離して香気成分が生成される。すりおろして、しばらくおくと酵素が力を発揮して香りを増す。

干ししいたけを水に浸したときの香気成分は、レンチオニンである。これは含硫アミノ酸のレンチニン酸に酵素が働き生じたものである。

煮る、焼くなどの加熱調理操作によって、におい成分が生成されることが多い。におい成分は、糖質、たんぱく質、脂質の分解や重合反応によるものと、アミノ酸と糖のアミノカルボニル反応によるものがある。前者の例として炊きたてのご飯のにおいや、さんまやさばを焼くときのにおい、カラメルソースのにおいなどがあげられる。後者の例としてはパンや焼き菓子、コーヒー、しょうゆ、照り焼きなどの香ばしい加熱香気がある。

(3) においの閾値

表 2.10 に食品の香気成分の例とにおいの強さ（閾値）を示した。におい閾値は、呈味閾値と比較すると顕著に小さい。におい閾値が小さい場合には、含まれている量が少なくても、実際のにおいに対する寄与率が高くなる。

においに対するヒトの感覚器は疲労しやすく、ひとつのにおい刺激を継続的に与えると疲労して正常な判断ができなくなる。他のにおい刺激であれば、連続であっても正確に識別できる。

次ににおいを除去、あるいは緩和するための方法を示した。①原因となる成分の除去（例：水にさらす）②におい成分を不揮発化（例：牛乳に浸す、酢煮）③におい成分のマスキング（例：ハーブ焼き、柑橘類の添加、酒蒸し）などである。

表 2.10　食品の香気成分の例とにおいの強さ（閾値）[6)]

化 合 物	閾値（水中 mg/L）	食 品 例
エタノール	100	アルコール飲料、しょうゆ、みそ
バニリン	0.02	バニラ豆
トランス-2-ヘキセナール	0.017	野菜
ヘキサナール	0.0045	豆乳
ジメチルジスルフィド	0.0076	にら
ジメチルスルフィド	0.00033	青のり、緑茶
ソトロン	0.00001	貴腐ワイン、黒糖、しょうゆ
1-*p*-メンテン-8-チオール	0.00000002	グレープフルーツ

コラム　アミノカルボニル反応

還元糖とアミノ酸を加熱したときに起こる褐色物質（メラノイジン）を生成する反応である。褐色物質を生み出す代表的な非酵素的反応であり、メイラード反応ともいう。この反応によりメラノイジンを生じると同時に特有の香気成分も生成する（**ストレッカー分解**）。これはその香気が含まれているアミノ酸や糖の種類、反応条件により異なり、焦げ臭、カラメル臭、ナッツ様の臭気、パン様の臭気、チョコレート臭など、多様なにおいとなる。

コラム　におい成分の濃度

同じにおい成分でも、そのにおいの質は濃度によって異なる。例えば、**表 2.10** のソトロンは濃度が上昇するとともに、黒糖の甘いこげ臭、貴腐ワインの甘い特有香、しょうゆ臭へと変化する。1-*p*-メンテン-8-チオールは、含有量によってグレープフルーツのにおいとして感じられたり、コーヒーのにおいとして感じられたりする。

2.3 テクスチャー

テクスチャーとは、語源は織物の風合いを示す用語であったが、物の表面の質感や手触りなど、広く触感に関する概念を表すとされている。

食物の**テクスチャー**（texture）は、口あたり、歯ごたえ、食感などの口中感覚に対応する**物理的特性**をさし、おいしさに関わる要因のなかでも重要な位置を占める。食物を口に入れたときに、テクスチャーを「かたい」「やわらかい」、「もろい」、「サクサクした」、「粘りのある」、「弾力のある」などと表現することが多い。

(1) テクスチャーの分類

テクスチャーに関する用語を初めて分類したのは、ツェスニアク（Szczesniak、A. S.）である。食物の物理的特性を力学的特性、幾何学的特性、その他の特性の3つに分類して、ツェスニアクのテクスチャープロファイルとして表現した（**表 2.11**）。力学的特性を示す用語として、硬さ、凝集性、粘性、弾性、付着性、幾何学的特性を示す用語としては、粒子の大きさと形、粒子の形と方向性をあげている。さらに3特性について、感覚的表現の一般用語を対応させている。

(2) 食品のコロイド特性

コロイド粒子は、10^{-5}～10^{-7}cm の大きさの微粒子で、空気中、水中、固体中に分散している。このような状態をコロイドといい、コロイド粒子（分散相）が浮遊している系を分散媒という。**分散相、分散媒には気体、液体、固体はいずれにもなるため**、さまざまな組み合わせの食品コロイドが存在する。表 2.12 に食品コロイドの種類を示した。食品はコロイドの分散状態によってテクスチャーが異なる。

表 2.11　ツェスニアクのテクスチャープロファイル[7)]

特　性	1 次特性	2 次特性	一 般 用 語
力学的特性	かたさ		やわらかい—歯ごたえがある—かたい
	凝集性	もろさ	ボロボロの—ガリガリの—もろい
		咀嚼性	やわらかい—かみごたえのある—かたい
		ガム性	サクサクの—粉状の—糊状の
	粘性		サラサラの—粘りのある
	弾力性		塑性のある—弾力のある
	付着性		ネバネバする—粘着性のある—ベタベタする
幾何学的特性	粒子の大きさと形		砂状、粒状、粗粒状
	粒子の形と方向性		繊維状、細胞状、結晶状
その他	水分含量		乾いた—湿った—水気のある—水っぽい
	脂肪含量	油状	油っぽい
		グリース状	脂っぽい

表 2.12　食品コロイドの種類

分散媒	分散相	一般名	食　品
気　体	液　体	エアロゾル	燻製のための煙、湯気
	固　体	粉末	小麦粉、粉ミルク、粉砂糖、ココア
液　体	気　体	泡	ホイップクリーム、ソフトクリーム、ビール
	液　体	乳濁液	マヨネーズ、生クリーム、牛乳(O/W 型)、バター(W/O 型)
	固　体	懸濁液	みそ汁、果汁、スープ
		ゾル	ポタージュ、でんぷんペースト、ソース
		ゲル	カスタードプディング、ゼリー、水羊羹、豆腐
固　体	気　体	固体泡	パン、スポンジケーキ、マシュマロ
	液　体	固体ゲル	凍り豆腐、棒寒天
	固　体	固体コロイド	冷凍食品、砂糖菓子

乳濁液（エマルション）とは、水と油のように溶け合わない液体を混合し、一方の液体が他方の液体中にコロイド粒子として分散しているコロイド溶液をいう。水（分散媒）の中に油（分散相）が分散しているコロイドを**水中油滴型エマルション**（O/W 型）といい、**マヨネーズ、生クリーム、牛乳**がある。油の中に水が分散した系を、**油中水滴型エマルション**（W/O型）といい、**バター**などがある。安定した乳濁

液をつくるために、乳化剤が用いられ、天然の乳化剤として卵黄レシチンや大豆レシチンがある。乳化剤は、水と油の界面に吸着して界面張力を低下させ分離しにくくさせる（p. 144 参照）。

懸濁液（**サスペンション**）とは、液体中に固体粒子が分散したコロイドで、**みそ汁**や**果汁**などがある。

(3) テクスチャーと味

テクスチャーによって食物の味の感じ方は異なるといわれている。食物が液体の場合には、呈味成分が味蕾の味細胞に直接結合し、容易に味を感じることができる。しかし、固体の場合には、唾液と混じり合ってそれが味細胞に吸着するので時間がかかり、味を感じにくくなる。ゾル食品とゲル食品では硬さや粘性は異なるが、ゲルに比べゾルのほうが味を強く感じる。同じショ糖濃度の硬いゼリーと軟らかいゼリー（いずれもゲル食品）を比較すると、軟らかいゼリーのほうが甘味を強く感じる。

(4) 高齢者の咀嚼・嚥下機能とテクスチャー

高齢になると、咀嚼・嚥下機能が低下し、誤嚥*4を起こしやすくなる。誤嚥を避けるために経管栄養法や経静脈栄養法を取り入れることがある。このことは、安全性や栄養摂取の点からは有利であるが、味覚や口腔内の皮膚感覚などを通しておいしさを感じることはできない。口から食べるということは食事の場でのコミュニケーションや相互関係によって五感から脳に刺激が伝わり、高齢者の生活の質や生きる意欲を高めることにもなっている。

高齢者の食べ物にとって、おいしさの要因のなかでもテクスチャーは特に重要な要素であり、咀嚼・嚥下と深く関わっている。表 2. 13 に、咀嚼や嚥下が困難な高齢者が食べにくい食物を示した。これらは刻んだり、ペースト状にするなど、調理操作上の工夫が必要である。粒状・刻んだ食品などやお茶や水などの液体には、とろみ調整食品（デキストリン、グアーガム、キサンタンガムなど）で粘度をつけると飲み込みやすくなる。粘度がつくと、ゆっくりとまとまって食道に流れやすくなって気管への誤嚥を防止することになる。高齢者の咀嚼・嚥下機能に対応した介護食の開発のためにも食物のテクスチャー研究の成果が期待される。

表 2. 14 は、厚生労働省（平成 21 年）が提示した嚥下困難者用食品の許可基準である。

＊4 **誤嚥**：食べ物を飲み込むと食道に入るが、誤って気管内に入ってしまうこと。

表 2.13　咀嚼や嚥下が困難な高齢者が食べにくい食物[8)]

	例	対　策
硬く破断に強い力を要する食品	煎餅、ピーナッツ	薄く切ったり、小さくする
軟らかいが噛み切りにくく、噛みしめるのに力を要する食品	餅、パン	噛んでも砕けないので、小さくする
繊維質の食品	肉、野菜類	前処理で繊維を切ったり、加熱法を工夫したり、調理方法には注意する
食塊形成の難しい食品	粒状・刻んだ食品等	とろみ調整剤を加えれば、凝集性や表面の付着性を高めることができる
水状の食品	水、お茶、吸物、ジュース	

表 2.14　嚥下困難者用食品の許可基準（平成 21 年厚生労働省）

規格　※1	許可基準Ⅰ　※2	許可基準Ⅱ　※3	許可基準Ⅲ　※4
硬さ（一定の速度で圧縮した時の抵抗）(N/m²)	2.5×10^3～1×10^4	1×10^3～1.5×10^4	3×10^2～2×10^4
付　着　性（J/m³）	4×10^2 以下	1×10^3 以下	1.5×10^3 以下
凝　集　性	0.2～0.6	0.2～0.9	－

※1　常温及び喫食の目安となる温度のいずれの条件であっても規格基準の範囲内であること。
※2　均質なもの（例えば、ゼリー状の食品）。
※3　均質なもの（例えば、ゼリー状またはムース状等の食品）。ただし、許可基準Ⅰを満たすものを除く。
※4　不均質なものも含む（例えば、まとまりのよいおかゆ、やわらかいペースト状またはゼリー寄せ等の食品）。ただし、許可基準Ⅰまたは許可基準Ⅱを満たすものを除く。

(1)　基本的許可基準
ア　医学的、栄養学的見地から見てえん下困難者が摂取するのに適した食品であること。
イ　えん下困難者により摂取されている実績があること。
ウ　特別の用途を示す表示が、えん下困難者用の食品としてふさわしいものであること。
エ　使用方法が簡明であること。
オ　品質が通常の食品に劣らないものであること。
カ　適正な試験法によって成分又は特性が確認されるものであること。

（食安発第0212001 平成21年2月12日）

2.4 温度

食物の温度は、口腔内の皮膚感覚によって感じられる。一般に食物は体温を中心として、±25～30 ℃が適温とされる（表 2.15）。したがって、温かいものでは 60～65 ℃、冷たいものでは 5～10 ℃で供するとおいしく感じられる。吸物が冷めると塩からく感じ、コーヒーは温度が下がると苦く感じることを我々は日常的に経験している。果物は冷やして食べたほうが甘味を強く感じるものが多い。このように、温度によって味の感じ方は変化することが知られている。実際の食べ物では、呈味成分以外のにおい成分などの要素も加わり、数多くの研究がみられるものの、一致した傾向は得られていない。

表 2.15　食べ物の飲食適温度[10)]

種　類	適　温(℃)
サイダー	5
冷水	10
ビール	10
温めた牛乳	40
酒のかん	50～60
湯豆腐	60～65
茶わんむし	60～65
一般飲み物	60～65
スープ	60～65
紅茶	60～65
コーヒー	60～65
かゆ	37～42
酢の物	20～25
冷やっこ	15～17

体温±25～30℃

2.5 色・形状

食物の色や組み合わせ、形状、大きさなどはおいしさを左右する要因のひとつである。特に、色の組み合わせは重要である。例えば、赤色系のトマトやにんじんなどは緑色系のブロッコリーやほうれんそうなどを引き立てるし、筑前煮のにんじんは根菜類よりも、その量を少なくすると色彩バランスがよい。

食品の形状・大きさもおいしさに影響を及ぼし、切り方も大切である。同じ材料は同じ大きさに切ることによって、見た目が美しくなるとともに、調味料の浸透が均一となる。また、飾り切りは視覚的なおいしさを高める。日本料理には、末広切り、菊花切り、蛇腹切り、ねじ梅、蛇の目切り、手綱切り、矢羽根切りなどの各種飾り切りが数多くあり、目を楽しませ、季節感を表現している。

食物の色・形状・大きさだけでなく、食物を盛り付ける器や、テーブルクロスや置物、花、床、壁、照明器具なども重要であり、好ましい組み合わせや演出はおいしさを増す。

2.6 音（咀嚼音）

日本人は、食べるときの咀嚼音にもおいしさを感じることが多い。せんべいのバリバリという音、揚げたての春巻きのサクサクという音、丸ごとのきゅうりを食べるときのポリポリという音なども聴覚を刺激しておいしさに寄与している。それらを細かく砕いたり、みじん切りにして食べるとおいしいとはいえないであろう。

咀嚼音がおいしさに関与するのは特に破砕性食品においてである。破砕性食品は歯で噛んだときにもろく崩れる特性を示し、ポテトチップス、クラッカー、スナック、せんべいなどの菓子類や生だいこん、生にんじん、レタス、りんごなどの野菜・果物類があげられる。この咀嚼音を表す擬声語として、パリパリ、ボリボリ、サクサク、バリバリ、シャキシャキ、ガリガリなどがあるが、これは咀嚼音を表現するとともに、テクスチャーを表わす。咀嚼音とテクスチャーは相互に関連性をもつものである。

3 食べる人側の要因

人の特性要因は、食べる人自身と背景や環境的視点から、生理的特性、心理的特性、食事環境、背景的特性の4つに分けられる。

3.1 生理的特性

加齢、健康状態、摂食状態、歯の状態、栄養素の欠乏、渇きなどによっておいしさの感じ方は異なる。人は特定の栄養素の著しい欠乏に対して要求が高まり、それを摂食したときにはおいしさを強く感じることを経験している。学童期・思春期には、基礎代謝量や生活活動量が大きく、何を食べてもおいしく感じることが多い。高齢になると、唾液や胃液の分泌量の減少など身体機能も衰えるため、食べ物に対する欲求も変化する。おいしさには、このように食べる人の生理的特性が大きく関与する。

3.2 心理的特性

おいしさは食べる人の快・不快の感情や不安、緊張感などの心理的特性によっても変化する。安定した心理状態で摂食行為をすると摂取量も増しておいしく感じるという実験報告がある。しかめっ面をしている人の表情を見た直後にある食べ物を食べた場合と、笑顔の表情を見た直後の比較では、笑顔の人を見た直後のほうがよりおいしく感じるという結果を得ている。また、ストレス後には苦味に対する感受性が低下し、苦味の強い食品をおいしいと感じる傾向があると報告されている。

3.3 食事環境

おいしさは、食事をする場やその周辺環境の影響を受ける。食事室の温・湿度、採光、照明、清潔感、床や壁の色彩などの周辺条件や食卓の演出によっても変わってくる。食事場面にふさわしい音楽や会話は、食事の雰囲気を高めおいしさに寄与する。入院中でも可能であればベッドサイドで喫食するのではなく、明るい食堂やフードコートで仲間とともに摂ることによっておいしさを増し、消化液の分泌も促進され、消化・吸収に好影響を与えるであろう。

3.4 背景的特性

おいしさは、食情報、食経験、食習慣、文化、教育、経済状況、地理的条件などの背景的特性によって左右される。与えられた情報によっておいしさが変化する次のような例がある。まぐろの赤身の生臭さのためまぐろを好まない人に、白身魚の画像を示しながら、まぐろずしを試食してもらったところ、実際に試食しているのは苦手なまぐろであるが、おいしいという評価になると報告されている。

地域や民族によって文化、教育、地理的条件が多種多様であり、それによっておいしさの価値基準も異なる。例えば、フランスでは、フランス国立食文化評議会によって味覚週間が設けられ、小学校において授業の一環として味学習を行いおいしさの感覚を育てている。

また、乳幼児期や学童期に慣れ親しんできた食べ物は、脳に記憶されており、成人してからもおいしいと受容されることが多い。近年、メディアなどの報道による健康情報も数多くみられ、身体によい食品と発信されるとおいしいと信じるような事例もある。

4 おいしさの評価

食べ物のおいしさを評価する主な方法として、①人間の感覚器官を価値判断の基準とする**官能評価**による手法と、②**機器**による測定法がある。

官能評価は、食品の味、におい、テクスチャー、温度、色・形状などを人が判定するものであり、多くの人の協力を得て実施され、データは科学的方法論に従って処理される。

機器による測定では、官能評価で行われる項目に対応する化学・物理的特性などをそれぞれの方法で分析する。例えば、味については、成分であるアミノ酸（うま味）、糖（甘味）、核酸（うま味）、有機酸（酸味）を定量分析する。しかし、人が味わっているのは多種類の内容成分の混合物として人側に引き起こされる感覚刺激であり、機器測定ではその一部のみ測っているのである。なお、官能評価と成分組成の相関が部分的であるが、解明されつつある。おいしさの評価は、官能評価と機器測定を併用することが望ましいといえる。

4.1 官能評価とは

官能評価*5は、人の感覚（味覚、嗅覚、触覚、視覚、聴覚など）によってモノや人の特性を測定する方法である。食品、化粧品、服飾、自動車、建築などの品質の判定や工程管理など広範囲の分野を対象にしているが、ここでは食品の官能評価について述べる。

人の感覚はそれぞれ個人差があり環境の影響も受けるので、絶対的評価は難しいと考えられる。しかしながら、ある人数の集団に対して、一定の条件下で試料を提示し、一定の手法に基づいて識別、判定あるいは評価してもらい、結果を数理統計学的に解析すれば再現性のよい評価が可能である。

官能評価の実験条件を十分統制して実施すると、得られたデータの信頼性は高くなる。条件を一定にした実験例として、山口が日本とアメリカで閾値近傍におけるショ糖の識別実験を行っているが、異なる国のパネルで一致性の高い結果が得られている。一方、多人数の集団に、事前準備を行うことなく試料の識別を求めても信頼のおける結果が得られないし、さらにそれを解析することに意味はなかろう。

官能評価を行う人間の感覚は、生理的・心理的特性などによって変化し、バイアス*6が生じるものである。逆に、そのため、環境の変化に瞬時に対応でき適切な判断を下すことができるのであり、これが機器に求めることができない人の特性である。実は、におい・味覚センサーで確認できないにおいや味を人は感知できることもある。こうした官能評価の利点と問題点を理解したうえで、信頼のおける官能評価を実施するには、何を調べたいのか明確にし、目的に応じた集団や手法を選び、実験条件を整え、周到な準備の下で注意深く行うことが大切である。

＊5 官能評価：現在、官能評価、官能検査のいずれの用語も使用されている。分析型官能評価が主流であったときには官能検査、嗜好型官能評価に重点が置かれるようになってからは官能評価ということが多い。英語ではSensory Evaluation、Sensory Test、Sensory Inspection などという。

＊6 バイアス：傾向的誤差ともいう。人間が本来もっている期待感、差錯覚、感覚の疲労などに由来する誤差のことである。

(1) 官能評価の種類

官能評価は目的によって分析型と嗜好型に分けられる。①**分析型の官能評価**では、試料間の特性の識別や、品質の鑑別をするもので、例えば、2種の試料を比較し、「どちらのにおいが強いか」、「どちらの苦味が強いか」などを判定する。②**嗜好型の官能評価**では、「好ましいと思うにおいはどちらか」、「ちょうどよいと思う甘さはどれか」など、試料に対する人の嗜好性や受容性を評価する。

(2) パネル

官能評価の実験参加者として選ばれた人の集団を**パネル**という。パネルを構成する1人ひとりをパネリスト、あるいはパネル員という。パネルは、①分析型官能評価のためのパネルと、②嗜好型官能評価のためのパネルに分類される。

分析型官能評価のパネルは、味やにおいに対する識別力の優れた人々を選ぶ。味やにおいの感受性などを調べて選定した後、トレーニングを行って感受性の維持と向上に努めるようにする。パネル数は、実験の精度を一定に保ちながら実施できる人数がよいとされるが、通常、研究室パネルの場合には20～30名で行う。なお、パネル人数が実験ごとに同数にならない場合や、予備的トレーニングに差が生じることがあるが、どのようなパネル条件の下で実施された評価データであるのか、明らかにしておくことは重要である。

嗜好型官能評価のパネルは、どのような集団の嗜好を調べたいのか明確にして、その集団の特性を反映する人々を選ぶ。食品の嗜好は、年齢、性別、居住地域、生活スタイル、食意識などによって変化するものであり、パネル選定の際には、考慮しなければならない。パネル人数は多いほどよいが、実験条件を管理できる範囲とする。

(3) 環境

官能評価の環境は、①**個室法**と②**円卓法**に大別される。前者はパネリストが他のメンバーの影響を受けることなく、小さく区切られた個室（ブース）で評価を行って判定をする方法であり、後者はパネリスト数人が意見交換しながら評価をまとめていく方法である。いずれの方法もパネルがテストに集中でき、かつ再現性のある結果が得られるよう、室温（20～23℃）、湿度（50～60%）、照明（テスト室全体の明るさ200～400ルクス）、音、換気などの環境を整備する必要がある。テストの時間帯は、空腹でも満腹でもない午前10時または午後2時頃がよい。

専用の官能評価室で実施することが望ましいが、実験目的によっては、ホームユーステストなど、実生活に近い環境でテストを行ったほうがよい場合もある。

(4) 試料

試料間の品質差を調べたい、試料間の嗜好差を明らかにしたいなど、目的にあったデータを得るには、①試料の量、②提示容器、③試料温度、④提示順序、⑤口ゆすぎなどの条件を整え、注意深く試料を調製しなければならない。提示する試料の１回量は、液体では 15g、固体では 30g 程度とし、パネリスト全員が同一量とする。提示容器は白色で模様のないものを用いる。味やにおいの感じ方は温度の影響を受けるので、試料を適温に調製し、全員同じ温度でテストを行う。試料につける記号から先入観をもつことがある（記号効果）ので、記号は意味のないものとする。試料を提示する順序や位置は評価に少なからず影響を与える（順序効果・位置効果）ので、パネリストごとにランダムにする。テスト開始時、またはひとつの試料から次の試料を味わうときに、純水で口ゆすぎをすることが多いが、前の試料の影響を消さないために口ゆすぎをしないほうがよい場合もある。

4.2 官能評価の手法

多くの手法があるが、実験目的やパネルや試料の特性を考慮したうえで適切なものを選ぶことが大切である。

(1) 差を識別する手法

1) 1：2 点識別試験法

A、B の 2 つの試料を比較する場合、最初に A を示し、次に（A、B）を 1 組として示し、いずれが A かを判断させる。優れたパネリストを選ぶときや訓練などに有効である。

2) 2 点識別試験法

A、B の 2 つの試料を与え、ある特性について、どちらが強いかなどを判定させる。例えば、どちらの塩味が強いかなどを答えさせる。

3) 2 点嗜好試験法

A、B の 2 つの試料を与え、どちらが好みか回答させる（図 2.7）。

4) 3 点識別試験法

A、B の 2 つの試料を比較する場合、（A、A、B）あるいは（A、B、B）を 1 組として与える。3 つの試料のうち、異なるものを 1 つ選ばせる方法である。前者では、どれが B か、後者ではどれが A かを判断させる。試料は 3 つ提示するが、2 つの試料の差を比較する方法である。

（官能評価用紙）

ヨーグルトの官能評価

実施日　　年　　月　　日
氏　名

2種類（S、T）の無糖ヨーグルトがあります。
よく味わって次の質問に答えて下さい。

①あなたが好ましいと思う味はどちらですか。
その容器の記号を記入して下さい。　（　　）

②あなたが好ましいと思う香りどちらですか。
その容器の記号を記入して下さい。　（　　）

（官能評価集計）

	Sを選んだ人（人）	Tを選んだ人（人）
味	13	7
香り	18	2

（検定）
繰り返し数 n＝20のとき
有意水準5%限界値・・・・・15人
有意水準1%限界値・・・・・17人

（官能評価結果）
味：有意差なし
香り：有意水準1%でSが好まれる

図2.7　2点嗜好試験法の実施例

(2) 順位をつける手法

1）順位法

3種以上の試料、A、B、C、D・・・、Q のn個の試料について、ある特性の強弱に従って順位をつけさせる。例えば、味やにおい、硬さや好ましさに対して順位を記述させる場合などがある。

(3) 対にして比較する手法

1）一対比較法

3種以上の試料、A、B、C、D・・・、Qのn個の試料を比較する場合、2つずつを組にして提示する。すべての組み合わせについて実施し、ある特性の強弱を判定させる。シェッフェの一対比較法では、2つの試料を1組にして比較し、評点で判断させる。例えば、ある試料の特性を0として、もう一方の試料の特性を－3～＋3の評点で回答させる。

(4) 評点をつける手法

1）採点法

試料を与え、ある特性の強弱の度合を採点させる。

2）カテゴリー尺度（評点）法

味の強さや好ましさなどの試料特性を1～5、－3～＋3などの数値尺度を用いて評点をつけさせる。表2.16にカテゴリー尺度法における数値尺度、図2.8に官能評価用紙の例を示した。実際には、非常に軟らかい、かなり軟らかい、やや軟らかい、どちらともいえない、やや硬い、かなり硬い、非常に硬い、というように並べた用語を与えて、試料がどのカテゴリーに属するかを回答させる。カテゴリー尺度法は絶対評価の方法であり、試料は1個ずつ提示する。得られた結果は、分散分析を行って試料間に有意差が認められた場合には、多重比較法でいずれの試料間に差があるのか検定を行う。

表 2.16　カテゴリー尺度法における数値尺度の例

5　点　法		両極7点評価法	
1	軟らかい	−3	非常に軟らかい
2	やや軟らかい	−2	かなり軟らかい
3	どちらともいえない	−1	やや軟らかい
4	やや硬い	0	どちらともいえない
5	硬い	＋1	やや硬い
		＋2	かなり硬い
		＋3	非常に硬い

さつまいもでんぷんゲルのテクスチャーの特徴

実施日　　年　　月　　日

氏名＿＿＿＿＿＿＿＿＿＿

ゲルを味わって、各項目ごとに−3から＋3の7段階の尺度で評価し、該当するところに○をつけて下さい。

	非常に	かなり	やや	どちらともいえない	やや	かなり	非常に	
	−3	−2	−1	0	＋1	＋2	＋3	
軟らかい								硬い
弾力がない								弾力がある
ざらざらしている								なめらかである
歯ごたえがない								歯ごたえがある
口あたりが悪い								口あたりがよい
こしがない								こしがある

図 2.8　評点法の官能評価用紙の例

(5) 特性を描写する手法

1) SD (semantic differential) 法

試料の特性を、軟らかい－硬い、明るい－暗い、というように相反する意味をもつ形容詞を両端におき（両極尺度)、5～9段階でその程度を判定させる。図2.9に、SD法の評価尺度の例を示した。評価の平均点を求めてプロットすることで試料のプロファイルが描写される。さらに主成分分析や因子分析を行って、試料の特性を抽出し要約する。

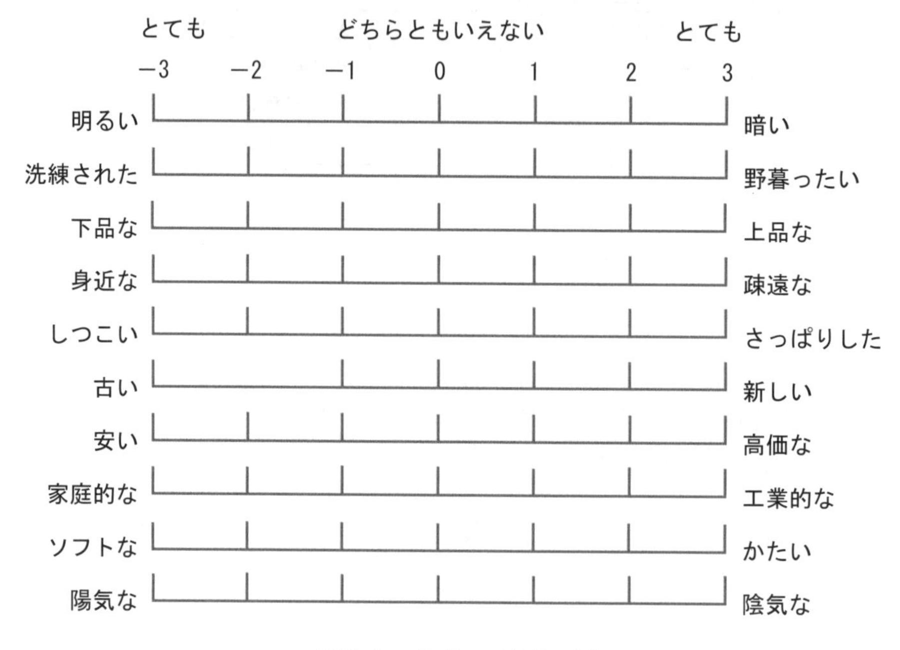

図2.9　SD法の尺度の例

2) プロファイル法

試料の特性について、よく訓練された数名のパネルが記録・評価し、その後、パネルリーダーを中心に意見を調整して、総合的なプロファイルとして集約する。

4.3 機器による測定

おいしさを機器によって測定するには、化学的方法、物理的方法、組織学的方法、生理学的方法がある。表2.17においしさ評価の機器による測定を示した。

表 2.17　おいしさ評価の機器による測定

方　法	おいしさの要素など		測　定　機　器
化学的方法	味	有機酸、糖、核酸関連物質	高速液体クロマトグラフィー
		アミノ酸	アミノ酸分析計
		無機質	原子吸光分光分析計
		五基本味	pH メーター、塩分濃度計、味覚センサー*1、糖度計
	におい		ガスクロマトグラフィー、においセンサー
物理的方法	粘性		粘度計*2
	粘弾性		クリープ測定装置*3、応力緩和測定装置、動的粘弾性測定装置
	破断特性		破断特性測定装置、カードメーター
	テクスチャー		テクスチャー測定装置
	温度		熱電対温度計、サーミスタ温度計*4、放射温度計*5、熱画像計測装置*6(サーモグラフィー)、バイメタル式温度計、液柱温度計(アルコール・水銀)
	色		測色色差計
組織学的方法	組織		電子顕微鏡(透過型・走査型)、光学顕微鏡(実体・蛍光・レーザー走査・共焦点レーザー)
生理学的方法	人の感覚刺激と物性		筋電計*7、画像診断処理装置、X 線ビデオ撮影法、下顎運動記録装置*8

＊1 味覚センサー：人が感じる味を測定できるセンサーである。口腔内の味細胞の脂質膜を人工的につくり、甘味・酸味などを感じる物質と反応するセンサーとして機能させ、膜電位変化を測定して味を数値化する。

＊2 粘度計：代表的な粘度計として、毛細管粘度計と回転粘度計があり、粘性を測定する。なお、粘性とは、液体食品が水のように流れやすいか、植物油や水飴のように流れに対して抵抗性があるかを表す性質である。

＊3 クリープ測定装置：応力緩和測定装置、動的粘弾性測定装置：粘弾性を測定する機器である。粘弾性とは、粘性と弾性をあわせた性質であり、固体または半固体状の食品の多くはこの両特性をもっている。粘弾性は試料に応力または変形を与えたときの応答から解析される。

＊4 サーミスタ温度計：接触式温度計の一種で、感熱部には半導体素子が用いられ、この抵抗の温度変化を利用して温度測定を行う。

＊5 放射温度計：非接触式温度計の一種で、食品などに触れることなく温度を測定する。食品などから放射される赤外線や可視光線のエネルギーを測定することで温度が分かる。

＊6 熱画像計測装置：食品などから放射される赤外線を分析し、温度分布を赤、黄、青などの色で表すことができる。

＊7 筋電計：筋細胞が収縮活動するときに出される活動電位（筋電位）を測定する機器である。人が食品を食べているときの咀嚼筋の筋活動が筋電位計測により分析できる。例えば、かたい食品を噛むときには、筋電位の振幅は大きくなるので、より強い咀嚼力を必要とする食品を数値化することができる。

＊8 下顎運動記録装置：人の咀嚼中の歯や下顎の位置を磁石や発光体を取り付けて記録する機器である。

引用文献

1)　栗原堅三「味覚のしくみ味とにおいの分子認識」日本化学会編40、1999

2)　小俣靖「美味しさと味覚の科学」日本工業新聞社 1996

3)　島田淳子、下村道子「調理とおいしさの科学」朝倉書店 1993

4)　渕上倫子編著「調理学」一部改変朝倉書店 2010

5)　Yamaguchi.S.「J.Food Sci.」32、476、1967

6)　久保田紀久枝、森光康次郎編「スタンダード栄養・食物シリーズ５　食品学－食品成分と機能性－第２版補訂」p.97 東京化学同人 2011

7)　Szczesniak、A. S.「J. Food Sci.」Vol. 28、1963

8)　神山かおる「咀嚼解析による高齢者が噛みにくい食品の解明」食品工業Vol.10、No.3、2001

9)　佐藤昌康「調理と物理・生理」p.141 朝倉書店 1972

10)　山崎清子、島田キミエ、渋川祥子、下村道子、杉山久仁子著「NEW 調理と理論」同文書院 2016

参考文献

・山野善正総編集「おいしさの科学事典」朝倉書店2003

・Winkieiman et al「Unconscious Affective Reactions to Masked Happy Versus Angry Faces Influence Consumption Behavior and Judgments of Value」Personality and Social Psychology Bulletin、31、121-135、2005

・中川正、乾隆子「ストレス状態における味の感受性」日本官能評価学会誌、1、18-23、1997

・三宅裕子、吉松宏苑、坂井信之「マグロの生臭さとおいしさの評定における視覚の影響」日本味と匂学会誌16、403-406、2009

・大島順子国立国会図書館および立法考査局編「欧米の食事事情調査と情報」450、16-20、2004

・島田淳子、下村道子「調理とおいしさの科学」朝倉書店1993

・Yamaguchi、S.「Basic Properties of Umami and Effects on Humans」Physiol. & Behav.、49、833-841、1991

・日科技連官能検査委員会「新版官能検査ハンドブック」日科技連出版社1992

・福場博保、小林彰夫編「調味料・香辛料の事典」朝倉書店1992

・Birren、F.「Food Technol.」17、553、1963

・川染節江「家政学雑誌」38、23、1987

・青木正編著「新食品学総論・各論」朝倉書店2003

食事の設計

達成目標

食事は健康の維持とも深くかかわっている。健康につながる食事をどのように設計したらよいかを学ぶことは重要なことである。

まず、食事摂取基準を理解し、個人、集団での目標量を把握する。その後、食品構成表を作成し、献立作成を行う。この章では、食品構成作成法を習得し、適切な献立を作成できるようにすることが目標である。

さらに、供食について各料理別に学ぶことにより献立の組み方を知り、日常食の献立への応用を習得することも目標とする。

1 食事設計の基本

食事は生命の維持、成長そして身体活動につながり、生活習慣病などの疾病の予防、すなわち、健康の維持・増進とも深く関わっている。これらの基になるものが、食品に含まれる栄養素をはじめとした各種成分である。

人は食事として日々あらゆる料理や食物を食べることで、栄養素を摂取することになる。すなわち、適切な食事を設計するには、まず対象者および対象集団の食事評価を基に、エネルギーおよび栄養素の給与目標量を設定後、献立を立案する必要がある。

献立は、計画に基づいた適切な食品とその量および調理法を選択するとともに、対象者の嗜好性、地域性、生活環境、季節感などに配慮し総合的な満足が得られるように作成する。その際には、提供側（経営側）にも無理がないよう経済性、作業効率などの考慮も必要である。また、近年の国際社会の目標である地域や地球規模での環境への配慮も、食事の設計において視野に入れるべき観点である。

作成された献立に基づいて提供された食事は、再度評価を行い、必要に応じて献立の修正・改善することにより食事の質を向上させることができる。

2 食事設計の基礎知識

2.1 エネルギー及び栄養素と食事摂取基準

我々は食品から種々の栄養素を摂取し、また、それらを生体内でエネルギーにかえ生きている。食事は、エネルギーや栄養素が適切に供給されるものでなければならない。栄養素レベルで何をどれぐらい摂取すべきかの基準となるのが、5年ごとに厚生労働省が発表する「日本人の食事摂取基準」である。個人、集団に関わらず、「日本人の食事摂取基準」を充分に理解し、対象者の特性に応じて望ましい給与栄養目標量が算定されなければならない（図3.1）。

2020（令和2）年4月から適用されている2020年度版においては、高齢化の進展や生活習慣病の有病者数が増加している背景から、栄養素の過不足のリスク回避、生活習慣病の発症予防および重症化予防*1に加え、高齢者の低栄養予防やフレイル予防*1

*1：生活習慣病の重症化予防およびフレイル予防を目的として摂取量の基準を設定できる場合は発症予防を目的とした量（目標量）とは区別して提示されている。食事摂取基準では、フレイルを「健常状態と要介護状態の中間的な段階」に位置付ける考え方を採用している。

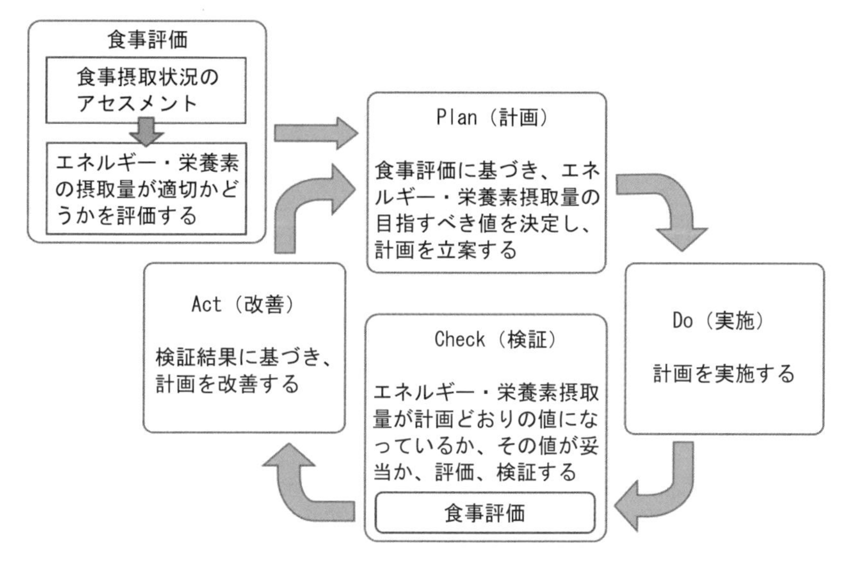

図 3.1　食事摂取基準の活用と PDCA サイクル

も視野に入れて策定されている。健康である、もしくは概ね自立している個人および集団を対象とする場合には、この食事摂取基準に基づいて食事設計を行う。設定指標として、エネルギーについては BMI が採用され、34 種類の栄養素については、推定平均必要量、推奨量、目安量、耐容上限量、目標量を用いている。それぞれ示されている数値の信頼度は異なり、限定的な基準値を示しているのではないことに注意して扱う。

(1) エネルギー

生きていくためにはエネルギーが必要である。わが国では熱量の単位（kcal）で示されているが、世界的には仕事の単位（kJ）が主であるため、今日では両方の単位で表示されている（1 kcal ＝ 4.184 kJ）。エネルギーに変換される栄養素は、おおよそ炭水化物（4 kcal/g）たんぱく質（4 kcal/g）、脂質（9 kcal/g）である。

エネルギー必要量の検討方法は複数あるが、成人では「基礎代謝量（kcal/day）×身体活動」で推定される。しかし、体格や身体活動レベルは個人差が大きいため、エネルギー摂取の過不足は、エネルギー出納の結果である BMI（Body Mass Index）や体重変化で評価する。設定値が適さない場合には給与目標エネルギー量を再検討する。なお、食事摂取基準における推定エネルギー必要量は、参考値として示されている。

また、たんぱく質、脂質、炭水化物（アルコールを含む）とそれらの構成成分が総エネルギー摂取量に占めるべき割合（%エネルギー）として、エネルギー産生栄養素バランスが目標量として設定されている。

(2) 炭水化物

炭水化物は、体内でエネルギーに変わる糖質と、変換しない食物繊維に分けられる。炭水化物を多く含む食品は、穀類（米、小麦、およびその加工品）、いも類、砂糖類である。

食事摂取基準では、目標量として炭水化物の％エネルギーと食物繊維量が示されている。

(3) たんぱく質

たんぱく質はエネルギーになる他、身体の構成成分として重要である。含まれる食品は動物性として、食肉類、魚介類、卵類、乳類、植物性として豆類とその加工品である。

たんぱく質の栄養価は、必須アミノ酸（9 種類）の含有量により決まり、動物性食品、大豆は良質なたんぱく質である。

食事摂取基準では、目標量（％エネルギー）とともに推定平均必要量と推奨量が示されている。目標量は推奨量以上で設定されているが、ライフステージの特性および身体活動レベルに応じて推奨量の確認が必要である。

(4) 脂質

脂質は炭水化物やたんぱく質よりも 1 g 当たり約 2 倍のエネルギー量をもつ。また、細胞膜の主要な構成成分でもある。動物性は脂とよばれ、常温（約 25 ℃前後）で固体である（バター、ラードなど）。植物性は油とよばれ、常温で液体（パーム油、やし油は例外）である。

脂質を構成する脂肪酸のうちn-6 系（リノール酸、アラキドン酸）、n-3 系（α-リノレン酸）は生体内で生成されないので食品から摂取しなければならない必須脂肪酸である。リノール酸は大豆油、コーン油などの食用油に含まれる。また、α-リノレン酸は生体内で EPA や DHA に変換される。EPA や DHA は青魚に多く含まれ血栓生成防止などの生理作用がある。

脂質の目標量は％エネルギーで示され、1 歳以上で20～30％である。また、飽和脂肪酸の過剰摂取を控え生活習慣病を予防する観点から、飽和脂肪酸についても目標量として％エネルギーが策定された。

(5) ビタミン・無機質類

これらは微量栄養素とよばれ、微量であるが補酵素としての作用などがあり、不足すると欠乏症が現れる。これらを含む食品は、野菜類、乳類、海藻類、種実類、豆類、肉類、魚介類、きのこ類などである。26 種類についての基準量が示されているが、調理過程での損失や、体内における吸収率をふまえた給与目標量の設定が求められる。

2.2 食事バランスガイド

従来は食事摂取基準の複数の指標や食品群を利用した食品構成により、栄養素レベル、食品レベルでの食事計画や食事の評価が行われてきた。しかし、日常の食卓に料理として出されているとき、喫食者はそこに使用されている各食品の量を推し量ることは容易ではない。また、エネルギーおよび栄養素が全般的に不足していた時代と異なり、現代の日本では、専門家が食事の栄養管理を行うだけでなく、個人が自身の適量を把握して自ら食事を管理できることが、生活習慣病の予防の観点から重要である。

このような点をふまえて、「食事バランスガイド」が 2005（平成17）年に厚生労働省、農林水産省から公表された（2009（平成21）年に改訂）（図 3.2）。これは、１日に「何を」「どれだけ」食べたらよいかを料理レベルで示したものである。主食、副菜、主菜、牛乳・乳製品、果物の５つの料理区分を配置して「何を」食べるべきか示し、「どれだけ」の目安は重量ではなく、食卓でみている状態の料理を「１つ（SV：サービング）」という新しい単位で示している。

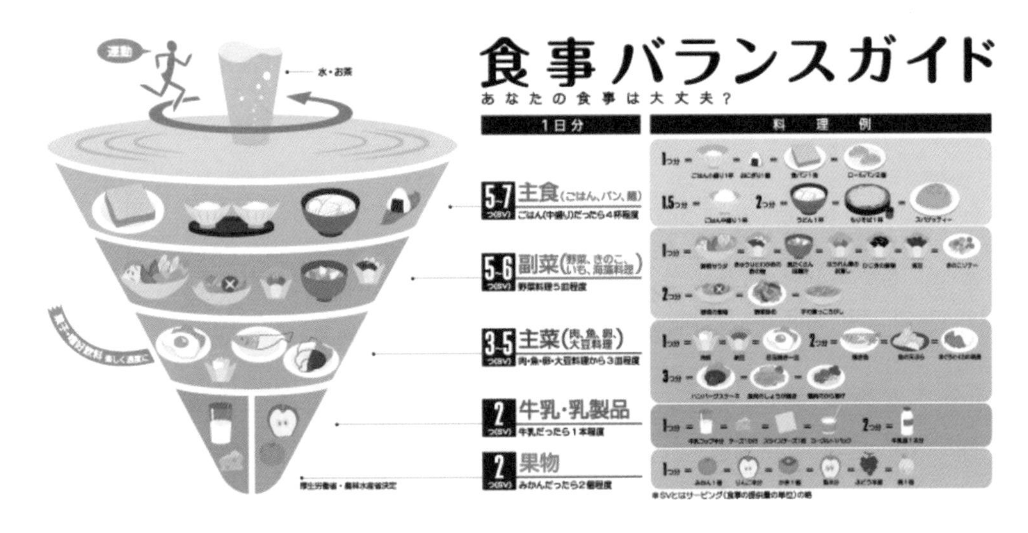

図 3.2　食事バランスガイド

利用するにあたってはコンビニサイズのおにぎり１個が１つ（SV）、１人分の麺類は２つ（SV）というように、単位「つ（SV）」を理解し、基準となる量を知る必要がある。

コマのイラストは、2200±200 kcal（基本形）を想定した料理例が表現されている。菓子類や嗜好飲料は、近年、食事の一部のように取り入れられている場合があるが、過度の摂取に注意が必要で「楽しく適度に」と表現されている。

食品や栄養の専門知識が少ない人でも、健康を維持するための栄養バランスのとれた１日の食事を計画し、食事評価と改善ができることが期待されている。

3 献立作成

食事設計においてその内容を具体化したものが献立であり、これを作成する前に食事摂取基準をもとに、個人の給与目標エネルギー・栄養素量（給与栄養目標量）を算出する。継続的に給食を提供する集団においては多数の個人が集まったものとして捉え、年齢構成、性別、活動状況、身体特性、健康状態を把握し、許容範囲内で集約して給与栄養目標量を設定する。

3.1 食品群の分類

食品群とは食品成分（栄養成分）の類似した食品をグループ化（群）したものである。食品群の分け方には数種あるため、献立作成に活用しやすい食品群を設定することになる。食事設計を行う上で必須資料となる日本食品標準成分表での食品群は「18 食品群」である。その他にもわが国で使用されている食品群には「3 色食品群」、および「6 つの基礎食品」「4 つの食品群」（表 3.1）がある。

表 3.1　食品群の分類

「3色食品群」と「6つの基礎食品」

3色食品群	食　品	6つの基礎食品
赤　群	卵類、魚介類、肉類、豆･豆製品	第1類
	牛乳・乳製品、骨ごと食べられる魚、海藻*	第2類
緑　群	緑黄色野菜	第3類
	その他の野菜、果物、海藻*	第4類
黄　群	穀類、いも類、砂糖	第5類
	油脂	第6類

*海藻は3色食品群では緑群、6つの基礎食品では2類に分類

「4つの食品群」

4つの食品群	食　品
第1群	牛乳・乳製品、卵黄
第2群	魚介類、肉類、豆・豆製品
第3群	緑黄色野菜、その他の野菜、いも類、海藻、果物
第4群	穀類、砂糖、油脂

「3色食品群」は、身体に対する働きから食品を3つのグループに分け、毎日の食事において各グループの食品を摂取することが望ましいことを示す。簡潔な分類で色を用いて視覚的に分かりやすく、最も初歩的な栄養教育に用いられる。「6つの基礎食品」は3群を6類に分類し「毎日の食事に必ず6つを組み合わせましょう」のメッセージとともに、日常の食生活改善・向上を図るという目的で、学校や地域社会における栄養教育で広く利用されている。「4つの食品群」は香川式食事法「4群点数法」の基本となる分類である。80kcal分の食品を1点とし、点数で表すことで、適切な献立作成を簡略的にできるようにした食品群である。成人の場合1日20点を標準量として第1群〜第3群は各3点、第4群には11点を振り分ける。

3.2 給与目標エネルギー・栄養素量の把握

まず給与目標エネルギー量を決定し、エネルギー産生栄養素（たんぱく質、脂質、炭水化物）のバランスを適正範囲で保てるよう、%エネルギーで設定する。このとき、たんぱく質においては推奨量を下回らないよう確認が必要である。その次に考慮する栄養素の優先順位は次に示す通りである。①ビタミンA、ビタミンB_1、ビタミンB_2、ビタミンC、カルシウム、鉄、②飽和脂肪酸、食物繊維、ナトリウム（食塩)、カリウム、③その他の栄養素（対象集団で重要と思われるもの)。

1食当たりの給与栄養目標量は、1日の給与栄養目標量の1/3前後（p. 49参照）を目安とする。

3.3 食品構成表の作成

食品構成はどの食品群からどれだけを摂取すれば食事摂取基準を充足できるか、食品群別に使用量の目安を示したものである。この目安量を参考に食品の使用量を決定し献立を作成する。食品構成を一覧にしたものが食品構成表である。食品構成の作成においては、対象集団の給与栄養目標量が満たされなければならない。また、各個人に満足感を与えるためにも、その集団の特性および過去の使用実績、季節や地域性を考慮に入れて作成する必要がある。

(1) 食品群別荷重平均栄養成分表の作成

食品構成の作成に用いる各食品群の栄養成分表を、食品群別荷重平均栄養成分表という。これは定まったものではなく、適切な栄養管理をするために各施設で独自に作成することが望ましい。各施設の一定期間の使用実績から作成されるが、施設や季節により献立に使用する食品の種類や数量が異なるため、季節ごとに算出する配慮も必要である。以下に食品群別荷重平均栄養成分表の作成手順の概要を示す。

①各施設の献立作成に適した食品の分類をする。(各監督行政に提出する栄養管理報告書の様式にあわせて分類すると合理的である)

② 食品群別に、使用頻度の多い食品をあげる。

③ 各群の食品の使用割合（%）で量を設定する。

④ 上記の量のエネルギー量、栄養素量を算出する。この合計がその食品群 100 g の荷重平均成分値となる。

表 3.2 に食品群別荷重平均栄養成分値の算出方法の例を示した。このようにして、各施設（集団）で食品群別荷重平均成分表を作成する。

例として、表 3.3 に食品群別荷重平均成分表の一例を示した。

表 3.2　食品群別荷重平均栄養成分値算出表（例 肉類）

肉　類	量	エネルギー (kcal)	たんぱく質 (g)	脂質 (g)	カルシウム (mg)
豚　肉	40g	84	7.9	5.3	2
牛　肉	20g	5	4.1	0.8	1
鶏　肉	40g	75	8.5	4.0	2
合　計	100g	183	20.5	10.1	5

注）豚肉、牛肉、鶏肉の使用頻度が40%、20%、40%という場合

表 3.3　食品群別荷重平均栄養成分表の例

（可食部100g当たり）

食品群	エネルギー (kcal)	たんぱく質 (g)	脂質 (g)	炭水化物 (g)	カルシウム (mg)	鉄 (mg)	ナトリウム (mg)	ビタミンA (μg)	ビタミンB_1 (mg)	ビタミンB_2 (mg)	ビタミンC (mg)	食物繊維 (g)
穀物	345	7.0	1.7	71.7	12	0.8	150	0	0.08	0.03	0	1.1
いもおよびでんぷん類	76	1.4	0.0	17.9	11	0.4	1	0	0.07	0.02	19	1.6
砂糖および甘味料	369	0.3	1.3	91.4	12	0.1	5	2	0.01	0.02	1	0.2
豆類	133	11.2	10.3	3.9	168	2.0	30	0	0.07	0.11	0	1.6
種実類	561	18.9	49.6	16.1	394	4.6	4	0	0.58	0.36	3	8.8
野菜類	29	1.3	0.1	6.5	45	0.6	11	228	0.05	0.07	24	2.1
果実類	56	0.7	0.0	14.6	14	0.1	0	15	0.06	0.01	26	1.3
きのこ類	35	4.4	0.6	11.2	3	0.8	5	0	0.14	0.46	2	7.8
藻類	139	15.2	2.1	49.7	938	26.0	3726	495	0.32	0.81	28	35.1
魚介類	138	19.2	5.6	0.7	22	0.8	125	24	0.07	0.20	0	0.0
肉類	184	19.8	10.4	0.1	6	0.6	58	23	0.41	0.17	1	0.0
卵類	151	12.3	10.3	0.3	50	1.8	140	156	0.07	0.44	0	0.0
乳類	70	3.1	3.2	6.8	106	0.0	44	31	0.03	0.14	1	0.0
油脂類	889	0.1	96.4	0.2	3	0.0	97	5	0.00	0.01	0	0.0
菓子類	―	―	―	―	―	―	―	―	―	―	―	―
嗜好飲料	―	―	―	―	―	―	―	―	―	―	―	―
調味料及び香辛料類	―	―	―	―	―	―	―	―	―	―	―	―
調理加工食品類	―	―	―	―	―	―	―	―	―	―	―	―

(2) 食品構成表の作成

荷重平均栄養成分表を使って、給与目標量をもとに食品構成を作成する。食品構成に基づいて食品の組み合わせと量を考え、献立を作成すれば、給与目標エネルギー・栄養素量のバランスが取れ、食品や材料費の無駄がない献立を立案することができる。以下に食品構成表作成の手順を示した。

①栄養素比率：設定した給与目標エネルギー量をもとに栄養素比率を決定する。例えば、炭水化物エネルギー比および穀物エネルギー比により、主食の量がおおよそ決まる。栄養比率は、施設の特性、利用者の嗜好、食材費を考慮して設定する（表 3.4）。

表 3.4 各栄養素比率の範囲

栄養素比率	比率の範囲
たんぱく質エネルギー比	13～20%エネルギー
動物性たんぱく質比	総たんぱく質量(g)の40～50%
脂質エネルギー比	20～30%エネルギー
炭水化物エネルギー比	50～65%エネルギー
穀類エネルギー比	（おもに主食量を考慮して設定）

②穀類：穀類エネルギー比から主に主食となる穀類の使用量を算出し、米、パン、麺に配分する。

③動物性食品：たんぱく質エネルギー比および動物性たんぱく質比を用いて動物性食品の使用量を算出し、肉、魚、卵、乳類に配分する。

④植物性食品：過去の使用実績を参考に植物性食品を配分する。野菜や果物については、健康日本 21 および食事バランスガイドなどの指標も考慮する。

⑤油脂量：脂質エネルギー比を用いて脂質の給与量を算出し、決定した②～④に含まれる脂質量の不足分から油脂類の使用量を求める。

⑥調味料類、加工食品類：過去の使用実績を参考にする。

⑦給与栄養目標量との照合：食品群別荷重平均成分表を用い、各食品群別使用量からエネルギーおよび栄養素量を算出し、過不足を調整する。

(3) 食品構成表

このようにして作成した食品構成表を表 3.5 に示した。合計値と目標量の差が小さいことが分かる。しかし、毎日この食品構成にあわせようとすると献立に変化がつかないので、2～4 週間単位の食品群別使用量の平均が食品構成表の数値に近づくように考える。

表 3.5　食品構成表の例（18～29歳、女性、身体活動レベル；ふつう）

食品群	分量 (g)	エネルギー (kcal)	たんぱく質 (g)	脂質 (g)	炭水化物 (g)	カルシウム (mg)	鉄 (mg)	ナトリウム (mg)	ビタミンA (μg)	ビタミンB_1 (mg)	ビタミンB_2 (mg)	ビタミンC (mg)	食物繊維 (g)
穀物	280	966	19.6	4.8	200.8	34	2.2	420	0	0.22	0.08	0	3.1
いもおよびでんぷん類	55	42	0.8	0.0	9.8	6	0.2	1	0	0.04	0.01	10	0.9
砂糖および甘味料	30	111	0.1	0.4	27.4	4	0.0	2	1	0.00	0.01	0	0.1
豆類	130	173	14.6	13.4	5.1	218	2.6	39	0	0.09	0.14	0	2.1
種実類	1	6	0.2	0.5	0.2	4	0.0	0	0	0.01	0.00	0	0.1
野菜類	350	102	4.6	0.4	22.8	158	2.1	39	798	0.18	0.25	84	7.4
果実類	100	56	0.7	0.0	14.6	14	0.1	0	15	0.06	0.01	26	1.3
きのこ類	1	0	0.0	0.0	0.1	0	0.0	0	0	0.00	0.00	0	0.1
藻類	1	1	0.2	0.0	0.5	9	0.3	37	5	0.00	0.01	0	0.4
魚介類	50	69	9.6	2.8	0.4	11	0.4	63	12	0.04	0.10	0	0.0
肉類	60	110	11.9	6.2	0.1	4	0.4	35	14	0.25	0.10	1	0.0
卵類	30	45	3.7	3.1	0.1	15	0.5	42	47	0.02	0.13	0	0.0
乳類	150	105	4.7	4.8	10.2	159	0.0	66	47	0.05	0.21	2	0.0
油脂類	20	178	0.0	19.3	0.0	1	0.0	19	1	0.00	0.00	0	0.0
菓子類	－	－	－	－	－	－	－	－	－	－	－	－	－
嗜好飲料	－	－	－	－	－	－	－	－	－	－	－	－	－
調味料及び香辛料類	－	－	－	－	－	－	－	－	－	－	－	－	－
調理加工食品類	－	－	－	－	－	－	－	－	－	－	－	－	－
合計		1964	70.5	55.6	292.0	636	8.9	762	939	0.95	1.06	123	15.3
目標値		2000	63.0	54.2	292.5	650	8.5	2540	650	1.1	1.2	100	18.0

注）分量は10g以上は5～10g単位とする

3.4 献立作成

(1) 献立の役割

家庭においても集団の給食においても、食事は献立に基づいて作成される。献立は具体的な食事の形を表現したものである。給食施設においては食品構成表にあわせながら、実際の料理を考えて献立を作成するわけであるが、管理栄養士・栄養士による管理が伴わない家庭においては、区分が少ない食品群や食事バランスガイドなどを食事設計に利用するとよい。しかしながら、食品群別の量や、エネルギー量、栄養素量が満ちているだけではよい献立とはいえない。喫食者が嗜好面でも満足する献立を作成することが重要である。

(2) 献立作成の留意点

① １食献立であっても、食品構成のバランスを考える。

② 食事摂取基準の数値をおおよそ満たすこと。

③ 喫食者の嗜好にあっていること。

④ 食品の種類、調味法、調理方法が重複しないこと。五色、五味、五法*2を考える。
⑤ 料理には季節感を取り入れ、盛り付けたときの見た目も食欲をそそること。
⑥ 素材が安全であり、衛生的であること。
⑦ 調理環境（設備、食材の調達の可否、調理人の力量など）に適したもの。
⑧ 経済性を考慮したもの。

(3) 献立作成の実際

図 3.3 に献立作成の手順例を示した。献立を食品構成の食品群と量にあわせて考えていく。献立作成後、エネルギー量、栄養素量を算出し目標量に近いか否かを検討し、献立を見直し完成させる。また、献立のパターンは一汁三菜（p. 55 参照）が基本であるが、図 3.4 に示したように主食に具が入った場合や、主食に主菜が入った場合（天丼・カレーライス・天津丼など）もある。

1日の栄養配分は理想的には1：1：1であるが、現実には2/8、3/8、3/8であろう。主菜、副菜の量でエネルギー量に差をつける。表 3.6 に1食分の献立作成の手順を示した。

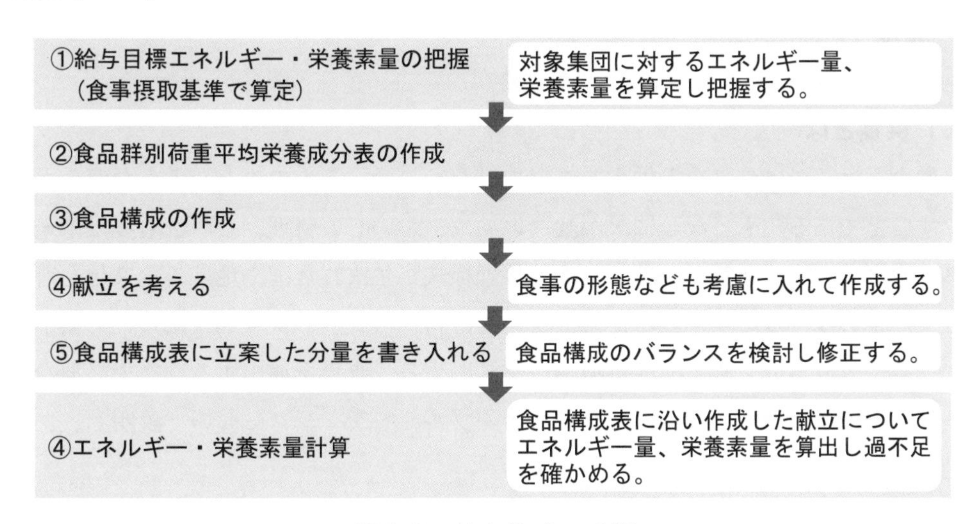

図 3.3　献立作成の手順

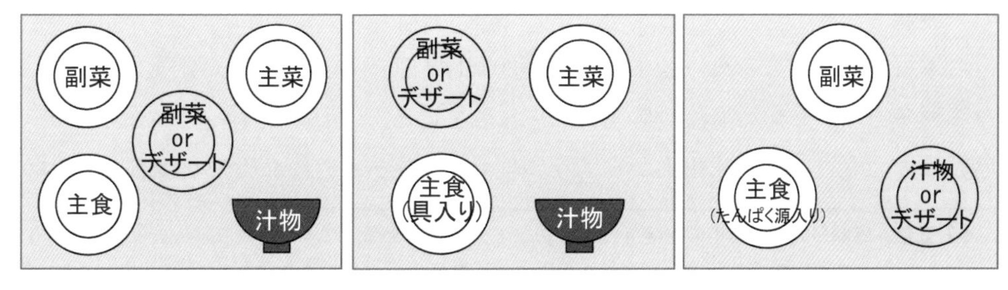

図 3.4　献立のパターン（朝食・昼食・夕食共通）

表3.6　1食分の献立作成の手順

手　　順	主な食品	主な栄養素	食品概量	メニュー例
1主食を決める	穀類(米飯、パン、麺類など)	糖質	米、パン90g、麺(乾80～100g)	白飯、トーストなど
2.主菜を決める	肉、魚介類、卵類、大豆製品など	たんぱく質、脂質	魚介類、肉類(50g前後)、卵(25g)、大豆製品(40g)、1種類の場合は100g	とんかつ、オムレツ、麻婆豆腐、焼き魚など
3.副菜1を決める	いも類、豆類、野菜類など	ビタミン、ミネラル、食物繊維	野菜類100g前後、いも類30g前後、海藻1g、種実類1g	筑前煮、野菜炒め、ひじきの煮物、五目豆など
4.副菜2を決める	藻類、野菜類など			藻類の酢の物、青菜のお浸し、漬物、しらすなど
5.汁物を決める	米飯、パンなどにあう汁物を決める		みそ12g、汁の量150～180mL、汁の実30g前後	みそ汁、すまし汁、洋風スープ、中華風スープなど
6.デザート類・飲み物	献立を見て足りない栄養素を含むものを選ぶ	ビタミン、ミネラル、糖質	果実50g前後、砂糖として10g	果実、牛乳、菓子、飲料、ゼリーなど

4 供食

4.1 供食とは

供食とは、単に食事を提供することではなく、食べる人のことを考えながらもてなすことである。もてなしに欠かせないのは、おいしい料理、心のこもったサービス、食卓の演出である。料理は、その料理様式が生まれた国や地域の食文化を背景に、一定のルールで供されるため、ここでは料理様式別の供食形式について供応食の内容や献立構成、食卓構成（配膳）を説明する。食卓を演出するうえで必要なコーディネートに関しては食器・食具、テーブルセッティングについて説明し、あわせてマナーについて述べる。

4.2 日本料理

(1) 特徴

日本料理は、四方を海に囲まれた地理的条件と四季の変化に富んだ気候条件により多種多様な魚介類や海藻、農産物に恵まれている。これらをもっとおいしい旬の時期に極力食材の持ち味を生かすよう調理し、料理とともに部屋のしつらい、食卓、

＊2 五色、五味、五法：中国の陰陽五行説の影響で、中国、韓国、日本料理には木・火・金・水・土の五行に対応する、青（緑）・赤・白・黒・黄の五色の食材を組み合わせた食事が健康を保つという考えがある。日本の精進料理は、さらに五味（塩・甘・酸・辛・苦）、五法（生・煮る・焼く・揚げる・蒸す）を基本とする。色、味、調理法を組み合わせることによりおいしく、栄養バランスもよくなる。

食器、盛り付けを含めて季節感を表現し、自然の恵みを満喫しようとするのが日本料理の精神である。

コラム　日本料理の特徴

1. 主食の概念があり、米飯、麺類、もちなどが用いられる。
2. 献立は「飯と汁、主菜、副菜」の組み合わせで、副食は魚介類、野菜、大豆製品を多用し、獣肉は避けられてきた。
3. 旬の食材を取り入れてその持ち味や色、香りを生かした繊細な料理で、味は淡白である。
4. 素材の風味を引き立てるため、わさび、しょうが、木の芽、ゆず、しそなどの生鮮品を主材料にあわせて用いる。
5. かつお節、昆布、煮干し、干し椎茸などから抽出した「だし」を使用し、うま味を重視する。
6. 調味料に発酵食品（みそ、しょうゆ、みりん、酒、酢）を用いる。
7. 刺身をはじめとして、「切る」技術が発達している。
8. 食べ物の色、形、器との調和を重んじる。器は季節にあわせて陶磁器、漆器、竹、木、ガラス、金属など材質も形状も多様なものを組み合わせて用いる。器を手に持って食べるため質感も重視される。
9. 原則として料理を銘々の器に盛り付け、膳も銘々膳を用いて座食し、箸を用いる。

(2) 形式

供応食としての日本料理の形式は、本膳料理、懐石料理、会席料理、精進料理などがある。

1) 本膳料理

平安時代の宮廷料理を基礎として、鎌倉時代には武家社会や禅宗の影響を受け、室町時代に武家の供応食として形式が整った。江戸時代にはさらに内容が充実して完成され、冠婚葬祭などの儀式料理として一般化した。現在は儀式料理としてわずかに名残りを留める程度であるが、日本料理の供食形式の原点といえる。汁と菜の数で献立構成を表し、基本の献立である一汁三菜の本膳を軸に品数に応じて、二の膳、三の膳が加わり、二汁五菜、三汁七菜というようになる。図 3.5 は三汁七菜の配膳図で、このように平面的に配膳する。献立構成（表 3.7）をみると、五の膳には台引として引物菓子とある。こうした土産物、つまり持ち帰ることを前提とした品が含まれるのは本膳料理の特徴である。献立の名称には「なます」や「焼物」といった調理法を表すものの他、坪（深めのふた付き小鉢）、平（平らなふた付きの広い器）など食器の種類を用いる場合もあり、他の形式でもみられる。

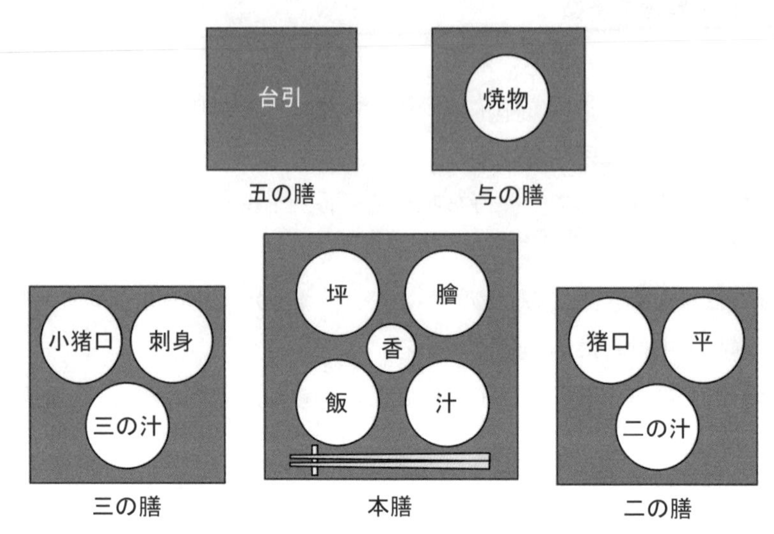

図 3.5　本膳料理の配膳図（三汁七菜の例）

表 3.7　本膳料理の献立構成（三汁七菜の例）

膳	献　立	料理の内容
本　膳	一の汁	みそ仕立て
	膾（なます）	生魚の酢の物、刺身
	坪（つぼ）	深めのふた付き小鉢に煮物を少量
	飯	白飯
	香の物（こうのもの）	漬物 2～3 種
二の膳	二の汁	すまし仕立て
	平（ひら）	平らなふた付きの広い器に魚介、野菜、乾物などの煮物を数種
	猪口（ちょく）	和え物、浸し物
三の膳	三の汁	潮汁、変わり汁など
	刺身	刺身 2～3 種
	小猪口（こちょく）	浸し物、和え物、揚げ物
与の膳	焼物	魚の姿焼（台引とともに持ち帰ることもある）
五の膳	台引（だいびき）	引物菓子などの土産物

2）懐石料理（茶懐石）

懐石とは、禅寺で厳しい修業をする僧侶が寒さと空腹をしのぐために温石（おんじゃく）を懐に入れたことに由来し、懐石料理は茶会に先立って出されるおしのぎ程度の簡素な食事を意味する。茶道を大成させた千利休により完成された。茶道を貫くのは「わび」

「さび」の思想であるが、江戸時代末期頃から本来の思想から離れた豪華な食材や技巧を凝らした料理の形へと移行した。

料理は、始めに折敷（おしき）（脚のついていない膳で盆のようなもの）に、飯、汁、向付が出され、その後、各料理が時系列に供される（図 3.6、表 3.8）。したがって、客

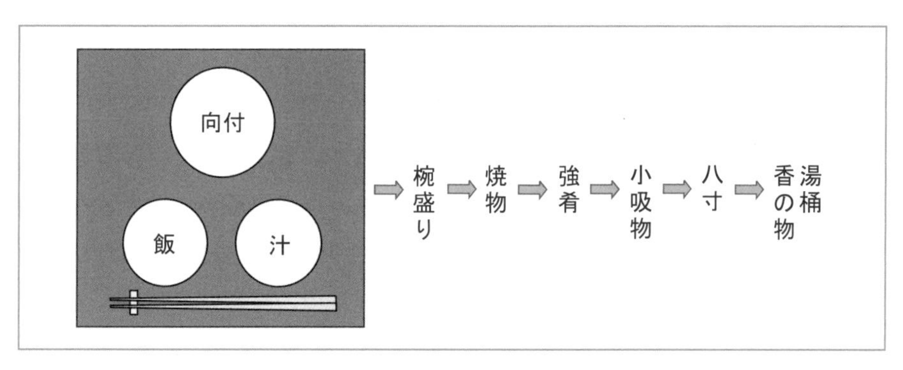

図 3.6　懐石料理の配膳図

表 3.8　懐石料理の献立構成

順序	献　立	料 理 の 内 容
1	汁	みそ仕立て
	向付（むこうづけ）	主として魚介類の酢の物、刺身
	飯	炊きたてを少し盛る（一文字）
2	椀盛り（わんもり）	すまし仕立ての汁の多い煮物。魚介類や鶏肉を中心に野菜や乾物をあしらう。献立の中心。
3	焼物（やきもの）	魚介の焼き物（蒸し物、煮物を用いることもある）
4	強肴（しいざかな）	主人のその日の心入れの酒の肴（特に決まりはない）
5	小吸物（こすいもの）（箸洗い）	淡白な澄まし汁を小さな椀に入れる。同時にこの汁で箸を洗う。
6	八寸（はっすん）	八寸四方の白木の折敷に山海の珍味を 2～3 種盛り合わせる
7	湯桶（ゆとう）	煎り米に熱湯を加えたうすい塩味の汁で口を清める
8	香の物（こうのもの）	漬物 2～3 種

は温かいものは温かく、冷たいものは冷たい状態で食べることができる。椀盛り、小吸物（箸洗い）以外はひとつの器に人数盛りで供され、正客（茶席における主客）から順に各自が取り分けて次に回す。茶会は漆器を中心とし、箸は利休箸（両端が細く中央がやや太い箸）、菜箸は青竹の箸を用いる。茶会にふさわしい趣向と自然との調和を工夫し、旬の食材を用いて季節感を表現する料理とともに客と亭主の繊細な心遣いや食事作法は今日の客膳料理にも活かされている。なお、今日、一般の懐

石料理店では少量ずつの料理を供し、最後の抹茶を省略し、飯、汁、香の物を最後に出す店が多く、後述する会席料理と似通った形式となっている場合が多い。

3) 会席料理

江戸時代中期に料理茶屋での酒宴向きの供応料理として発達した。本膳料理を略式化し、懐石料理の形式や内容を取り入れた、形式よりも料理のおいしさを重視した料理である。日本料理の客膳料理として現在の料亭や宴席ではこの形式が一般的である。

まず、膳に杯と前菜（つき出し、お通し）が出される。その後、懐石料理のように順次一品ずつ供される、いわゆる「喰い切り」料理であるが、大人数の場合は、最初から料理を配膳する平面的配膳も多い。止椀が出されると酒は終わり、飯と香の物で終了する（図 3.7、表 3.9）。前菜から止椀までの料理は奇数で、五品献立、七品献立などとよばれる。

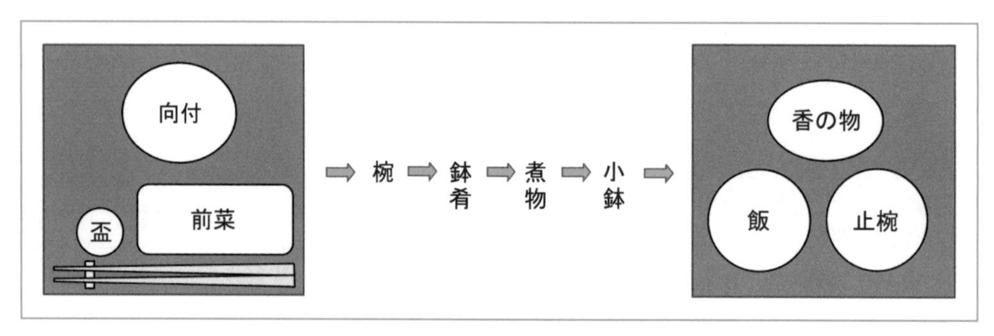

図 3.7　会席料理の配膳図（七品献立の例）

表 3.9　会席料理の献立構成（七品献立の例）

順序	献　立	料 理 の 内 容
1	前菜（ぜんさい）	先付、お通し（突き出しともいう）、珍味盛り合わせ
	向付（むこうづけ）	生魚の酢の物、刺身
2	椀（わん）	すまし仕立て
	鉢肴（はちざかな）	魚や鶏肉の焼物（揚げ物、蒸し物を用いることもある）
	煮物（にもの）	野菜を主に乾物、魚介、肉の煮物の盛り合わせ
	小鉢（こばち）	小丼ともいう。小鉢に浸し物、酢の物、和え物などを盛る
3	止椀（とめわん） 飯 香の物（こうのもの）	みそ仕立て
4	菓子　茶	甘味として水菓子（果物）が出ることが多い。緑茶

4) 精進料理

鎌倉時代に禅宗の寺院で発達した、仏教思想を基本とした料理で、一般には仏事の際の料理とされる。殺生を禁じる戒律を守り、魚介類や肉類などの動物性食品を用いず、植物性食品のみを用いる。たんぱく質源として豆腐、湯葉など大豆製品や生麩を用い、ごま、ごま油をはじめとする種実類も多用する。

精進料理として「がんもどき」がある。「もどき」とは似たものという意味で、雁の肉に似せて、実際には肉を用いず水を切った豆腐や野菜類、つなぎのでんぷんなどを混ぜて油で揚げたものである。

また、だしには精進だし（昆布や椎茸、かんぴょうなどの植物性の材料からとっただし）を用い、薄味仕立てで、全体として淡白であるが風味は豊かである。献立の形式は本膳料理や会席料理に多く、一汁三菜、二汁五菜などが用いられる。食器は赤または黒の漆器のみを使用する。

5）普茶（ふちゃ）料理

江戸時代に中国から帰化した禅宗の僧侶隠元禅師により広まった、中国式の精進料理である。黄檗（おうばく）料理ともいう。普茶料理は「赴茶」ともいい、禅宗の僧侶が茶礼（茶を飲みながら一堂に会して行う儀式や会合の後の食事に由来している。献立は二汁七菜が一般的である。中国式であるため油を用いたり、あんかけにする手法を用いるのが特徴である中国式に一皿に盛られた料理を取り分けて箸とちりれんげを用いて食べる。

6）卓袱（しっぽく）料理

江戸時代中期に長崎で発達した料理である。和風の料理に中国風とオランダ風の料理が組み合わさったもので、鰭（ひれ）椀とよばれるすまし仕立てのお椀に始まり豚の角煮など獣鳥肉料理、梅椀という汁粉やぜんざいが最後に供される。銘々膳は使わず、ひとつの卓袱台（食卓）を囲み、一皿に盛り付けられた料理を取り分けて食す。

7）日常食

今日の家庭における日常食の献立は、ご飯と汁物に主菜および副菜（副々菜）1～2品、香の物、デザートが一般的であり、本膳料理の膳組みの基本が受け継がれている（図3.8、表3.10）。

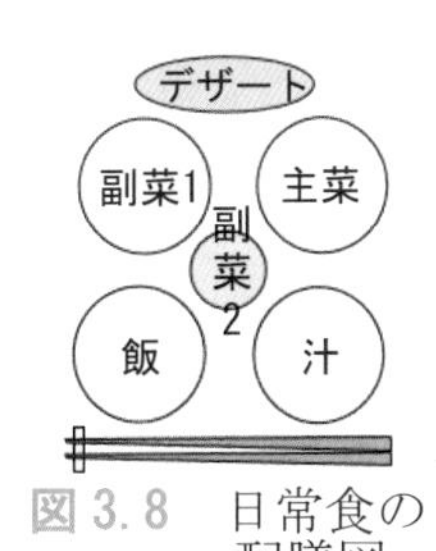

図3.8　日常食の配膳図

表3.10　日常食の献立構成

献　立	栄養素・食品群
主　食	穀類（米飯、パン、麺類など）
主　菜	たんぱく質性食品（肉・魚介類・卵類・豆腐類など
副　菜　1	ビタミン、ミネラル、食物繊維に富む食品（いも類、豆類、野菜類など）
副　菜　2	ビタミン、ミネラル、食物繊維に富む食品（藻類・野菜類など）
汁　物	米飯、パンなどにあう汁物を決める
デザート類	献立をみて足りない栄養素を含むものを選ぶ

4.3 西洋料理

(1) 成り立ちと特徴

西洋料理とはフランスを代表にイタリア、イギリス、スペインなどのヨーロッパやアメリカ諸国の料理の総称である。起源は、古代ギリシャ・ローマ時代にある。当時、フランス語で美食を意味する「ガストロノミー」の思想が既に芽生えており、西洋料理の基本となる調理技法の工夫がなされていた。中世には肉食中心のヨーロッパに欠かせない香辛料を使用した料理が王侯貴族達の食卓に並んだ。

ルネサンス期、大航海時代を経て 16 世紀イタリアのメディチ家のカトリーヌがフランス王妃として嫁いだことを契機に、シャーベットやイタリア風ソースなどの新しい料理の他、ナイフ、フォーク、ナプキン、ガラス器、食卓や食事に関する作法などが持ち込まれ、フランス宮廷料理の基礎がつくられた。17〜18 世紀にはルイ王朝のもとフランスの宮廷料理はさらに芸術的で美味な料理へと成熟した。現在でも西洋料理の中心とされるのはフランスの宮廷料理である。

一方、その後起きたフランス革命により王族お抱えの料理人達が町のレストランへ流入し、市民層へ料理の文化が浸透するきっかけとなった。19 世紀には豪華で壮麗なフランスの古典料理は黄金期を迎え、一皿ずつ料理を供するロシア式サービスも広められた。

近代に入りエスコフィエらにより新たな料理の創造や体系化も進み、さらに洗練されたものとなった。その反面、調理が複雑になり、肉類や油脂類を多く用いた、重く、栄養過多の料理になったことに対する反省から、1970 年代には新フランス料理（ヌーベル・キュジーヌ）が生まれた。これは濃厚なソースを排し、魚介類や野菜などの素材の新鮮な持ち味を生かしたもので、世界各地に広がった。なお、日本における西洋料理は欧米諸国と必ずしも同じものではなく、日本人の味覚にあうものを取り入れたり、米飯にあうよう変化させてきた経緯から、独自の料理となっている。

(2) 形式

西洋料理の形式は、さまざまなスタイルが混在しており、状況に応じて使い分けられる（表 3.11）。1日のうち最も重要な食事を正餐（英語ではディナー、仏語ではディネ）といい、正式なコースで供される。現在、各国での正餐にはフランス料理が用いられることが多い。

日本における西洋料理の供食は、料理はフランス料理を基本とし、テーブルセッティングとテーブルマナーはイギリス式を基本としている。西洋料理の形式を表 3.11 に、基本的な正餐の献立と飲み物を表 3.12 に示す。配膳図は後述のテーブルセッティングの項で示す。

表 3.11 西洋料理の形式[3)]

ブレックファスト	コンチネンタル	カフェオレ、紅茶、クロワッサン、ブリオッシュ、バゲット、バター、ジャムなど簡単な組み合わせである。
	アメリカン	卵料理、ハム、ベーコン、コーヒー、紅茶、ミルク、ジュース、トースト、オートミール、シリアル、バター、ジャムなど種類や品数が多い組み合わせである。
ランチ	昼食のこと。日本では、一品料理、定食料理などの意味もあり、アメリカでは、軽い食事のことや弁当、軽食堂のこともさす。	
サバー	フランス語でスペという。夜会や芝居見物の後でとる食事のこと。夕食、晩餐の意味もある。	
ディナー	正餐のことだが、今日では一般に晩餐のことをさす。コース料理から家庭の夕食まで幅広く使われる。	
パーティー	カクテルパーティー	アルコール飲料とソフトドリンクで大勢が気軽に歓談するパーティー。料理は簡単なオードブルやサンドイッチなど手軽に食べられるものが多い。
	ティーパーティー	コーヒー、紅茶、クッキーなどの菓子やサンドイッチなどの軽食で、午後のひとときを楽しむパーティー。
	ビュッフェ	セルフサービスによる立食のこと。狭い場所で大勢の人が会食でき、好きな料理を自由に取れる。乗り物の中、園遊会などに向いている。
カフェテリア	セルフサービスの食堂のこと。カウンターに並べられた数多くの単品料理の中から、客が好みの料理を自由に選び、キャッシャーで代金を支払い、食卓に運ぶ食事様式。	

表 3.12 西洋料理の正餐献立と飲み物

構成	内容	酒類
前菜	食事の最初に供され食欲増進の役割を果たす。冷前菜と温前菜がある。	シャンパン、シェリー酒、軽い白ワイン
スープ	晩餐には必ず供される。正式にはコンソメなど澄んだスープである。	
ポアソン（魚料理）	幅広いさまざまな魚料理が供される。甲殻類の場合もある。	白ワイン
アントレ（獣鳥肉料理）	食肉類の料理、献立の中心をなし豪華な料理で野菜類を付け合わせとする。	赤ワイン
グラニテ（氷菓）	シャーベットで、口直しのために供される。	
ロティ（蒸し焼き料理）	肉料理に用いない食肉が供される。肉料理と蒸し焼き料理のいずれか１品である場合もある。	
サラダ	独立した料理で供される場合もあるが、主として生野菜サラダが供される。	
アントルメ（デザート）	食後の菓子や果物	シャンパン
コーヒー	デミタスコーヒー（濃く入れたもの1/2量）が供される。	リキュール、ブランデー

コラム　西洋料理の特徴

1. 主食、副食の概念がない。
2. 獣鳥肉類を主材料とし、卵、乳・乳製品を多用する。
3. 獣鳥肉の矯臭、消臭、防腐の目的で香辛料、香味野菜を用いる。

4. 基本的な調味料は塩と胡椒である。
5. バターやオリーブ油など油脂類を巧みに使用する。
6. 食事中にワインをはじめとするさまざまな酒類が供される。
7. だし（フォン）をもとに工夫したさまざまなソースを用いて、料理に変化をつける。
8. 複数の素材を用いて味を融合させる。
9. 焼く調理法、特にオーブンを用いた蒸し焼き料理が発達している。

4.4 中華料理

(1) 特徴

中国料理は中華人民共和国に発達した料理の総称で、4,000年といわれる長い歴史があり、「薬食同源」に象徴されるように中国では古くから食を重要視してきた。広大な国土をもつため、気候や風土の地域差が大きく、そこで暮らす多種類の民族と文化の相違によりさまざまな特徴がある。表3.13に示すように大別すると4つの地域で、特徴のある味付け、材料、調理法を用い料理が作られた。東酸（ドンスアン）、西辣（シイラア）、南談（ナンダン）、北鹹（ベイシェシ）といわれるように、東方は酸っぱく、西方は辛く、南方はあっさり、北方は塩辛いという味の特徴がある。

表3.13　中国各地域の料理と特徴

地　域		料　理	特　徴	代表的料理
北方系	黄河地域	北京、山東料理	めん、粉料理、油、羊、にんにく、味は濃厚	北京烤鴨、醤爆鶏丁、餃子など
東方系	揚子江下流地域	上海、江蘇料理	四季温暖、素材が豊富、米食、魚介類	紅焼魚翅、上海蟹、東坡肉など
南方系	亜熱帯海岸地域	広東、福建料理	季節性豊か、素材・調理法ともに多彩	八宝菜、芙蓉蟹、飲茶点心、酢豚など
西方系	揚子江上流地域	四川、雲南料理	冬季厳寒、肉、蔬菜、淡水魚、唐辛子など香辛料	麻婆豆腐、棒々鶏、搾菜など

(2) 形式

中国では献立を菜単（ツアイダヌ）といい、正式の献立は宴席菜（イエンシイツアイ）という。日常の食事である家常飯（デャデャファヌ）では、料理の内容や品数は異なるが、基本的な考え方は宴会料理と同じである。

献立は最初は汁気のないもので、味の調和した炒め物、からっとした揚げ物、あっさりした蒸し物、濃厚なあんかけ、炒め焼き、煮込み、汁物、飯や麺、甘味や果物の順となっている。品数は偶数が一般的で、材料、調理法、調味が重複しないよう変化をもたせ、五味（塩味、酸味、辛味、苦味、甘味）が献立のなかに含まれるようにする。表 3.14 に中国料理の供応食を示した。

この他の形式として、点心（ティエンシン）を食べながら中国茶を飲む軽い食事として飲茶（インチャー）がある。点心は甘くない鹹点心（シエンティエンシン）と甜点心（ティエンティエンシン）がある。前者は麺類、ご飯もの、焼売、餃子、包子、餅などで、後者は月餅、杏仁豆腐などである。

表 3.14　中国料理の供応食（宴席菜）

順　序	分　類	内　容	その他
前　菜（チェヌツァイ）	冷菜（ロンツァイ）	酒の肴のようなもの。本来は１種類を１皿に盛り、4種、8種、16種と出すものであるが、最近は少しずつ盛り合わせた拼盤が多い。	老酒 京果（おつまみ） 乾果子、蜜銭
	熱菜（ロオツァイ）	水気の少ない揚げ物など。（今は省略される）	
大　菜（ダァツァイ）	頭菜（トウツァイ） または 大件（ダァチェヌ）	大菜の最初に出される最も高級な料理。 この料理で宴席の等級が決まり、宴席の名称となる。	燕窩席（燕の巣） 魚翅席（ふかひれ） 海参席（干しなまこ）
	炒菜（チャオツァイ）	炒め物	材料、調理法、色や味が重複しないように組み合わせる。
	炸菜（ヂァツァイ）	揚げ物	
	蒸菜（ジョンツァイ）	蒸し物	
	煨菜（ウェイツァイ）	煮物	
	溜菜（リュウツァイ）	あんかけ	
	烤菜（ガオツァイ）	焼き物	
	湯菜（タンツァイ）	料理の最後を締めくくる。	
点　心（チェンシヌ）	鹹点心 甜点心	飯、粥、麺、饅頭など甘いデザート	茶 水果（シュイグオ）（果物）

コラム　中国料理の特徴

1. 食材の種類は多岐にわたり、獣鳥類であれば内臓や皮なども含め多様な技術で無駄なく調理する。
2. 国土が広大なので保存や輸送のための工夫として多くの乾燥材料（ふかひれ、干しあわび、干しなまこ、つばめの巣など）が使用される。
3. 生食は少なく、揚げ物、炒め物などの油を使った高温加熱調理が多い。その際、巧みに油を使用し、油っこさを感じさせず、独特の調理技術により材料の風味を損なわない。
4. でんぷんを上手に用いる。うま味を逃がさない調理やとろみをつけて保温性を高めたり、煮汁まで余すことなく食べる調理などである。
5. 味付けは、しょうゆ、みそ、酢を基本とし、多様な調味料やにんにく、ねぎ、しょうがをはじめとする香味野菜や香辛料に食材を組み合わせ、調和のとれた複合味を作り出す。
6. 大皿に盛られて供されることが多い。
7. １本の包丁と中華鍋、へら、杓子、せいろうでほとんどの料理がつくれ、調理器具が少なく合理的である。

4.5 食卓のコーディネートとマナー

食卓をコーディネートする際は、さまざまな料理様式の特徴を理解し、それに適した食器や食具の使い分けが重要である。具体的には、食器や食具の材質、形、大きさが各様式や食事の目的に調和していること、熱伝導性が小さいこと、重さが適当であることが料理様式に共通する要点としてあげられる。加えて、食べる人の要望や予算、TPO、スタイル（フォーマルかカジュアルかなど）にふさわしい構成をすることが求められる。ここでは箸食文化圏に属する日本と中国の料理、ナイフ・フォーク・スプーン食文化圏に属する欧米諸国の西洋料理について述べる。

テーブルマナーは、決まりや形式が先行するものではない。同席者や周囲の人に不快感を与えないこと、料理をおいしく食べるためのものであることを踏まえたうえで正しい身だしなみや態度を身につけることが大切である。

(1) 日本料理

1) 食器・食具

日本料理の食器は、諸外国に比べて大きさや形、模様、材質が非常に多様である。煮物、焼き物など調理法ごとに食器が異なり、季節や盛る食材にあわせた食器を用いるためである。一度の食事のなかで多様な食器を季節感を軸に巧みに組み合わせて用いる。食具として箸を用いて、食器を手に持って食べるので、食器の質感、口にあたる感触も大事にされる。

2) テーブルセッティング

日本料理のテーブルセッティング、配膳を膳組みともいう。本膳料理、懐石料理、会席料理における膳組みは、4.2 (2)に示した配膳図を参考にされたい。一汁三菜の一般的な配膳および会席料理の配膳の例（前出以外、平面的配膳）を図 3.9 に示す。

後述する西洋料理がテーブル全体の調和を重視するのに対して日本料理は一人ひとりの空間を大切にする。一人分の料理を置くスペースは、36 cm×36 cm の正方形、

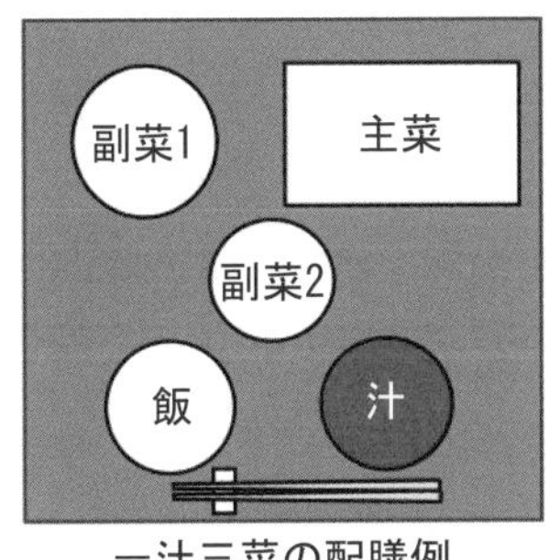

一汁三菜の配膳例

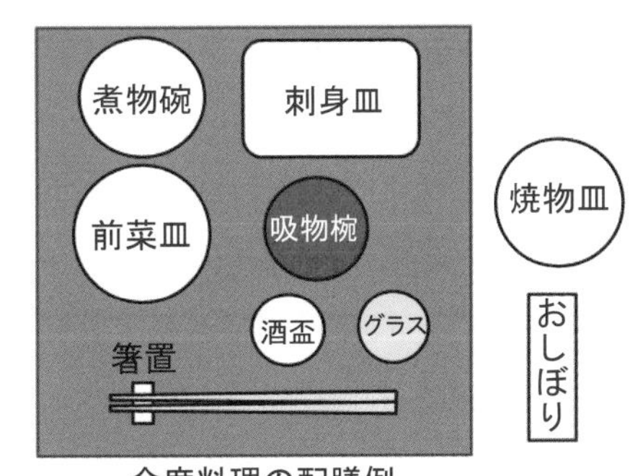

会席料理の配膳例
（飯、みそ汁、香の物は最後に供される）

図 3.9　配膳の例

黒塗り、角不切（すみきらず）（膳の四方の角があるもの）の膳を用いてつくることが多い。膳は、畳での食事のときは、長めの脚のついたものを畳の上に置いて用い、座卓での食事の場合は折敷やランチョンマットを用いることが多い。和室の場合、床の間に掛け軸や季節の花を飾る。

3）席次とマナー

席次は床の間のある部屋では床の間のすぐ前が主客、違い棚や床脇側が次客となる。床の間がない場合は入り口より遠い席が上座となる（図 3.10）

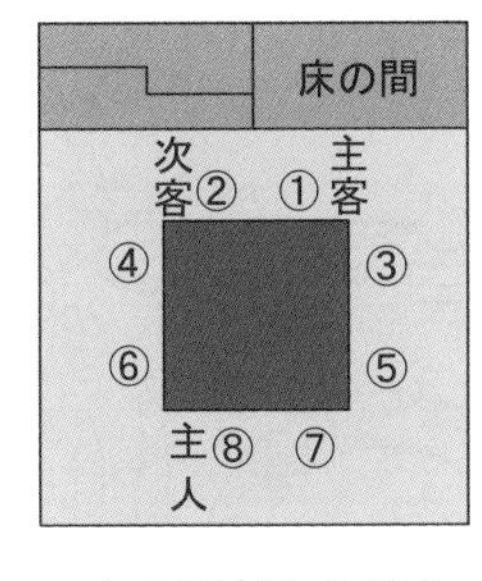

床の間がある場合

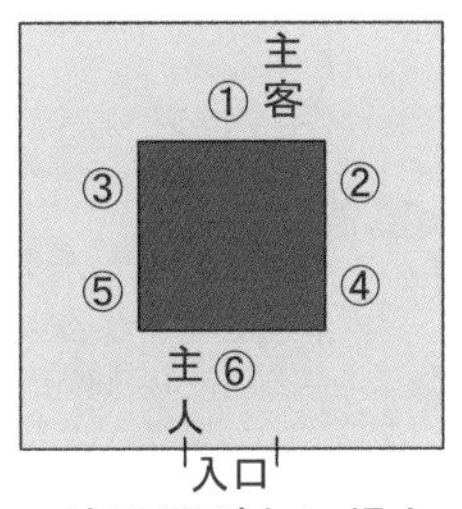

床の間がない場合

図 3.10　日本客間の席次

食事マナーを以下にあげる。

- 飯碗と汁椀、小さな器は手に持って食べる。
- 右側にある器のふたは右側に、左側の器のふたは左側に置く。食べ終えたら元に戻す。
- 箸は箸置きに置く。箸置きがないときは箸先を膳の左縁にかけるか、箸袋を結んで代わりにする。
- 温かい料理は冷めないうちに食べる。
- なるべく食べる音や食器の音をたてない。

(2) 西洋料理

1）食器・食具

西洋料理のディナーでは前菜からデザートまで同じ材質、図柄の食器を用いる。また、料理や飲み物ごとに食器や食具を使い分けるので食器・食具の種類が多いのが特徴である。

2）テーブルセッティング

テーブルの上はパーソナルスペースとパブリックスペースに分けられる。パーソナルスペース（一人分）は幅45 cm、奥行き35 cmで、隣の人との間は15〜20 cm空ける。テーブルの端から3cm程度のところに位置皿を置く。テーブルクロスはテーブルの周囲に20〜50 cm垂れ下がるように掛ける。ナプキンも正式にはテーブルクロスと同じ布で50〜60 cmの正方形のものを畳んで、位置皿やパン皿の上などに置いて準備する。テーブルクロスやナプキンのサイズは供食の席や格により幅がある。

パブリックスペースには、テーブル中央にセンターピース、フィギュア、キャンドル・キャンドルスタンドをバランスよく置く。センターピースはその食事の主題になるものや生花、お菓子、陶器などとし、食事の席での会話のきっかけをつくる役割を果たす。図3.11に西洋料理の基本的な正餐の配膳図を、図3.12に家庭用の配膳図を示す。

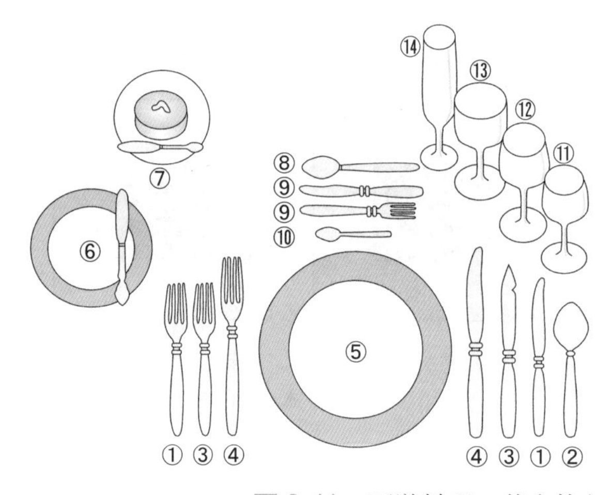

①オードブルナイフ・フォーク
②スープスプーン
③フィッシュナイフ・フォーク
④ミートナイフ・フォーク
⑤ベースプレート（位置皿）
⑥パン皿
⑦バタークーラーとバターナイフ
⑧デザートスプーン
⑨デザートナイフ・フォーク
⑩コーヒーまたはティースプーン
⑪白ワイングラス
⑫赤ワイングラス
⑬ゴブレット
⑭シャンパングラス（フリュートタイプ）

図3.11　西洋料理の基本的な正餐の配膳図

図3.12　西洋料理の家庭用の配膳図

3）席次とマナー

部屋の中心にテーブルが置かれ、入口や配膳口から遠いのが上位席である。男女は交互に座り、夫婦（パートナー）はできるだけ離れる。主賓（女性）はホストの右手に、主賓（男性）はホステスの右手に座る（図 3.13）。着席するときは左側から椅子に座り、深く腰かける。

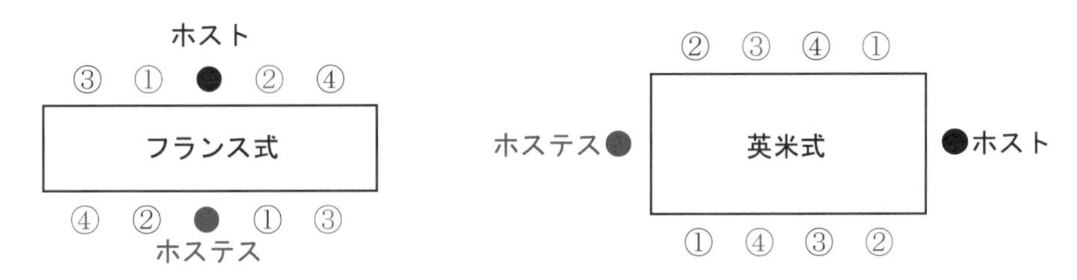

図 3.13　西洋料理における席次

食事マナーを以下にあげる。

- ナプキンは料理が出される前に膝の上に置く。口元や手を拭うときには端の方を使う。中座するときは椅子の上に、食事を終えたら軽く畳み、食卓の左側に置く。
- ナイフ・フォーク類は外側から、グラス類は料理の順に手前から使う。
- 器はテーブルに置いたままで、原則置かれた位置から移動させない。
- 料理は左側から、一口大にナイフで切って食べる。原則ナイフとフォーク両方を用いて食べる。
- スープを吹いて冷ましたり、音を出してすすったりしない。
- ワインなど飲み物はサービスの人についでもらう。その際グラスやカップはテーブルに置いたままでサーブしてもらう。

(3) 中国料理

1）食器・食具

料理は大皿盛りにし、個人の皿に取り分けて食べるので、共有の食器と個人の食器がある。なお、香港を中心に近年広まったヌーベルシノア（新中国料理）の場合は、西洋風の手法を取り入れており、大皿盛りではなく銘々に少量を盛り、ナイフやフォークで食べるスタイルを取る。

2）テーブルセッティング）

中央に料理が供された食卓を囲んで各自が小皿に取り分けながら食事をする方式をとる。円卓の中央の回転小卓（ターンテーブル）は調味料や大皿の料理、予備の取り皿、骨壷（グゥホゥ、骨などを入れる壷型の器）など共有の食器類を置くもので、日本人の発明とされる。ターンテーブルは使わないこともある。個人の食器は一人分ずつ卓上に置く（図 3.14）。テーブルクロスは、元来かけなかったが最近は用いられることが多い。箸は日本料理の場合と異なり、縦向きに置き、その横にちりれんげを添える。

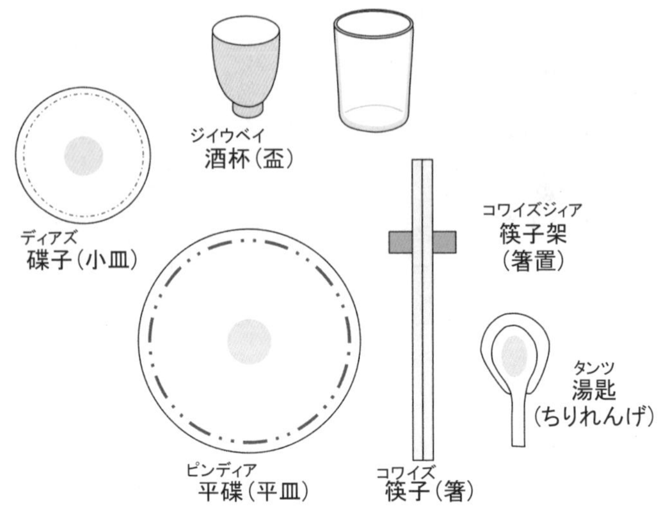

図 3.14　中国料理の一般的な食器の配膳図の例

3）席次とマナー

中国では一般に北を上座とするが、現在は方角にこだわらず、入口より遠方に香炉を置いて上座とし、入口に衝立を置いて下座とすることが多い。通常8〜10人が囲める方卓と円卓が用いられるが、人数に融通がきく円卓が多く利用される（図 3.15）。

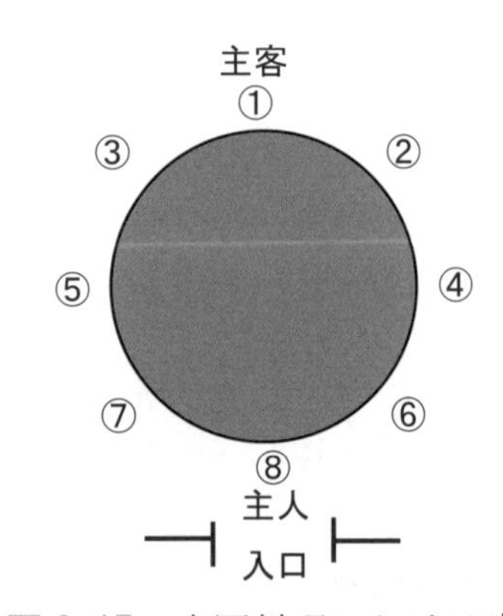

図 3.15　中国料理における席次

中国料理ではもてなしのときに主人が自分の箸で同席者の皿に取り分ける、あるいは各自が直箸で大皿から取る方法が取られ、元来取り箸を使う習慣はなかった。しかし、最近ではこの習慣が衛生上好ましくないと考えられる傾向も一部にあり、取り箸を用意したり、銘々に盛るなどの方法をとる場合もある。

食事マナーを以下にあげる。

■ 菜と飯は箸で食べ、湯菜（スープ）、とろみのある料理、麺類はちりれんげ（匙）を使う。

■ 飯碗、杯以外の食器はテーブルに置いたまま食べる。
■ 料理はまず主客が大皿から取り、次にその隣の人から全員に行き渡るよう配慮した適量を取り、順次次の人に回す。
■ 回転小卓（ターンテーブル）は右回りに回すのが基本である。
■ 料理の味が混ざらないよう料理ごとに取り皿は取り替えるのがよい。

引用・参考文献

1） 畑江敬子、香西みどり「スタンダード栄養・食物シリーズ　調理学」東京化学同人 2004
2） (公社)フードスペシャリスト協会編「三訂フードコーディネート論」建帛社　2018
3） 香西みどり著　公益社団法人全国調理師養成施設協会編「食文化概論」公益社団法人全国調理師養成施設協会　2016
4） フードデザイン研究会編「食卓のコーディネート」（株）優しい食卓　2013
5） 青木三恵子「調理学弟 3 版」化学同人　2011
6） 岡田哲「食の文化を知る事典」東京堂出版　2008
7） 熊倉功夫、川端晶子編著「21世紀の調理学 2 献立学」建帛社　1997
9） 和田淑子、大越ひろ編著「健康・調理の科学」建帛社　2010
10）小松龍史、外山健二、朝見祐也編著「給食経営管理論」建帛社　2011

調理操作

達成目標

喫食者の嗜好を満たしつつ栄養素の適切な摂取を実現するためには、食品の特性をふまえた適切な調理操作が求められる。本章では、調理過程で行われる非加熱調理操作および加熱調理操作、調味操作の原理について理解し、再現性のある調理操作と効率的な加熱条件を設定できるようになることを目標とする。

1 調理操作の分類

調理操作とは、食品材料をおいしく、衛生的で安全な状態にし、しかも栄養素の消化吸収、機能性を高めた食べ物に調整することを目的として行われる種々の操作をいう。調理操作は、下ごしらえから仕上げの盛り付けまでに、熱を加えないで行う計量や洗浄、浸漬、切砕などの**非加熱調理操作**と、煮る、焼く、揚げるなどの**加熱調理操作**に大別される。

2 非加熱調理操作

非加熱調理操作は、調理の前段階や途中、仕上げの段階で行われる操作（**表 4.1**）であり、単独または併用して行われる。準備操作として位置づけられることが多いが、刺身やサラダ、漬物のように**非加熱調理操作**だけでできる料理もある。

表 4.1　非加熱調理操作の分類

操　　作	内　　容
計測・計量	重量、容量、温度、時間を計る
洗浄	流し洗い、混ぜ洗い、とぎ洗い、振り洗い、こすり洗い、もみ洗い、つかみ洗い
浸漬	もどす（水分付与、膨潤）、浸す（水分付与、膨潤、不要成分の除去、褐変防止、うま味成分の抽出、調味料の浸透）、さらす（水分付与、アク抜き、テクスチャーの向上）
切砕	切断（切る、刻む、皮をむく、魚をおろす、そぐ、削る）
粉砕・磨砕	つぶす、くだく、する、おろす、肉を挽く、裏ごしする
混合・攪拌	混ぜる、こねる、練る、和える、泡立てる
圧搾・濾過	絞る、こす、粉をふるう
伸展・成形	伸ばす、押す、にぎる、詰める、丸める、包む、結ぶ、型に入れる、抜く、巻く
冷却・冷蔵・冷凍	冷ます、冷やす、凍らせる、凍結させる
解凍	解凍する、氷結晶を溶かす
盛り付け	器に盛る、よそう

コラム　その他の調理法

食品に施される調理法の種類は、加熱調理と生物調理に大別することができ、加熱調理操作は加熱方法の違いによって**表 4.5** のように分類される。なお、2つ以上の調理操作を併用して行うものや、生物または加熱調理を併用するもの、明確には分類しがたいものなど、多種多様な調理（汁物、なべ物、飲み物など）がある。ここでは、代表的なその他の調理法として**和え物**、**酢の物**、**浸し物**、**寄せ物**について概要を述べる。

和え物は、下処理した材料に調味液または粘稠（ねんちょう）性をもつあえ衣を混ぜ合わせる調理法で、**あえる操作**は、調理の仕上げの段階で行われ、調理過程の随所で行われる混合操作とは区別される。あえられる材料（かやく、または具）は、生のまま、または加熱して用い、特徴を生かすように薄く味つけし、あえる物（あえ衣、調味料、ソース）を比較的濃い味にして、混ぜ合わせる操作であり、材料からの脱水をできるだけ少なくするため、**供食直前**にあえるようにする。白和え、うの花和え、木の芽和え、ごま和え、おろし和えなどがあり、料理名は、あえ衣と同じものが多い。

酢の物は、和え物の一種で、下処理した材料を調味酢と和える調理法で、材料の持ち味に、さわやかな酸味と芳醇な香りの加わった調理である。調味酢は合わせ酢ともいい、食酢には塩または醤油、砂糖、その他風味を添える副材料を合わせたものである。和え物と同様、**供食直前**にあえるようにする。

浸し物とは、主として材料をゆでる、蒸すなどの加熱後、調味液をかけるか浸す、または短時間煮て、その汁に浸して（煮浸し）調味する調理法である。南蛮漬け、マリネ、数の子やイクラを調味液に浸したものなどがある。

寄せ物は、寒天、ゼラチン、ペクチン、でんぷん、小麦粉、卵などを用いて、ある濃度の**ゾル**を**ゲル状**にかためたものであり、材料によってゲル化のための**凝固**、**糊化**、**融解**などの適温が異なり、さらに調味料、副材料などによっても変化する。寄せる操作は、寒天、ゼラチン、ペクチンなどの**ゾル**は冷却によりゲル化され**可逆的**であるが、でんぷん、小麦粉、卵などのゾルは加熱によってゲル化され**不可逆的**である。果汁かん、フルーツゼリー、ブラマンジェ、カスタードプディングなどがある。

2.1 計測、計量

調理を合理的に、効率よく行い、さらに再現性をもたせるためには、各調理操作過程の食品の変化を正確に捉え、標準化することが必要であり、その基本となるのが**計測・計量**である。食品材料や調味料の重量、容量、調理過程においては、重量の変化や加熱時間、調理温度などを計測する。計量器として、重量には秤（はかり）、容量は計量カップや計量スプーン、温度は温度計、時間はキッチンタイマーなどで計測する。

2.2 洗浄

洗浄は、食品材料についた汚れや有害物（農薬、寄生虫など）、不味成分、悪臭のある部分、不消化部分など、人体にとって不都合なものを除去し、衛生的で安全な、嗜好上好ましい状態にする調理の最初に行われる基本的操作である。

水洗いが基本だが、食品の種類や食品に付着している汚れの状態、また、調理目的によって、冷水、温湯、熱湯、食塩水、酢、中性洗剤を使用することもあり、適した洗い方（表4.2）を採用する。洗浄による成分変化は比較的少ないが、水溶性のうま味成分や栄養素は溶出しやすいので、目的もなしに、魚の切り身や野菜を切った後、水洗いしないようにする。

表4.2　主な食品の洗い方

食品名	洗　い　方
穀　類 豆　腐	穀類や豆類は、水中で攪拌しながら、または比重を利用して不要なものを浮上、あるいは沈殿させて除去した後、混ぜ洗い（攪拌洗い）する。米は、少量の水中でぬかをとぎ落とすのでとぎ洗いという。
野菜類 いも類 果物類	組織が軟らかい葉菜類は、葉折れや組織細胞を壊さないように注意しながら、丁寧に細部まで水中で振り洗いする。根菜類、果菜類、いも類、果実類は手やブラシなどで組織を破壊しない程度に摩擦を加えてこすり洗いをする。
魚　類	魚類は冷たい流水で丸洗いし、体表面に付着する好塩菌や魚臭を除く。次にうろこ、えら、内臓を除いた後、流水で血液を丁寧に洗い流す。切り身にした後は、うまみ成分が流出するので洗わない。
貝　類	海の貝類（あさり、はまぐり）は、海水（約3％）と同じ濃度の食塩水につけ、淡水のしじみは、真水または薄い塩水につけて砂抜きした後、貝どうしをこすりあわせて洗う。貝のむき身は、塩でまぶして手で軽くもみ洗い、または2％の食塩水中で振り洗いして汚れや臭みを除いた後、真水で洗う。
肉　類	肉の切り身はほとんど洗うことはないが、臓物や鶏骨は血抜き、臭み抜きのために流水に漬けて洗うか、水に漬けてさらす。
乾物類	水で洗うことによって、不純物を取り除くだけでなく、水に浸しながら軟らかくする目的をもつ。かんぴょうは、食塩をつけてもみ洗いを行うと吸水率が高まり軟らかくなる。
藻　類	こんぶは水洗いせず、ふきんで表面の砂などを落としてから用いる。わかめやひじきは、もみ洗いやつかみ洗いを行い、食塩、汚れ、アクなど不要なものを除く。

2.3 浸漬

浸漬とは、固体の食品を水、食塩水、酢水、調味液などの液体に浸し、水分または溶液の浸透や食品成分の溶出が生じる現象を利用した操作で、水分付与、不要成分の除去（**アク抜き**、塩出し、血抜き）、**褐変防止**、うま味成分の抽出、調味液の浸透、テクスチャーの向上など、さまざまな目的で行われる（表4.3）。

表 4.3 浸漬の目的と主な食品

目的		浸漬液（添加物使用の目安）	主な食品
水分付与・膨潤		水	米
		水または温水	乾物類（干ししいたけ、切干だいこん、凍り豆腐、かんぴょう、こんぶ、寒天、煮干し、干し貝柱、干しえび、ゼラチン）
		食塩水（1%）	大豆
不要成分の除去		水	不味成分（えぐ味、渋味、苦味）を含む食品、臓物類
	塩出し	薄い塩水（呼び塩・迎え塩1～1.5%）	塩蔵食品（塩分の多い塩魚、塩かずのこ）
	砂抜き	食塩水（3%）	海の貝類の砂出し（冷暗所）
	アク抜き	酢水（1.5～3%）	ごぼう、れんこん、うど
		重曹水（0.2～0.5%） 木灰汁（木灰10%の上澄み液）	わらび、ぜんまい
		米のとぎ汁・ぬか水（10～30%）	干しにしん、たけのこ
	血抜き・臭み抜き	牛乳	レバー、魚
褐変防止		水	じゃがいも、なす
		食塩水（1%）	果物
		酢水（1.5～3%）	ごぼう、れんこん、うど
うま味成分の抽出		水	こんぶ、煮干し、かつお節
調味液の浸透		食塩（1～3%）	下処理として立て塩につける即席漬け
		調味料	魚肉・食肉の下味つけ
			お浸し、マリネ
			青煮（さやえんどう、さやいんげん）
			白煮（れんこん、うど）
テクスチャーの改善・向状		冷水	生食用野菜、刺身のつま、ゆでた麺類
		重曹水（0.2～0.5%）	大豆、わらび、ぜんまい
		ミョウバン水（0.5～1%）	さつまいも、くり、ゆり根

(1) 水分付与

乾燥食品は、加熱調理に先立って浸漬を行い、組織を膨潤・軟化させ、切断や加熱操作を容易にする。浸漬中の食品の吸水速度や吸水率は、食品の種類によって異なり、水温が影響するので、目的に応じた適切な浸漬条件（浸漬液、時間、温度）で行う。乾物を水などに浸漬し、十分に吸水した後の重量を元の重量で除した倍率を**戻し倍率**といい、煮物など加熱調理するときの味付けは、この戻した後の重量に対する割合で示す。代表的な乾物の戻し倍率の目安を表 4.4 に示す。

表 4.4 乾物の戻し倍率

乾物名	戻し倍率(倍)
豆腐	2～2.5
凍り豆腐	6～8
干しゆば	2.5～3
乾麺	2～3
かんぴょう	5～7
切り干しだいこん	4～5
干ししいたけ	4～6
乾燥ひじき（芽）	8～11

⑵ 不要成分の除去

食品に含まれる不味成分（えぐ味、渋味、苦味）や悪臭成分などを除去するために、食品にあわせた浸漬液につけて不要成分を除去する操作を**アク抜き**という。アク成分は無機および有機塩類、アルカロイド、ポリフェノール類など、多くは水溶性であるため、切断後の浸水*1によりかなり除去できるが、食品によっては酢水や食塩水などに浸漬して除く。浸漬後ゆでる場合も、同様の条件でゆでることが多い。なお、アク抜きによって嗜好性は向上するが、同時に有効な水溶性成分の溶出も多くなるので、過度の浸漬は避ける。

特に、塩蔵食品から余分な塩を除くために水に浸す操作を**塩出し**といい、水または薄い食塩水（呼び塩・迎え塩とよぶ）に浸す。呼び塩（迎え塩）に浸すと、外側の急速な塩の溶出を防ぎ、材料の中心部から平均して塩を抜くことができ、過剰な膨潤や風味・うま味の溶出を防ぐことができる。また、干しにしん、棒だらなど干し魚の渋みは、脂肪の酸化によって生じた遊離脂肪酸が原因とされるので、米のとぎ汁や木灰汁などのアルカリ性溶液に浸漬するとよい。

⑶ 褐変防止

野菜や果物、いも類には、皮をむいたまま、または切断後、そのまま空気中に放置すると褐変するものがある。これは、食品中に存在するフェノール性化合物が組織中の酸化酵素（ポリフェノールオキシダーゼ）の作用で、空気中の酸素によって酸化されて褐変物質（**メラニン**）を生成することによる。しかし、水につけることにより、酸素を遮断できる。また、酵素作用は酸性下で抑制または失活し、食塩水も酵素作用を抑制する。したがって、**褐変防止**には、切断後、ただちに水または酢水や薄い食塩水に浸漬する。

⑷ うま味成分の抽出

うま味成分の浸出を目的として、こんぶや煮干しなどを水に浸漬してだし汁をとることを**水だし**といい、くせがなく上品な味わいとなる。また、あらかじめ浸漬した後に加熱してだしをとると、うま味が抽出しやすい。

⑸ 調味液の浸透

味を浸透させるために、魚肉や食肉を焼き物や揚げ物に用いるときは、加熱前に調味液に浸漬する。また、お浸しは加熱後に、マリネは生または加熱後に各種調味料に漬けて味を浸透させる。特に、緑黄色野菜や白色野菜はしょうゆを用いた調味

＊1 浸水（水にさらす）：材料をたっぷりの水に浸して、素材の不要な成分を取り除くこと。変色防止やえぐみやアクを除くときに行う。さらす時間は、種類や形状によって違う。また、水を流しながら絶えずきれいな水でさらすこともある。

液で煮ると色が悪くなるので、色よく仕上げるために約１％の食塩水でゆでた後冷水で冷まし、冷たい調味液にさました食材を浸漬し味をつける（青煮、白煮）。

(6) テクスチャーの改善・向上

生食用に切った野菜やさしみのけんは、切った後冷水中につけると浸透圧によって野菜の細胞内に水が浸透し、パリッとして歯切れがよくなる。また、ゆでた麺類を冷水に取り、表面のでんぷんを洗い流すと歯切れがよくなり、テクスチャーが改善される。重曹（炭酸水素ナトリウム）水などアルカリ性溶液を浸漬液に用いると、野菜の繊維は軟化しやすくなり、一方、ミョウバン水*2を用いると繊維は硬化し、加熱中の煮崩れを防止する。

2.4 切砕

切砕は、包丁などを用いて不可食部を取り除き、食品を食べやすい形、大きさにする操作であり、歯ざわり、舌ざわり、料理の外観をよくするために行う。また、切ることで、食品の表面積が増え、火の通り（加熱時の熱伝導）や調味料の浸透をよくする。

根菜や肉類などの繊維が一定の方向に走る硬い食品の食感は、食品の繊維方向に対して平行に切るか、直角に切るかでかなり異なり、特に加熱によって組織が収縮する食品ではその影響が顕著である。繊維に直角に切ると速く軟化し、軟らかい食感となり、繊維に平行に切ると、煮崩れしにくく、適度の硬さが残り、歯触りを賞味できる。また、食品を小さく切ると、火の通りが速く、味がつきやすいが、食品のうま味成分の溶出も大きくなるので、食品の持ち味を生かすには、大切りの方がよい。

ごぼうなどの細長い野菜を薄い削ぎ切りにし、硬い繊維を切断する**ささがき***3や、ふろふきだいこんなど、裏面に十字の浅い切り込みを入れ、加熱時間を短縮し煮崩れを防ぎ、内側に味をしみやすくする**かくし包丁***4、切り口の角の部分を少し削り

***2 ミョウバン：**ミョウバンとは、硫酸アルミニウムとアルカリ金属やアンモニウムなどの１価イオンの硫酸塩の複塩の総称である。硫酸アルミニウムアンモニウム（アンモニウムミョウバン）および硫酸アルミニウムカリウムが一般的であり、色止めの目的では、焼きミョウバンとよばれるミョウバンの乾燥品が使われる。

***3 ささがき：**ごぼうなどの細長い野菜を、まるで鉛筆を削るときのように削ぎ切りにする。切れた形状が笹の葉のような形状であることからささがきとよばれる。ごぼうのささがきを作るときには水を張ったボールの上で行なうと、切りながら灰汁抜きができて便利である。

***4 かくし包丁：**だいこんなどを煮物にするときに、裏面（片面）だけに十字の浅い切り込みを入れる。隠し包丁を入れることによって内側に味がしみやすくなるので、外側に余計な熱を加え過ぎて煮くずれを防ぐことができる。忍び包丁とよぶこともある。

落とし、煮崩れを防ぎ見た目を美しくする**面取り**＊5、細い棒状の食材を回しながら斜めに切って表面積を大きくし、熱の伝導や味の浸透を速くする**乱切り**＊6など、野菜にはさまざまな切り方があり、目的に応じて適切な方法を選択する。

2.5 粉砕・磨砕

粉砕・磨砕は、固形食品をすり鉢やおろし金、裏ごしなどで、つぶす、細かくくだく、すりおろす、裏ごしするなどして微細な粉状またはペースト状に変形する操作であり、食品の組織や成分の均一化によるテクスチャーや味の向上、芳香の増強、消化吸収を高めるなどの目的で行われる。

コーヒーやこしょうの粉、だいこんおろし、とろろ、ひき肉などがその例であり、香りや味を効果的に用いるため、コーヒーやスパイス類は、使用直前に粉砕するとよい。

2.6 混合・混捏・撹拌

混合は２種類以上の食品材料を混ぜ合わせる操作であり、材料分布、温度分布、調味料の分布（味付け）などの均一化や、溶解や乳化の促進、色・味・香味成分を材料から引き出し他の食品に移し、調味料の浸透を促進する目的で行われる。また、混合した後、さらにこね、粘弾性の増強など物理的性状の変化・向上を目的として行うこね操作を**混捏**（こんねつ）という。混捏による調理例としては、パンや麺の生地、ハンバーグ、練り製品などがある。

撹拌は、食品に回転や往復運動を行う操作で、乳化を目的としたかき混ぜ操作や、卵黄・卵白に空気を混ぜる**泡立て操作**をいう。

2.7 圧搾・ろ過

圧搾は固形食品に力を加えて液体を絞り出す操作であり、脱水、液汁の搾取などの目的で行われる。また、**ろ過**は**こす**操作で、器具を用いて水分を含んだ食品の固形部分と液体部分を分けたり、材料の混合状態を均質にしたり、不用部分の除去などの目的で行われる。

＊5 **面取り**：だいこんなどを煮物にするときに、厚めの輪切りにした後に切り口の角ばった部分を少し削り落とす。よく煮込んでも形が崩れにくく見た目も美しくなる。

＊6 **乱切り**：切断面をあえて平行や直角にならないように切る。細い棒状の食材の場合、材料を回しながらさまざまな角度から斜めに包丁を入れてゆくと乱切りになる。ごぼう、にんじん、だいこんなどを煮物にする際に用いられる。表面積が大きいので、熱が通りやすく味がしみやすい。

2.8 伸展・成形

伸展は、混捏と併用されることが多く、食品を引き伸ばしたり、押し伸ばす操作で、層を薄くして包みやすくするため（餃子や焼売の皮）や、組織の均質化（麺の生地やパイ皮）などの目的で行う。

成形は、食品材料に形を与えたり、形を整え、食べやすく、食感に変化をもたせるなどの目的で行う操作である。押し固める（にぎりめし)、丸める（団子)、押す（押しずし)、握る（にぎりずし）などがあり、押し加減や握り加減が食感に影響する。

2.9 冷却・冷蔵・冷凍

(1) 冷却

食品の温度を冷水や氷水、冷蔵庫で常温以下に冷やす操作で、食品の酵素作用や呼吸・蒸散などの生理活性作用を抑え、成分の化学変化および微生物の繁殖を抑えることによって食品の品質保持、保存時間を延長する。また、適温に冷却して供卓することにより色や味、香り、食感を向上し嗜好性を高める。ゼラチンゼリーや寒天ゼリーなどは冷却によりゼリー化を速め、好ましい固さに固化（ゲル化）する目的で行う。食品の種類や目的によって適した冷却方法、温度管理を行う。

(2) 冷蔵

食品を氷の結晶になる前のある低い温度まで冷却し、そのままの状態で保存するために行う。冷凍に比べ食品の組織破壊が少ないので、短期間の貯蔵であれば食品の品質保持に最適であるが、食品によっては低温障害を起こすものもあるので、適切な保存温度を選択する必要がある。なお、食肉、魚介類などは０℃前後の氷結点直前の未凍結の温度帯で氷温冷蔵する。(p. 105 冷蔵庫を参照)。

(3) 冷凍

食品中の水分を凍結させ、食品を凍らせる操作で、食品を長期間貯蔵するため、また、シャーベットやアイスクリームなど凍らせて食べる料理を作るために行う。水が氷になると体積が膨張するため、冷凍で保存するとき、食品の細胞中に大きな氷の結晶ができると細胞は破壊され、その状態のまま凍結する。解凍すると壊れた細胞から出た水分が**ドリップ**[*7]（冷凍食品中の氷結晶が融解する際に流出する液汁）として流れ出し、水分とともにうま味成分や栄養も失われ、食品自体の食感も損な

＊7 ドリップ：冷凍した食品を解凍するとき分離流出する液汁。食品中の水分が組織の破壊などを伴って分離し、解凍時に流出するもので、ドリップ量、ドリップ中の成分の組成は食品の凍結条件や貯蔵条件に影響され、冷凍食品の品質を左右する。

うなど、品質低下を招く。しかし、氷の結晶が小さければそのダメージは小さくなる（図 4. 1）。

① 冷凍前の細胞　② 急速冷凍した細胞　③ ゆっくり凍結した細胞

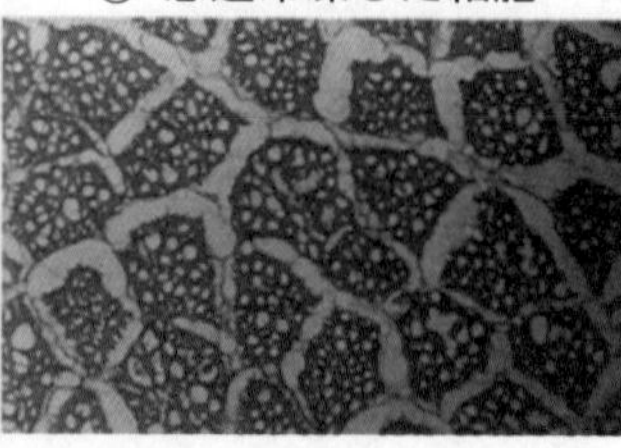

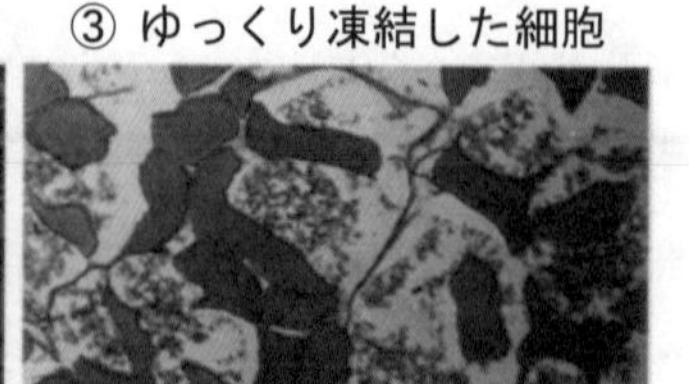

正常な組織

冷凍すると組織内に小さな氷の結晶が発生。組織の損なわれかたは少ない。

氷の結晶が大きいため、組織が損なわれている。

図 4. 1　凍結方法による氷結晶の状態

水が氷の結晶になる温度を氷結点（凍結点）といい、純粋な水の氷結点は 0 ℃であるが、溶液の場合は濃度が高いほど氷結点は低くなる。食品中の水分にはアミノ酸やミネラルなどが溶け込んでいるので、食品の氷結点は食品ごとに異なるが、－1～－5 ℃の温度帯で食品に含まれる水のほとんどは氷結する。水が氷になるときには氷結潜熱を出すので、完全に氷結するまでの間には時間がかかり、－1～－5 ℃の温度帯で緩やかな温度曲線となる。この氷結晶が生成する温度帯を**最大氷結晶生成帯**といい、長い時間をかけて通過するほど氷結晶は大きくなる。この温度帯を 30 分以内で通過する場合を**急速凍結**、30分以上かかる場合を**緩慢凍結**という（図 4. 2）。

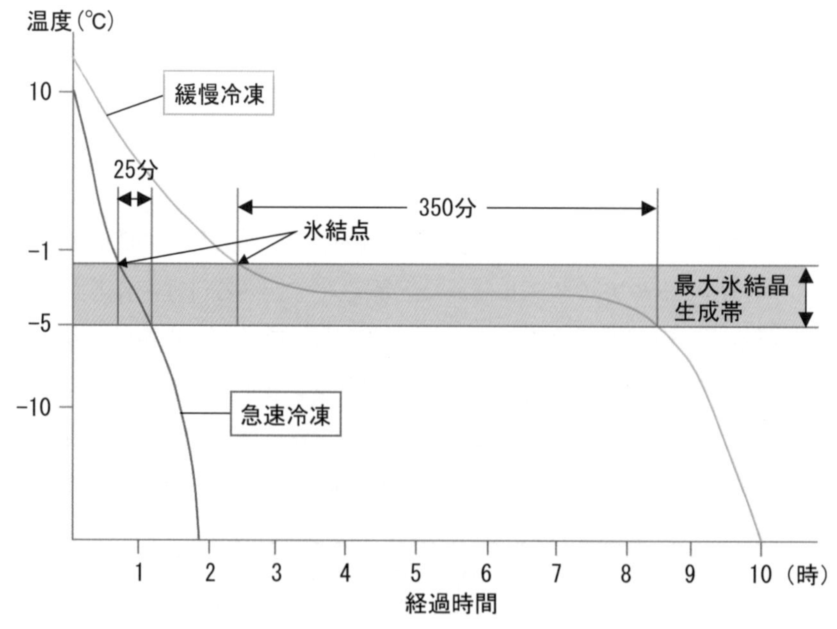

図 4. 2　急速冷凍および緩慢冷凍の冷凍曲線の例

市販の冷凍食品は、下処理を施し、**急速凍結**（－30℃）して**最大氷結晶生成帯**を短時間に通過させ、流通各段階で－18℃以下に保ち解凍後の品質低下を防ぐ。家庭用冷凍庫（詳細はp. 105 冷凍庫を参照）の庫内温度は－18～－20℃程度で、**急速凍結**を行うことは難しいので、ホームフリージング（家庭用冷凍庫での凍結）は、ブイヨンのように無定形で組織のないものや、パンや餅のようにドリップのないもの、直接加熱する半調理品など、**緩慢凍結**でも品質変化の少ない食品を選択し冷凍方法を工夫する。

2.10 解凍

解凍は、凍結した食品中の氷結晶や脂肪を融解して凍結前の状態、または半凍結の状態にする操作である。解凍後の食品の品質の良し悪しは、解凍前の品質、解凍速度や解凍終温度、解凍方法が影響するので、適切な条件で解凍する。

解凍方法は解凍に要する時間によって、**緩慢解凍**と**急速解凍**に大別される。魚や肉などの生ものや果物、菓子類はできるだけ低い温度で時間をかけて**緩慢解凍**することが多く、冷凍野菜類や冷凍調理食品は**急速解凍**が行われることが多い。**緩慢解凍**には、低温解凍、自然解凍、液体中解凍があり、**急速解凍**には、解凍と調理を同時に行う加熱解凍、電子レンジを用いた解凍や加熱解凍がある。

解凍終温度とは、解凍中に食品が到達した最高温度をさし、この温度が高くなると解凍後の品質劣化が進行する。細菌の繁殖を防ぐには、5℃以下、許容される上限温度としても10℃以下で調理に用いるようにする。魚や肉などの生ものは半解凍で解凍を止め、時間を置かないで、普通の魚や肉と同様に調理する。

冷凍野菜類には、凍結前に70～80％程度の加熱処理（ブランチング*8）が行われているものが多く、その調理では凍ったまま直接加熱調理に用いて急速解凍するが、加熱し過ぎないように注意する。

また、冷凍調理食品は、そのほとんどが直接加熱して急速解凍するだけで食べることができる便利な食品であるが、種類が多く、特に電子レンジによる解凍条件は「包装のまま加熱」「中身を出して加熱」「ラップをかけて加熱」「ラップをかけないで加熱」など、種類によってかなり異なるので、包装に記載された調理方法を確かめて適切な解凍方法で行う。

＊8 ブランチング：野菜、果実などに対し、冷凍する前に行う通常調理の70～80％程度のゆでる、蒸すなどの軽い加熱処理のことで、食品中の酵素や微生物のはたらきを止め、殺菌効果もあり、加工・貯蔵中の品質の低下や変色を防ぐ。

2.11 盛り付け

盛り付けは、でき上がった料理を供卓用の器などに形よく盛る操作で、「目で食べる」という表現があるとおり、調理の最終段階として、料理のでき上がりを価値づける重要な操作である。

3 加熱調理操作

加熱調理操作は、調理における主要な操作であり、食品材料を加熱して食べ物にする操作であり、安全性を高める、栄養価値を高める、嗜好性を高めるなどの目的で行われる。

食品は加熱中にでんぷんの糊化、たんぱく質の熱変性、脂肪の分解などのさまざまな成分変化や物性変化を生じる。同時に微生物の死滅や酵素の失活、また、栄養成分の溶出や分解による損失も生じる。このように**加熱調理操作**中にはさまざまな変化が同時に起こるので、それぞれの調理に適した加熱条件を設定することが大切である。

また、加熱とは、熱を加えることであり、熱エネルギーを与えることでもある。分子レベルでみると、熱量とは、食品中の分子がもっているエネルギーの総量であり、食品の温度は、その分子の運動（振動）の活発さの度合いを示す。すなわち、熱エネルギーを与えると、その物質を構成する分子の運動が盛んになって温度が上がり、温度が上がると物質を構成する成分が反応を起こす割合が増加する。また、温度が高いほどその反応速度は大きくなる。

食品を加熱するということは、食品の温度を上げることによって食品成分の種々の反応を起こしやすくすることであり、おいしい食べ物を調理するには、基本的な熱の伝わり方を理解し、効率よく熱を伝える方法を考え、温度や時間などの加熱条件を制御することが重要である。

3.1 熱の伝わり方

熱は温度の高い方から低い方へ移動し、同じ温度になろうとする性質があり、熱が伝わることを**伝熱**という。熱の伝わり方を分子レベルでみると、高温側の激しく動いている分子の振動（運動エネルギー）を低温側の分子に伝えることで、熱が伝わる。熱の伝わり方には、**伝導伝熱**、**対流伝熱**、**放射伝熱**の3種類があり、実際に食品へ熱が伝わるときには、これら3種類の熱が単独で、あるいは組み合わさった状態で伝わる。また、熱の媒体（熱を伝えるもの）には、水、蒸気、油、空気、金属（鍋）などがある。

(1) 伝導伝熱

伝導伝熱とは、固体から固体、または静止した固体内部に温度差がある場合に、流体（液体と気体の総称）を介さないで、隣同士の分子間で高温側から低温側に伝わる熱である。分子レベルでみると、高温分子の振動が隣の分子に伝わり、その結果、運動エネルギーが伝わることになり温度が上がり、温度が上がるとさらに隣の分子に振動を与えるという繰り返しによって、順次熱が伝わる。鍋やフライパンで焼く、炒める、煎る調理にみられるように、伝導伝熱とは熱せられた鍋から、鍋に接触している食品へ熱が伝わり、熱せられた食品表面の熱が食品内部へと順次伝わる熱移動である（図 4.3）。

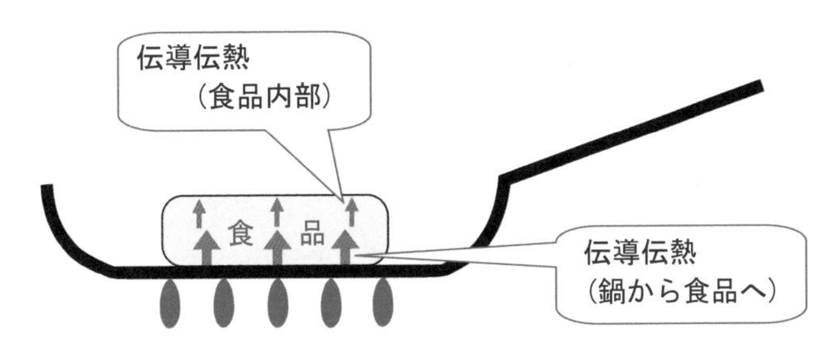

図 4.3　伝導熱の伝わり方

(2) 対流伝熱

対流伝熱とは、ゆでる、揚げるなどにみられるように、流体（気体と液体）と固体（食品）間で伝わる熱であり、固体のもつ熱を流体へ、または、流体のもつ熱を固体へ移動させる場合の伝熱である（図 4.4）。

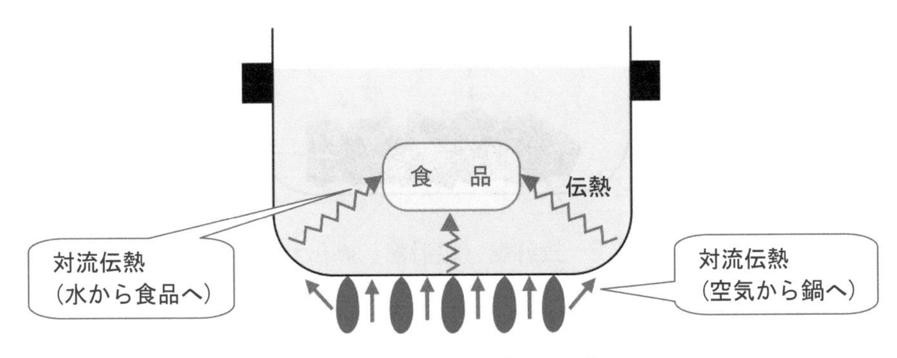

図 4.4　対流熱の伝わり方

分子レベルでみると、水や空気を温めると高温分子は軽くなって上方へ移動する。その結果、上にある低い温度の分子に振動を与え、運動エネルギーが伝わることになりその温度が上昇する。一方、冷たく重い低温分子は、下方へ移動する。このように流体分子自身の動きで熱が伝わるもの、すなわち、流体が循環して熱を伝える現象を対流という。例えば、鍋で食品をゆでるときは、まず、熱源により温められた鍋の表面から水に熱が伝わり、熱が伝わった水分子の運動は活発になり、その結果、水の温度は上昇する。温度が高くなった水分子はより温度の低い食品の表面で食品を構成する分子に衝突し、水から食品に熱が伝わる。鍋から水、水から食品の伝熱は、流体と固体の間の熱の移動なので、**対流伝熱**である。また、流体を攪拌すると、流体分子と食品の衝突回数が増加し、熱の伝わり方の効率がよくなるため、より速く温めることができる。**対流伝熱**は、ゆでる、煮る、揚げる、蒸す調理で利用されている。

なお、流体分子の温度差だけによって起こる流動を**自然対流**、強制的に流体を攪拌して起こる流動を**強制対流**という。

(3) 放射伝熱

放射（輻射）伝熱とは、熱源から放出される赤外線のエネルギーが、熱媒体を介することなく直接食品に吸収され、熱エネルギーに変化して伝わる熱である（図 4.5）。赤外線は、電磁波の一種であり、波長が 800〜数千 nm の範囲にある。食品を構成する分子の電磁波吸収範囲は、赤外線のほぼ全域にわたっており、食品表面に到達した赤外線は表面付近でほぼすべて吸収され、食品の分子の振動や回転などの運動を活発にし、温度を上昇させる。**放射伝熱**は、炭火や自然対流式オーブンでの加熱で主に利用される伝熱法であり、熱源の温度が高いほど、高いエネルギーが得られる。

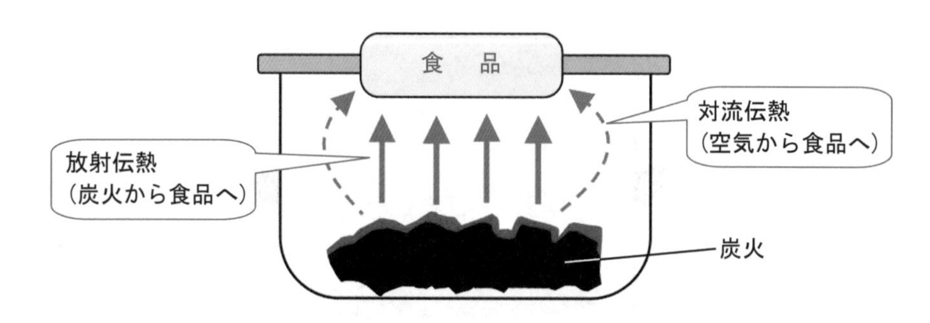

図 4.5　放射熱（輻射熱）の伝わり方

3.2 加熱調理操作の分類

加熱調理操作は、大別すると表 4.5 に示すように、①水を熱の媒体として使用する**湿式加熱**と、②水を熱の媒体としない**乾式加熱**、さらに、③熱源がなく電磁波を用いて食品自体を発熱させる**誘電加熱（電子レンジ加熱＝マイクロ波加熱）**に分けられる（図 4.6）。その他、電磁波を利用し、熱源が外にある加熱法として、電磁誘導の原理を利用して鍋自体を発熱させる**誘導加熱（電磁誘導加熱）**がある。**加熱調理操作**中に、熱源からの熱は、水や蒸気、油など熱媒体の対流、伝導、放射によって食品へと伝えられ、食品の内部へは伝導によって熱が移動する。

表 4.5　加熱調理操作の種類と特徴

加　熱　法					主な熱の媒体	主な伝熱法	主な利用温度帯(℃)
外部加熱法	湿式加熱	ゆでる			水	対流	100
		煮る			水（調味液）	対流	100
		蒸す			水（水蒸気）	対流（凝縮）	100、85～90
		炊く			水	対流	100
	乾式加熱	焼く	直火焼き		空気	放射	200～300
			間接焼き	鍋板焼き	鍋・金属板など	伝導	140～250
				オーブン焼き	空気・金属板など	放射、対流、伝導	100～300
		炒める			油・金属板など	伝導	150～250
		揚げる			油	対流	120～200
	誘導加熱（電磁誘導加熱）	ゆでる・煮る 蒸す 焼く（間接 鍋板焼き） 炒める・揚げる			電磁調理器のコイルに高周波電流（電気エネルギー）を流して磁力線を発生させ、磁力線が鍋底を通るときに渦電流を発生させ、その電流が流れるときの電気抵抗（ジュール熱）で鍋底自体が発熱する。		
内部加熱法	誘電加熱（電子レンジ加熱）				食品自体が発熱。 食品にマイクロ波を照射すると、食品内の分子が振動し、それが熱のエネルギーとなり、食品の内部温度を上げ、その結果、食品が加熱される。		

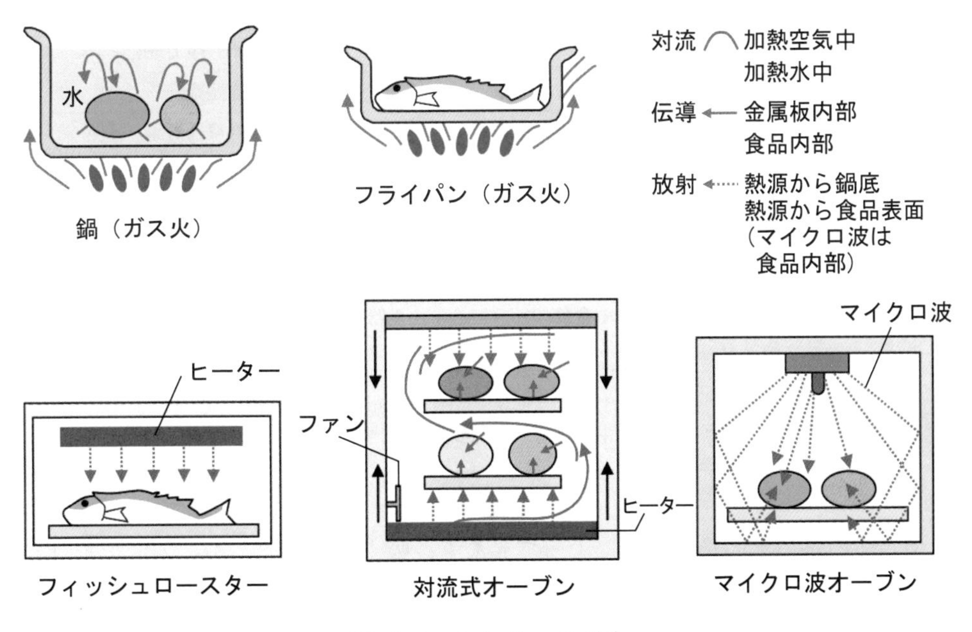

図 4.6　主な熱の移動[1)]

(1) 湿式加熱

湿式加熱には、ゆでる、煮る、蒸す、炊く操作がある。湿式加熱の特徴は、熱媒体が水または水蒸気、調味液であり、水の沸点が常圧で100℃であるため、水中では100℃を超えないので温度管理が比較的容易で、安定した温度で加熱ができる。**対流伝熱**により比較的速く食品の表面が温められ、加熱温度が均一になりやすい。また、蒸す以外は水中に食品が浸されるので、水溶性成分の出入りがあり、調味には都合がよいが栄養成分の損失がある。

1) ゆでる

ゆでる調理操作は、水（ゆで水）の中で食品を加熱する操作で、下処理として行われることが多く、通常加熱後のゆで汁は捨てられる。ゆで汁の水量はたっぷり使用することが多く、水の対流を十分に生じさせ、**対流伝熱**により100℃で食品の周囲から均一に加熱する。ゆでる操作は、組織の軟化、不味成分（アク、苦味、渋味、生臭み）などの除去、たんぱく質の熱凝固、でんぷんの糊化、色彩の保持（色止め）、吸水、脱水、酵素の失活、殺菌、消毒など、さまざまな目的で行われ、ゆで水の量や火加減、添加物は食品材料や調理目的によって異なる（表4.6）。一般には、食品の形、組織は壊れにくいが、成分の溶出が大きく、特に水溶性ビタミンの損失が大きい。

表4.6　ゆでる操作の主な目的と適する食品

主な目的	ゆで水の種類（添加物使用の目安）	適する食品
内部と表面の温度差を少なくする	水	いも類、豆類、根菜類、卵（ゆで卵）
吸水とでんぷんを糊化する	沸騰水	乾麺類
鮮やかな緑色を保持する	沸騰水＋食塩(1～2%)	緑黄色野菜、ふき
褐変防止、白く仕上げる	水または沸騰水＋食酢(1.5～3%)	れんこん、ごぼう、うど
組織を軟化し、アクを除く	沸騰水＋重曹(0.2～0.5%)または木灰10%の上澄み液	わらび、ぜんまい
アクを吸着し、除く	水＋ぬか(10～30%)または米のとぎ汁	たけのこ、だいこん
白く仕上げる	沸騰水＋食酢(0.5～3%)＋小麦粉(1%以上)	カリフラワー
たんぱく質の熱凝固を促進する	湯(90～95℃)＋食塩(0.8～1%)＋食酢(3%)	卵（ポーチドエッグ）
組織の軟化を防止し、煮くずれを防止する	沸騰水＋焼きミョウバン(0.5～1%)	さつまいも、くり

使用するゆで水の量は目的によって異なり、吸水およびでんぷんの糊化を行う乾麺類をゆでる場合は、大量の沸騰水を使用する。材料投入時期については、急激な温度変化を避けたいもの（ゆで卵）や内部と外側の温度差を小さくしたいとき（い

も類、根菜類）は水から入れる。緑色を保つために加熱時間が短いほうがよいもの（葉菜類）や、外側を早く加熱して形くずれを防ぎたい場合（麺類）は、材料投入後の水温低下の影響をできるだけ小さくするため、大量の沸騰水中でゆで、葉菜類では加熱終了後、余熱による過熱を防ぐためとアク成分の除去のため冷水に浸す。

ゆでる操作において消費される熱量は、鍋、水、食品材料の温度上昇に使われる熱量、水分の蒸発に使われる熱量、鍋から周囲空気への放熱量の総量となる。したがって、ゆで水量をできるだけ少なくする、食品材料を小さくする、また、沸騰後の火力を弱くするなどが使用熱量の少ない調理条件といえる。

2）煮る

煮る調理操作は、食品の加熱と同時に調味を目的として、調味料の入った煮汁中で食品を加熱する操作であり、ゆでる操作と異なり加熱に用いる煮汁は捨てない。熱は煮汁中の**対流熱**によって伝えられ、約100 ℃で食品の周囲からほぼ均一に加熱される。食品中の水溶性成分は煮汁中へ溶け出し、煮汁中の成分は食品の中へ拡散するので、味つけが加熱中にでき、調味料を浸透させやすく特有の味をつくりだす。

煮物では、食品の形がくずれやすく、加える煮汁の量は、仕上げの状態や、加熱時間の長さ、食品の大きさ、火加減、鍋の大きさや形などによって変わってくる。煮汁の少ない場合には、**煮しめ**や**煮つけ**などがあり、食品の全体が煮汁に浸らない量の煮汁でよく煮て、調味液がしみ込むように煮る。煮汁の量が少ないため、液面から材料が出てしまい、加熱や調味が不均一になるので、落としぶたや攪拌などで味つけや火の通りを均一にする。落としぶたは、煮くずれやすく、食品を動かさない方がよい場合に利用するとよく、沸き上がった煮汁がふたにあたって落ちるので、少ない煮汁でも汁が全体にまわり、まんべんなく味を含ませることができる。また、熱効率がよく使用熱量を節約できる。煮汁の多い場合には、**煮込み**や**含め煮**などがあり、食品が十分浸る量の比較的薄味の煮汁を用い、材料が煮えたときに汁が十分残っている。加熱による軟化より調味の方が時間を要するため、含め煮などでは、消火後も材料を煮汁に浸して調味を継続する。

3）蒸す

蒸す調理操作は、水を沸騰させ蒸し器内に充満した水蒸気の**対流熱**と、水蒸気が食品に触れ、水に凝縮するときに食品表面に放出される**凝縮熱**（**潜熱**[*9]）（539cal/g、

＊9 潜熱：物質の状態変化（融解、蒸発、凍結など）のために使われる熱量であり、蒸発熱や融解熱のこと。蒸し物では、100 ℃ 1 g の水蒸気（気体）が100 ℃ 1 g の水（液体）に変わるとき、539 cal（2.3 kJ/g）の熱を生じることを利用し食品を加熱する。氷（固体）が水（液体）に変わるときにも融解熱（79.7 cal/g、0.3 kJ/g）を必要とするので、氷が溶けるのに時間がかかり、また、氷が残っている限り氷水は0 ℃である。

2.3 kJ/g）によって食品を加熱する操作である。静置加熱のため、材料が形崩れしにくく、流動性のあるものを容器（型）に入れて加熱することができる。また、水蒸気が食品全体を覆うため、攪拌の必要がなく広い面積から加熱するので、初期の加熱速度が大きく、食品表面と内面の温度差が少ない。水蒸気の凝縮によって表面に付着する水分は少量なので、ゆでる・煮る操作に比べ、加熱中の水溶性成分の溶出は少なく、色、形、香りなどが比較的保たれ、こげることはないが、アクなど好ましくない成分は溶出しにくい。また、加熱中に調味することができないので、調味は加熱前、または加熱後に行う。

蒸す操作の温度管理は、火加減とふたのずらし方で蒸気量を調節して行う。一般に、いも類、米類などのでんぷん性食品は強火で100 ℃の高温加熱で蒸す。赤飯などのこわ飯は、100 ℃の加熱中に２、３回**ふり水**をして補水する。卵液をだし汁や牛乳で希釈した茶碗蒸し、カスタードプリンなどの加熱では、加熱温度が高すぎることによる**すだち**を防ぐため、蒸し器内の温度を85～90 ℃に保つよう、ふたをずらしたり、火力を弱くしたり、余熱を利用するなどして、蒸気量を調節する。

4）炊く

炊く操作とは、米を飯にする日本の伝統的な加熱法に対して主として使われる表現で、炊き干し法といわれる。加熱状態からみると、初めは米を一定量の水の中で**対流熱**によって100 ℃で煮る状態で、水が少なくなった後は蒸し煮の状態になり、消火後はふたを開けずにそのまま蒸らす、３段階の状態を経る。

その他、米以外にも野菜の炊き合わせ、豆を炊くなど、仕上がりに余分な煮汁がほとんど残らないような煮方を炊くという場合もある。

5）圧力鍋の利用

圧力鍋は、鍋ぶたを密着させて内部圧を高くし、沸点を上昇させて内部温度を上昇させ（110～125 ℃）、加熱効果を高めた鍋で、主に対流伝熱により、水、蒸気を熱媒体とした湿式加熱に用いられる。高温加熱により調理時間が短縮され、消火後の余熱も利用できるので省エネルギーになる。圧力鍋は加圧するため加熱中に簡単にふたを取ることができず、したがって、食品の状態をみながら加熱時間を調節することができない。そのため経験的に加熱時間を決定することになるが、同じ食品でも品質はそれぞれ異なるので、加熱時間の過不足が生じやすい。

(2) 乾式加熱

乾式加熱には、焼く、炒める、揚げる、煎る操作がある。乾式加熱の特徴は、熱媒体として水を使わずに加熱する方法で、水の沸点（100 ℃）を越える高温での調理が可能である。一方、温度が上昇し過ぎて焦げることもあり、温度管理が湿式加熱よりも難しい。熱源からの放射熱により直接食品を加熱する直火焼きや、熱せられた金属板からの伝導熱で加熱する間接焼き、油を使った加熱として揚げる、炒めるなどの操作がある。

1）焼く

焼く操作は、食品を高温で加熱する操作で、食品を熱源に直接かざして加熱する**直火焼き**、フライパンや鉄板、オーブンなどを用いて加熱する**間接焼き**がある。焼く操作によって、食品表面の水分は蒸発し（重量減少）、たんぱく質は凝固し、でんぷんは糊化し、周囲に水がないため水溶性成分の溶出が少なく、味は濃縮される。表面は焦げてくるため食品の持ち味に焦げの風味が加わる。食品の表面は高温（200～300℃）に接しているが、食品の内部は外部からの熱伝導による温度上昇のため、高くなっても80～90℃程度で、焼く操作では外部と内部の温度勾配が大きい。また、温度調節（火加減）が難しい。

直火焼きは、金串や網を用い、熱源（電気、ガス、炭、薪など）からの**放射熱**と一部は熱せられた空気の対流によって加熱する。高温で短時間に加熱し、内部のうま味成分の溶出を防止する。魚を焼くときは**強火の遠火**がよいといわれるが、強火で高温による放射熱をつくり、遠火にして対流伝熱を弱くする工夫である。ガスコンロの場合は、熱源と食品の間の距離が短いため、焔（ガス火）による放射伝熱の割合が少なく表面が焦げやすいので、焼き網などを用いて、放射伝熱を利用する割合を高くする。また、焼きながら調味料をぬることによって調味することができ、下味をつけておくことも多い。

間接焼きには、熱源により加熱されたフライパンや、鉄板、鍋などの金属板の上で食品を加熱する方法と、オーブン内の空気を加熱し、その中で食品を加熱する方法がある。金属板で食品を加熱する方法では、高温に熱した金属板からの**伝導伝熱**で食品を加熱するので、金属板の材質が焼き加減に影響する。金属板の熱伝導率がよい方（銅やアルミニウム）が鍋板全体への熱の移動が速やかなので加熱むらが起こりにくい。また、金属板が厚手で密度の高い方が、熱容量が大きく、温度変化が少なく加熱が均一になる。たんぱく質性食品の場合、熱凝着が起きて金属板にくっつくので、その防止と風味をよくするために油を使うことが多い。金属板を熱し、油をしいて食品をのせるが、肉や魚などは、はじめ強火で加熱してまず食品の外側を固め、内部から肉汁が流失しないようにしてから火を弱めて中まで熱が伝わるように加熱する。

オーブン焼きでは、熱せられた空気の**対流熱**とオーブン庫壁からの**放射熱**と天板を伝わる**伝導熱**によって食品を加熱する。オーブン全体を温めるため時間がかかるが、表面に適度な焼き色がつき、放射熱でふっくらと焼け、食品の表面の水分は蒸発して乾燥するが、囲われた空間内での加熱なので、開放状態で加熱する直火焼きよりは蒸発量は少なく、蒸し焼きに近くなる。また、熱風が対流し、周囲から同時に加熱するので、食品を動かす必要がなく、流動性のある食品も型に入れて加熱することができ、大きい食品も加熱できる。

2）揚げる

揚げる操作は、油を熱媒体として**対流熱**により加熱する方法で、油の中に食品を入れて高温短時間で加熱する。揚げる操作によって、食品表面から水分が脱水され、代わりに油が吸収されて水と油の交代が起こり、カリッとしたテクスチャーに変化し、焦げの風味と油脂味が加わり、風味が向上する。油は熱媒体として水とは対照的な特徴をもち、**比熱**が水の約 1/2（0.45 cal/g･k 前後）と小さいので加熱により温度上昇しやすいが、食品を入れることにより温度が低下しやすく、さらに粘度が大きいため対流が起こりにくい。また、沸点が高く途中で発煙するため、揚げ油の温度管理は難しい。揚げ温度や揚げ時間は、食品の成分や大きさ、形などにより異なり（**表 4.7**）、一般にたんぱく質性食品は、変性しすぎると収縮して硬くなるので高温短時間で揚げ、でんぷん性食品はでんぷんの糊化に時間がかかるので、低温で長時間の加熱が適している。

表 4.7　揚げ油の温度と揚げ時間

揚げる材料	温度（℃）	時　間
天ぷら（魚介類）	180～190	1～2分
さつまいも・じゃがいも・れんこん　厚さ 0.7cm	160～180	3分
かき揚げ　魚介類・野菜	180～190	1～2分
フライ	180	2～3分
カツレツ	180	3～4分
コロッケ	190～200	40秒～1分
ドーナッツ	160	3分
クルトン	180～190	30秒
フリッター	160～170	1～2分
ポテトチップ	130～140 または 130～140 180 二度揚げ	8～10分 または 3～4分 30秒
こいのから揚げ	140～150 180 二度揚げ	5～10分 30秒
パセリ	150～160	30～50秒

揚げ物は、食品の周囲につける物（衣）によって区別され、素揚げ、から揚げ、衣揚げ（天ぷら、フリッター、フライ）などがある。揚げ物の衣は、食材の吸油や焦げることを防ぎ、衣の種類によって特徴のある食感を付与する。衣の水分が少ないから揚げなどは、焦げやすいので短時間加熱となり吸油率は少ないが、天ぷらの衣のように水分が多い衣は比較的長時間でも焦げないので、吸油率は多くなる。

こいのから揚げのように、厚みのあるものは、低温で揚げた後、食品を取り出して油の温度を上げ、高温でもう一度揚げる方法をとる。これを二度揚げという。また、中国料理では炒める操作の前処理として材料を比較的低温の油で短時間（数十秒）揚げるが、この操作を**油通し**という。**油通し**では、表面だけ熱を通して油を切る。

野菜類は表面に油の膜をつくることにより、その後炒めても水っぽくならず、色鮮やかで歯ざわりもよくなる。また、肉類は収縮が小さくうまみを封じ込め軟らかい仕上がりになる。なお、揚げる操作では加熱中に調味することはできないので、下味をつけた後で揚げたり、揚げた後で調味料をつけながら食べることが多い。また、揚げる操作は、高温、短時間加熱のため、比較的栄養素の損失が少ない。

3）炒める

炒める操作は、フライパンや中華鍋などの上で少量の油を熱し食品を加熱する方法で、食品は金属板からの**伝導伝熱**と、金属板によって加熱された油の**伝導伝熱**によって加熱される。熱が均一に伝わるように、加熱されやすい形に切り、絶えず火力にあわせて攪拌しながら加熱する。加熱されにくい食品はあらかじめゆでておくなど下処理をするか、ふたをして蒸し加熱の操作を併用することもある。食品の水分は蒸発し、表面は油の薄い膜で覆われるので油の風味が加わりなめらかな舌ざわりとなる。また、炒める操作は加熱しながら調味することができる。一般的に、高温の油で加熱するため加熱時間が短く食品の色は保たれ、熱に弱いビタミンや水溶性成分の損失も少ない。

鍋の材質は、熱伝導のよい鉄などがよい。また、材料を攪拌しやすい形を選ぶ。高温短時間で仕上げるために、材料投入までに鍋を十分熱してから油を入れ、油が熱くなってから材料を加え、強火で加熱する。油の量は、水分の多い食品は材料の3～5%、油を吸収しやすいものは7～10%が適量である。また、材料を入れ過ぎると攪拌されず、加熱時間が延びるので、**放水量**や**遊離油量**が増えて全体的にべっとりしてまずくなる。一度に投入する量は鍋の大きさの3分の1から2分の1ぐらいが望ましい。

4) 煎る

煎る操作は、油を使用しないで、熱源により加熱された空鍋やフライパンまたはほうろくなどで食品を混ぜながら直接加熱し、水分を少なくさせるとともに、食品に焦げのよい香りや焦げ色をつける操作である。煎る操作により、たんぱく質は変性し、でんぷんは糊化する。

(3) 誘電加熱（電子レンジ加熱＝マイクロ波加熱）

誘電加熱とは、電磁波を食品に照射して食品内部からの発熱により加熱を行う加熱法（内部加熱法）のことで、熱源からの熱が熱媒体によって外部から食品に伝えられる他の加熱法（外部加熱法）とは大きく異なる。

電子レンジ加熱は、電子レンジを用いて行う誘電加熱のひとつで、**マイクロ波加熱**ともいい、周波数が2450MHzの**マイクロ波**を食品に照射し、食品中の分子が激しい振動・回転運動により熱エネルギーを発生し、食品を加熱する。食品や料理の加熱・再加熱調理や下ごしらえとしての加熱調理、冷凍食品の解凍などに用いられる(p.108、109、110参照)。

電子レンジ加熱では、食品自体が発熱するので、熱の放散が少なく、加熱時間は非常に短く、熱効率がよい。水を使わず、温度上昇が速い（昇温時間が短い）ので、食品の色、風味、形が保たれ、栄養素の損失も少ない。

一方、食品温度の急激な上昇のため、水分の蒸発が盛んになり、硬化現象を起こしやすいので、加熱し過ぎないように注意する。また、部分的な温度上昇は加熱むらや解凍むらが生じるので、マイクロ波照射を断続的に行うなど、注意しながら加熱を行う。

(4) 誘導加熱

誘導加熱は、**誘電加熱**とは異なり、熱源が外部にある加熱法であり、電磁調理器を用いて行う。**誘導加熱**では、電磁調理器のトッププレートの下のコイルに高周波の電流を流して磁力線を発生させ、トッププレート上にある鍋の底がその磁力線を受けて起電力を生じ、渦電流が発生して、その電流が流れるときの電気抵抗（ジュール熱）で鍋自体が発熱する(p.108、109、110参照)。

電磁調理器では鍋自体が発熱するため、プレートの表面は熱くならず、熱効率が高く（80%）、火を使わないため、安全で換気の必要もなく、掃除がしやすく、また、電気的に温度制御を行えるため、温度管理が容易という利点がある。ただし、鍋自体が発熱することから、鍋底の温度分布にかなりのむらがみられ、電流が流れたとき磁場ができる部分が高温となる。

コラム　調理の用語など

<ゆでる操作>

油抜き：揚げてある食材は表面の油が酸化して油臭かったり、油が調味料の吸収を邪魔したりするため、余分な油を抜く操作をいう。食材に熱湯をかけたり、たっぷりの湯の中でひと煮立ちさせて油を抜く。油揚げ、ベーコンなどに用いる。

色出し：色美しく料理を仕上げるため、材料の色を引き立たせるように調理すること。きゅうりなどさっと熱湯に通し、すぐに冷水にとることで、緑色をより鮮やかにする。

渋きり：小豆やささげを煮るとき、ゆでる途中で、いったんゆで汁を捨て、小豆に含まれるタンニンやサポニンなどのアク成分を取りのぞく。

霜ふり：魚介類や肉類の下ごしらえとして、熱湯に短時間浸したり、熱湯をかけて、表面が白くなる程度に熱を加えること。表面のたんぱく質を熱変性させ、表面の臭みやぬめりなどを取り、余分なアクや脂肪を除く。

ゆでこぼす：材料を水からゆでて、沸騰したらそのゆで汁を捨てること。アク、苦味、渋味、ぬめり、脂肪などを取り除くための下ごしらえ。材料によってゆでる時間は異なり、何回もゆでこぼすこともある。

湯通し：材料に熱湯をかけたり、熱湯を通して表面のたんぱく質を軽く熱変性させたり、材料の臭みや雑味を除く。

湯むき：材料を熱湯に浸して、トマトなど、外皮をむきやすくする。

<煮る操作>

落としぶた：煮汁が少ない状態で煮物を作るときや加熱によって煮汁の中で食品が踊ってしまうとき、食材に直接のせて煮汁の蒸発を防ぎ、味を均一にし、食品の煮崩れを防ぐために使われるふたをいう。鍋の直径より小さめの木製のふたや和紙、ステンレス製の自在落しぶた、アルミホイル、クッキングシートなどが使われる。

<盛り付け操作>

天盛り：酢の物、和え物、煮物などを中高に盛り付けた上に少量添えるもの。ゆず、木の芽、ねぎ、しょうがなど香りのよいものをのせて、風味を添える。

吸い口：汁物に添えて風味をひきたてる。

4 調味について

4.1 調味の目的

調味は各種の調味料や香辛料を用いて、食べ物の不味成分を抑え、本来の持ち味を引き立て、嗜好性を向上させることを目的としている。基本的な調味料は塩、砂糖、酢などがあり、その他として酒やうま味調味料、複雑な要素をもつしょうゆ、みそ、ウスターソース、さらには、食用油、香辛料なども調味料として使用される。用いる調味料やその割合、調味するタイミング、調味料が浸透する速度などは食品や調理方法によって異なり、味の好みも地域や習慣、年齢によってさまざまである。

人は舌の味蕾にある味細胞の神経が刺激されて味を感じている。このとき、食べ物の呈味成分は水に溶けている状態でなければ感じることはできない。つまり、食べ物を咀嚼し、唾液によって溶けだした呈味成分を味として感じているため、呈味物質が食べ物の表面に分布している場合と、食べ物そのものに分布している場合とでは味の感じ方は異なる。アンケートによって料理における食品と調味料の距離を求めた結果を図 4.7 に示す。同じ食塩量でも食塩が食品の中に不均一に分布し、表面に強い味をつけた方が塩味を強く感じるといわれている。

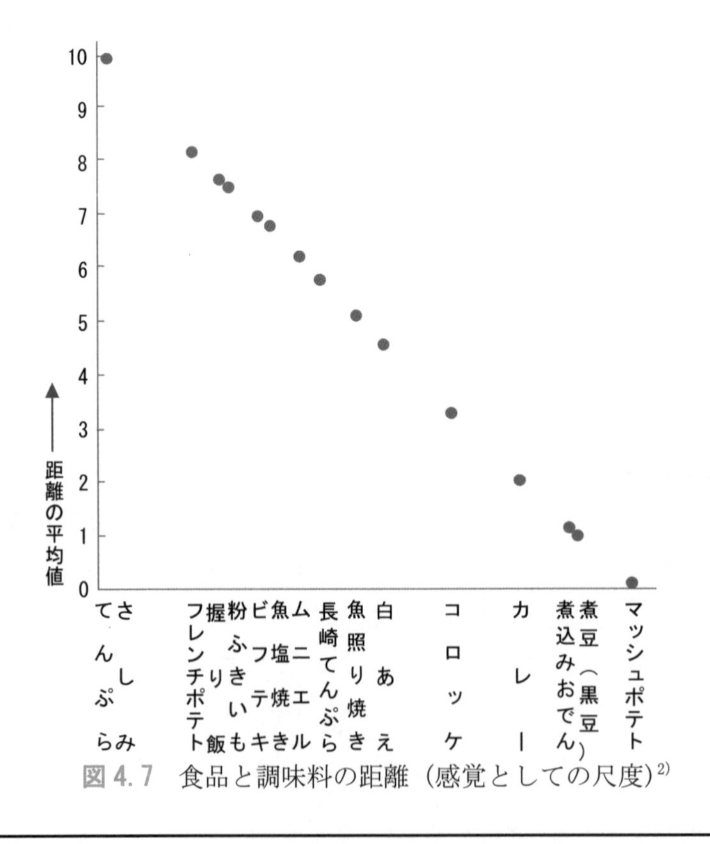

図 4.7　食品と調味料の距離（感覚としての尺度）[2]

4.2 調味の原理

食品を調味するとき、調味料は水に溶けている状態でなければ、食品に浸透しない。よく用いられる食塩や砂糖は水分を含んでいない調味料である。しかし、生野菜や生魚に塩のみをふるときも、食品の表面にある水分が食塩を溶かし濃い溶液となり、食品内部の水分を**浸透作用**によって引き出している。食品中にある細胞膜は半透性であるため、浸透圧の作用で、細胞液よりも低い濃度につけたときは細胞内に水が入り、細胞にはりがでる。反対に、細胞液よりも濃い濃度につけると水が放出される。野菜の細胞内外の浸透圧は、食塩溶液 0.85%、砂糖溶液 10%、酢酸溶液 0.2%の浸透圧とほぼ等しい。これ以上の濃度の液につけると原形質分離が起こり、細胞膜の半透性が全透性となり、調味液の拡散が起こる。

調味料が食品に浸透する速度は、食品の形状、食品の組織、調味料の量や加熱温度によって異なる。食品の形状が小さく、表面積が大きいほど調味料の浸透は速い。こんにゃくはちぎると表面がでこぼことなり表面積が大きくなり、豆腐はすりつぶすことで速く味が浸透する。松笠いか、菊花かぶ、菊花豆腐などは、飾り切りをすることで見た目が向上するだけでなく、切り口が増えることで表面積が大きくなり、味が浸透しやすくなる。特に、こんにゃくやいか、豆腐などの食品は、加熱し過ぎると硬くなってしまうため、これらの食品の表面積を大きくすることで、硬くなる前に調味することができる。

加熱中の調味では、加熱により食材の細胞膜が半透性から全透性となり、また、細胞壁が破壊され、拡散物質である調味料成分が食品内部へとゆっくり移動する（**拡散現象**）。このとき、分子量が小さい物質ほど速く拡散し、加熱温度が高いほど浸透は速い。

食品の組織や成分なども調味料の浸透に影響すると考えられるが、図 4.8 に示した各食品の煮熟による吸塩量の結果をみると、食品に水分が多いものほど煮熟後の食塩量が増している。つまり、食材中に水分が多いほど拡散物質は拡散しやすく、このことは図 4.9 に示した食品への調味拡散工程模式図のように考えられている。高野豆腐などのスポンジ状の組織の場合は、組織の中に味がしみ込むのではなく、組織の空洞に調味液が入り込むことにより、味を含めている。

調味料の使用量においては、量が多いほど速く食品に浸透する。ただし、煮汁が濃い調味液は食品を硬くし、黒豆などの豆類は表面にしわが寄ってしまう。このような場合は、薄い調味液でゆっくり味をしみ込ませるか、砂糖を 2～3 回に分けて加えるとよい。

一方で、調味液にとろみがあるようなカレーソースやあんかけなどのコロイド溶液中では調味料の浸透が遅れる。このような料理は下味をつけてからとろみのもととなるルウあるいはでんぷんを加える。

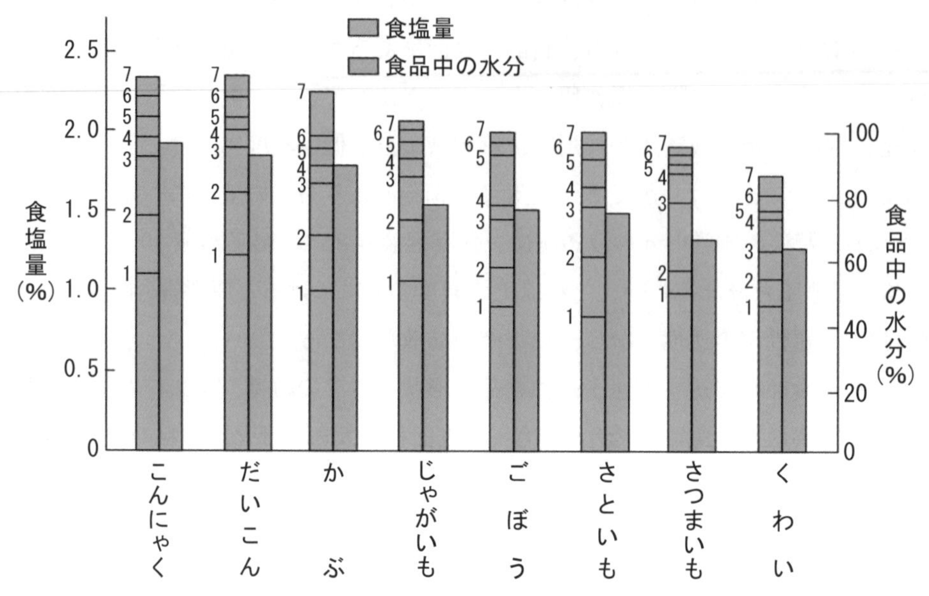

図 4.8　各食品の煮熟中に浸透する食塩量[3)]

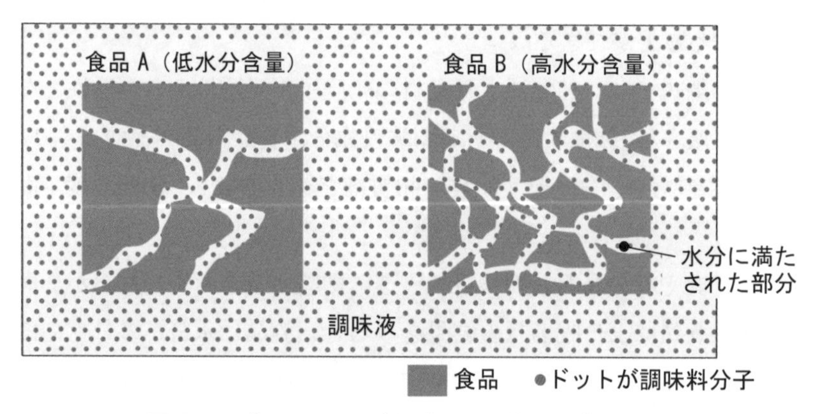

図 4.9　食品への調味拡散工程模式図[4)]

4.3 調味料の種類と使用量（調味パーセント）

料理の味付けは、**味の相互作用**をも利用している。特に料理の基本となる塩味や甘味の配合によって、塩味を強めたり、甘味を強めたりする。この効果を**対比効果**という。甘味を最も強く感じる食塩添加量を表 4.8 に示した。この配

表 4.8　甘味を最も強く感じる食塩添加量[5)]

砂糖添加量(%)	食塩添加量(%)
10	0.15
25	0.15
50	0.05
60	0

合を利用し、少ない調味料で引き立てたい味を強調することができる。

しかし、実際には食品の特徴を活かしたり、不味成分を**マスキング**するために、料理の種類によって好ましい塩分や糖分の割合は異なっている。おおよその目安量として料理別の**調味パーセント**を図 4.10 に示した。この調味パーセントを用いることで、食品の量が増減しても、簡単に調味料の量を加減することができる。

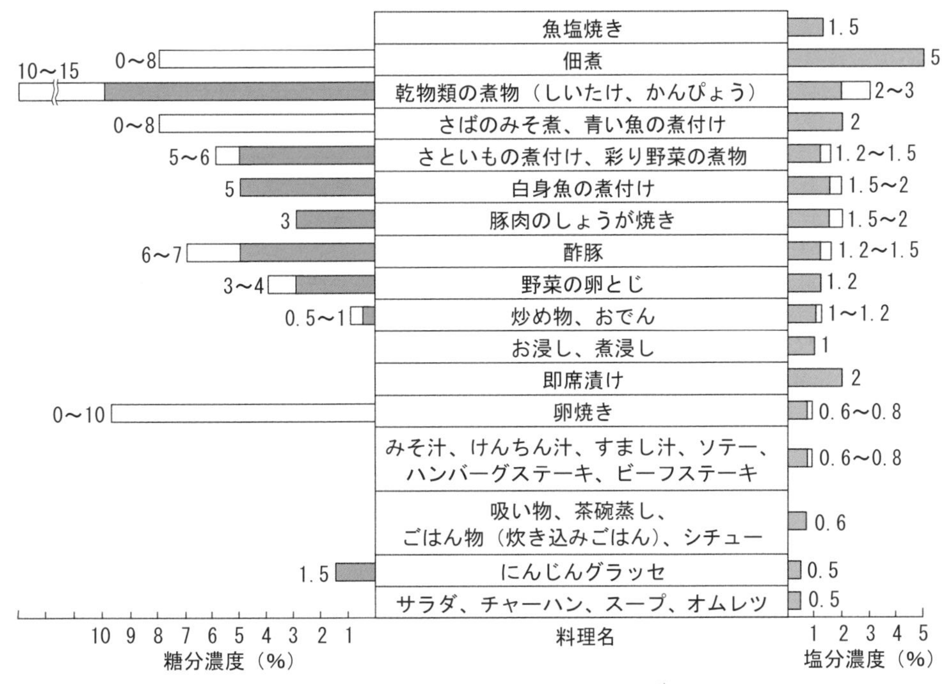

図 4.10 料理別調味パーセント[6)]

調味パーセントの計算式は

$$\text{調味パーセント} = \frac{\text{調味料の重量 (g)}}{\text{食品の重量 (g)}} \times 100$$

である。

塩分を含む調味料は食塩の他、しょうゆ（濃口、淡口）、みそなどが用いられている。しょうゆ、みそなどは塩味の他に、風味や色を活かして用いるが、塩分含有量を考慮しなければ味に影響を与えるため、塩を基準として使用量を加減する必要がある。

食塩使用量の概要比は

$$\text{使用量の概要比} = \frac{\text{食塩中のNaCl (\%)}}{\text{用いる調味料のNaCl (\%)}}$$

となる。

例えば、塩 1 g を濃口しょうゆに置き換える場合、濃口しょうゆの塩分含有量は 15.0% であるため、食塩概要比はおおよそ 7 となり、塩の重量の 7 倍量を用いることなる。その他の調味料の塩分の概算比は表4.9に示した。

糖分についても砂糖の他、風味やつやなども付与できるみりんが用いられる。みりんの場合は、砂糖を基準として使用量を換算し、概要比は3となる。

表4.9　塩分の概算比

種　類		塩分含有量（%）	使用量の概要比
食　塩		99	1
しょうゆ	濃口	15.0	7
	淡口	16.3	6
み　そ	辛口	12.4～13.0	8
	甘口	6.1	16

4.4 調味操作におけるだしの役割

だしは調味操作における基本ともなり、日本料理ではこんぶ、かつお節、煮干し、干ししいたけなどの乾物から、西洋料理や中国料理では魚介類あるいは肉類の骨と野菜などをあわせて、うま味成分を抽出して用いている。だしを用いることで、調味料の量が少なくても**対比効果**により味を濃く感じることができるため、**減塩**することが可能となる。また、2種類以上の呈味成分と組み合わせることにより味の**相乗効果**も得られる。

かつお節のうま味成分の浸出率は水の量に対し2～4％がよく、かつお節の使用量の増加とうま味成分の浸出率は比例しない。むしろ、かつお節を8%以上用いると渋味が出て不味になる。煮干しは頭や内臓の生臭味や苦味がだし中に出やすいので、頭や内臓は除いてから用いる。

4.5 調味時期

食品に味をつける方法として、①食品に調味料をふりかけたり、まぶしたりする。②食品を調味液に浸す。③調味料を食品に混ぜ合わせる。④調味された食品で他の食品をあえる。⑤調味液の中で食品を加熱する。消火後そのまま放置する。⑥食事にさいして食卓で調味する。に分類され、調味の目的や用いる調味料は調理操作や食品によって異なっている。

(1) 非加熱操作

1) 洗浄

洗浄は食品を衛生的に調理するために行うが、食品を安全なものにするだけでなく、不味成分を除去する役割もある。魚の場合、魚臭成分である**トリメチルアミン**は塩基性の揮発成分であるため、酢洗いすることで、魚臭を減少することができる。

また、魚の**振り塩**は、下味をするだけでなく、魚の内部から魚臭成分とともに水分を引き出して臭みを除去し、魚肉の身を引き締める働きもある。里芋は皮をむいた後に塩でもみ洗いすると、ぬめりが除去され、加熱の際、ふきこぼれにくく、味が浸透しやすい。

2）浸漬

食品に味を付与したり、それとは反対に、濃い味の食品を食べやすくするために食品を調味料に浸漬することがある。

長期保存を目的として塩漬けされた食品は、そのまま用いると味が濃い。水で浸漬すると速く塩抜きされるが同時にうま味も抜けてしまうため、塩分１～1.5％の食塩水につけて塩抜きをする。これを**迎え塩**という。

硬い牛肉などはあらかじめ酢油に浸漬しておくと、たんぱく質が水和性を増し、加熱時に軟化しやすくなる。

3）和え物

和え物は食品の味が薄く、和え衣の味が濃い方がおいしいといわれている。和え物は時間がたつと食品から水分が分離し、和え衣の味が薄くなり、さらに、食品にも和え衣の味が浸透し、両者の味の濃度が近づいて「味がぼける」ため、和えるタイミングは供する直前がよい。

4）酢の物

酢の物も味の基礎となるのは食塩であるため、食品重量の0.5～１％の食塩量が定められている。食酢や砂糖は嗜好や習慣の違いにより使用量が異なり、酢は材料に対し10～15％が用いられ、砂糖は三杯酢の場合は2～6％、甘酢の場合は7％ぐらいが適当である。酢の物は和え物と同様、供する直前に調味する。

5）漬物

漬物は保存を目的としており、細菌の活動を抑制するために食塩を加える。そのため、保存期間が長くなるに従い食塩の使用量を増やし、浅漬けは原料の2～3％、その他の漬物は5～12％ぐらいを用いる。

野菜などの食品の場合は食塩の浸透圧の作用により、食品中から水分が浸出される。そのため、漬物を食したときの塩分量は加えた塩分量よりも少なくなる。また、重石などにより浸出された水分に食品が漬かることで、空気に直接触れず雑菌の繁殖を防ぐことができる。

いかの塩辛や魚の内臓などの塩蔵品は腐敗しやすいため、原料重量の10～20％を使用する。近年、減塩志向が高まり、食塩量を少なくする傾向にあるが、塩分が10％以下のものは雑菌が繁殖し、食中毒を引き起こす危険があり、低温で保存し、早めに食することが好ましい。

みそ漬けでは、みその塩分により食品の保存性が増す。魚のみそ漬けでは、みそのコロイドが魚の生臭み成分を吸着するため、魚の生臭さを軽減することができる。

(2) 加熱操作

1) 汁物

汁物は人の体液の塩分濃度である0.8～0.9%に近いと、おいしいと感じることが多い。汁物の調味料の目安は**表4.10**の通りである。また、このときにだしを用いるとうま味と塩味の**対比効果**により塩分を濃く感じることができるので、塩分は少なくてよい。

表4.10　汁物の調味料の目安（汁の量に対する%）

汁の種類	塩	しょうゆ	みそ	その他
すまし汁	0.6～0.8	0.1～1.0		
みそ汁			8	
くず汁	0.8	0.6～1.0		くず2
けんちん汁	0.6～0.8	0.1～1.0		油2
かす汁			7～10	酒粕10

2) 飯

炊き込み飯の場合は、調味料が米の吸水を妨げるため、米をよく吸水させてから炊く直前に調味料を加える。炊き込み飯の塩分濃度は米重量の1.5%か、炊き水の1.0%、あるいは炊きあがり飯の0.7%を基準とする。酒は加水量の5%を加えると風味を効果的に付与できる。

すし飯の場合は、飯に合わせ酢を浸透させ、光沢やはりを付与する。そのため、白飯は合わせ酢の分量を減じた加水量で炊き、蒸らし時間は通常の半分（5分間）とし、熱いうちに合わせ酢とあわせる。調味料の配合は、米容量に対し酢が10%、砂糖は酢の10～30%、塩は酢の10%を用い、ちらしずし、いなりずし、茶きんずしなどの甘いすし飯には、砂糖を多めに用いる。

3) 蒸し物

卵豆腐やカスタードプディングなどの蒸し物は、加熱中あるいは**ゲル化**した後では調味できないため、**ゾル**の状態のうちに味付けを行う必要がある。また、希釈した卵液に食塩を添加すると、食塩中のNa^+の作用により卵のゲル化を促進する利点もある。

4) 煮物

煮物は加熱中に味をつけることができ、調味が容易である。同じ食品でも鮮度によって調味料の使用量が異なるが、煮あがった状態の量に対して適切な味となるように割合を決める。また、調理操作の便宜上、食品に対して調味料の割合を決めることもある。一般的には食品重量に対し、塩味 1〜1.5%、甘味 5〜10%、だし汁50%（煮汁を用いる場合は 80%）を用いる。

煮物は加熱方法によって調味料の**拡散現象**が異なり、調味料が食品のテクスチャーや風味に影響を与えるため、調味料を加える順序に気をつける必要がある。一般的には“**さ（砂糖）・し（塩）・す（酢）・せ（しょうゆ）・そ（みそ）**”の順で加えると効果的である。調味料の**拡散現象**は、物質の拡散係数による。拡散係数は分子量が小さいものほど大きく速く拡散するが、分子量の大きいものほど拡散係数は小さいので遅い。分子量の大きい砂糖（分子量：342）は、分子量の小さい食塩（58.5）より先に添加しないと食品中に拡散しにくい。酢は揮発しやすいので加熱の最後に加え、しょうゆ、みそは香気成分が揮発して失われないように消火直前に加える。特に、しょうゆは有機酸やアミノ酸を含んでいるため、食塩に比べ食品を硬くする（図 4.11）。したがって、仕上げの段階でしょうゆを用いた方が食品は硬くならず、風味もよい。このことから、いも類や根菜類などの食品は加熱し軟らかくなってから、分子量が大きい順（砂糖、塩、しょうゆ）に調味料を入れると味が浸透しやすい。しかし、煮崩れしやすい食品には、加熱後に加えるしょうゆを一部残しておき、はじめにしょうゆを入れておくと煮崩れを防ぐことができる。

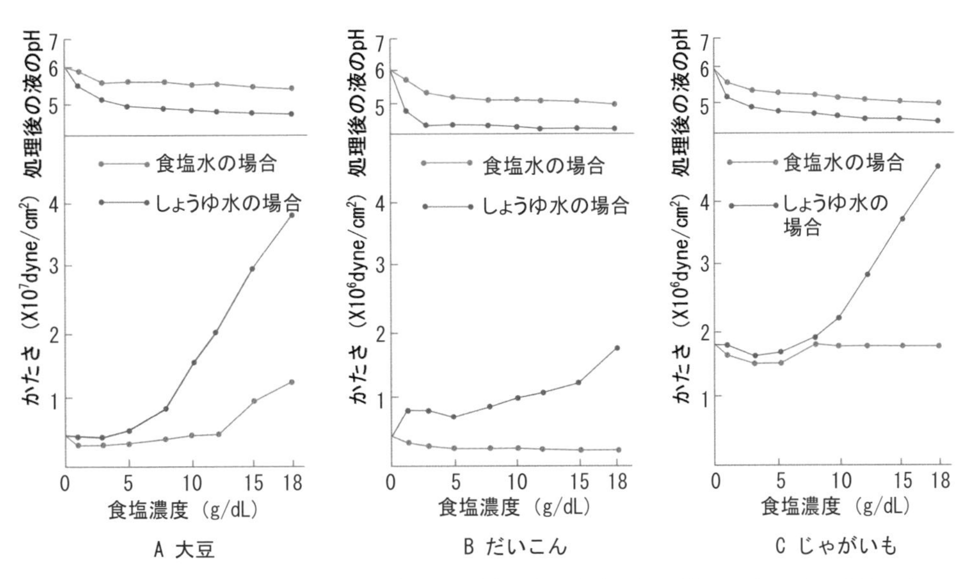

図 4.11　食塩水およびしょうゆ水で加熱処理した大豆、だいこんおよびじゃがいもの硬さ[7]（しょうゆ水は食塩水と同じ食塩濃度の場合）

一方、煮魚の場合は魚のうま味成分が溶出しないように、調味料が沸騰したところへ魚を入れる。

食品は煮汁から出ていると、熱や調味料が均一にならないため、ときどき煮汁をかけたり、落としぶたや紙ぶたを用いる。落としぶた、紙ぶた法によるじゃがいもの食塩吸収量を表4.11に示した。落としぶたをすると、普通のふたをしたときよりもいもの上部と下部の吸塩量の差が小さくなり、均一に調味することができる。

表4.11　落しぶた、紙ぶた法によるじゃがいもの食塩吸収量[8)]

	いもの吸塩量（%）		
	上半 (A)	下半 (B)	差 (B−A)
普通のふた	0.57	1.23	0.66
落としぶた	0.60	0.93	0.33
紙ぶた（日本紙）	0.66	1.00	0.34
紙ぶた（セロファンに小穴をあけてもの）	0.67	1.11	0.44

一般的に、煮あがった直後の食品は内層部まで調味料が拡散されていないため、食品の外層部と内層部とでは味に大きな差ができる。調味料を内層部まで拡散させ、食品の味を均一にしたい場合は加熱終了後もそのまま放置する（図4.12）か、時間のないときには、食品の目立たないところに切り込みを入れる**かくし包丁**によって、調味料の浸透距離を短くするとよい。

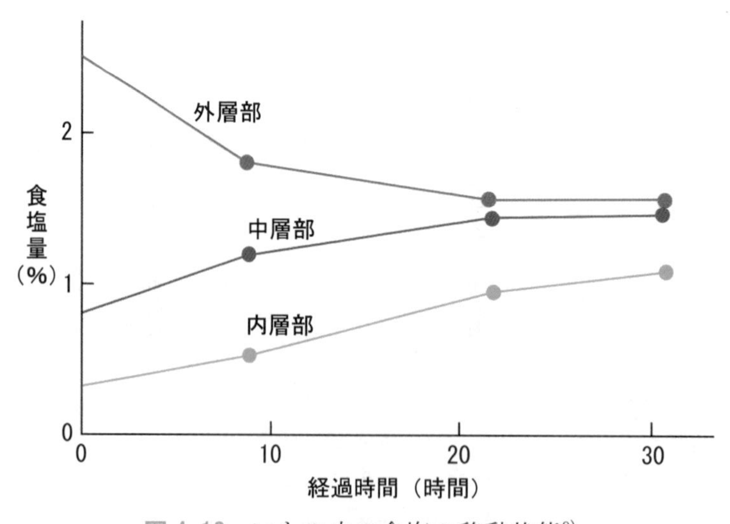

図4.12　いもの中の食塩の移動状態[9)]

引用文献

1）和田淑子、大越ひろ「健康・調理の科学」建帛社2004

2）松元文子編著「新版調理学」p. 21 光生館1979

3）松崎淳子、江原洵子、山崎陽子、松元文子「家政誌22」p. 227 日本家政学会1971

4）小竹佐知子「ソルト・サイエンス・シンポジウム調理と塩の科学」p. 18 2010

5）浜島教子「家政誌27」日本家政学会1976

6）遠藤仁子「調理学第２版」p. 74 中央法規1997

7）中谷圭子、松元文子、桜井芳人「家政誌25」p. 195 日本家政学会1974

8）島田淳子、畑江敬子「調理学」p. 31 朝倉書店1995

9）松元文子「調理科学 15」日本調理科学会 1982

調理機器

達成目標

近年、調理時間の短縮や簡便化、健康を売りにした、例えば、脂抜き機能付きの新調理機器が多種出回っている。また、マニュアルどおりに操作を行うことにより、熟練（コツ）を必要としない機器への移行が顕著である。この章では、多種にわたる調理機器や調理用エネルギーについて正確な知識を持ち、最適な機器とエネルギーを選び、使いこなせる能力の取得を目標とする。合わせて新調理システムについても学ぶ。

1 非加熱調理機器

非加熱調理機器は、種類が非常に多い。さらに近年は、同種機器でも、形状、材質などが多様になり、衛生面、安全面、さらにはデザイン性にすぐれ、熟練を必要としない使い勝手がよいものが登場している。我々は、その機能と使用法を充分理解した上で、上手に選んで使用することが大切である。

非加熱調理器具は表 5.1 に示す通り、計量用、洗浄・浸漬用、切砕用、磨砕用、混合用、撹拌用、混捏用、ろ過用、成形用、保存用、乾燥用などの器具がある。そので、充分な理解が必要な主な機器について以下に取り上げる。

1.1 秤

秤は、従来からの上皿自動ばかりとデジタル自動ばかりがある。デジタル自動秤の場合、風袋を除いた表示もできるので、便利である。器具により秤量と感量が異なるので注意が必要である。

1.2 温度計

温度計には、アルコール棒温度計、中心温度計（熱電対温度計）、非接触型温度計などがある。アルコール温度計は液体温度を測定し、中心温度計は食品の内部温度を測定する。非接触型温度計は、レーザー光を照射することにより、食品に触れずに品温を計ることができる。給食施設において、食材の検収時、肉魚や冷凍品の品温を測定し、加熱調理時には、中心温度計と併用して中心部までの温度の管理に使用する。非破壊検査の一種で、食品の形を壊さずに外側から温度測定ができるので、一般料理の温度管理でも有効に利用できる。

1.3 包丁（表 5.2）

わが国で使われている包丁*[1]は、和包丁、洋包丁、中華包丁の３種に分類される。また、刃の形状で両刃と片刃がある。**和包丁**は軟鋼の上に硬鋼の刃を立てた片刃が基本である。**洋包丁**はすべてが硬鋼でつくられており、両刃である。**中華包丁**は、形は一種類で、両刃である。骨付き肉をぶつ切りにするときなどは、大振りで刃の厚いものを使う場合があるが、基本的には食材や切り方にかかわらず、１本の中華包丁ですべてを切り整える。日本の家庭で普及している三徳包丁（文化包丁）は、洋刀の牛刀と和刀の薄刃を折衷した日本独特の両刃包丁である。

表 5.1　主な非加熱調理機器

調理操作	器　　具	調理操作	器　　具
計量する 計測する	上皿自動秤 デジタル自動秤 計量カップ 計量スプーン タイマー 温度計 非接触型温度計 塩分計 糖度計 PHメーター	塗　る	はけ スパチュラ※
洗浄する 浸漬する	洗い桶 水切りかご ざる たわし・スポンジ ふきん 食器洗浄機 洗米機 ボール	磨砕する	おろし器 すりばち すりこぎ マッシャー チーズリナー ゴマすり器 各種ミル（コーヒーミル） 芯抜き ミキサー
切　る	和包丁 洋包丁 中華包丁 キッチンばさみ 皮むき器 各種スライサー(卵切り器など) パイばさみ かつお節削り器 まな板	成形する	ライス型 流し箱 菓子型 抜き型 口金 絞り出し袋 巻きす 押し寿司型
混 ぜ る	菜ばし へら ハンドミキサー バーミックス ミキサー フードプロセッサー パンこね器 泡だて器	漉　す 裏ごす	裏ごし器 ストレーナー シノア※ 茶漉し 粉ふるい みそこし
押す(圧す) 伸 ば す	麺棒 肉たたき	生ごみ処理	ディスポーザー
保存する	密閉容器 調味料入れ 冷凍冷蔵庫	拭　く 乾燥する	ふきん 食器用乾燥機
		スパチュラ シノア	

注）新調理システム対応調理機器は、第 5 章 4 参照

＊1 **包丁の材質：**包丁の材質は、鋼（はがね：鉄と炭素の合金）、ステンレス鋼（鋼にクロムとニッケルを添加したもの）、合金鋼（鋼にモリブデン、コバルト、クロムなどを添加したもの）、セラミックなどである。一般にはさびにくく扱いやすいステンレス鋼が主流だが、切れ味は、鋼が優れている。

表5.2　包丁の種類と分類

分類と種類		刃	特　徴	外　観
中華包丁	中華包丁	両刃	・形は1種類 ・基本的に1本で、肉、魚、野菜などすべての食材を切る ・大きさに大小あり ・骨切り包丁の刃は、出刃包丁と同じく厚みがある ・包丁の重みを利用して切る	中華包丁
洋包丁	牛　刀	両刃	・野菜、肉を切る ・魚を下ろすまで広い用途で使える	牛刀包丁
	ペティナイフ	両刃	・果物の皮むきや、各種食品の飾り切りに適する	ペティナイフ
	骨切り包丁	両刃	・牛刀より小ぶりで刃が厚く、肉、魚の下ろし用 ・骨まで切れる ・和の出刃にあたるもの	骨切り包丁
	パン切り用	波型	・刃渡りが長く、波打っているので表面が硬く中が柔らかいパンの形を崩さず切ることができる	パン切り包丁
	冷凍食品用	のこぎり型	・刃がのこぎり型で、刃渡りが長いため、切った食品が刃に付着しにくく、きれいに薄く切れる	冷凍用ナイフ
和包丁	菜 切 り	両刃	・まっすぐ刃が入るので、野菜を切るのに適する ・そば、うどんを切るのにも適する	菜切り
	薄　刃	片刃	・片刃なので、曲線的に刃が入るため、野菜のかつらむき、皮むきに適する	薄刃
	出　刃	片刃	・食材の大きさに合わせ、小さい小出刃から大きいものへ使い分ける ・魚を下ろし、骨を切るのに適する	出刃
	刺身包丁 蛸引き包丁 （関東） 柳刃包丁 （関西）	片刃	・魚介の刺身、皮引きに適する ・引き切りに適し、柔らかい魚肉に圧力を加えず、きれいに切れる	刺身包丁 柳刃包丁
三徳包丁	文化包丁 万能包丁	両刃	・西洋料理に適するように日本人が考えた牛刀と菜切りの長所を組み合わせたもの ・牛刀より軽く刃が薄く使いやすい ・直線的に切れて、野菜向き ・肉切りには不向き	三徳包丁

コラム　「おろし器」道具は料理によって使い分け

食品をすりおろす「おろし器」も材質や目の立て方に色々な種類がある。茨城、栃木の郷土料理「すみつかれ」の大根は、竹製の鬼おろしで粗くおろすことにより、独特の食感と甘さを引き出してくれる。それに対し、生わさびをおろすときは、さめ皮のおろし器が使われる。さめ皮は突起が小さく密集しているので、わさびの組織を細かく磨砕し、辛味と香りを引き出してくれる。わさび、だいこん、にんにくなどの辛味成分は、空気と一緒に時間をかけて磨砕することによりミロシナーゼという酵素が働き辛味成分が生成される。

1.4 冷凍冷蔵庫（図 5.1）

冷蔵あるいは冷凍保存は、衛生的に食品を管理するために不可欠である。家庭用冷凍冷蔵庫の機能は向上し、冷凍保存、野菜の品質保持などに役立っている。家庭用では、従来の冷蔵室（3～5 ℃）、冷凍室（−22 ～ −18 ℃以下）の他、野菜室（6 ～ 9 ℃）、**チルド**（0 ℃前後）、**パーシャルフリージング**（−3 ～ −1 ℃）、ソフト冷凍（−9 ～ −5 ℃）*2の温度帯の設定ができるものがある。ワイン専用の冷蔵庫は、一般冷蔵帯より高い 6 ～ 9 ℃に保つことが可能である。

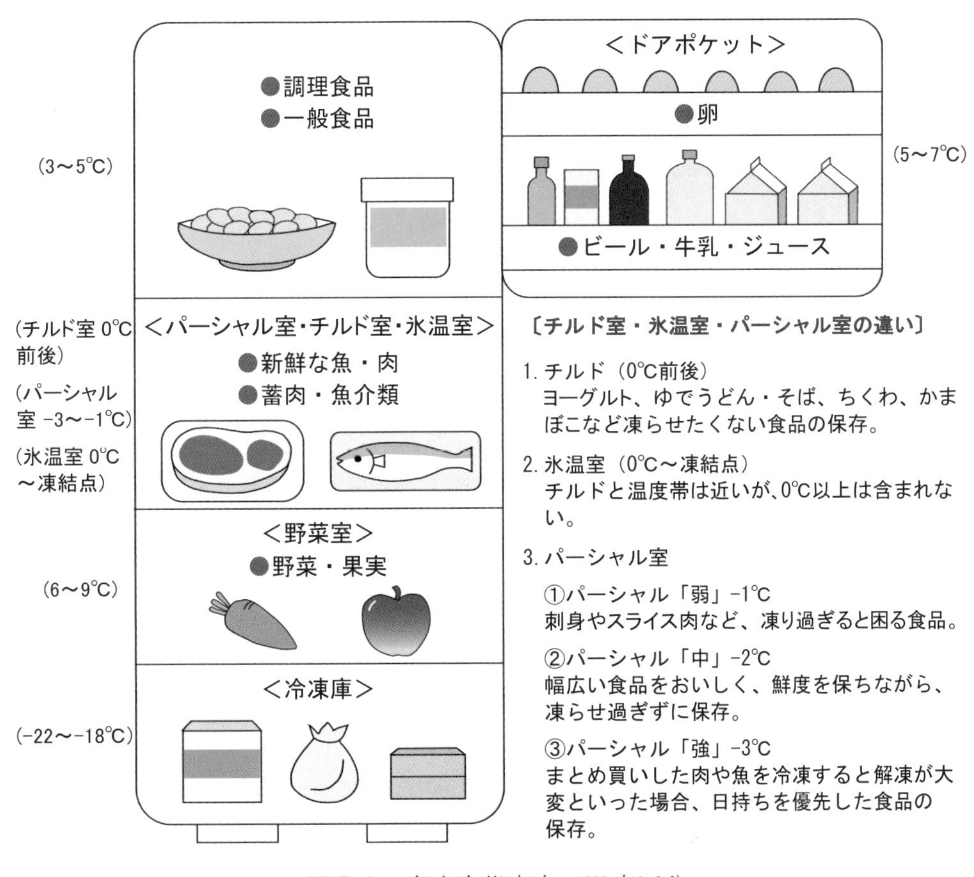

図 5.1　冷凍冷蔵庫内の温度区分

冷蔵庫は、室温より低温の温度帯で微生物の繁殖を抑えるものである。冷凍庫は－18℃以下の温度帯なので、微生物は繁殖しない。しかし、家庭用の冷凍冷蔵庫では、扉の開閉により庫内の温度の変化が大きく、温度管理が食品衛生上完璧でないことを考慮する必要がある。

また、扉の開閉の回数と時間を少なくすることは、品質の保持だけでなく省エネの効果もある。環境保全のため、フロン中心の冷却法から、ノンフロン化が進んでおり、省エネ設計などの技術も日進月歩である。

1.5 自動食器洗浄乾燥機

自動食器洗浄乾燥機[*3]の長所は、食器を自動で洗い、乾燥するだけでなく、1.細菌を死滅させる　2.人件費節約　3.手洗いより水の消費量減少などがあげられる。価格の低下により、今後さらに家庭への普及が進むであろう。

2 エネルギー源

調理用エネルギーは、木炭や練炭、薪などの固形燃料から、安価で着火、消火が容易な石油エネルギーを経て、現在は使いやすいガスと、より安全性が高く空気を汚さない電気が主流になってきている（表5.3）。

2.1 木炭

木炭は、着火や消火、火力調節が困難で煙や灰が出るなどのマイナス面がある。しかし、表面温度が、300～600℃に上がり、遠赤外線[*4]の割合が高いエネルギーとして優れている。

近年一般家庭の調理では使われなくなってきたが、料理店や、野外パーティなどで使用されている。木炭や練炭は遠赤外線による放射熱の効果で、短時間で、表面を焦がし過ぎず内部まで火を通すことができる。また、遠赤外線効果を期待して、セラミック素材が加熱機器に使われている。

＊2 ソフト冷凍：すばやく凍らせ、包丁で切れる冷凍は、すぐ調理したい冷凍食品に適する。ゆでた野菜、赤身の肉など硬く凍結しやすいもの（-5℃）、肉や魚（-7℃）、たらこ、味噌漬けなど塩分、糖分が多く凍りにくいもの（-9℃）など冷凍温度を細かく選べる機種もある。ただし、その後長く保存する場合は、-18℃以下の冷凍室に移すことが必要である。

＊3 自動食器洗浄乾燥機：自動食器洗浄乾燥機は、雑菌の死滅する60～70℃で乾燥作業を行うため大腸菌、ブドウ球菌、サルモネラ菌などの食中毒菌を殺菌する効果も期待できる。

＊4 遠赤外線：可視光線の赤色より外側（波長が長い側）にある電磁波ということでこの名がある。赤外線は熱線といわれ短時間でむらのない熱が得られ、乾燥（天日干しなど）や加熱に効果がある。

表5.3 各種燃料の発熱量の比較

熱エネルギー源	種類	発熱量
気体燃料	プロパン	10×10^4kJ/m^3
	都市ガス(13A)	4.6×10^4kJ/m^3
固体燃料	木炭	3×10^4kJ/kg
	薪	1.5×10^4kJ/kg
電気	電気	3.6×10^3kJ(1kWh)

2.2 ガス

現在、家庭で使われているガスは、都市ガスとプロパンガスである。日本における**都市ガス**は、その発熱量、比重、燃焼速度の違いにより、14種類が使われている。そのなかでも発熱量が高く、安全性の高い液化天然ガスを使用した「13 A」が一番普及している。**プロパンガス**は、使い勝手は都市ガスと同じであるが、発熱量が高いので、大きな火力を得られるのが長所である。しかし、比重が大きいので、ガス漏れした場合、床に滞留して大きな爆発を起こす危険性がある。

ガスの種類に適したガス器具を使用することが重要である。

2.3 電気

電気は調理機器に内蔵し、炎の出ない熱源として、また、各種機器の動力を動かすエネルギーとして幅広く使われている。安全性も高く、衛生的、環境にやさしく、機器の操作に利便性が高いが、火力が弱いのが短所である。

3 加熱調理機器

3.1 ガステーブル

ガステーブルは、都市ガス、プロパンガスをエネルギー源とし、比較的安全で扱いやすいので広く普及している。ガスはバーナー内で1次空気と混合され、炎の周りから2次空気を取り込んで完全燃焼する（ブンゼン式）。

ガス加熱の長所は、炎を見ながら火力調節ができること、同時に何口かのバーナーを使用しても火力が衰えないこと、丸底の中華鍋など炎が鍋を包み込むように加熱するので温度上昇が速く、“あおる”という操作もでき炒め物などがからっと仕上がる。

また、温度調節が可能なものや、付属の魚用グリルが両面焼きで遠赤外線加熱が可能なものもあり、使い勝手や安全性が高くなっている。また、製品により熱効率も40から55％まで上がってきている。

3.2 電気コンロ（図5.2）

炎の出ない電熱コンロは、安全でクリーンな熱源として、多種利用されるようになってきている。また、ガスコンロが熱効率40～55％に対してIHは90％である。他の電気ヒーターも60～70％と熱効率がよい。以下は、現在使われている調理用電気コンロである。

(1) ラジエントヒーター

セラミック製のトッププレートの内側にニクロム線を埋めこんだタイプ。IHヒーターと異なり、トッププレートが熱くなるので注意が必要である。IHで使えない素材の鍋や小さい鍋も使える。温め用に適する。

(2) ハロゲンタヒーター

強力なハロゲンヒーターを熱源とする。熱量が大きいため食品の内部を素早く加熱することができる。遠赤外線と併用して中はふっくら、表面にパリッと焦げ色をつける加熱が可能である。

(3) シーズヒーター

渦巻状のニクロム線を絶縁体で包み、その上をニッケルのパイプで包んだもの。

(4) エンクローズドヒーター

シーズヒーターの表面を鉄鋳物で覆って加熱部を円状に平らにしたもの。

3.3 電子レンジ（Microwave Oven）

電子レンジ加熱＝マイクロ波加熱を行う調理機器を、電子レンジとよんでいる。電子レンジ内では、マグネトロンという真空管から電波が発生され、この電波が食品に入り、食品が加熱される。この電波は周波数が2,450 MHz、波長が12.2 cmという超短波（マイクロ波）である。食品中の原子や分子は電波により振動する。電波とは極性電気の＋と－、磁気のNとSが交互に入れ替わる波（振動）である。電子レンジの電波は極性が1秒間に24億5千万回入れ替わる。この電磁波の振動にあわせて分子も振動し発熱する。この発熱作用を誘電加熱といい、単位時間当たりの発熱量は物質（食品）の誘電損失（誘電率×誘電力率）に比例する。水の誘電損失は大きいので水分の多い食品は速く加熱される。

食品自体がマイクロ波を吸収しやすい水分が多い部分と少ない部分、吸収しにくい油分やたんぱく質の多い部分等均一でないので、加熱むらができることがこの機器の短所である。構造、電波の性質、使用できる食器などを図5.3、表5.4に示した。

	ラジエント	ハロゲン	シーズ	エンクローズド
方式	伝導熱＋輻射熱			
火力	弱い	比較的強い	やや弱い	弱い
火力応答性	ガスに比べすべて立ち上がりが遅い。シーズよりハロゲンの方が立ち上がりが早い。			
余熱	中	中	中	大
ヒーター上面	硬質セラミックプレートでフラット	硬質セラミックプレートでフラット	ヒーター部分は渦を巻いて凸	シーズヒーターを覆った鉄鋳物が凸
形状（構造）	火力が弱く、温めに適する。IHの使えない鍋も使えるが、トッププレートが熱くなるので注意。	オレンジ色に発熱。鍋が小さいとハロゲン光がまぶしい。ファンの稼動音が大きい。	クッキングヒーターの一種で、ニクロム線の発熱体を絶縁体でくるみ、渦巻き状に成形したもの。ヒーター部分が赤くなって発熱し、伝導熱と輻射熱で加熱調理を行う。温度調節がしにくいのが難点。また、スイッチを切っても冷めにくいので、余熱利用の調理ができる反面、安全面では注意が必要。比較的安価なために、単身者用のミニキッチンなどによく用いられる。	シーズヒーターの表面を鉄鋳物で覆って加熱部を円状に平らにしたもの。蓄熱効果が高いのが特徴で、余熱利用も含めて煮込み料理に向く。
硬質ガラスプレート	熱くなる	熱くなる		

図 5.2　各種電熱機器の比較

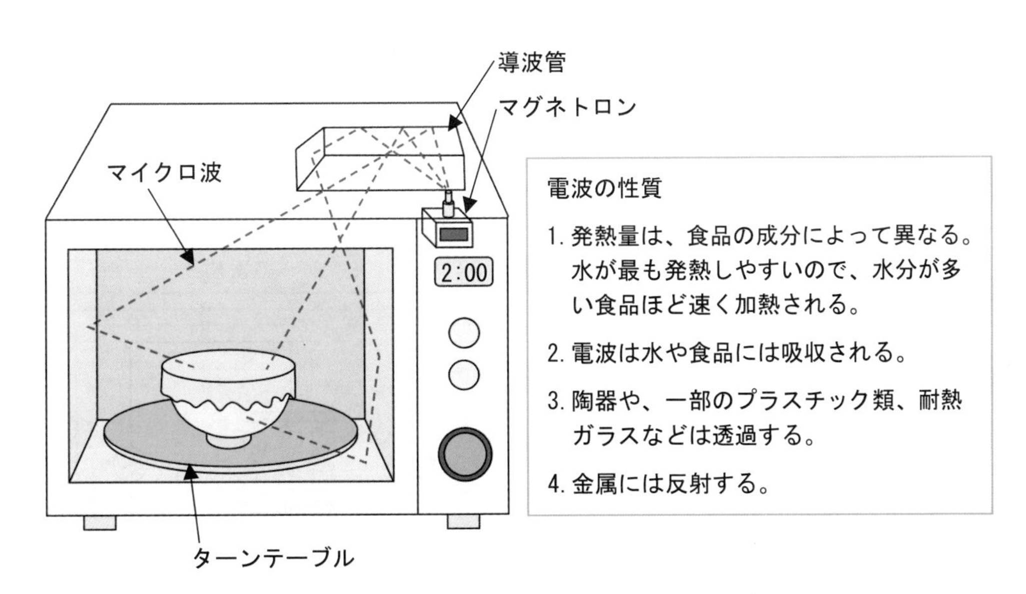

図 5.3　電子レンジの構造と電波の性質[2)]

表5.4　電子レンジに使用できる容器、できない容器[2]

使用できる食器、プラスチック類について

1. 陶器類、耐熱ガラス類
2. ラップ（耐熱温度が140℃以上のもの）、ペーパータオル、オーブンシート、電子レンジ用専用加熱パック
3. ポリプロピレン（耐熱温度110～130℃）

使用できない容器、プラスチック類について

1. ポリエチレン（耐熱温度80～90℃）ポリプロピレン容器のふたなど。
2. ポリスチレン（耐熱温度70～90℃）発泡スチロールは気泡を含ませたポリスチレンである。肉、魚、野菜類のトレー。カップ麺容器。弁当などの容器。
3. ポリカーボネート、メラミン樹脂、フェノール樹脂（電波を吸収して発熱する）
4. 金属製の容器、アルミホイル、漆器、木製の容器など。

コラム　電波、誘電損失、加熱の原理[1]

電波について

	周波数	波長
ラジオ（AM）	525.5～1606.5kHz	571～187m
テレビ（VHF）	90～222MHz	3～1m
テレビ（UHF）	470～770MHz	64～39cm
電子レンジ	2450MHz	12.2cm

誘電損失について

電子レンジでの発熱量は、誘電率と誘電力率の積に比例する。この積を誘電損失という。この値の大きいものほど、発熱量が多い。

物質名	誘電率（ε）	誘電力率（tan δ）	誘電損失（ε ×tan δ）
氷	3.2	0.00095	0.003
ポリエチレン	2.3	0.0005	0.0012
水（15℃）	80.5	0.31	25.0
牛肉（生 20℃）	47.4	0.28	13.4
豚肉（生 20℃）	43.0	0.32	13.8

加熱の原理

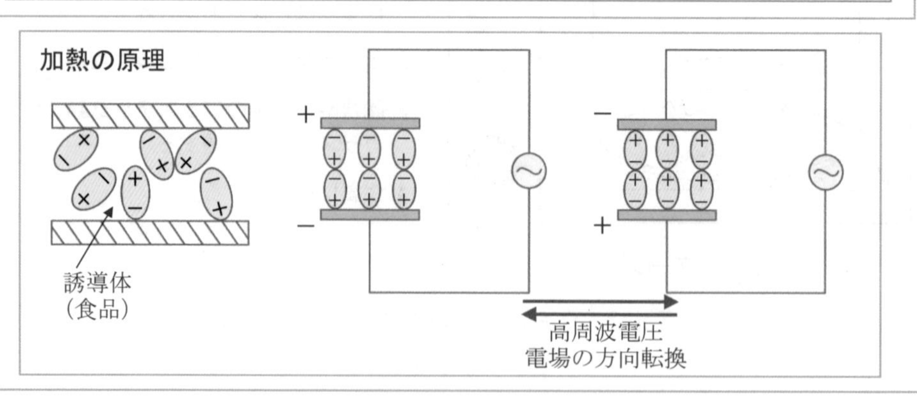

3.4 電磁調理器（Induction Heater）

IH（Induction Heater）は磁力線により、鍋自体が発熱する調理機器である。調理器の中にある加熱コイルに電流を流すと磁力線が生じる。この磁力線が鍋底で渦電流（誘導電流）を生じ、鍋に抵抗が生まれ、鍋底が発熱しその熱で食品が加熱される。**電磁誘導加熱**という。

電磁調理器の構造と使用できる鍋について図 5.4 に示した。

近年は、磁性体を鍋底に挟み込んだ土鍋なども作られている。また、IH ヒーターにも「オールメタルヒーター」が登場した。これは従来使えなかったアルミ製の鍋や銅製の鍋、多層鍋の一部も使えるが、鍋底に磁力線が生じないので、トッププレートが高温になったり、また、従来の IH より熱量が低いという弱点がある。

鍋の購入時は表示や SG マークを確かめ、安全性を確認のうえ、IH 対応品を購入すると、熱効率もよくなり省エネにつながる。

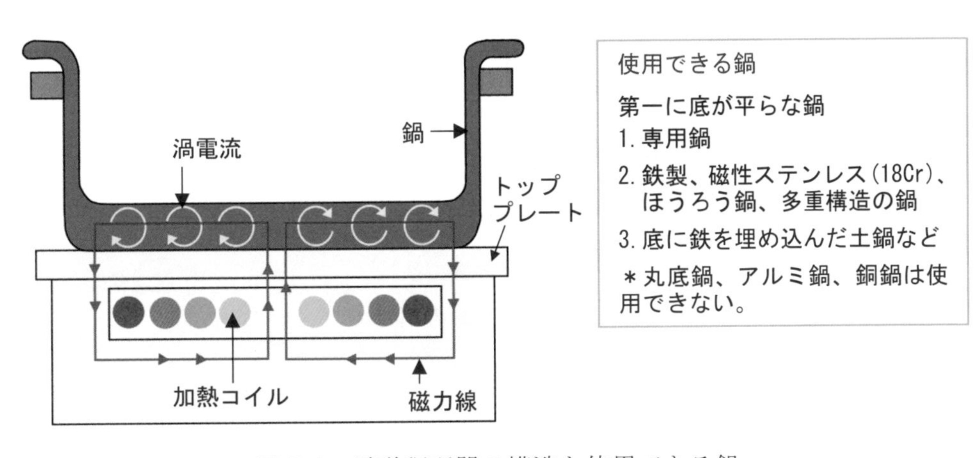

図 5.4　電磁調理器の構造と使用できる鍋

3.5 オーブン

オーブンは、電気オーブンとガスオーブンがある。加熱法としては、自然対流式と強制対流式があり、強制対流式（コンベクションオーブン）は、概ね火力が強く、庫内の温度上昇が早く、調理時間が短縮できる。庫内後部のファンで熱風を循環させ、温度を均等にすることで、複数段の同時加熱が可能である。また、一般家庭向きのオーブンでも、過熱水蒸気*5の利用が可能な機種もある。なお、大量調理施設では、スチームコンベクションオーブンが主流である。(p. 118 参照)

オーブン加熱は、対流伝熱、伝導伝熱、放射伝熱の複雑な間接焼き調理である。個々のオーブンの熱伝導の特徴を知り、上手に機種を選び、使用することが必要である（図 5.5）。

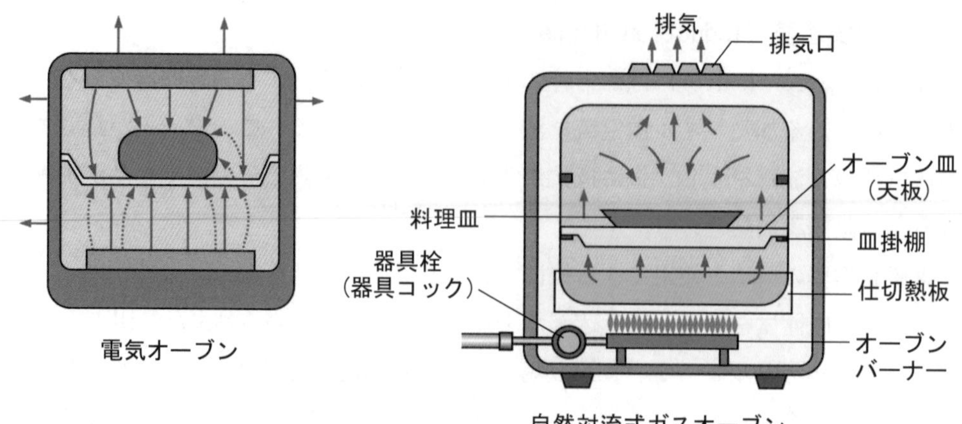

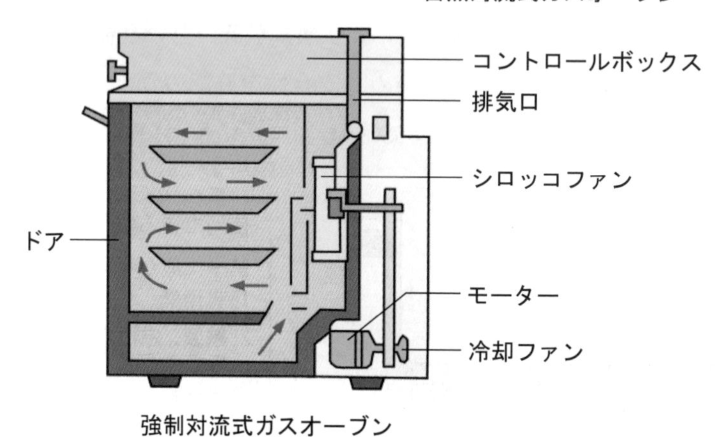

図 5.5　オーブンの構造[3)4)]

3.6 鍋類

鍋の形状は、各種料理に対応してたくさんの種類がある。湯を素早く沸かすときは、熱伝導のよい肉薄のアルミ鍋、煮魚には、一並べにできる浅めの平たい鍋、煮込みには熱が保たれ、吹きこぼれにくい厚手の深鍋、洋風料理において炒めたり煮込んだりする場合は、熱伝導がよく熱保持力の大きい厚手の鍋というように形、素材、大きさと厚みなど使い分けが必要である。

＊5 過熱水蒸気調理：過熱水蒸気は、飽和水蒸気をさらに加熱することにより、高温、大熱容量の加熱源となる。長所としては、

1. 空気に比べ熱容量が大きく熱伝導性に優れている。
2. 最高300℃の高温が得られ、常圧なので安全性も高い。
3. 食品表面で凝結した水が、油脂や塩分を流出させ減塩、減脂料理が可能である。
4. 油を用いずに、唐揚げ様の加熱料理が可能である。
5. 低酸素下で加熱するので酸化が抑制される。

このような「過熱水蒸気」を利用したオーブンレンジなどが家庭に入ってきており、加熱法も多岐に変化している。

また、鍋の大きさにあわせた火加減にすることが、エネルギーの無駄をなくし、焦げ付きなどを防ぐことになる。

(1) 鍋の材質と調理

鍋に使われる素材として、金属（アルミニウム、銅、鉄、ステンレス）、金属加工品（アルマイト、フッ素樹脂表面加工品、ホーロー、ステンレス合金）、耐熱ガラス（パイレックス、パイロセラム）、陶磁器（セラミック、陶磁器）があげられる。

熱伝導率、比熱、熱容量、扱いやすさ（重さ、壊れにくさ、焦げ付きにくさなど）から最適な鍋を選び料理することが大切である。

例えば、熱伝導率のよいアルミ鍋や銅鍋は、保温性に欠ける。それに対し熱伝導の悪い、鉄鍋や多層構造のステンレス鍋、耐熱ガラス鍋、土鍋は、保温性が高い（表5.5）。

フッ素樹脂加工*6の鍋は、他の物質と反応しにくいので焦げ付きにくい。そのため油使用量を減らすことができ、近年普及しているが、短所としては、傷つきやすく、高温調理に適さない。また鉄鍋に比べ熱伝導が著しく悪い（表5.6）。

コラム　鋳物、焼き物とは？

鋳物：鉄、青銅、アルミニウム、マグネシウム、アンチモン、錫、鉛などの金属を溶解し、鋳型に流し込んで作った鍋。金属の器作りの歴史のなかで最も古く、約2000年の伝来歴がある。

陶器：原料は粘土。釉薬（ゆうやく：うわぐすり）をかけ、1100～1200℃で焼く。吸水性がある。（萩焼、益子焼など）

磁器：原料は長石が主成分の磁土で、1200～1400℃で焼く。吸水性なし。（伊万里焼、九谷焼、マイセン、リチャードジノリなど）

炻器（せっき）：原料は粘土。釉薬をかけず、1200～1300℃で焼く。吸水性はない。（信楽焼、備前焼、常滑焼など）

ボーンチャイナ：牛の骨を焼きこんだ焼き物。（ウエッジウッド、ミントンなど）

(2) 圧力鍋

常圧下（1気圧前後）での水を媒体とする調理は、沸騰温度が100℃であり、これ以下の加熱である。鍋内の気圧を上げることにより、沸騰温度を上げ、調理時間の短縮を図ったものが圧力鍋である。素材はアルミニウムや、ステンレス素材の厚

*6 **フッ素樹脂加工**：ジュポン社のテフロンはフッ素樹脂が2層、シルバーストーンは3層、プラチナストーンは4層塗ってある。

表5.5　主な鍋類の材質と特徴・扱い方[5)]

	材　質	鍋の種類	特　　徴	使用上の注意・手入れ方法
金属材料	アルミニウム（Al）*	片手鍋、両手鍋、ゆきひら鍋、寸胴鍋、蒸し器、シチューパン、ソースパン	1. 重さが鉄や銅の1/3で軽い。 2. 銅の次に、熱伝導率が高く、微妙な火加減調整が可能。	・酸の強い料理や塩分の強い料理に使用すると、アルミニウムが溶出するので使用しない。
	アルマイト加工*	両手鍋、やかん	1. アルミニウムに皮膜をつけたもので腐食を防ぐように処理したもの。	・表面の皮膜が取れやすく、アルミが露出しやすい。金属たわしを使用しない。
	アルミニウムとその合金*	文化鍋、無水鍋	1. アルミニウム鋳物製である。 2. 厚手のため熱容量が大きく、水なしで料理できる。耐久性も高い。	・余熱のあるうちに水または湯を入れて洗剤で洗う。
	フッソ樹脂加工*	フライパン、鍋類、炊飯器の内側	1. アルミニウムなどの内側にフッ素樹脂を塗布したもの。	・金属たわしや磨き粉は厳禁。スポンジで洗い落とす。
	ステンレス鋼* 鉄にクロム・ニッケル（Ni）を加えたもの	鍋類一般	1. 耐蝕性はあるが、熱伝導率が低く焦げやすい。 2. この欠点を補うため、熱伝導率の高いアルミニウムなどを挟んだ多重構造の鍋がある。重いが熱容量は大きい。	・使用後は、早めに洗剤のついたスポンジで洗う。
	鉄（Fe）とその合金	フライパン、中華鍋、てんぷら鍋、北京鍋、すき焼き鍋、鉄びん	1. 熱に強く堅牢であるが重い。 2. 鉄に少量の炭素、マンガン、ケイ素、クロム等を加えることで硬さを高めている。	・さびやすいので、熱いうちに湯で洗い、乾燥させる。
	ほうろう用鋼板*	鍋類一般	1. 金属（鉄、鋳物、アルミニウムなど）の表面に特殊なガラス質の上薬をかけ 800～900℃で焼いたもの。金属の堅牢性とガラスの耐蝕性および表面の美しさを備えている。紀元前15世紀以来の歴史がある。 2. 熱伝導率は低いが熱容量は大きいので、煮込み料理に向く。	・酸、アルカリ、塩にも強く清潔である。 ・衝撃に弱いので、取り扱いには注意する。 ・金属たわしや磨き粉は使用しない。
	銅（Cu）とその合金*	卵焼き器、鍋類一般	1. 比熱が小さいのですぐ温まり、熱伝導率も最も高いのでまんべんなく熱がいきわたる。そのため食材に均一に火が通り、おいしい料理ができる。	・酸や塩分に弱く、緑青（さび）を生じるので、調理したものを永く保存しない。緑青は無害。 ・内側をスズ、ニッケルなどでメッキしたものが多い。スズメッキははがれやすいが修理可能。 ・内面はスポンジと中性洗剤で汚れを落とす。スチールたわしや磨き粉は使用しない。
非金属材料	セラミックス（狭義に分類）	鍋一般	1. 非金属の天然無機材（ケイ酸、塩土などの鉱物）を高温で焼いた窯業製品。 2. 硬くてさびないのが特徴。	
	耐熱ガラス ケイ素（Si）アニオン	鍋一般	1. 耐熱性、耐衝撃性を大きくしたガラス鍋で、保温性がある。 2. 電子レンジ、オーブン、直火に使える。	・種類により、ぱっと水に浸けるなど温度の急変に注意する。
	土（陶器・磁器）	土鍋、炊飯器、ほうろう	1. 衝撃や熱に弱い。 2. 熱容量が大きく、食品への熱のあたりが軟らかく、保温力があり、余熱もきくので鍋物によい。	・急激な温度変化に弱いので、底に水滴がついたまま火にかけると割れることがある。 ・洗った後、しっかり乾燥させる。

注）材質の表示義務のあるものは*印をつけた。

表 5.6　鍋の材質の熱伝導率と比熱

熱伝導率（cal/cm·s·℃）	
熱移動の起こりやすさを表す係数。熱伝導の値が大きいほど熱が伝わりやすい。	
銅	0.92
アルミニウム	0.49
アルマイト	0.16
鉄	0.15
ステンレス	0.038～0.056
耐熱ガラス	$1.2～2.9 \times 10^{-3}$
フッ素加工	6.0×10^{-4}

比熱（cal/g·℃）	
1g当たりの物質の温度を1℃上げるのに必要な熱量。比熱が小さいほど温まりやすい。	
銅	0.092
ステンレス	0.11
鉄	0.11
アルミニウム	0.21
アルマイト	0.21
耐熱ガラス	0.15～0.25
フッ素加工	0.25～0.28

熱容量＝比熱×質量

手の鍋で、蓋もパッキンを使用し密閉性が高く、頑丈な構造になっている。加圧が完了したときおもりが音とともに回る錘式のものと、ピンが上がるスプリング式のものがある。

圧力鍋の内部圧力は、多くのものが0.9 kg/cm²くらいまで上げられる設計になっており、絶対圧が1.9 気圧程度になり120 ℃前後まで鍋温を上げることができる。圧力鍋の一種、商品名「活力鍋」は、2.4気圧まで圧力が上がり、およそ128 ℃の加熱が可能である。

調理温度を上げることにより、組織を柔らかくするのに時間のかかる食品、例えば、肉の硬い結合組織や魚の骨、玄米や豆類など表皮が硬いものなどの加熱時間を1/2～1/6に短縮できる。また、鍋の保温性も高いので、加熱終了後、圧が下がるまでの時間を利用して追加熱が行われるので、消費エネルギーの節約にもなる。

栄養成分についても、使用する水の量が少ないのでビタミンB群の損失が少なく、ビタミンCはほとんど失われないとの報告もある。また、加熱温度が高いため、骨の組織が軟化して食べられる状態となる。常温で加熱した場合に比べ、米や豆に粘性が出るのが特徴である（大豆の調理 参照）。なお、安全性を確保するため、内圧が下がらないと蓋が開かない構造になっている。

(3) 保温鍋

保温調理とは、短時間火にかけた後に真空断熱層のある保温容器に入れ保温して、余熱で食材に火を通す調理方法である。通常の加熱方法に比べ、時間を要するが、穏やかな対流加熱のため煮崩れが少なく、調味料の浸透がよく、煮込み料理、豆類の調理に向く。また、エネルギーの節約と安全性も利点である。短所は、調理時間がかかることと、加熱の具合を調整できないことがあげられる。

4 新調理システム

現在、集団給食施設やレストラン、ホテルなどの調理・食品製造施設では、おいしい料理を衛生的に、安定した品質を保ったうえで大量に調製し、さらに労働力を削減することが重要な課題になっている。その課題を解決してくれるのが、**新調理システム**である。

新調理システムとは、従来の調理方式（クックサーブ）に加え、**真空調理**（vacuum packed pouch cooking）、**クックチルシステム**（cook-chill system）、**クックフリーズシステム**（cook-freeze system）、および外部加工調理品の活用を組み合わせてシステム化した集中生産方式である（図 5.6）。

新調理システムでは、そのおいしさと衛生面の安全性を高めるため、適正なT-T（時間と温度）管理*7が必要である。

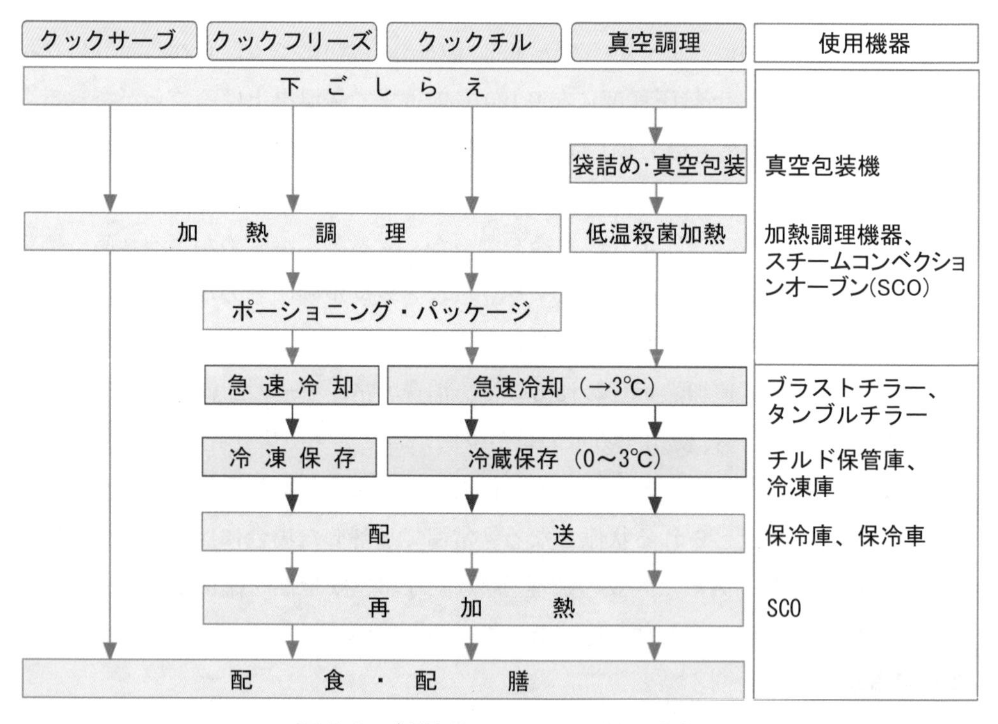

図 5.6　新調理システムの調理過程

＊7 T-T管理：食品の安全性を含めた調理のマニュアル化のために、加熱調理の加減を、温度（Temperature）と時間（Time）に分けてデータ化し、管理する方法。これにより、熟練度の低い者であっても、一定の範囲内で同じ品質の料理を提供できる。また、衛生管理の面では、加熱調理から冷却、保存の過程で細菌を繁殖させない管理を行うことができる。

4.1 真空調理

真空調理は、フランス料理界でフォアグラの加工の際の脂肪分の歩留まりをよくし、おいしさを保つために研究開発された調理法である。おいしく、そして労働力に余剰がある時間を利用して調理・保存し、注文の集中時にそなえるため有効とされている。

食材を生のまま、または下処理をした後、調味液とともに真空包装し、湯煎器や**スチームコンベクションオーブン**で低温長時間加熱される。

また、酸素の少ない状態で加熱するので熱伝導がよく、味の均一化や、料理の酸化を防ぐという利点がある。特に肉類や根菜類の調理に適し、おいしさを引き出すことにつながっている。また、煮物料理などにおいて調味料使用量を抑えることができる。

コラム　真空調理のおいしさ

肉や魚などのたんぱく質食品は、比較的低温（58～70 ℃）で長時間（30分～72 時間）で加熱されるため、たんぱく質の凝固がやわらかで、ドリップがでにくく歩留まりがよく、ジューシーで軟らかい肉質を保つことができる。

根菜類は、92 ℃前後で、調味料と一緒に加熱することにより、煮崩れなく均一に味が染みた料理となる。また、素材のもち味を逃さず、栄養素の損失も少ない。欠点としては、焼き色がつかないため、フィルム包装前に焦げ目をつけるか、再加熱後盛り付け直前に焦げ目をつける必要がある。アクの多い食材は、下処理でアクを除いてからフィルム詰めを行う必要がある。

4.2 クックチル・クックフリーズシステム

クックチルシステムは、1968 年スウェーデンの病院で開発されたもので、中心温度 75 ℃で 1 分以上加熱した料理を加熱終了後 30 分以内に、0～3 ℃まで急速冷却し、低温のまま冷蔵保存（chill）して、必要なときに中心温度 75 ℃ 1 分以上再加熱して供食するシステムのことである。適切な調理操作により、衛生管理が向上し、HACCP への対応が可能である。

また、加熱後 −18 ℃以下まで急速冷却後冷凍保存し、必要に応じて再加熱して提供するものを、クックフリーズシステムという。

どちらも、**ブラストチラー**（blast chiller 空冷）方式か、**タンブルチラー**（tumble chiller 水冷）方式で急速冷却する（表 5.7）。

表 5.7　新調理システム使用機器の機能

機器名	機能	備考
真空包装機 （チャンバー式）	・フィルムに入れた食材の空気を強制的に抜いて密閉する機械。 ・食材をフィルムに入れチャンバー（真空室）に置き、真空ポンプで空気を抜いてから自動的にフィルムの口を閉じ、真空包装される。	・食材と調味料を入れて真空にする場合、調味液が熱いと、減圧中に突沸して噴きこぼれるので調味料は温めない。 ・根菜類と調味料を一緒にして減圧すると空気が抜けて調味液が材料に浸透し、すばやく中心部まで調味できる。 ・つぶれて困る食材の減圧は控える。
湯煎器	・水を媒体として設定温度の湯温で加熱する機器。 ・水を強制対流させているので水槽の温度は、均一に保たれている。	
スチームコンベクションオーブン （スチコン）	・オーブンの庫内に300℃近い熱風を入れて肉や魚を焼いたり50～250℃に温度を調節して、温風と蒸気の混合で蒸し焼きができる。 ・煮る、焼く、蒸す加熱が可能。	・強制対流式オーブン ・スチームによる蒸し加熱。蒸気を高温で熱した過熱水蒸気での加熱が行える。 ・一度に何枚ものホテルパンが挿入でき、加熱後はその天板ごとブラストチラーに移し、冷却できる。 ・真空包装後の加熱の場合、冷却後ホテルパン対応の冷蔵庫、冷凍庫、チルド冷蔵庫に保存することができる。
中心（中芯） 温度計	・加熱調理と再加熱の際に使用し、正確な中心温度を測る衛生管理上必須アイテムである。	
ブラストチラー （空冷急速冷却機）	・加熱調理後の急速冷却に使われる機器。 ・ホテルパンが何段も収納できる構造になっており、冷風によりホテルパンごと急速冷却できる。 ・0～3℃まで冷却し、0～3℃で冷蔵、保管する。 ・保存期間は、製造、提供日を含めて5日間。	・調理終了後、30分以内に冷却を開始し、調理終了後90分以内に芯温 3℃まで冷却しなければならない。 ・加熱調理時間よりも冷却に時間がかかるので、オーブンの稼動時間の長いセントラルキッチンなどでは、オーブンの容量の2～3倍の冷却機が必要とされている。
タンブルチラー （水冷急速冷却機）	・ブラストチラーと同じく、急速冷却に使われる。 ・パック充填したものを専用タンクで低温加熱後0～-1℃に急速冷却する。 ・0～-1℃の氷温冷蔵庫で20～45日保存可能。	

引用文献

1)　渋川祥子、畑井朝子「ネオエスカ調理学」p. 85 同文書院　2007
2)　吉田恵子著「ホールミールマイスター食の教科書」p. 20 日本惣菜協会　2011
3)　渋川祥子「食品加熱の科学」p. 123 朝倉書店　1996
4)「現代調理学」医歯薬出版
5)　吉田恵子監修「台所プロジェクト」家庭栄養研究会　2009

参考文献

・　谷孝之他著「真空調理ってなに？」柴田書店

第6章 食品の調理性

達成目標

本章では、食品を炭水化物を主成分とする穀類・いも類・豆類・砂糖類、たんぱく質を主成分とする動物性食品・大豆類、ビタミン・ミネラルを豊富に含む野菜・果実・きのこ・海藻類および成分抽出素材と調味料、その他の食品に分け述べた。

まず、各食品の食品学的な特徴を理解し、さらにこれらの調理性、調理による嗜好性・組織・物性の変化と栄養性・機能性の変化を理解して説明できることを目標とする。

1　炭水化物を主成分とする食品

1.1 炭水化物の種類と調理性

炭水化物を多く含む食品には、穀類、いも類、豆類などがあり、体内でエネルギー源となる。炭水化物の種類は表 6.1 に示すとおりで、なかでも**単糖類**、**二糖類**、**多糖類**が重要である。また、野菜類、海藻類などに多く含まれるセルロースやペクチンなどの**食物繊維**は、エネルギー源にはならないが、整腸作用や低エネルギー食品としての機能をもつ。

表 6.1　主な炭水化物

<table>
<tr><td rowspan="6">炭水化物</td><td>単糖類</td><td>六炭糖</td><td>グルコース(ブドウ糖)、フルクトース(果糖)、ガラクトース、マンノース</td></tr>
<tr><td rowspan="3">少糖類</td><td>二糖類</td><td>マルトース(麦芽糖)、スクロース(ショ糖)、ラクトース(乳糖)</td></tr>
<tr><td>三糖類</td><td>ラフィノース</td></tr>
<tr><td>四糖類</td><td>スタキオース</td></tr>
<tr><td rowspan="2">多糖類</td><td>単純多糖類</td><td>でんぷん(アミロース、アミロペクチン)、グリコーゲン
セルロース、イヌリン</td></tr>
<tr><td>複合多糖類</td><td>ペクチン、グルコマンナン、アルギン酸など</td></tr>
</table>

(1) 単糖類

単糖類は、糖質を構成する最小構成単位であり、主なものは**グルコース（ブドウ糖）**、**フルクトース（果糖）**、**ガラクトース**、**マンノース**である。グルコースは単独で果実や野菜に含まれ、また、ショ糖、麦芽糖、乳糖、でんぷん、セルロースなどを構成する糖でもある。フルクトースは果実やハチミツ中に多く含まれ、糖類のなかで最も甘味が強く、ブドウ糖と結合してショ糖を構成する。ガラクトース、マンノースは遊離の状態ではほとんど存在せず少糖類や多糖類の成分として食品中に存在する。

(2) 二糖類・少糖類（オリゴ糖）

二糖類は単糖類が 2 つ結合したもので、食品中の代表的な二糖類は、**スクロース（ショ糖）**、**マルトース（麦芽糖）**、**ラクトース（乳糖）**である。少糖では、さとうきび、てんさい、大豆中に三糖のラフィノース、てんさい、大豆、ちょろぎ中に四糖のスタキオースなどがある。

スクロース（ショ糖）はグルコースとフルクトースが結合した糖で、天然の甘味料の代表である。広く植物に含まれているが、工業的にはさとうきびやてんさいの搾汁から製造される。ショ糖溶液は時間や温度によって甘味の強さが変化せず安定しているので、調理する上でも都合がいい。ショ糖を酸またはスクラーゼで加水分解するとブドウ糖と果糖の同量混合物を生成する。これを転化糖[*1]（invert-sugar）といい、ショ糖の1.2倍の甘味がある。マルトース（麦芽糖）はグルコース2分子が結合したもので、甘味はショ糖の1/2である。麦芽あめの主成分で、でんぷんやグリコーゲンをβ-アミラーゼで加水分解した際に生ずる。ラクトース（乳糖[*2]）はグルコースとガラクトースが結合したもので、哺乳動物の乳汁に含まれ、牛乳中には約5%、人乳中に約7%存在する。

(3) 多糖類

多糖類は単糖類が多数結合した高分子化合物である。**でんぷん**は植物性食品のエネルギー貯蔵体であり、**グリコーゲン**は動物のエネルギー貯蔵体である。食物繊維である**セルロース、ペクチン、グルコマンナン**などは体内でほとんど消化されないが、腸の蠕動を促して整腸作用を有するほか血糖値上昇の抑制、コレステロール吸収の低下、腸内の有用細菌生育など、重要な生理的役割を果たしているとして近年注目されている。

1) でんぷん（starch）

でんぷんは、植物の根、茎、種子などに含まれる主成分で、グルコースが多数結合してできたものである。でんぷんの種類によって、粒の形、大きさ、物性などが異なる。でんぷんを構成する分子には、**アミロース**と**アミロペクチン**の2種類がある。アミロースはグルコースが、α-1,4結合によって直鎖状に重合し、らせん形の鎖状構造をしている。短い分枝をもつものもある。アミロペクチンはアミロース鎖の途中からα-1,6結合により枝分かれした分枝鎖分子で房状の構造をしていると考えられている（図6.1）。普通のでんぷんはアミロース15～30%、アミロペクチン70～85%からなっているが、もち種でんぷんはアミロペクチンのみである。

生でんぷん（β-でんぷん）はミセルといわれる密な結晶質部分があり、そのままの状態では消化酵素の作用をほとんど受けない。これに水を加えて加熱すると、分子が分散して粘度や透明度を増し半透明の糊液となる。この現象を**でんぷんの糊化**（gelatinization）という（図6.2）。糊化でんぷん（α-でんぷん）はミセル構造が消失して消化酵素の作用を受けやすくなり、消化しやすくなる。糊化でんぷんを放置すると老化する[*3*4]。（でんぷんについてはp.226､227参照）

＊1 転化糖：上白糖は、ショ糖と2%程度の転化糖を含むため、グラニュー糖（ショ糖99.9%）よりも甘味を強く感じる。
＊2 乳糖：腸管でカルシウムの吸収を促進し、腸の蠕動運動を昂進する働きがある。

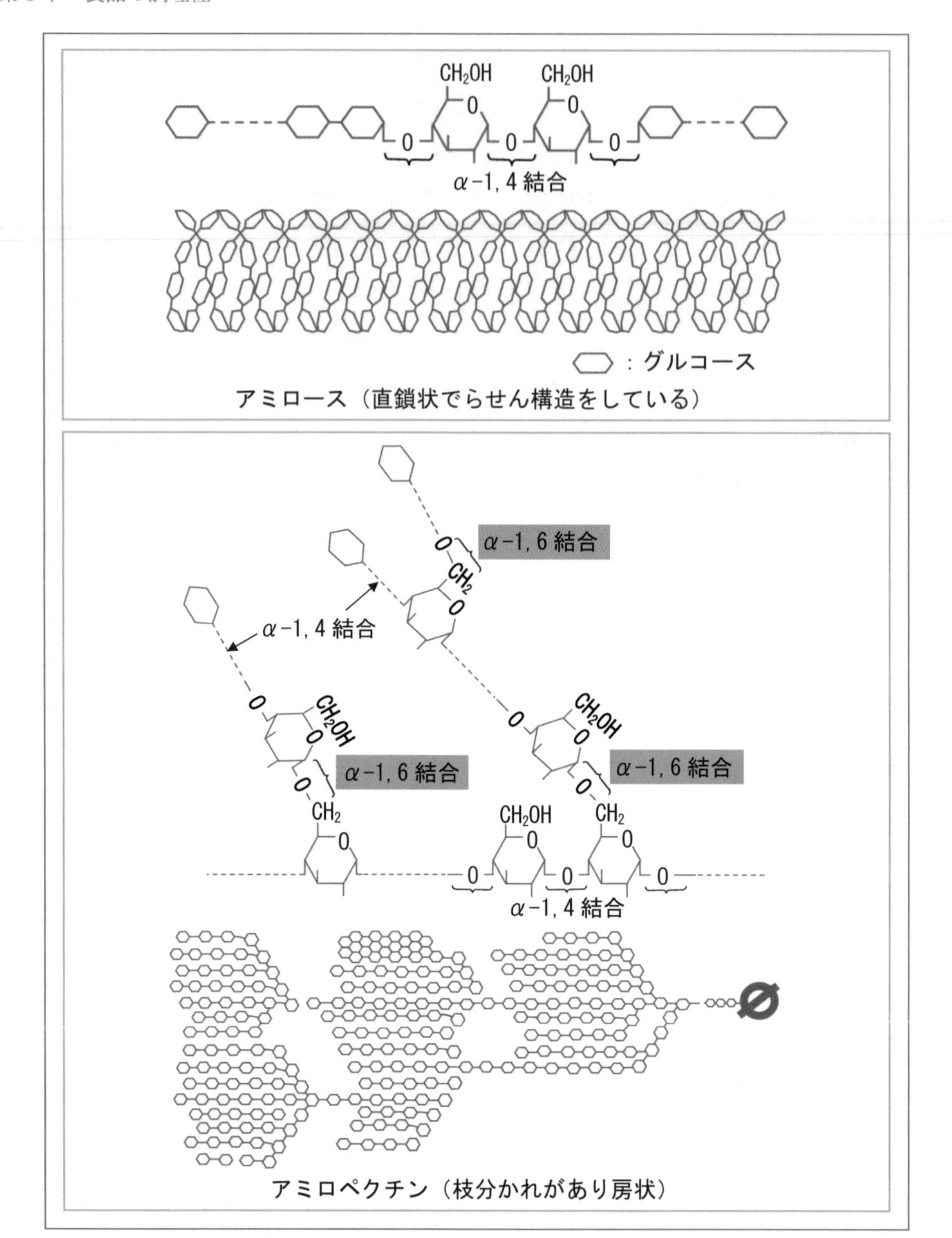

図 6.1　でんぷんの構造（アミロースとアミロペクチン）

＊3 でんぷんの老化： 糊化でんぷんを放置すると、徐々に粘性や透明度を失い、食味も悪くなる。これを老化（retrogradation）という。老化は加熱によって分散したミセルに再配列が起こり、部分的に結晶性を回復しもとの生でんぷんの状態に戻っていく現象である。老化は水分30〜60%、温度1〜3℃で進行しやすい。老化したでんぷんも再加熱によって一部をα-でんぷんにすることができる。例えば、冷飯の温め直しがこれにあたる。

＊4 でんぷんのデキストリン化： でんぷんを乾熱で150〜200℃の高温で加熱すると、でんぷん分子が部分的に加水分解し低分子のデキストリンを生じる。この現象をデキストリン化という。ルウを調製するとき、小麦粉を150℃で炒めると、でんぷんの一部がデキストリン化して可溶性となり、粘りの少ないさらりとしたテクスチャーになる。

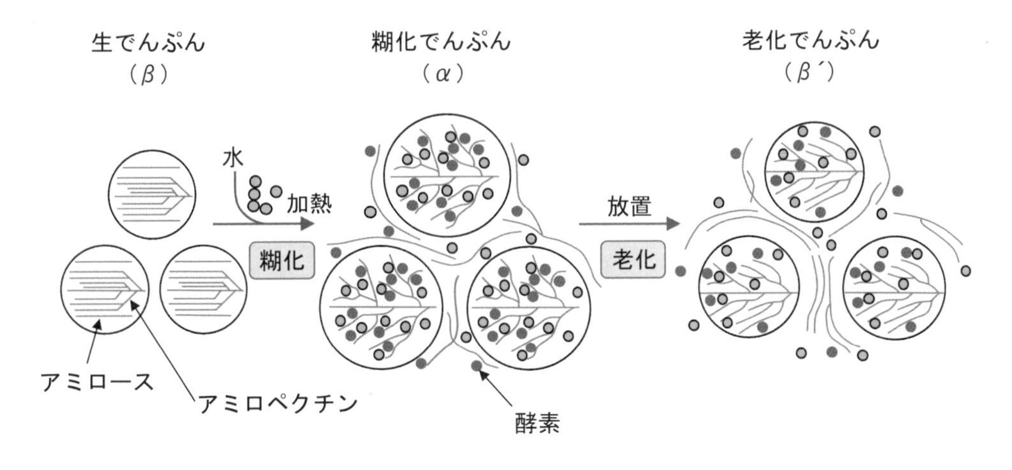

図 6.2　でんぷんの糊化と老化

2) 食物繊維

セルロースは、グルコースがβ-1, 4 結合した多糖類で植物の細胞壁の成分である。ごぼう、キャベツ、いも類などの植物性食品に多く含まれる。セルロース分解酵素（セルラーゼ）をもたない人間は分解できず、エネルギー源にはならないが、食物繊維として重要である（目標量：男性（18〜64 歳）21 g 以上/日、女性（18〜64 歳）18 g 以上/日）。

ペクチンは、果実や野菜に含まれる多糖類で、細胞膜をつなぐ働きをしている。ペクチンあるいはプロトペクチンとして存在する。プロトペクチンは果実の成熟または加熱によってペクチンとなり、砂糖、有機酸とともに熱するとゼリーを形成する。寒天はてんぐさなどの紅藻類の細胞膜に含まれる多糖類で、主成分はガラクトースの重合したガラクタンである。水には溶けないが温水に溶解してゾルとなり、それを 40 ℃以下に冷却すると固まってゲル（ゼリー状）になる。グルコマンナンはこんにゃくの主成分で、グルコースとマンノースが結合した多糖類である（ペクチン、グルコマンナンについては p. 155、252、253 参照）。

コラム　でんぷん糖

でんぷんを酸あるいは糖化酵素で加水分解されてできる糖類をでんぷん糖といい、水飴（酸糖化飴）、粉飴、ブドウ糖、異性化糖などの種類がある。粉飴は砂糖とほぼ同じ熱量であるが、でんぷん分解限界（DE）*5は20〜35%と低いので、砂糖と同程度の甘味をつけるには、砂糖より使用量が多くなる。そこで、腎不全や肝不全などのたんぱく質制限食、肝臓病や胆石症などの脂肪制限食、あるいは術後回復食などのエネルギー補給を目的とした特殊食品として利用されている。

1.2 米類

(1) 米の種類と特徴

米はイネ科の作物で、エネルギー源となる炭水化物を多く含み、食味も貯蔵性もよいことから、古来から主食として利用されてきた。米は短粒米の**日本型**（Japonica）と長粒米の**インド型**（Indica）の2つに大別される*6（図6.3）。日本で栽培されている米の大部分は日本型のジャポニカで、炊飯するとやわらかく粘りのある飯になるのに対し、インディカは粘りがなくパラパラしたテクスチャーになる。

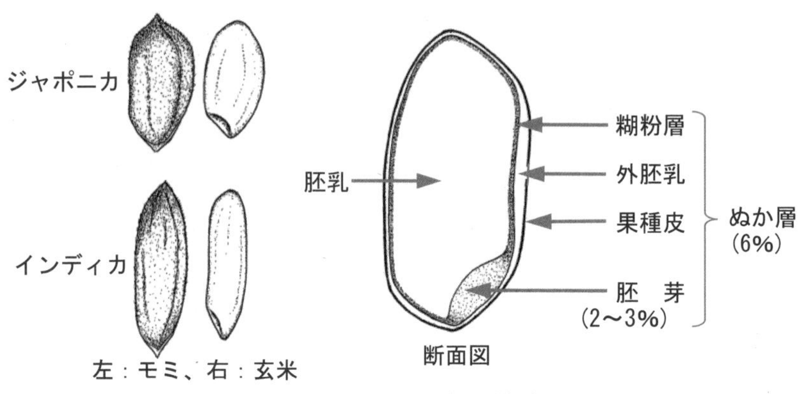

図6.3　米の構造

米粒の硬軟により軟質米と硬質米に分類し、米の主成分であるでんぷんを構成する**アミロース**と**アミロペクチン**の割合によりうるち米ともち米に分類する。アミロースはグルコースが α-1,4結合で鎖状に多数連結したもので、そのなかにわずかに分岐した分子も存在する。アミロペクチンはグルコースが α-1,4結合で連結したものが、α-1,6結合で分岐している。もち米のでんぷんがアミロペクチン100%であるのに対し、うるち米のでんぷんはアミロースが約20%、アミロペクチンが約80%であり、インディカのうるち米では、最長鎖のアミロペクチンを多く含むので、見かけのアミロース量は約30%になる。このでんぷんの構造の違いや組織構造の違いによって、うるち米ともち米、ジャポニカとインディカでは、吸水性、炊飯米の粘り、硬さ、食味などに違いがあり、用途や調理性が異なる。

日本人のおいしい米への追求は、品種、栽培方法、保存方法、調理方法などの多くの研究がなされていることからも分かる。米は、日本人の食嗜好にあうように品種改良される一方、食生活の多様化に対応して、有色米、香り米、高アミロース米、

＊5 でんぷん分解限界（DE：Dextrose Equivalent）：全固形分に対する還元糖量（ブドウ糖換算）を百分率で示した値。でんぷんの糖化度を表わす指標で、結晶ブドウ糖のDE は100である。
＊6：インドネシア、イタリア、スペインで栽培されているジャパニカ米もある。米の質はインディカ米に近くパエリアやリゾットに使われる。

コラム　アミロースとアミロペクチン

これまで多くの教科書では、アミロースは直鎖状の分子、アミロペクチンは枝分かれのある樹状の分子であると書かれており、アミロースはグルコースがα-1,4 結合で多数結合してできた直鎖分子であると理解されてきた。しかし、近年の研究により、アミロースには直鎖アミロースとともに、分岐アミロースがあることが明確になった。分岐アミロースの割合は植物種によって異なるが、アミロース分子全体の 27～70％を占め、その骨格となる鎖（主鎖）は、直鎖アミロースとほぼ同じ大きさで、短い枝（側鎖）が 5～17 結合していることも明らかになった。側鎖が多いほど老化しにくい傾向があること、短い側鎖を導入することにより老化が抑制されることが分かった。

また、アミロペクチンにはアミロースのような長い枝（最長鎖）が結合しているものがあることも明らかになった。最長鎖の長さはアミロースより短いが、ヨウ素呈色を示すため、ヨウ素呈色値からアミロース含量を測定する場合にはアミロースと区別できない。アミロペクチンを単離せずにアミロース含量を測定した場合は「見かけのアミロース含量」と理解すべきである。アミロペクチンの最長鎖は米の物性に影響し、アミロペクチンの最長鎖が多いほど硬く粘りの少ない飯になる。

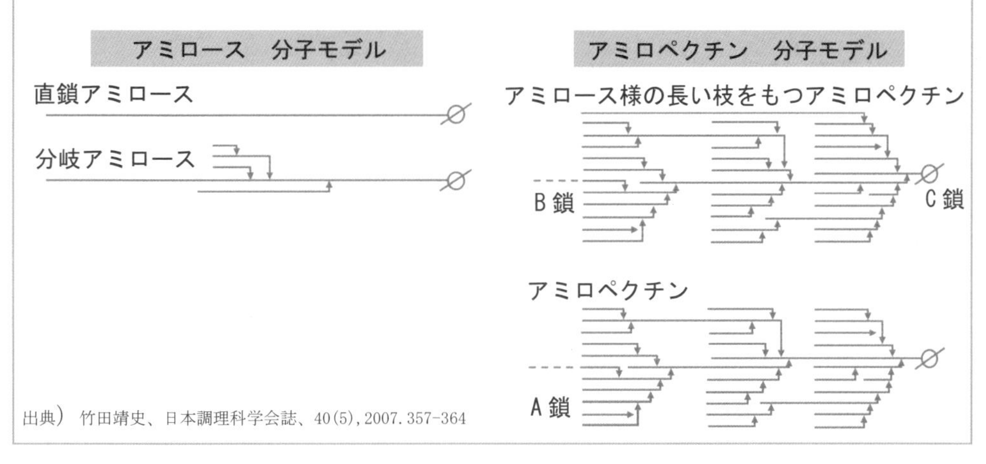

出典）竹田靖史、日本調理科学会誌、40(5), 2007. 357-364

低アレルゲン米や飼料用の多収穫米など新しい形質の米が開発されている。

米は、小麦とは異なり、容易に精米できるので大部分は粒のまま調理して食べる（粒食）。外皮（もみ殻）を取り除いて玄米で貯蔵するが、玄米は食味や消化性が悪いので、搗精してぬか（果皮、種皮、糊粉層）、胚芽を除去して精白米*7とする。胚

＊7 精米：搗精度の違いにより、玄米、半つき米、七分つき米、胚芽精米、精白米などがあり、一般には搗精度90～91％の精白米を食している。

芽はビタミンB群、ビタミンEや無機質などを多く含んでいるが、搗精によりほとんど取り除かれる。最近では、胚芽やぬかの価値が見直され、胚芽部分を残すように搗精した胚芽精米や、玄米をわずかに発芽させた発芽玄米、常圧で通常の炊飯時間で炊飯できる加工玄米も利用されている。また、洗米の必要をなくした無洗米は、利便性や排水による環境汚染の観点から利用が増えている。

コラム　無洗米

精白米の表面にはわずかにぬか分が付着しており、通常は洗米によりこれを除いている。洗米の手間を省くよう精白米の表面のサブアリューロン層を除去して、無洗化処理した米が無洗米である。工場で無洗処理により除去したぬか分は飼料などとして再利用されており、家庭でのとぎ水による環境汚染を減じる視点から利用している人もいる。処理方法には、加水精米仕上げ、乾式研米仕上げ、特殊加工仕上げがある。精白米より米粒が小さく、体積当たりの米重量は多くなるため、容積に対する加水量を多くする必要がある（重量に対しては同じ）。

米の成分は水分15.5%、炭水化物約75%、たんぱく質約6〜7%であり、米粒内で成分が偏在しているので、搗精方法や歩留まりにより成分組成は若干異なる（表6.2）。米のたんぱく質の約80%はオリゼニンで、植物たんぱくのなかではアミノ酸組成*8が良質である。炭水化物の大部分はでんぷんであり、加熱糊化により食味や消化性が向上する。米でんぷんは、細胞壁に囲まれた石垣状の細胞構造の中に存在しているため、炊飯の際のでんぷんの吸水や糊化には時間がかかる。脂質も精白米で0.9%含まれ、古米臭の生成に関与している。

表6.2　種々の米の成分

	エネルギー (kcal)	水分 (g)	たんぱく質 (g)	脂質 (g)	炭水化物 (g)	灰分 (g)	ビタミン B_1 (mg)	ビタミンE (mg)	食物繊維 (g)
玄米	353	14.9	6.8	2.7	74.3	1.2	0.41	1.2	3.0
半つき米	356	14.9	6.5	1.8	75.9	0.8	0.30	0.8	1.4
七分つき米	359	14.9	6.3	1.5	76.6	0.6	0.24	0.4	0.9
精白米うるち米	358	14.9	6.1	0.9	77.6	0.4	0.08	0.1	0.5
精白米もち米	359	14.9	6.4	1.2	77.2	0.4	0.12	(0.2)	(0.5)
はいが精米	357	14.9	6.5	2.0	75.8	0.7	0.23	0.9	1.3

注）ビタミンEはαトコフェロールの値、食物繊維は総量の値

出典）日本食品標準成分表2015（七訂　追補2018）

***8 アミノ酸組成：** アミノ酸スコアは精白米61で薄力粉44より高い。制限アミノ酸はリジンであるが、大豆や魚にはリジンが多いので、それらと組み合わせた食事をとることでアミノ酸は補足される。トリプトファン、メチオニンもやや少ない。

(2) うるち米の調理特性

1) 炊飯

うるち米は約15%の水分を含み、これに水を加えて加熱し、最終的に水分約 60～65%の米飯にする。この調理過程を炊飯という。炊飯方法には、**炊き干し法**と**湯取り法**[*9]などがあり、日本で通常行っている方法は炊き干し法である。炊き干し法は、煮る、蒸す、焼くなどの複合操作で、最初に必要十分な水分を加えて加熱し、最終的には遊離の水分がない状態にする。以下に炊き干し法の要領を述べる（図 6. 4）。

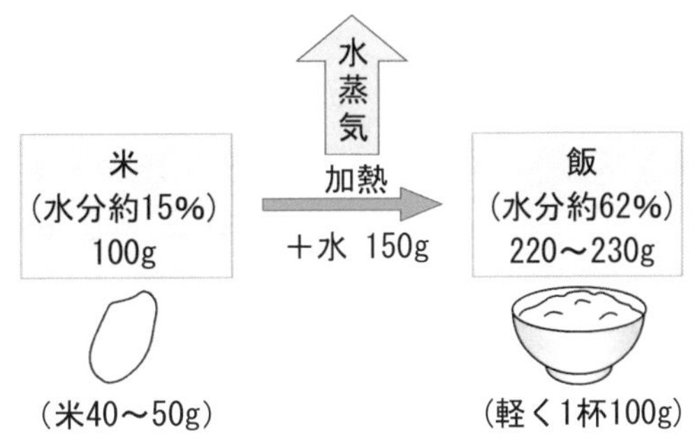

図 6. 4　炊飯過程における重量と水分の変化（米から飯へ）

(i) 洗米

洗米は米粒表面のぬかやゴミを洗い流す目的で行う。洗米時に米重量の約 8%の水を吸水するため、ぬか臭が吸着しないようたっぷりの水で手早く洗う。洗いすぎると、米粒が割れたり、ビタミン B_1 などの水溶性成分の損失が大きくなるので、数回水を取り替えて米粒をこすりあわせるようにとぎ洗いするとよい。

(ii) 加水

通常、米重量の 2. 2～2. 3 倍に炊き上がった飯が好まれる。米の吸水量と加熱中の蒸発量（米の重量の 0. 1～0. 2）を考慮して、加水量は米重量の 1. 5 倍、米容積の 1. 2 倍を基準とする。米の種類、品質、新古や炊飯器具[*10]の種類や米飯の硬軟などの好みにより加減する。

(iii) 浸漬（吸水）

吸水速度は米の新古や水の温度に影響される。うるち米の吸水率の経時変化を図 6. 5 に示した。吸水速度は水温が高いほど大きく、吸水量[*11]も増加する。また、浸

＊9 **湯取り法**：米を大量の水とともに加熱し、適度な硬さになったらゆで水を捨てて蒸らす方法で、インディカ米はこの方法で炊飯することが多い。

＊10 **炊飯器**：家庭用電気炊飯器では蒸発量が少ないので、米の重量の約1. 3倍加水を標準としている。

＊11 **吸水量**：水温を40～60℃にすると、吸水が早く、また浸漬中に酵素作用によって生成する還元糖量が多くなることから、家庭用電気炊飯器では、通電後直ちに40～60℃まで昇温し、その温度を10～20分間保って吸水させることで、予備浸水なしで炊飯するプログラムになっているものが多い。

漬後30分間まで急速に吸水し約2時間でほぼ飽和に達することから、最低30分間、できれば60分間の浸漬をするとよい。米が古い場合や水温が低い場合は長く浸漬する必要がある。また、うるち米ともち米の吸水率の変化を図6.6に示した。吸水率はうるち米で20〜30%、もち米で32〜40%である。

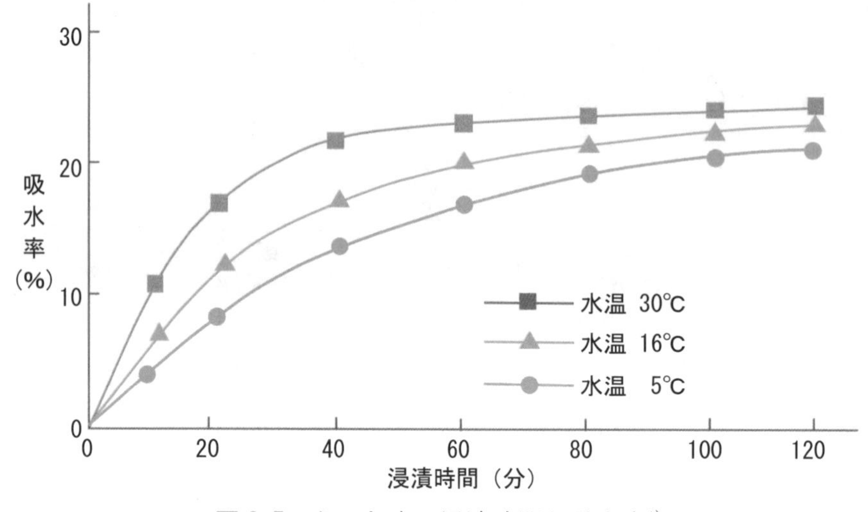

図6.5　うるち米の浸漬時間と吸水率[1)]

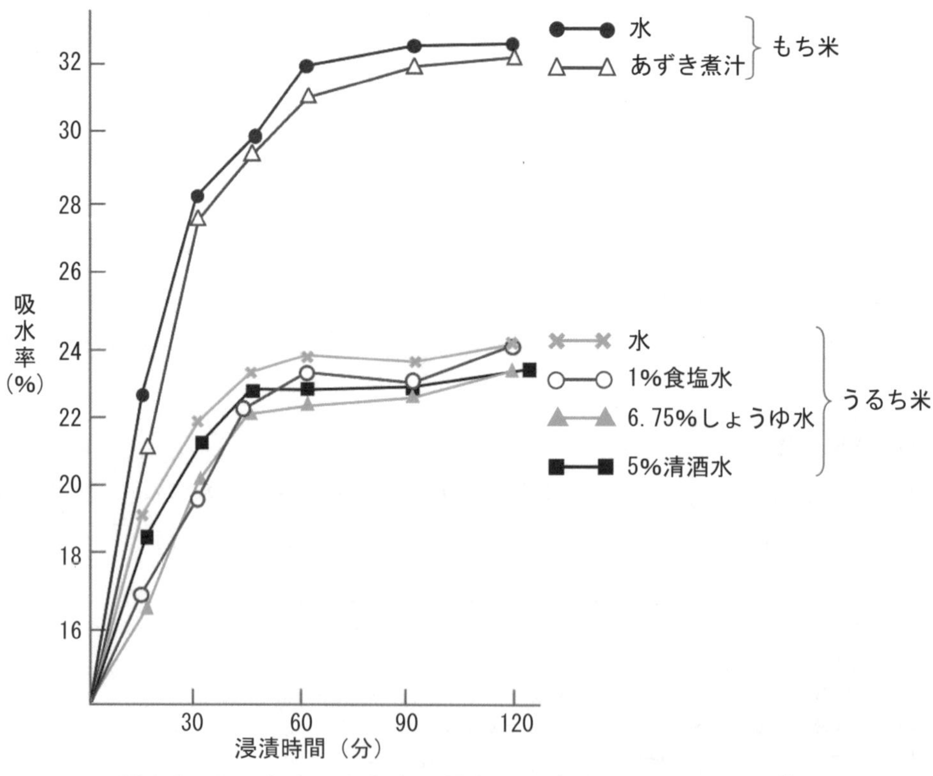

図6.6　うるち米ともち米の異なる浸漬液における吸水率[2)]

(iv) 加熱

炊飯操作のなかで加熱は飯の食味に影響を与える最も重要な操作である。米の中心部まで完全に糊化させるためには、98℃以上で約20分加熱する必要がある。火力を適切に調節して、できるだけ高温に保つことにより、焦げがなく、味やにおい、外観、テクスチャーなどのよい飯を炊くことができる（図6.7）。

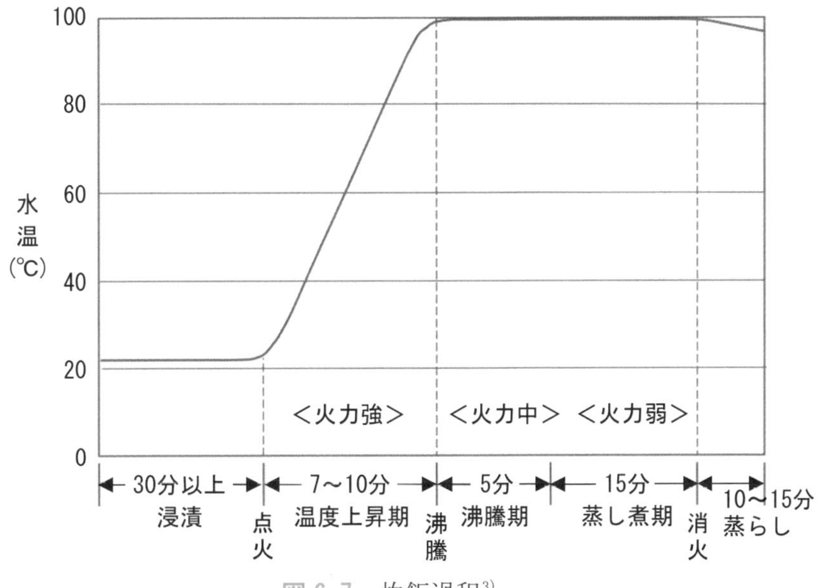

図6.7　炊飯過程[3)]

① 温度上昇期：米の組織中のでんぷんを完全に糊化させるため、98～100℃に温度を上昇させることが必要で、強火にして7～10分程度で沸騰させる。短時間に温度が上昇した場合には、水が米粒の内部まで浸透せず芯のある飯になりやすい。そこで少量炊飯では温度が上昇しやすいので、火力をやや弱めにして、沸騰までの時間を確保する。一方、大量炊飯で沸騰まで10分以上かかるような場合は、表面は過度の糊化・膨潤により煮崩れ、中心部は水が不足して糊化不十分で芯のある飯になることがあるので、湯炊き*12にするとよい。

② 沸騰期：吸水、糊化がさらにすすみ、米粒表面からでんぷんが溶出して炊飯液は粘りを生じる。炊飯液がふきこぼれないように中火で5～7分程度加熱する。

③ 蒸し煮期：釜の水の大部分がなくなり、わずかに残った炊飯液が米粒の間を上下して蒸し加熱の状態で熱を伝え、米粒内部まで糊化させる。焦げないように弱火に

＊12 湯炊き：炊き水を沸騰させた中に米を入れ、再沸騰後は通常の火加減で炊く方法で、沸騰までの時間を短縮することができる。ピラフの場合は、米を炒めてあるので温度が高くなっている。そこに冷たいスープストックを入れると温度が下がり再沸騰までの時間で粘りが出てしまうので湯炊きを行う。

して高温を保ち、約13～15分後消火する。

④ 蒸らし：消火後、ふたを開けずに温度が下がらないようにして10～15分間放置する。この間、米粒の表面付近に存在している水分は、中央部に移動して均一化し、ふっくらとした米飯に仕上がる。蒸らし終わったらすぐに天地をかえすように軽く混ぜてほぐすとともに、余分な蒸気を逃すようにする。

2) 自動炊飯器による炊飯

自動炊飯器は、適切な温度履歴で炊飯するようにあらかじめプログラムされており、浸漬から蒸らしまでを一連のコースとしているものが多い。保温は、腐敗菌の成長を避けるため70～75℃に設定されている。保温の間、老化は進みにくいが、アミノカルボニル反応による褐変や成分間の反応は進行するので長時間の保温は注意が必要である。

3) 圧力鍋による炊飯

圧力鍋は110～120℃の高温で加熱するので、加熱時間が短縮される。高温・高圧での加熱により、精白米は飯粒細胞の一部が破壊してでんぷん粒が流出し、粘り気の強い飯になる（図6.8）。玄米は、通常の炊飯では硬くぼそぼそした飯になりがちなので、圧力鍋の利用は効果的である。

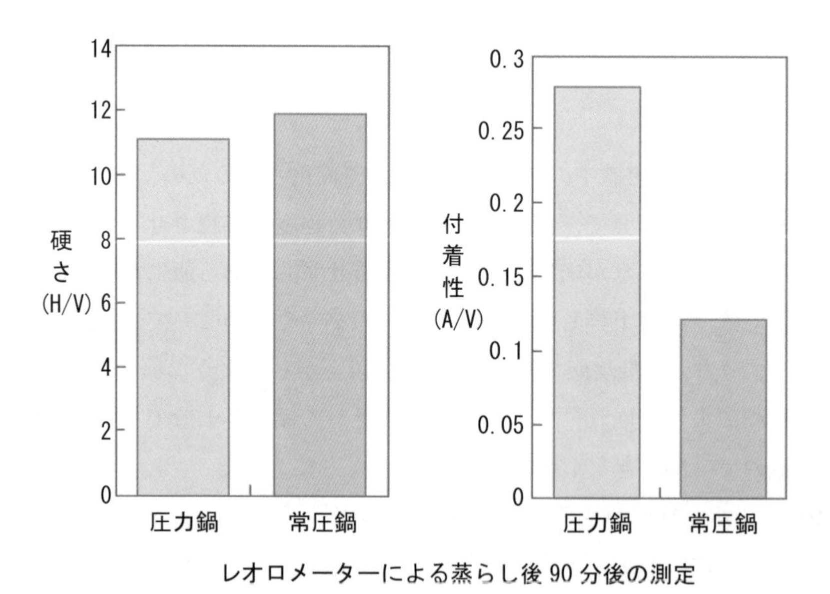

図6.8　常圧鍋と圧力鍋で炊いた飯のテクスチャーの相違[4]

4) 味付け飯・炊き込み飯

塩、しょうゆ、清酒などの調味料を加えた場合は、**調味料**が米の吸水を阻害するため（図6.9）、水だけで十分に浸漬した後、加熱直前に調味料を加えて炊飯する。

塩分濃度は、飯の 0.6〜0.7%が好まれる。炊き上がり倍率は 2.2〜2.3 倍であるので、米重量に対して 1.5%あるいは加水量の 1.0%が基準となる。清酒は、加水量の約 5%添加すると風味がよい。しょうゆや清酒の添加は加熱中も米の吸水を妨げ、水ひきが悪くなるので沸騰時間を延長するとよい。しょうゆの添加は米の粘りを減少させるので、うるち米の約 1 割をもち米に置換する場合もある。野菜などの副材料は米重量の 30〜40%用意する。

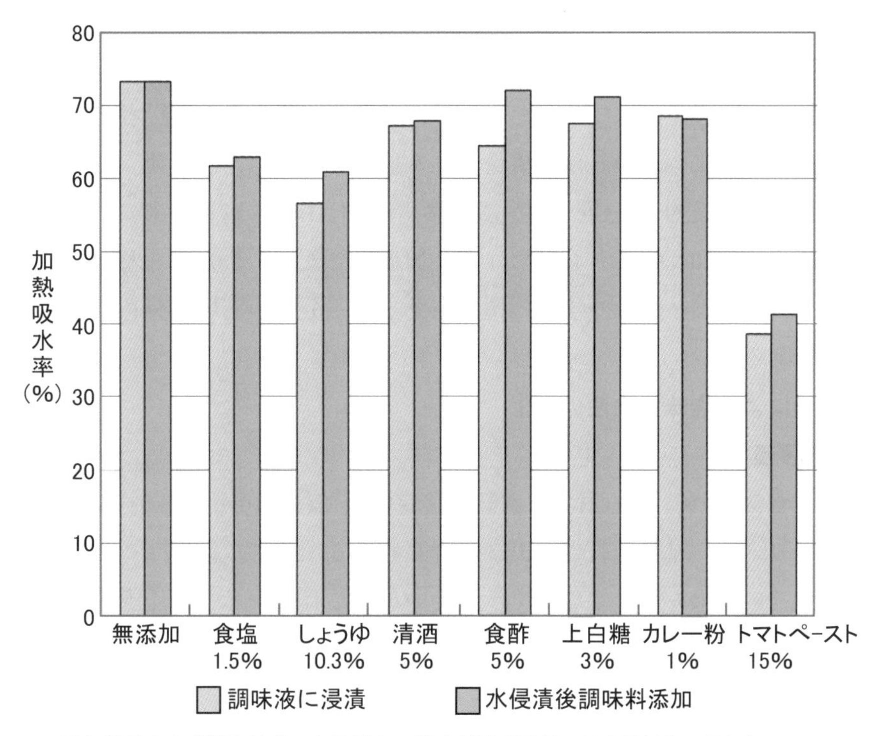

図 6.9　各種調味液の浸漬した米の加熱吸水率[5)]

5）炒め飯

炒め飯には、飯を炒める方法（**炒飯**）と米を炒めてから炊く方法（**ピラフ**）がある。ピラフは米を 7〜10%の油脂で炒めるので、炒め操作により米粒表面の組織が損傷して米粒表面の糊化が進むこと、表面に油を含む層ができることから、米の中心部への水の浸透が遅れ、芯が残る飯になりやすい。そのため、米重量の 1.3 倍の熱いスープストックを加え、炊飯時の蒸し煮期を長くする。また洗米後の水切りを十分にすると炒めやすい。炒飯は硬めに炊いた飯（加水量は米重量の約 1.3 倍）か冷や飯（固まっている場合は電子レンジなどであたためるとよい）を飯重量の 7〜10%の油で炒める。ピラフに比べて油の量は 2 倍程度になる。

6) すし飯

すし飯は、硬めに炊き上げた飯に合わせ酢を加えて混ぜる。合わせ酢の量は米容量の1割が基準で、加水量は合わせ酢の量を減じて、米容量の1.1倍（重量の1.2〜1.3倍）とする。蒸らし時間は普通飯の約半分の5分程度にして、できるだけ飯の温度が高いうちに合わせ酢を加え、米の中央部まで酢を浸透させる。合わせ酢を加えたら手早く飯を切るように混ぜ、つやを出すために余分な水分をあおいで蒸発させる。

7) かゆ

かゆは、米を多量の水で炊いたもので、幼児食、病人食、高齢者食に用いられている。全粥は、米容量の5倍（重量の6.3倍）の水を加え、土鍋、ほうろく鍋などの厚手鍋で沸騰後約50分間、静かに加熱する。仕上がり重量が米の約5倍となることから5倍粥（20%粥）ともいわれる。加水量により、七分粥（米容量の7倍)、五分粥（10倍)、三分粥（20倍）の種類があり、三分粥の液体部分を取り分けたものが重湯である。

(3) 調理による食味と物性の変化

1) 官能評価

米飯の食味について、(財）日本穀物検定協会では、10〜24名からなるパネルが、外観、香り、味、粘り、硬さおよび総合評価の6項目で7段階（−3〜＋3）の評点をつけ、その結果を統計処理して示している。これに準じて**官能評価**することが多い（図6.10)。

2) 理化学的測定による評価

米飯の食味に対応する理化学的性質については、飯の物性、糊化特性、化学成分の分析、炊飯時の溶出成分の分析などの測定が行われている。飯の物性は、**テクスチュロメーター**や定速圧縮装置で測定する。テクスチャーアナライザーによる解析法を図6.11に示した。おいしい米飯は、適度な硬さと粘りがあり、粘りと硬さのバランスがとれている。また、**近赤外線分光分析法**によって、アミロース量、たんぱく質量など食味に影響する成分の量を推定し、官能評価との重回帰式を用いておいしさを推計する**食味計**が開発されている。

3) 米飯の糊化と老化

糊化したでんぷんは冷えると**老化**する（図6.2)。老化でんぷんは消化されにくく、食味も低下する。炊飯直後の米飯の糊化度はほぼ100%であるが、保存により低下する。老化しやすさは保存条件により異なり、5℃の冷蔵で進行しやすく、−18℃の冷凍は室温よりも老化しにくい。

評価尺度	不良			基準と同じ	よい		
	かなり	少し	わずか		わずか	少し	かなり
総合							
外観							
香り							
味							
粘り	弱い			基準と同じ	強い		
	かなり	少し	わずか		わずか	少し	かなり
硬さ	やわらかい			基準と同じ	硬い		
	かなり	少し	わずか		わずか	少し	かなり

出典）日本穀物検定協会

図 6.10　食味評価項目

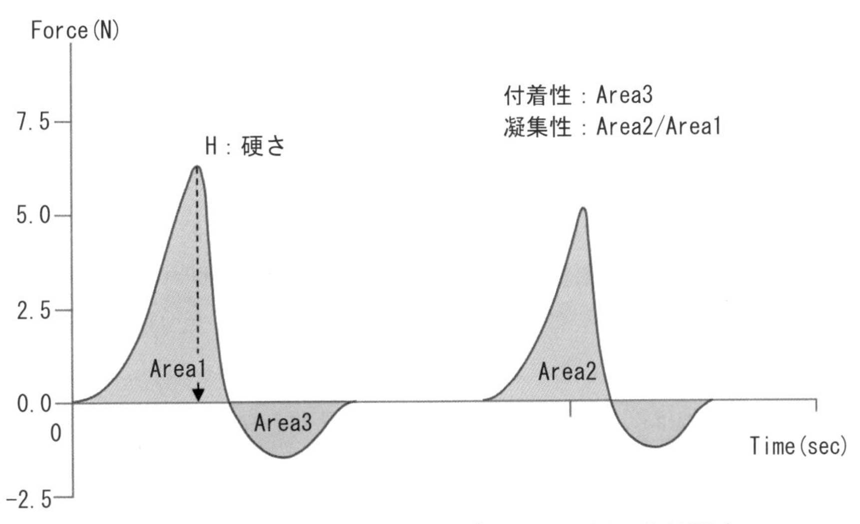

図 6.11　テクスチャーアナライザーによる飯の物性測定

(4) もち米の調理

もち米のでんぷんは**アミロペクチン**のみからなり、うるち米に比べて吸水しやすい。また加熱すると強い粘性を示し、老化しにくいなどの性質をもつ。一般には蒸し加熱をするが、炊く方法もある。

1) こわ飯

もち米は吸水率が高く、4時間浸漬で32～40%吸収する（図6.6）。もち米の好まれる炊き上がりは1.6～1.9倍であるので、加水量は米の重量の0.7～1.0倍となる。これを、うるち米のように炊飯しようとすると浸漬中に米粒が水より上に出た状態となり、均一に炊飯することができない。このため、蒸し加熱（こわ飯）する。こわ飯は、水に浸漬して十分に吸水させたのち水切りして蒸し、ふり水によって硬さを調節する。炊きおこわは炊き水を米の容積の80%とし、洗米したのち約30分間水切りして湯炊きにする。また、うるち米を20～50%混ぜて炊飯する方法もある。

2) もち

もち（餅）はもち米を水に浸漬し蒸して十分に糊化させた後、臼に入れ杵で搗いたものである。もち米の粒組織構造を残しながら、糊化したでんぷんがペースト状になって広がっている部分に平均して混在している状態がよい。また、大きい気泡や液泡を含まず、残った粒構造はあまり小さくないほうがよいといわれている。もちの品質は原料米の品質、吸水や蒸し時間、搗き方などによって影響される。

(5) 米粉の調理

うるち米の粉は**上新粉**、もち米の粉はもち粉、**白玉粉**[*13]などである。調理で使われるのは白玉粉である。上新粉は柏餅、草餅などに、白玉粉は白玉だんごなどに用いられる。

一般に白玉粉は水でこね、上新粉は熱湯でこねるが、水温が高いほど吸水量は大きい。また、米粉の粒度が細かいほど吸水率は高くなり、硬くなりにくいだんごが得られる。また、だんごでは加熱後のこね回数が多いほど、生地は軟らかくなめらかで白くなる。上新粉に白玉粉を混合するとだんごが軟らかくなり、口ざわりもなめらかになる。一方、片栗粉を混合すると硬くなるが、歯切れがよくなる。

だんご粉はうるち米ともち米をブレンドしたもので、こねてゆでると簡単にだんごが作れる。うるち米ともち米の配合割合により、吸水性や仕上がり状態は異なる。また、砂糖の添加はだんごの老化を遅らせる。糖類のなかでもトレハロースは吸水性が大きく甘味が少ないので、市販菓子に老化抑制の目的で使用されている。

最近は新しい製法の**米粉**（うるち米）が開発されている。米は胚乳部が硬いため

*13 **白玉粉**：もち粉はもち米を製粉したものであり、大福、求肥などの和菓子に使われる。白玉粉も、もち米が原料であるが製法が異なり、水浸けした後、水引き、撹拌、沈殿、脱水し、細かく挽いて乾燥した粉である。

に製粉しにくく、小麦粉程度の微細な粒にするとでんぷん粒の損傷が大きく、吸水性が大きくなるため、米粉の用途は、もちやだんごなどに限られていた。新しい製粉方法の開発により、微細粒ででんぷん粒の損傷の少ない米粉が市販されるようになり、パン*14や菓子や麺に利用されている。米粉パンはもちもちしたテクスチャーで甘みがある。米粉を麺状に調製したライスヌードル*15は、透明感がありつるつるした食感をもつ。小麦粉の代わりとして、米粉を揚げ物に用いるとサクサクした食感があり吸油量も少ない。また、水と混ぜたときに、小麦粉のようにだまにならないので、シチューなどのとろみづけにも使われている。

1.3 小麦類

(1) 小麦粉の種類と特徴

小麦はイネ科の植物で、米、とうもろこしと並んで世界三大穀物といわれている。小麦の種類では、**普通小麦**（パン小麦）が最も多く栽培されており、その他に、**デュラム小麦**（マカロニ小麦）、**クラブ小麦**などがある。小麦粒は、胚乳部 80〜85%、ふすま部（果皮・種皮・糊粉層）13〜18%、胚芽 2〜3%からなり（図 6.12）、**胚乳部**の性状により、硬質、軟質、中間質に分類されている。小麦は、炭水化物の多い胚乳部を製粉して小麦粉として利用している。これは、小麦の外皮が硬く、粒溝部

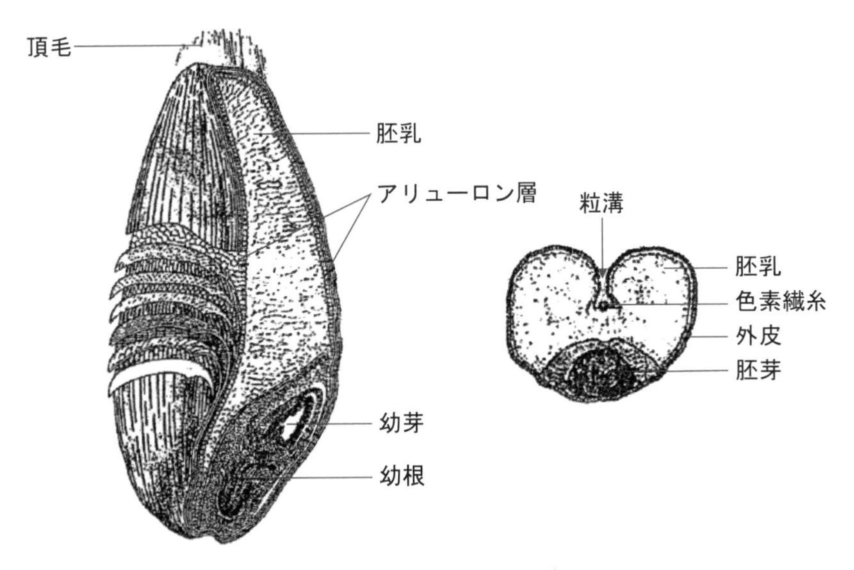

図 6.12　小麦粉の断面図[6)]

＊14 米粉パン：米を利用したパンを調製する方法には、米粉にグルテンまたは増粘多糖類を添加する方法、米粉の粒度を制御したり、アルファ化米粉を用いる方法などがある。
＊15 ライスヌードル：ビーフン、フォーなど、見かけのアミロース量の多い米が製麺性に優れている。

とよばれる深い溝が胚乳に貫入し、さらに胚乳部は粉になりやすいため、米のように粒のまま搗精して利用することが難しいためである。そこで、外皮のついたまま粉砕して、ふすまの部分をふるい分け、さらに粉砕して小麦粉を得る。

小麦粉の一般成分は、炭水化物 70～75%、たんぱく質 8～13%、脂質 2.0%前後、灰分 1%以下、水分 14%前後である。小麦粉は水を加えてこねると粘弾性のある生地となる特性があり、他の穀類にはない多様な調理ができるが、その特性は原料小麦の種類や成分割合によって異なる。表 6.3 に示すように、たんぱく質含有量により、**強力粉**、**中力粉**、**薄力粉**の種類に分類され、灰分含有量により、1 等粉、2 等粉などと等級を分類して、「強力 1 等粉」のようによんでいる。家庭用の大半は 1 等粉である。パスタ類にはコシが強く柔軟なデュラム小麦のセモリナ（あら挽き）粉が用いられる。

表 6.3　小麦粉の種類と主な用途

種　類	原　料 小　麦	グルテン		粒度	たんぱく質含量	湿麩量	主要な用途
		量	質				
強力粉	硬　質	極多	極強	粗	11.7～12.8%	35%以上	パン（食パン）
中力粉	中間質	中	軟	細	9.0～9.7%	25～35%	うどん、料理
薄力粉	軟　質	少	弱	微細	8.3～9.3%	25%以下	菓子、天ぷら
デュラム・セモリナ	硬　質	多	柔軟	極粗	（13%前後）		パスタ類

小麦たんぱく質の主要なものは**グリアジン**[*16]と**グルテニン**[*17]であり、各々33%、47%含まれている。両たんぱく質は水に不溶で、水を加えて混捏（こんねつ）すると、吸水・膨潤し絡み合って**グルテン**を形成する。グルテンは粘弾性と伸展性があり、小麦粉の多様な調理性を可能にしている。残り約 15%のたんぱく質はグルテンを形成しない水溶性のアルブミン（11%）と塩可溶性のグロブリン（3.4%）などである。

主成分である炭水化物の大部分はでんぷんであり、その他に食物繊維、デキストリン、ペントサンを含む。でんぷん粒子は直径 2～8μm の小粒のものから、20μm前後の大粒のものまで混在している。でんぷんは、水を加えると吸水・膨潤し、加熱により糊化して粘性や付着性を生じ、パン、めん、菓子などの組織を形成するとと

＊16 グリアジン：70%エタノール希酸・希アルカリ可溶性画分。比較的低分子で結合力の小さい球状たんぱく質である（プロラミンの一種）。

＊17 グルテニン：希酸・希アルカリ可溶性または不溶性画分。分子量が大きく分子間結合力の強い繊維状たんぱく質である（グルテリンの一種）。

もに、物性に影響する。脂質は2%程度と微量であるが、小麦粉中では、中性脂肪、リン脂質や糖脂質など複合脂質として存在し、小麦粉生地の物性にも重要な役割を果たしている。

ふすまや**胚芽**に含まれる食物繊維、ビタミン、脂質や無機質などの機能性が注目され、パンや菓子用に全粒粉を利用したり、胚芽部を精製して栄養補助食品として利用している。

(2) 小麦粉の調理特性

1) 小麦粉のグルテン形成

小麦粉は単独で用いることは少なく、水や牛乳などの液体や、砂糖や油脂などの副材料と配合することが多い。小麦粉に対して50〜60%の水を添加した硬い生地を**ドウ**（dough）とよび、100〜200%の水を添加した流動性のある生地を**バッター**（batter）とよぶ。ドウは粘弾性、伸展性、可塑性などの小麦粉生地独特の特性を有する。ドウを水中でもみ洗いすると、でんぷんが流出して、後に黄色でガム状の**グルテン**（湿麩）が残る。グルテンは小麦たんぱく質の**グリアジン**と**グルテニン**が、加えられた水を吸収して互いに引き合って絡み合い、網目構造を形成したものである。強い弾性を示すグルテニンに対して、粘性を示すグリアジンが一種のすべり面を形成する形でグルテンを形成*18し、粘弾性を発揮する（図6.13、6.14）。

適量の水を加えて十分に混捏したドウでは、グルテンの網目構造がよく形成され、吸水して膨潤したでんぷんや遊離の水が、網目構造に包み込まれた状態で存在する。

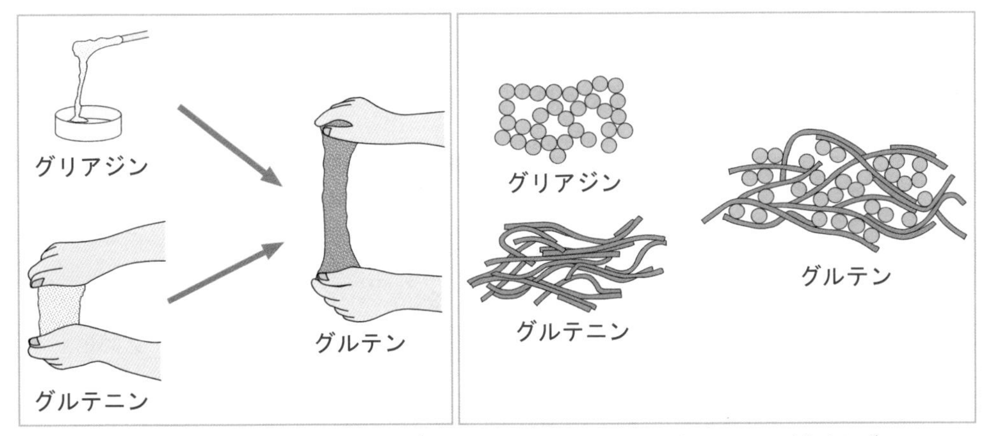

図6.13　グルテンの成分と性質[7]　　図6.14　グルテンの模式図[8]

2) 小麦粉生地の物性に影響する要因

小麦粉調理では、小麦粉の他に水や副材料を加えて混捏して調製するため、生地の物性には、小麦粉の種類や調製条件が影響する。

(ⅰ) 小麦粉の種類と水

たんぱく質はでんぷんよりも吸水率が大きいので、小麦粉の種類によって、吸水量が異なる。図6.16に**ファリノグラフ***19による小麦粉の種類による生地特性の違いを示した。たんぱく質量の多い強力粉ではグルテン形成に多量の水を要し、生成されたグルテン膜は厚く粘弾性も強い。また、強力粉は原料が硬質小麦であるので、製粉工程ででんぷんが損傷しやすく、損傷でんぷんは健全でんぷんに比べて吸水性が大きいので、その点でも薄力粉に比べて吸水量は多くなる。グルテンの粘弾性を必要としない調理では、薄力粉を用いたり、でんぷんなどを混合添加したりする。

強力粉	中力1等粉	薄力粉
吸水率：67 強力度：81 生地安定度：16	吸水率：56 強力度：40 生地安定度：4	吸水率：52 強力度：30 生地安定度：2

図6.16　各種小麦粉ファリノグラフ[9)]

(ⅱ) 水温

加水時の水温が高いほうが粉の吸水量が増して、グルテン形成はよくなる。しかし、水温が70℃以上になるとグルテン自体が熱変性し、同時にでんぷんも糊化するので生地は硬くなる。

(ⅲ) 混捏操作

生地は混捏直後は、弾力が強く伸ばしにくいが、混捏を続けると生地抵抗が小さ

***18 グルテン形成**：形成の機構は、SH-SS 交換反応によるものと非共有結合によるネットワーク構造とが考えられている。S-S 結合の架橋により網目構造を形成して弾性を生じ、SH-SS 交換の組み換え反応速度が生地の粘性に関係する（図6.15）

***19 ファリノグラフ**：粉に水を加えて混捏して一定の硬さの生地をつくり、さらに混捏を続けたときの生地の粘弾性、抵抗を記録したものである。

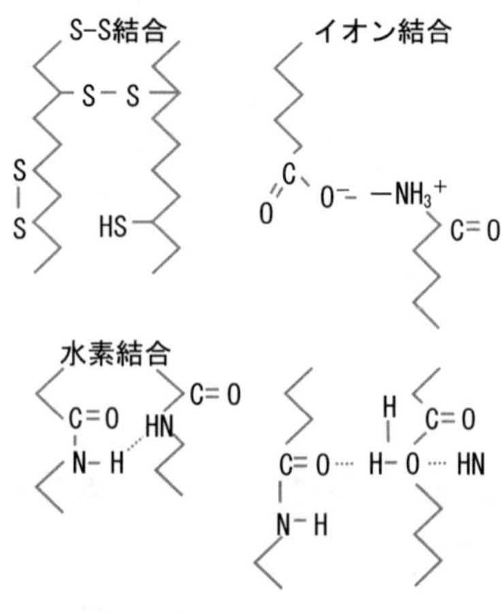

図6.15　グルテンの結合

くなる。また、その後のねかしによりグルテン形成が促進され、生地抵抗が減じて伸ばしやすくなる。図 6.17 のエクステンソグラムにねかしによる生地の弾性と伸張度と伸張抵抗を示している。

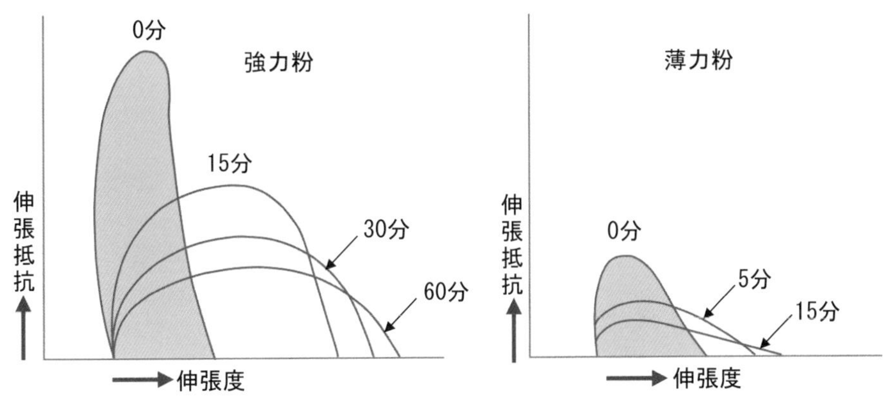

図 6.17　小麦粉ドウのねかし効果（エクステンソグラムによる）[10)]

(iv) 添加物

食塩の添加はグリアジンの粘性を増し、グルテンの網目構造を緻密にして、伸展性（アシ）と抗張力（コシ）を増大する。砂糖はドウの粘弾性を減少させ、伸展性を増加させるが、多量添加した場合は、砂糖の強い親水性のため水分を奪われグルテン形成が阻害される。油脂はグルテン形成を阻害するが、ドウの安定性、伸展性は増す。一般に、砂糖、バター、卵などの副材料は水と同様に生地を軟らかくする働きをする。副材料が生地をどの程度軟らかくするかの目安を換水値といい、生地調製時の目安となる。換水値は、水を 100 とすると、牛乳 90、卵 80〜90、バター 60〜80、砂糖 30〜40 になる。

(3) 調理による組織・物性変化

小麦粉の調理は、表 6.4 に示したように、主としてグルテンの粘弾性を利用したものと、グルテンの粘弾性を抑えるものに大別できる。

1) 小麦粉の膨化調理

小麦粉生地を加熱すると、ガスを包合したまま、膨張する小麦粉の特性を利用したものである。加熱によって、まず、生地中のガスが膨張すると、その圧力によって、グルテン膜も膨張する。60 ℃付近からたんぱく質は熱変性しはじめ、約 80 ℃でグルテンは失活して伸展性を失う。同時にでんぷんが糊化を開始して粘性が大きくなり、さらに水を取り込みながら糊化して遊離の水分がなくなった時点で膨化が完了する。小麦粉生地の膨化調理は**スポンジ状**（パン、ケーキ類）、**空洞状**（シュー）、**層状**（パイ）の 3 つの形態がある（図 6.18）。

表 6.4　小麦粉調理の分類

調理形態			調理例
たんぱく質の利用	膨化の有無	形状	
大（グルテン形成を利用）	膨化させる	スポンジ状	パン、中華まんじゅう、ピザなど
	膨化させない	だんご状 麺状 シート状	すいとん、団子、ニョッキ うどん、中華麺、パスタ類 ぎょうざの皮、しゅうまいの皮
	小麦たんぱく		生麩、焼麩
小（グルテン形成を抑制）	膨化させる	スポンジ状 空洞状 層状	ケーキ類、まんじゅう、かるかん シュー パイ
	膨化させない	バッター状 ルウ	天ぷらの衣、お好み焼き、クレープ ソース類、グラタン類、スープ
	粉をまぶす		唐揚げ、ムニエル

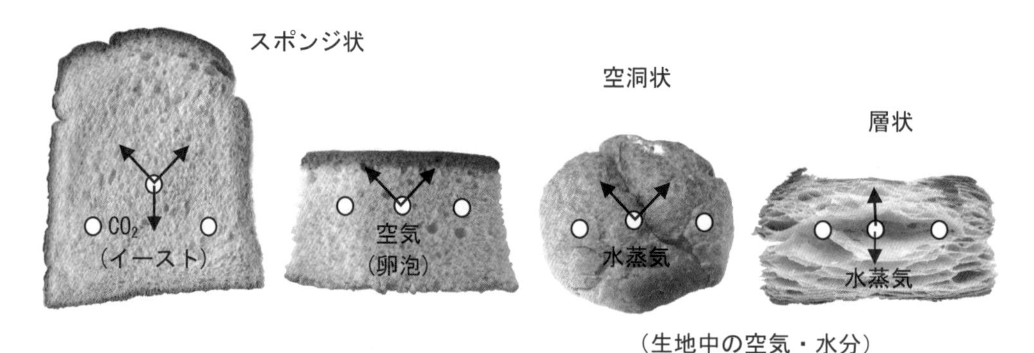

図 6.18　小麦粉の膨化調理

（i）スポンジ状膨化

スポンジ状の多孔質組織に膨化させる気体の発生源として、イースト、化学膨化剤、気泡がある。

① イースト（酵母）による膨化：イーストのアルコール発酵により生ずる二酸化炭素（CO_2）で生地を膨化させる方法で、パン、ピザ、中華まんじゅうなどがある。発酵の適温 28～30 ℃に生地を保つと、イーストは継続的に CO_2 を発生する。このガスを散逸させることなく包合した状態で膨化するには、生地の粘弾性が要求される。そのため、グルテン形成能の高い強力粉を用いて、生地をよく混捏してグルテンの網目を十分に形成させた後、適温で第一次発酵させる。混捏直後は、生地の弾性が高く伸びにくいが、第一次発酵の間に、ねかしの効果によりグルテンの網目が整い、同時に小麦粉中のプロテアーゼやアミラーゼが作用して生地は柔軟性を増して、イ

ースト発酵[20]により生成した CO_2 を保持しながら膨張する。砂糖はイーストの栄養源として発酵を助け、食塩はグルテン形成を促進するとともにイーストの発酵速度を調整して発酵を持続させる。でんぷんはグルテンの粘弾性を適度に緩和して CO_2 を包蔵しやすくし、膨化に寄与する。

② 化学膨化剤による膨化：ベーキングパウダー（B.P.）、**重炭酸ナトリウム**（**重曹**）、**イーストパウダー**（**イスパタ**）などの膨化剤から発生する CO_2 により生地を膨化させる方法で、蒸しパン、ホットケーキ、まんじゅうなどがその代表である。

図 6.19 に示したように、重曹を 65℃以上に加熱すると急激に CO_2 が発生する。重曹を単独で使用した場合は、重曹 2 分子から CO_2 が 1 分子しか発生せず、アルカリ臭と味が残り、生地を黄変させるなどの欠点がある。

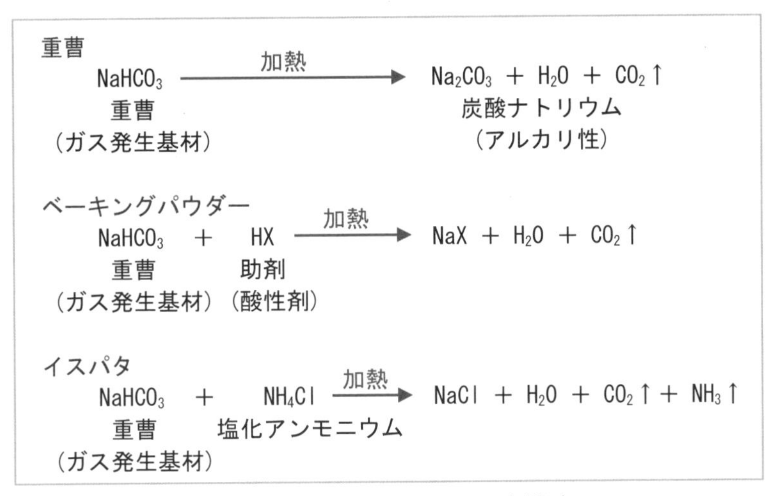

図 6.19　膨化剤のガス発生機序

ベーキングパウダー（B.P.）はこの欠点をカバーするように、重曹に酸性剤[21]（ガス発生促進剤）と緩和剤（主にでんぷん）を混合してものである。中和剤として酸性剤を加えることにより、ガス発生効率を高め、生地の黄変を防ぐことができる。緩和剤はガス発生剤と酸性剤の接触を防ぐために添加している。

まんじゅうなどの蒸し菓子に使用されるイスパタは、重曹に塩化アンモニウムと助剤（酸性剤）を加えた膨化剤で、CO_2 とアンモニアガス（NH_3）を効率よく発生する。

化学膨張剤は小麦粉の 2～4%添加する。生地の水分は膨化に影響し、生地がゆる

＊20 **イースト発酵**：発酵の際の温度が重要で、低温では発酵が遅く、高温ではイーストが不活性となる。第 1 次発酵の後、ガス抜き操作を行い成形して、30～32℃で第 2 次発酵したのち焙焼する。

＊21 **酸性剤**：配合する酸性剤は、速効性（酒石酸、リン酸一カルシウム）のもの、中間性（酒石英）のもの、遅緩性（ミョウバン）のものがあり、それらを組み合わせることによりガス発生をコンロールしている。

くてガス損失が多い場合や、逆に生地が硬くてガス膨化に対して抵抗が大きい場合には膨化率*22が低下する。加熱の際は、高温で一気に加熱するより、低温から温度を上げるほうが、生地の急激な固化を防いで膨化率が高い。

③ 気泡および水蒸気による膨化：卵白や全卵を攪拌して形成される気泡が核となり、その熱膨張と生地のもつ水分の蒸気圧により膨化させる方法で、スポンジケーキ、カステラなどがその例である。また、バターケーキなどの油脂のクリーミングによる気泡や、かるかんなどのやまいもの粘性による気泡を利用する膨化もこれに含まれる。化学膨化剤に比べて、空気泡のもつ膨圧は弱いため、生地抵抗の少ない軟らかいバッター生地に適する。生地のグルテン形成を抑制したいので、薄力粉を用いて生地調製の最後に混合し、その後の過度な攪拌は避けることが要点である。また、生地の放置により泡が壊れやすくなるので、生地調製後すみやかに焼成する。

スポンジケーキは卵の起泡によって形成された微細な空気泡の熱膨張と、生地中の水分による水蒸気圧が加わって膨化する。気泡の周囲に他の材料が均一に分散するようにしながらも、グルテン形成を抑えるよう適度な混合操作が必要である。加熱により起泡卵は熱凝固し、小麦粉は糊化して、気泡を固定化して多孔質組織を形成する。過度に攪拌した場合は、気泡が崩れて生地比重が増し、膨化率は減少してケーキは硬くなる。小麦粉が少ない配合の場合は、ケーキの骨格がもろくなり、焼成後に収縮したり内部に生焼け部分が生じることがある。

バターケーキは小麦粉、砂糖、卵、油脂を等量ずつ配合したケーキである。油脂と砂糖のクリーミングによる気泡と、メレンゲの気泡により膨化させる。油脂が表面張力を下げるため、気泡が消えて膨化率は小さくなるが、でんぷんの老化を抑制するので日数経過後も硬くなりにくい。油脂量を減らす場合は牛乳で生地の硬さを調整する。

(ⅱ) 空洞状膨化（シュー）

シューは、生地中に内包される空気の熱膨張と、加熱時に発生する水蒸気圧によって膨化する。シュー生地の調製は水とバターを加熱し、小麦粉を混合してペースト状にした後、火から下ろす。このときの生地温度は77～78 ℃が適温で、グルテンは完全には失活しておらず、でんぷんは糊化して適度な粘性のある状態である。ペーストを一旦70 ℃前後まで下げてから、卵を加えて攪拌し、卵黄により生地を乳化させる。この生地を200 ℃の高温で一気に焼成すると、生地内に高い水蒸気圧が発生して、外側が固まりかけたとき、内部の生地を次々に表面に押し上げつつ空洞状

＊22 膨化率：小麦粉：水＝1：0.75～1の配合にすると膨化がよいとされる。

に膨化し、シュー特有のキャベツ状を呈する。

(iii) 層状膨化(パイ)

パイもシューと同様に、加熱時に内部に発生する水蒸気圧によって膨化する。パイ生地の製法は折りたたみ法(フレンチパイ)と練り込み法(アメリカンパイ)の2種類がある。折りたたみパイ生地は小麦粉を水でこねたドウと油脂の層を交互に重ねた薄層構造で、高温加熱によって薄層の間に含まれる空気が熱膨張し、同時に発生する水蒸気圧で生地層が浮き上がる。油脂は焼成中に融解して薄いドウ層に溶解浸透し、さらに高温ではドウ層の水と油が交代して脱水し、独特の歯もろいテクスチャーになる。強力粉は薄層形成に適し膨化もよいが、扱いが難しいので、薄力粉を混合して、操作しやすくもろいテクスチャーにしている。油脂は、パイ生地を作る際には溶解せず、よく伸展する融点35～45℃の固形脂を小麦粉の70～100%程度用いる。

2) 麺、皮、パスタ類

ドウの伸展性を利用した調理で、線状の麺類、シート状のぎょうざやしゅうまいの皮、穴から押し出し成形したスパゲティ・マカロニなどがある。

手打ち麺[*23]・**機械麺**は小麦粉に食塩と水を加えて十分にグルテン形成させたドウを帯状にした後、細く切り出したものである。麺中の食塩はゆで工程で約90%が水中に流出する。**手延べ麺**[*24]は生地の表面に食用油を塗布して伸張して細いめん状にし、乾燥させたものである。**中華麺**はこね水にかん水[*25]を用いるため、小麦粉中のフラボノイドはアルカリにより黄色化し、たんぱく質は変性して独自のテクスチャーが出る。

ぎょうざ・しゅうまいの皮はドウを薄く伸ばして調製する。加水量と水温はドウの硬さ、粘弾性、伸展性に影響する。加水量50%の場合は水温にほとんど影響されず生地は扱いやすい。蒸しぎょうざは加熱中の水分吸収が少ないので皮の加水量を多くしたい。加水量を増やした場合、水温が低いとやわらかく扱いにくいが、水温を70℃以上にするとでんぷんが糊化して粘性を増すので扱いやすくなる。

3) ルウ・ソース

ルウは小麦粉を油脂(主にバター)で炒めたもので、ソースやスープに濃度や特

＊23 手打ち麺：手打ち麺の加水量は40～50%で、これは機械製麺の加水量37%に比べて多く、グルテンの形成がよく、コシのある麺となる。

＊24 手延べ麺：冬季に製造し、箱に入れて保存して梅雨をこすと(厄)独特の食感をもつ。

＊25 かん水：K_2CO_3、Na_2CO_3。弱アルカリ性で、ドウ中のグルテンの水和や溶解性に影響し、生地の伸展性が増し、時間の経過とともに縮みを生じ硬くもろくなる。でんぷんの糊化温度は高くなり、麺は独特のしなやかさ、つや、香りをもつ。

有の風味、なめらかな舌ざわりを付与する。炒め温度によりホワイトルウ（120～130 ℃）、ブロントルウ（140～150 ℃）、ブラウンルウ（180～190 ℃）に分けられる（表 6.5）。ルウは加熱時にたんぱく質が変性してグルテン形成能を失い、でんぷんの一部はデキストリン化*26して、粘性の少ないさらりとした食感となる（図 6.20）。小麦粉と油脂を練り合わせた未加熱のブールマニエでは粘度が高く、ルウの炒め温度が高いほどソースの粘度は低下する。ルウを牛乳などに混合する際は、加える液体とルウの温度を 60 ℃前後にすると分散性がよく、だまになりにくい。

表 6.5　ルウ、ブールマニエの特徴

種　類		最終温度	用　途	粘度
ブールマニエ		加熱せず	シチュー、スープ	強
ルウ	ホワイトルウ	120～130℃	ホワイトソース	↑
	ブロントルウ	140～150℃	トマトソース	↓
	ブラウンルウ	180～190℃	デミグラスソース、カレールウ	弱

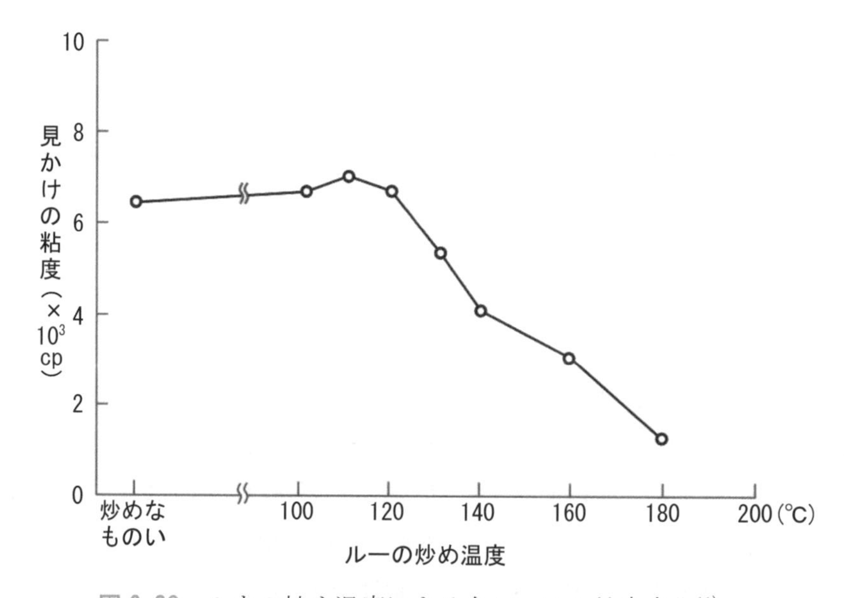

図 6.20　ルウの炒め温度による白ソースの粘度変化[11)]

4）天ぷらの衣

小麦粉に 160～200％の水を加えた流動性のある衣を材料につけて、高温の油で揚げると水分が急速に蒸散し、油脂と置換して舌ざわりの軽い衣となる。生地にグルテンが形成されると、水と油の交代が妨げられ、からりとしたテクスチャーにならない

＊26 デキストリン化：水を加えずにでんぷんを150～200℃の高温で加熱すると、でんぷん分子が切断されてデキストリンが生じる。この現象をデキストリン化という。

ない。そのため薄力粉を使用し、冷水（15℃）で手早く混ぜ、調製直後に揚げてグルテンの形成を抑えることが要点である。卵水（水の1/3～1/4の卵）を用いると、衣は多孔質になり、揚げた直後は歯ざわりの軽い衣となるが、卵が凝固して材料の水分蒸発を抑えるため、時間が経つと衣に水分が移行し、べたつきやすい。重曹0.2%程度加えると加熱中にCO_2が発生して衣が広がり、水と油の交代がよくなり、時間経過しても軟らかくなりにくいが、食感が硬く衣の色は濃くなる。

5）クッキーとビスケット

いずれも主材料の小麦粉に油脂、砂糖、卵などの副材料を配合して成形後焙焼する。歯もろく、砕けやすい性質（**ショートネス**：shortness）が、クッキーやビスケットでは重要である。ショートネスには材料配合が大きく影響する。油脂は高い疎水性があり、グルテン形成やでんぷんの膨潤糊化を抑制するので、油脂の割合が高いとソフトでもろいクッキーとなる。卵や砂糖の配合割合が高いとショートネスは劣り、クッキーは硬くなる。

生地の調製は、クリーム状に攪拌した油脂、砂糖、卵の中に小麦粉を加えてグルテン形成を抑え、生地全体が均質になるまで混ぜ合わせる。粉っぽさがなくなる程度に軽く混合した場合よりも、均質化されるまで適度に攪拌したほうが、焙焼後はソフトでもろく、総合評価もよい。

(4) 調理による栄養性、機能性の変化

小麦粉の主成分であるでんぷんは、加熱調理により糊化して食味が向上する。食後血糖値の上昇度を示すGI（グラセミックインデックス）は、精白度や食品の形状による違いがあり、食パンで95、フランスパンで70、ビスケットで70、マカロニ・スパゲッティ類で55程度であるが、いずれの場合も調理により消化吸収しやすくなる。

小麦粉を**湿熱加熱処理**または**乾熱処理**することにより、グルテン活性、糊化開始温度、加熱・冷却時の粘度、熱安定性、製品のテクスチャーなどの特性を改変することができ、ケーキ類や揚げ物などに利用されている。

小麦の機能成分は、小麦ふすまや胚芽部に多い。ふすまは、セルロース・ヘミセルロースなどの食物繊維、鉄・カルシウム・マグネシウム・亜鉛・銅などのミネラル類、フィチン酸・フェルラ酸やビタミンB群、ビタミンEを含む。なかでも、食物繊維の供給源として注目され、粉末化小麦を混合したシリアルやビスケットは「おなかの調子を整える」特定保健用食品として認定されている。また、小麦胚芽は、小麦の2％であるが、ビタミンB_1、B_2、B_6を含む。また、細胞増殖作用や消炎作用を有し、創傷、皮膚潰瘍、やけどなどの手当てや皮膚疾患用薬品として用いられるアラントインを含む。小麦胚芽油は、不飽和脂肪酸、特にn-3、n-6系の多価不飽和脂肪酸を多く含み、高い抗酸化活性を有するビタミンEの含有量も多い。健康志向からこれらの成分を含む全粒粉は、パンや菓子類に利用されている。

一方、小麦粉は**食物アレルギー**の原因食品のひとつであり、特定材料として表示が義務づけられている。小麦のアレルゲンは多種あり網羅的に存在するので、完全に除去することは困難である。各種の低アレルゲン小麦粉は、小麦のたんぱく質を分解したり、除去しており、調理特性が劣るため、調理法を工夫する必要がある。完全に除去する場合は、米粉やでんぷんで代替する。

小麦生地を焙焼するとアミノカルボニル反応により焦げを生じ、おいしそうな色と香ばしい香りを付与する。変異原物質Trp-P-1、Trp-P-2の含有量は、適度の焦げであればごくわずかであり、過度に焦げていても魚の焦げよりも少ないので、神経質になる必要はなく、嗜好的にも適度に焦げている程度が望ましい。

1.4 いも類

いも類は植物の根や地下茎のような地下部が肥大化して栄養分を蓄積したものである。いも類の一般成分は水分66〜84%、炭水化物13〜33%、たんぱく質7〜14%、脂質2%前後、灰分1%以下である。炭水化物のなかではでんぷん含量が高く、細胞壁にはペクチンが多く含まれる。カリウムやカルシウムが多いのも特徴である。

さつまいもやキャッサバは塊根（かいこん）、じゃがいも、きくいも、こんにゃくいもは球茎（きゅうけい）、ながいも、やまいもは担根体（たんこんたい）である。加工用としてでんぷん、はるさめ、アルコールなどの原料として利用されている。こんにゃくの原料として用いられるこんにゃくいもは、炭水化物の主成分はでんぷんではなくグルコマンナンである。キャッサバは、わが国ではいもとしては食べられないが、でんぷんを丸く加工したタピオカパールとして利用されている。

(1) じゃがいも

1) 種類と成分特性

炭水化物（17.6%）のほとんどはでんぷんで、糖はショ糖、ブドウ糖、果糖で1%以下と甘味が少ない。くせのない淡泊な味をもつことから利用範囲は広い。一般にでんぷん含量により粘質系（16%以下）と粉質系（16%以上）とに分けられる。粉質系は男爵、北あかりなどがあり、加熱により細胞分離しやすいため、マッシュポテトや粉ふきいもに適している。粘質系にはメークイン、紅丸などがあり、煮崩れしにくいので、煮物などに用いられる。さつまいもと異なり寒さに強い特徴がある。

2)　調理による嗜好性・組織・物性変化

加熱により、細胞壁のペクチンが分解して軟化し、細胞内のでんぷんはいも自身がもっている水分で膨潤糊化し消化性が高まる（図 6. 21）。

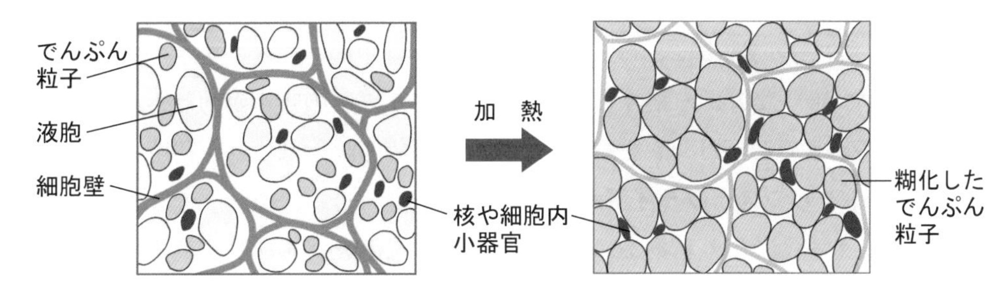

図 6. 21　じゃがいもの加熱によるでんぷん粒子の変化[12)]

（ｉ）色の変化

皮をむくと切り口が空気中の酸素に触れて褐変する。これはフェノール基をつ芳香族アミノ酸のチロシンがポリフェノールオキシダーゼの一種チロシナーゼによって酸化が促進されてポリフェノールに変わり、さらにキノン体を経て褐色物質のメラニンが生成されるためである。切断後ただちに水に漬けて酸素を遮断することで褐変を防止できる（p. 72、217 参照）。

（ii）細胞分離させる調理

粉ふきいも：茹でたじゃがいもを熱いうちに水切りし、鍋をゆり動かすと白い粉をふく。この粉に相当する部分は、膨潤したでんぷんの詰まった細胞が、物理的な衝撃により細胞単位で分離したものである。新じゃがには不溶性のプロトペクチンが多く、細胞単位に分離しにくく不適である（p. 252 参照）。

マッシュポテト：熱いうちに素早く裏ごしをして、細胞内にでんぷんが充満した状態でばらばらに分散させて単離することで口触りもよく仕上がり、操作も楽である。図 6. 22 に示すように、冷めるとペクチンが流動性を失い、無理に力を入れると細胞壁は壊れ、でんぷん粒子が外に流出し粘りが出てしまう。

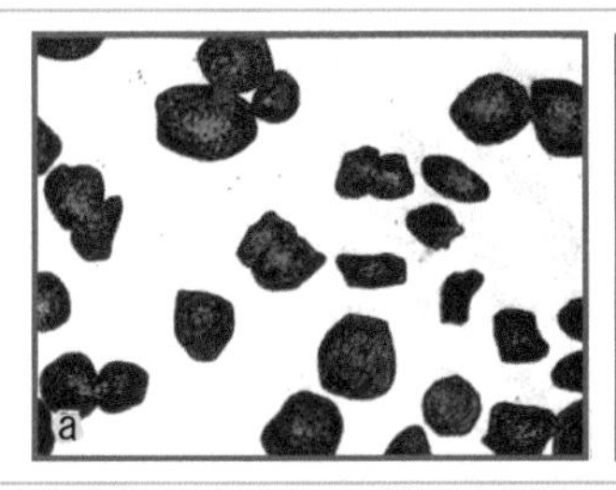

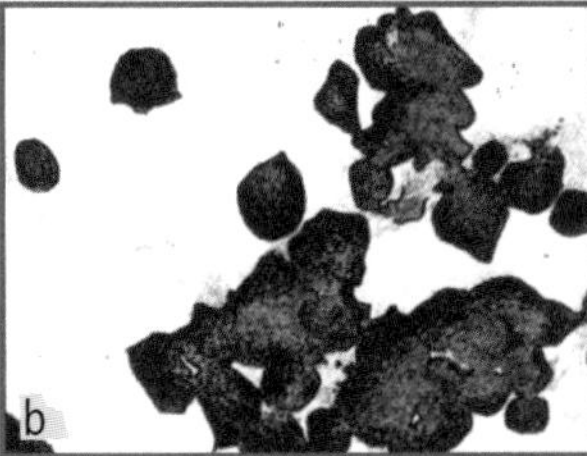

軟らかく水煮したじゃがいもを a は水きり直後の熱いうちに、b は 20℃で 60 分放置した後に裏ごしした。いずれもでんぷんのヨウ素反応による染色を行った。

図 6. 22　マッシュポテトの裏ごし時の温度の相違[13)]

いももち：北海道の郷土料理で、じゃがいもを茹でてつぶし、片栗粉を入れてよく練り団子状にしたものであるが、このときは、細胞壁を壊して中からでんぷん粒が出るくらい強く練ったほうが粘りよく固まる。

（iii）水さらしとペクチン

じゃがいもを長時間水にさらしておくと、細胞壁中のペクチンが水の中の無機イオン（Ca^{2+}、Mg^{2+}など）と結合して不溶化し、でんぷんの吸水が妨げられ煮えにくくなる。千切りのじゃがいもを崩れないように炒めるときはこれを利用する。

（iv）ポテトチップス、フライドポテト

じゃがいもを薄く切り、約20℃の水に20分さらした後、水気を拭き取って揚げる。これにより、でんぷんやペクチン、還元糖、アミノ酸などを除き、着色を抑えて食感を向上させる。初めは150℃程度の低温でゆっくりと揚げ最後に180℃位で色よく仕上げる。

3）調理による栄養性・機能性の変化

（i）ビタミンC

加熱後のビタミンC残存率について、重量変化率を考慮してほうれんそうやキャベツのような葉菜類と比較すると、葉菜類が35～36%であるのに対し、いも類は62～79%と高い（図6.23）。これはいものでんぷんがビタミンCを取り囲んでいて直接熱にあたることがないので壊れにくいと考えられている。

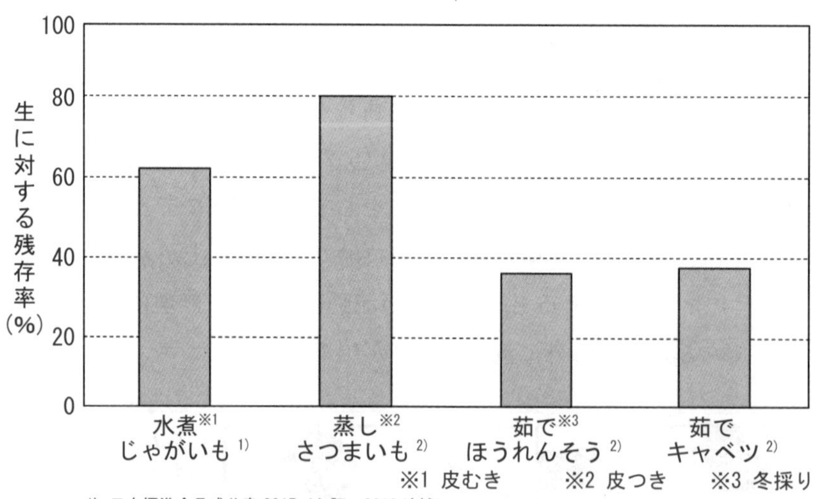

図6.23　いも類と葉菜類の加熱によるビタミンCの残存率

（ii）有毒物質

じゃがいもの芽や緑変部には、ソラニンやチャコニンのようなグリコアルカロイドまたはステロイドアルカロイドとよばれる有毒物質が含まれている。これらは熱水にはある程度は溶出するが、熱に安定なのであらかじめ除去してから調理する。

(iii) ごりいも

70 ℃以下の低温で加熱したり、途中で加熱を中断したりした場合に、いもの組織が硬くなることをいい、でんぷんの糊化が不充分な状態で生じる。

(2) さつまいも

1) 種類と成分特性

鳴門金時、紅あずまなどの多数の種類がある。さつまいもの主成分はでんぷんであるが、他のいも類に比べ糖含量が高く、副菜というよりも菓子の材料としても用いられる。貯蔵の適温は 13～15 ℃以下であり、10 ℃以下では低温障害を起こし腐敗しやすくなる。ビタミン C、カロテン、食物繊維を多く含んでいる。

2) 調理による嗜好性・組織・物性変化

(i) 加熱による糖度の変化

さつまいもは加熱すると甘味が増加するが、これはさつまいもに含まれるでんぷんが加熱によって糊化でんぷんに変わり、そこに β-アミラーゼが作用してマルトース（麦芽糖）が生成されるからである。さつまいもには β-アミラーゼが含まれている。図 6.24 に示すようにこの酵素は至適温度が 40～50 ℃であり、熱に対する安定性も 60 ℃と高い。

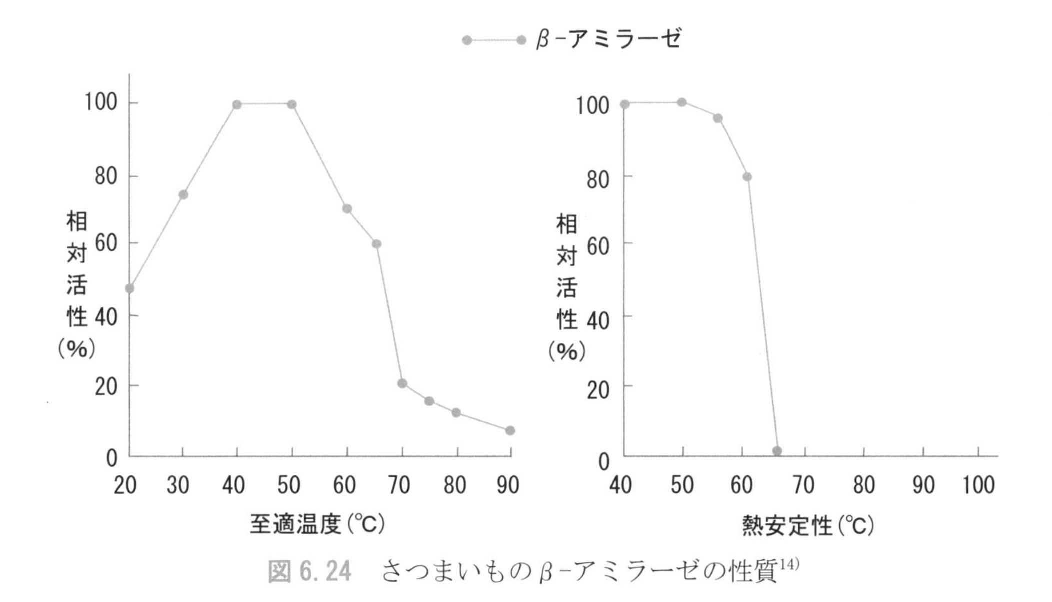

図 6.24　さつまいもの β-アミラーゼの性質[14]

さつまいもの加熱方法は、蒸す、オーブン、電子レンジの 3 種がある。3 種の方法で加熱したさつまいもの内部温度の上昇曲線と、糖度の倍率を図 6.25 に示した。

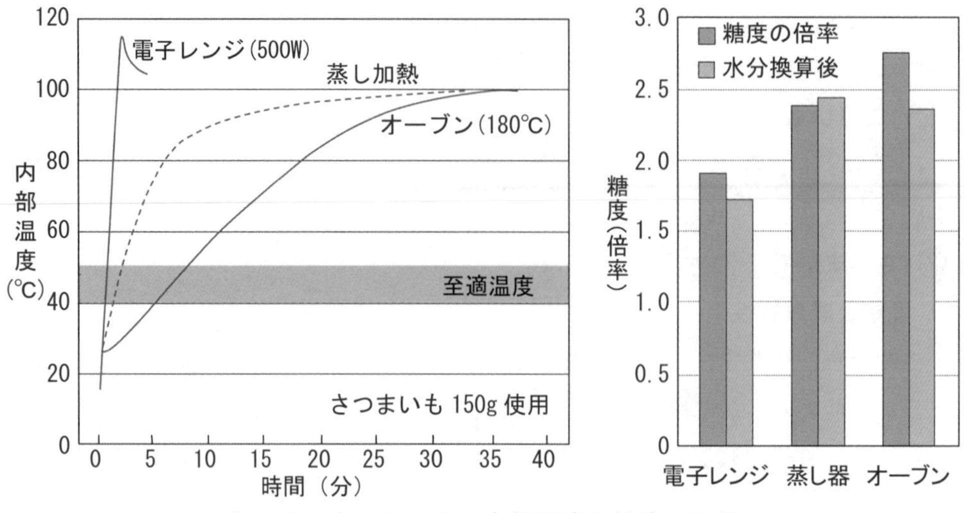

図 6.25　さつまいもの内部温度と糖度の比較

オーブンや蒸し器で加熱したさつまいもは電子レンジに比べ糖度が高い。電子レンジの内部温度の上昇速度は極めて速く、オーブンや蒸し器の上昇速度は緩慢である。このため電子レンジでは、β-アミラーゼが短時間しか作用しないが、オーブンや蒸し器では作用時間が長くなってマルトースの生成量が多くなり、糖度が高まったと考えられる。さらに、加熱中に低分子化されることにより、甘味を増すだけでなく消化されやすくなり栄養効果も高まる。

3) 調理による栄養性・機能性の変化

(ⅰ) ビタミンC

ビタミンCは前述のように加熱後も残存しているので、ビタミンCのよい給源となる。

(ⅱ) 食物繊維とヤラピン

さつまいもは食物繊維が豊富であるので、大腸がん予防や血中コレステロール低下作用が報告されている。

また、さつまいもを切断すると、白い粘性のある乳液がでる。これは、ヤラピノール酸とオリゴ糖からなる樹脂配糖体であるヤラピンとよばれる物質である。これらの物質の機能性としては整腸作用が知られている。また、ヤラピンは空気に触れると黒変する。さつまいももじゃがいもと同様、空気に触れると褐変する。これはポリフェノールオキシダーゼがポリフェノールの一種クロロゲン酸に作用して褐色物質のメラニンを生成したためである。ヤラピン、ポリフェノールオキシダーゼ、クロロゲン酸は、表皮と維管束の間に多く含まれるので、きんとんのように色をきれいに仕上げたいときは皮を厚くむいたほうがよいが、機能性の面からはこの部分も食べたほうが望ましい。

(3) やまのいも（図 6. 26）

1) 種類と成分特性

① **長いも**：水分が多く粘りが少ないので、すりおろすよりも山かけや和え物にむく。

② **銀杏いも**：関東では大和いもともよばれる。滑らかで粘りが強いのでとろろに適する。

③ **つくねいも**：関西では大和いもともよばれる。粘りが強い。薯蕷（じょうよ）まんじゅうに使用される。

④ **大薯**（だいじょ）：熱帯産のやむいもである。天然の増粘剤としてアイスクリームや冷凍とろろに使用される。

⑤ **自然薯**：山野に自生する。非常に粘りが強く味もよい。最近は栽培もされている。

⑥ **むかご**：やまのいもや自然薯のつるの葉脈の付け根につき、でんぷんが蓄えられて球状になったもの。

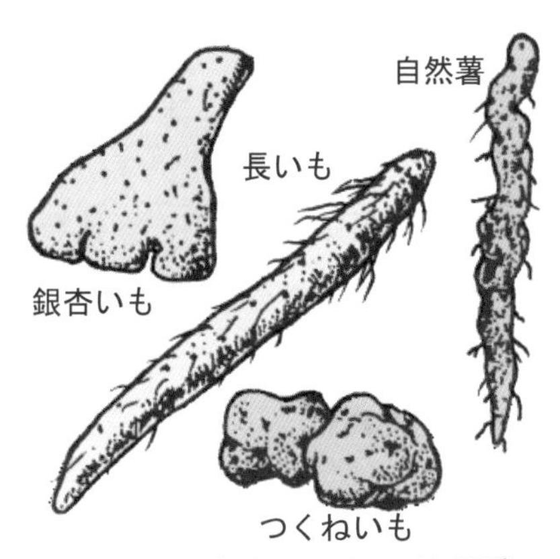

図 6. 26　やまのいもの品種[15)]

2) 調理による嗜好性・組織・物性変化

すりおろしたやまのいもは強い粘性をもつため、そばのつなぎに用いられる。また、この粘質物は起泡性があるので、薯蕷まんじゅう、かるかん、お好み焼き、はんぺんなどに用いられる。

この粘質物はグロブリン系たんぱく質とアセチルマンナンの結合した糖たんぱく質からなり、独特のヌメリはムコ多糖類であるといわれる。これらの粘性が加熱により失われる特性を利用し菓子をしっとりと膨化したものに仕上げている。

3) 調理による栄養性・機能性の変化

(i) 生で食べることができる

やまのいもは、すりおろしてトロロにしたり、千切りにして酢の物として、生で食することができる。この理由としてβ-アミラーゼ活性が強いからとされていたが、むしろ細胞壁の厚みが薄くセルロース含量も少ないため、生のでんぷんであってもα-アミラーゼによる消化を受けやすく、生食可能な根拠であると考えられている。

（ⅱ）やまのいもの褐変と手のかゆみ

やまのいもを切ったり、すりろしたりすると褐変することがある。これは褐変酵素であるポリフェノールオキシダーゼの酸化作用による。

また、シュウ酸カルシウムの針状結晶が手につくと皮膚を刺激してかゆみを感じる。かゆくなったときは、レモン汁か、薄めた酢をつけるとシュウ酸カルシウムが酸に溶解するのでおさまる。

(4) さといも

1）種類と成分特性

多くの品種があり、親いも用種として筍いも（京いもともいう）、子いも種として石川早生、土垂（どたれ）、親子兼用種としてやつがしら、赤芽（セレベス）、えびいも（唐いも）がある。葉柄（芋茎（ずいき））は、やつがしらやえびいもの葉柄である赤ずいきと、はすいもの青ずいきがある。葉柄は芋がらともいわれ茎を乾燥させて、みそ汁の具などに用いられる。

水分は70～84%、でんぷんが主成分であるが、多糖類のガラクタン、ショ糖、デキストリンなどが含まれる。

粘質物は、ガラクタンにたんぱく質が結合したものである。

2）調理による嗜好性・組織・物性変化

（ⅰ）粘質物

粘質物によるぬめりは煮汁の粘度を高め、泡立ちは吹きこぼれの原因になったり、調味料の浸透を妨げる。この粘質物は食塩可溶であるため、茹でる前に塩もみするか、茹でこぼしを行って除去するとよい。

さといもにはやまのいもと同様に微量のホモゲンチジン酸とシュウ酸カルシウムが含まれる。わずかなえぐ味が感じられるが、手がかゆくなったりするのはシュウ酸カルシウムの針状結晶が皮膚を刺激するからである。

3）調理による栄養性・機能性の変化

さといもの主成分であるでんぷんはミセル構造が弱く、比較的短時間の加熱によって容易に糊化されやすいため、消化吸収されやすいと考えられる。

ずいきは食物繊維に富み、整腸、抗がん、循環器疾患抑制などの機能性をもつことが報告されている。

(5) こんにゃくいも

1) 種類と成分特性

こんにゃくの原料として用いられ、主成分は炭水化物であり、その大部分は多糖類の水溶性食物繊維のグルコマンナン（図 6.27）で 10〜15%含まれる。グルコマンナンはグルコースとマンノースがおよそ１：1.6 の比率で結合したものである。グルコマンナンに水を加えて加熱すると膨張して粘度の高いコロイド状態を呈す。これに石灰水、その他のアルカリを加えて加熱すると、凝固して半透明の弾力のある塊になる。これがこんにゃくである。

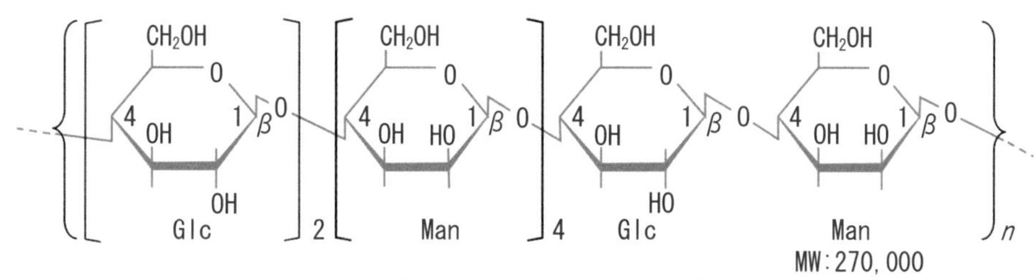

図 6.27　グルコマンナンの構造

2) 調理による嗜好性・組織・物性変化

ゲルの弾力がおいしさの要因なので、細かく切るよりも、手でちぎったり（ちぎりこんにゃく）、乱切りにして調理し、表面積を大きくしたほうが味がしみこみやすくなり弾力も強調される。

3) 調理による栄養性・機能性の変化

こんにゃくの大部分は水分であり、グルコマンナンは人体の消化酵素では分解されないため、エネルギー源とはならない。しかし、食物繊維としてコレステロールや血糖値などを低下させる作用や整腸作用などの機能性物質としての効果が認められている。

1.5 豆類

(1) 種類と成分特性

豆類は養分を子葉に蓄えた無胚乳種子である。豆類はその成分組成により 4 つに分類される（表 6.6）。

① たんぱく質（33〜35%）、脂質（約 20%）を主成分とするもの。

大豆類

② 炭水化物（主にでんぷん）を主成分とし、たんぱく質も多めのもの（20〜25%）。

小豆、ささげ、いんげん豆（金時豆、手亡、うずら豆、虎豆、大福豆、白花豆、

表 6.6　4種の代表的な豆の成分

	エネルギー (kcal)	水　分 (g)	たんぱく質 (g)	脂　質 (g)	炭水化物 (g)	灰　分 (g)	食物繊維 (g)
大　　豆	422	12.4	33.8	19.7	29.5	4.7	17.9
小　　豆	339	15.5	20.3	2.2	58.7	3.3	17.8
枝　　豆	135	71.7	11.7	6.2	8.8	1.6	5.0
緑豆もやし	14	95.4	1.7	0.1	2.6	0.2	1.3

出典）日本食品標準成分表2015（七訂）

紫花豆）、そら豆、えんどう豆

③ 未熟豆（野菜の調理 参照）

枝豆、そら豆、さやいんげん、さやえんどう、グリーンピース

④ 豆を暗所で発芽させたもの（野菜の調理 参照）

緑豆もやし、ブラックマッペもやし、大豆もやし

(2) 調理による嗜好性・組織・物性変化

豆類は外皮が厚く、種子の外側はクチクラ層になっていて水を通さない。細胞膜はヘミセルロースからなるので消化は悪い。乾燥していれば（15%以下）保存性は高いが、調理前に浸漬させる必要がある。

1）乾燥豆類の吸水

各種豆類の吸水曲線を図 6.28 に示した。

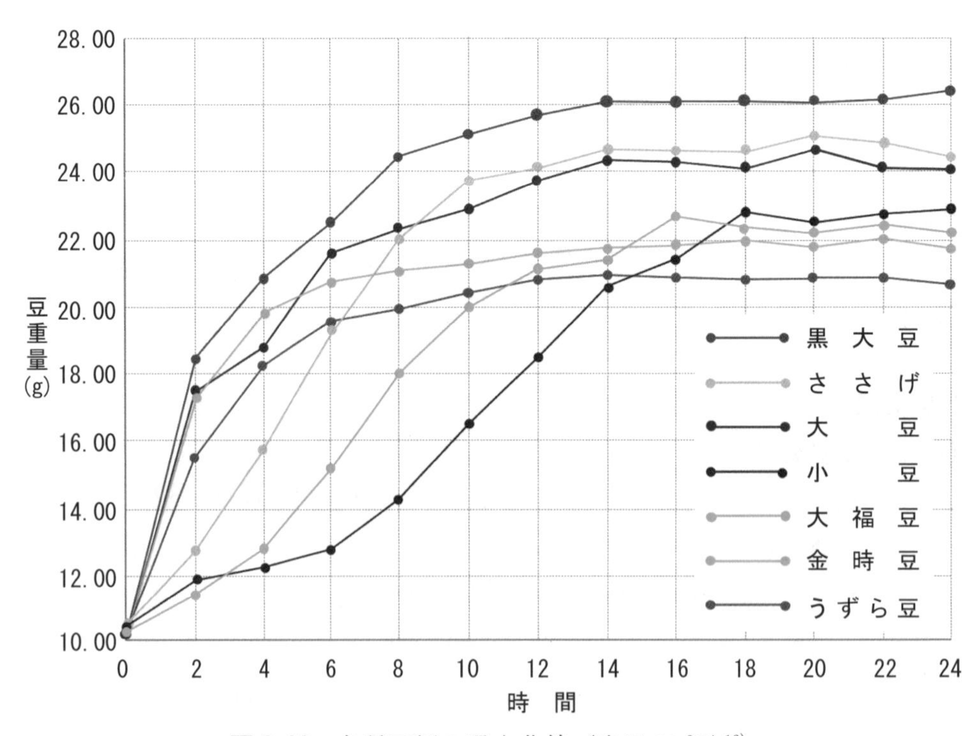

図 6.28　各種豆類の吸水曲線（室温 20 ℃）[16)]

小豆、大福豆以外の豆は水温 20 ℃で浸水後 6、7 時間まで急激に吸水し、約 2 倍になる。吸水速度は黒大豆、大豆、金時豆が速く、小豆が最も遅い。また、小豆のみ吸水曲線が他の豆と異なり、吸水後 6 時間までは緩慢に吸水し、その後急激に吸水している。これは小豆以外の豆は種皮全体から吸水するのに対して、小豆は種瘤のみから吸水するので最初は緩慢である。6 時間後から急激に吸水するのは、種瘤の周りの皮が破損し吸水を始めるからである。また小豆の重量は14時間でやっと 2 倍になる。長時間浸漬させると夏などは腐敗することもあるので、小豆は浸水せず加熱することも多い。吸水率は、豆の種類により異なるが、その他に品種、貯蔵条件、収穫してからの時間、水温などで異なる。

収穫後の貯蔵は冷蔵庫内が望ましい。また、高温、高湿で 1 年以上経過した豆は、ひね豆とよばれ、浸漬後の膨潤状態も悪く、長時間加熱しても軟化しない。これはたんぱく質のカルシウム取り込み量の増加や、たんぱく質の不溶化が関与すると推察されている。

2) 煮豆

煮豆はしわより、皮むけ、腹切れ豆がないものがよく、そのおいしさは口に含むと甘味が広がり軟らかいことである。

一般的な調理過程は、水浸漬（5～6 時間）、煮熟、調味料添加、煮含め、煮汁浸漬である。水で軟らかく煮ても調味料を入れた段階で、硬くなることがある。これは煮汁の濃度が急激に高まると浸透作用により脱水し硬くなるからである。これを防ぐためには、最初から調味液で煮る、液の砂糖濃度を徐々に上げていくなどの方法がある。

いんげん豆は大型で子葉が大きいので、煮豆に最適である。大福豆でお節料理の豆きんとんを作る。

えんどう豆は未熟なうちにグリーンピースとして用いることが多い。赤えんどう豆の乾燥子実は、塩ゆでして塩大福やみつ豆や和菓子に用いる。

3) あん

生豆の子葉細胞のなかではでんぷん粒子とたんぱく質粒子は別々に存在している。吸水し加熱されると、十数個のでんぷん粒子をたんぱく質が包み込んだ構造に変化する。こうしてできたのが「あん粒子」である。豆のでんぷん粒子が細胞内で膨潤し、これを囲むたんぱく質が凝固してでんぷん粒子を固定しその外側は丈夫な細胞膜で囲まれている。つぶす（粒あん）か、裏ごしする（こしあん）と細胞のひとつずつが分離するが、細胞自体は壊れない。砂糖を加えているので、豆のでんぷんは老化が防げる。

色　：水煮前の浸漬処理、渋切りの有無、回数により異なる。水浸漬処理を長時間行い、そのまま水煮すると色は濃い。渋切り処理は色を薄くする。

味　：渋切りにより淡白になる。

匂い：小豆のもつ甘い匂いはマルトールによる。種皮を除いた生あんには、この匂いがまったく感じられない。匂い成分も、色素成分や、味成分と同様種皮部に存在する。

物性：あんの物性に影響する因子は、あん粒子の大きさと考えられる。練りあんの物性は100～200メッシュ区分のあん粒子が好ましく、これより細かいと粘る。

保存：冷蔵庫内では4～5日の貯蔵が限界であるので、乾燥、冷凍がよい。

4) 赤飯

わが国の行事食の代表で、もち米に小豆やささげ*27を入れて蒸したものである。小豆やささげの煮汁で色をつけるので赤飯という。小豆は前述のような吸水特性があるので、加熱すると腹切れ（胴割れ）を起こす。腹切れすると見た目も劣るし、縁起が悪いという理由で関東地方では赤飯には小豆でなく、ささげを用いることが多い。ささげの吸水速度は速く、腹切れを起こさない。また、小豆をゆでる場合は腹切れを防ぐために、加熱途中に豆の半分量の冷水を入れ温度差を小さくする。これをびっくり水という。表層部と内部との温度差をなくし腹切れしにくくする。

(3) 調理による栄養価・機能性の変化

小豆やささげは渋きりという操作を行う。鍋に水と豆を入れ加熱し、沸騰したときにざるにあげ、水で洗う。この操作を2、3回行う。これはタンニン、サポニンなどのアク成分を取り除くために行うが、近年、サポニンには種々の機能性*28が報告されているので、機能性を残しつつアクもないような渋切りが望ましい。いんげん豆類でもアク抜きは行う。

インゲン属の豆類には青酸配糖体（ファセオルナチン）が存在し分解すると有毒な青酸を生じるが、普通のものは0.005%と少量なので問題ない。

小豆抽出液について、小嶋らは種々の豆類、色素成分のポリフェノール含量と抗酸化・ラジカル消去能について生、加熱・加工時の変動について検討した。その結果、抗酸化・ラジカル消去能はポリフェノール量と正の相関が認められ、加熱後の

＊27 小豆とささげの違い：小豆は日本から中国が産地で、ささげはアフリカ東部である。角がやや角ばっているということで大角豆ともよばれる。両方ともにササゲ属であるが、学名は異なる。

＊28 サポニンの機能性：高麗人参の生薬成分であり、大豆サポニンに抗がん作用や肥満抑制作用、抗酸化作用などの報告がある。

小豆やあんにもその効力があったことにより、熱に安定な化合物の存在が示唆された。

また、豆類は血圧上昇に関与するアンジオテンシンⅠ変換酵素阻害活性を有することが報告され、豆類の阻害活性物質はニコチアナミンという報告もある。生の豆と加熱豆を比較すると、加熱豆の活性が高くなる。この阻害物質は水溶性のため、水とともに加熱すると溶け出して活性が強くなると推察される。豆は生では食べることができないので、加熱することにより阻害活性が高くなるということは、調理によりおいしくなるとともに機能性をも増大させるといえる。

コラム　あんの種類

加工の程度	生あん	豆を煮熟後、裏ごしし水さらししたもの。
	練りあん	生あんに砂糖を加え練ったもの。
	乾燥あん	水分 65%前後の生あんを脱水・乾燥させたもの。
製あん方法	生こしあん	豆を煮熟後、裏ごしし水さらししたもの。
	つぶしあん	豆を煮熟後、水さらし圧縮脱水したもの。
	煮崩しあん	皮を破らないように皮と子葉を軟らかく煮あげたもの。
原料豆の種類	赤あん	赤色のこしあん。雑豆を使用。
	あずきあん	小豆を原料としたもの。
	白あん	いんげん豆、白小豆を原料としたもの。
練りあんの配合糖量	並割りあん	生あん：砂糖＝100:65～70
	中割りあん	生あん：砂糖＝100:80～90
	小倉あん	つぶしあん：砂糖＝100:65～75
	上割りあん	生あん：砂糖＝100:90～100

コラム　アンジオテンシンⅠ変換酵素阻害

アンジオテンシンⅠ変換酵素は血圧を上昇させる酵素である。定常状態にある血中アンジオテンシノーゲンに対し腎臓から分泌される酵素レニンが作用しアンジオテンシンⅠが生成される。これにアンジオテンシンⅠ変換酵素（ACE）が作用し、昇圧ホルモンであるアンジオテンシンⅡが生成する。この物質は血圧を上昇させる。この酵素を阻害することにより、血圧上昇を抑制することができる。

1.6 砂糖類

(1) 砂糖の種類と特徴

表 6.7 に砂糖の種類と特徴・用途を示した。

表 6.7　砂糖の種類と特徴・用途

食品名			ショ糖濃度(%)	特徴	用途
含蜜糖	黒砂糖		85～77	灰分が多く、独特の香りとコクがある。	かりん糖、黒蜜
	メープルシュガー		86.5	琥珀色で、独特の香気と風味をもつ。	ホットケーキ、製菓
分蜜粗糖	和三盆		96～93	竹糖を原料とし特殊な製法で作られ、上品な甘みをもつ。	高級和菓子
分蜜精製糖	車糖	上白糖	97.69	転化糖（ビスコ）を含むため、しっとりしている。	一般家庭の料理
		三温糖	96.43	上白糖より転化糖を多く含む。濃厚で風味がある。	煮物、漬物
	ざらめ糖	グラニュー糖	99.97	淡白で上品な甘さをもつ。	コーヒー、紅茶、洋菓子
		白ざら糖（上ざら糖）	99.97	無色の大粒の結晶。	日本独特の砂糖
		中ざら糖（黄ざら糖）	99.80	表面をカラメル色素で着色し、黄褐色だが無臭。	カラメル、佃煮
	加工糖	角砂糖	99.96	グラニュー糖に糖液を加えて圧縮成型したもの。	コーヒー、紅茶
		氷砂糖	99.95	精製糖を長時間かけて再結晶させたもの。	果実酒
		粉砂糖	98.38	グラニュー糖を粉砕したもの。固結防止にコーンスターチを添加。	アイシング、製菓
		顆粒状糖	99.80	粉糖を原料に加工。微細な多孔質のため、固結しにくく溶けやすい。	プレーンヨーグルト

注）ショ糖%：製糖工業会資料による

(2) 砂糖の調理性

砂糖類は調味料として料理に甘味を付与するだけでなく、種々の調理性を有する。

1) 呈味性

砂糖は、食べ物に甘味をつける働きがあるが、塩味、酸味、苦味に対する抑制効果をもっている。柑橘類に砂糖をかけると酸味が緩和されるなどがその例である。

2) 溶解性

砂糖は親水性があり水によく溶ける。常温（20℃）では水100gに対して砂糖は203.9g溶解し、その濃度は67%であり、100℃では487g溶解しその濃度は83%である。温度が高いほど溶解度は増し、結晶が小さいほど溶解速度は速い。また、ココアや抹茶などをあらかじめ砂糖と混ぜておけば溶液へ分散しやすくなる。

3）保水性とでんぷんの老化防止

砂糖は保水性・親水性をもっているため、糊化でんぷんと砂糖が共存すると、砂糖が水分を引きつけて、でんぷんは水分が少ない状態となり老化が抑えられる（例：カステラ、求肥、羊羹）。また、乾燥を防ぎ、品質の低下を防ぐ。

4）たんぱく質への作用

砂糖は卵白泡を安定させ光沢を与える（メレンゲ）。また、砂糖はたんぱく質の熱凝固を遅らせるため、プディング、卵焼き、カスタードクリームなどでは、砂糖の添加量を増やすと熱凝固温度を高め軟らかく仕上がる。砂糖はアミノ酸とアミノカルボニル反応を起こし、焼き色と香気を生成する（例：パン、スポンジケーキ、照り焼き）。

5）物性の変化

砂糖には寒天やゼラチンのゼリー強度を高めるとともに、離漿を抑える（主に寒天）働きがある。

6）防腐効果

高濃度の砂糖溶液では、食品中の自由水を砂糖が奪い、水分活性を低下させ微生物の繁殖が抑制される（例：柑橘類の皮の砂糖漬け、ジャム）。ジャムなどでは高メトキシルペクチンのゲル形成に働く。

7）イーストの栄養源

砂糖はイーストの栄養となり、発酵を促進する。

8）煮詰め温度による砂糖の状態変化

砂糖溶液を煮詰めると、温度上昇にともない色・香り・粘性などが変化して、種々の調理に利用される。

(3) 砂糖の温度による変化

砂糖溶液を煮詰めると、温度上昇に伴い色・香り・粘性などが変化する。表6.8に煮詰め温度による砂糖の状態変化と特徴を示した。

砂糖重量の約50%の水を加え加熱したときに、砂糖は温度上昇に伴い水が蒸発して濃度が高くなり沸点が上昇する。温度によって液体から固体に、透明から茶色に姿を変えていく。俗に「砂糖の温度による七変化」ともいわれるが、各温度により、シロップ、フォンダン、砂糖衣、キャラメル、ヌガー、抜絲（銀絲）、ドロップ、抜絲（金絲）、飴、そしてカラメルなどの料理や製菓に重要な役割を果たす。

砂糖を煮詰めると130℃くらいから加水分解が起こり、ショ糖が分解する。これを転化糖といい、150℃以上で急激に増加する。転化糖はブドウ糖と果糖の混合物なので、ショ糖より甘く、吸湿性も増し、結晶しにくくなる。抜絲の銀絲は温度が

表 6.8　加熱温度による砂糖の状態変化と用途

温　度	特　　徴	冷却した状態	用　途
102～103℃	冷却しても結晶化しない。	シロップ状	シロップ
107～112℃	107～112℃まで煮詰めた砂糖溶液を40℃まで冷却し、過飽和溶液を攪拌して刺激を与え、再結晶させたものである。	軟らかい球	フォンダン
115～120℃	砂糖溶液を115～120℃に煮詰めて材料を入れ、90℃以下に冷めないうちに手早く攪拌し、結晶を付着させる。	やや硬いが押すとつぶれる球	砂糖衣
120～125℃		固まるが軟らか	キャラメル
130～135℃		固まり押しても形が変わらない	ヌガー
140～150℃	煮詰めた液が100℃以下に下がると糸をひく。透明な糸。		抜絲（銀絲）
150～155℃		固まってもろくなる	ドロップ
160～165℃	煮詰めた液が100℃以下に下がると糸をひく。160℃以上では金色となる。	硬いがもろい	抜絲（金絲）
160～170℃	色づいた液を冷却して固める。	硬いがもろい	べっこう飴
170～180℃	165℃以上になると、褐色のカラメルができる。	カラメル	カラメルソース

低い（140 ℃）ので冷たい材料を入れて攪拌すると結晶ができてしまう。これを防ぎ、糸を引かせるためには砂糖溶液に酢を入れて加熱すると、転化糖が生成され結晶化を防ぐ。また、転化糖は酵素インベルターゼの作用でも生成する。

$C_{12}H_{22}O_{22} + H_2O = C_6H_{12}O_6 + C_6H_{12}O_6$

（ショ糖）　　（ブドウ糖）（果糖）

［ 転化糖 ］

コラム　こんぺいとう（金平糖）

金平糖、金餅糖、糖花とも表記される。語源はポルトガル語のコンフェイト（confeito）である。16 世紀にカステラ、有平糖とともに伝わった。独特の形は、氷砂糖または、グラニュー糖に水を加えて煮つめた蜜から作る。銅鑼（どら）とよばれる回転釜を熱しながら、金平糖の核となるザラメ糖（伝来当時は、ごまやけしの実が使われた）を入れる。この核に熱い蜜を少しずつかけ、回転させながら凹凸の突起ができるまで、1～2 週間かけてゆっくり成長させて作る。正式な金平糖の突起の数は、24 個であるとされている。

皇室の引き出物に使われるボンボニエールの中に、祝い菓子として金平糖が使われることは、よく知られている。

近頃は、非常食の乾パンと同梱されている。これは、非常時のエネルギー補給や乾パンを食べる際、唾液の分泌がよいようにとのことの他、そのかわいい形とカラフルな色が、ストレスの軽減に役立つことが期待されてのことである。

2 たんぱく質を主成分とする食品

2.1 たんぱく質の種類と調理性

食品中のたんぱく質は動物性と植物性に分類される。

天然のたんぱく質は、α-L-アミノ酸が多数、縮合重合した高分子化合物である。α-L-アミノ酸は炭素原子（C）に- NH_2（アミノ基）、- COOH（カルボキシル基）、- H（水素）、-R が結合したもので、-R によりアミノ酸の種類が決まり、食品中には 20 種類が存在する。

$$
NH_2-\underset{\substack{|\\R}}{\overset{\substack{H\\|}}{C}}-COOH
$$

このうちバリン、ロイシン、イソロイシン、トレオニン（スレオニン）、メチオニン、フェニルアラニン、トリプトファン、リシン（リジン）、ヒスチジンの 9 種類はヒトの体内では合成できず、必須アミノ酸といわれ、食物から摂取しなければならない。

ひとつのアミノ酸の -COOH と他のアミノ酸の -NH_2 から H_2O（水）がとれて（脱水）、- CONH -（ペプチド結合、アミド結合）を形成する。

$$
NH_2\underset{\substack{|\\R_1}}{C}HCOOH + NH_2\underset{\substack{|\\R_2}}{C}HCOOH \rightarrow NH_2\underset{\substack{|\\R_1}}{C}H\underline{CONH}\underset{\substack{|\\R_2}}{C}HCOOH + H_2O
$$

2 個のアミノ酸が結合したものをジペプチド、3 個のアミノ酸が結合したものをトリペプチド、2 ～数個のアミノ酸が結合したものをオリゴペプチド、それ以上のアミノ酸が結合したものをポリペプチドとよび、アミノ酸の数が多数のものをたんぱく質という。したがって、ペプチドやたんぱく質を加水分解すると、最終的には構成アミノ酸になる。

アミノ酸が結合している順番を 1 次構造という。トリペプチドを考えると 20×20×20 ＝ 8,000 から 8,000 種類のトリペプチドが存在することになる。

ペプチドが多数結合してくると、分子内で主として水素結合が形成され、それに伴い立体的にα-ヘリックスというらせん構造、β構造というジグザグ構造、ランダムコイルとよばれる不規則な構造をとるようになる。これを2次構造という。同一の分子内で2次構造がいくつか組み合わされてできたものが3次構造で、2つのシステインの側鎖にあるイオウ原子同士が結合して－S－S－結合（ジスルフィド結合）を形成することもある。3次構造をもった分子の集まりを4次構造という（図6.29）。

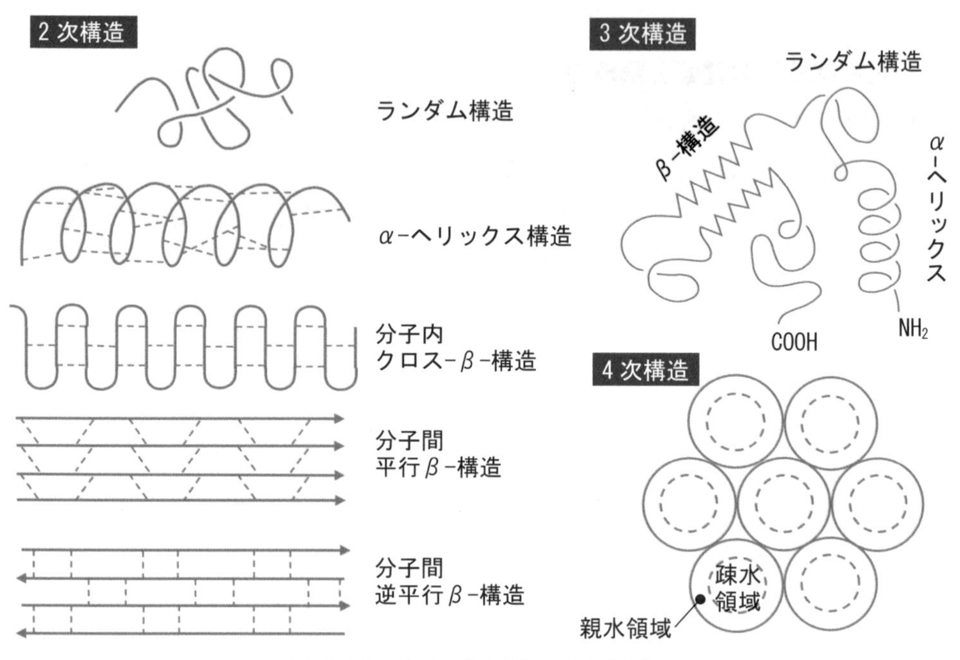

図6.29　たんぱく質の高次構造

たんぱく質はその形状により、球状たんぱく質と繊維状たんぱく質に、また加水分解してアミノ酸のみを生じる単純たんぱく質と、アミノ酸以外の成分を含む複合たんぱく質、天然たんぱく質が熱や酵素により多少変性した誘導たんぱく質に分類される。さらに機能により構造たんぱく質と機能たんぱく質に分類することもある（表6.9）。

たんぱく質は調理操作により、さまざまな物理的、化学的な変化を受ける。ペプチド主鎖はそのままであるが、水素結合、ジスルフィド結合、イオン結合、疎水結合などが切断され2次構造以上の立体構造に変化が生じるために性質が変わってくる。これをたんぱく質の変性とよんでいる。食品中のたんぱく質の変性は不可逆的に起こることが多い。変性することにより酵素による作用を受けやすくなり、消化されやすくなる。

表 6.9　たんぱく質の分類

<table>
<tr><th>分　類</th><th>種　類</th><th colspan="2">性　質</th><th>たんぱく質名</th><th>所　在</th></tr>
<tr><td rowspan="12">単純たんぱく質</td><td rowspan="3">アルブミン</td><td rowspan="3" colspan="2">水、薄い塩類に溶解</td><td>血清アルブミン</td><td>血清</td></tr>
<tr><td>ラクトアルブミン</td><td>乳清</td></tr>
<tr><td>オボアルブミン</td><td>卵白</td></tr>
<tr><td rowspan="4">グロブリン</td><td rowspan="4" colspan="2">中性の塩類に溶解</td><td>グリシニン</td><td>大豆</td></tr>
<tr><td>ミオシン</td><td>筋肉</td></tr>
<tr><td>ラクトグロブリン</td><td>乳清</td></tr>
<tr><td>オボグロブリン</td><td>卵白</td></tr>
<tr><td>プロラミン</td><td colspan="2">70～80℃アルコールに溶解</td><td>グリアジン</td><td>小麦粉</td></tr>
<tr><td>グルテリン</td><td colspan="2">希酸、アルカリに溶解</td><td>グルテニン</td><td>小麦粉</td></tr>
<tr><td rowspan="3">硬たんぱく質</td><td rowspan="3" colspan="2">不溶</td><td>ケラチン</td><td>毛、爪</td></tr>
<tr><td>エラスチン</td><td>靭帯</td></tr>
<tr><td>コラーゲン</td><td>骨、皮</td></tr>
<tr><td rowspan="5">複合たんぱく質</td><td>糖たんぱく質</td><td rowspan="5">補欠分子</td><td>糖</td><td>オボムコイド</td><td>卵白</td></tr>
<tr><td>リポたんぱく質</td><td>脂質</td><td>HDL</td><td>血清</td></tr>
<tr><td>リンたんぱく質</td><td>リン酸</td><td>カゼイン</td><td>牛乳</td></tr>
<tr><td rowspan="2">色素たんぱく質</td><td rowspan="2">色素</td><td>ヘモグロビン</td><td>血球</td></tr>
<tr><td>ミオグロビン</td><td>筋肉</td></tr>
<tr><td rowspan="4">誘導たんぱく質</td><td>ゼラチン</td><td colspan="4">コラーゲンを長時間煮出したもの。</td></tr>
<tr><td>プロテオース</td><td colspan="4">たんぱく質を途中まで加水分解したもの。</td></tr>
<tr><td>ペプトン</td><td colspan="4">たんぱく質を途中まで加水分解したもの。</td></tr>
<tr><td>ペプチド</td><td colspan="4">ペプトンによりさらに分解が進んだ 2～10数個のアミノ酸の結合物</td></tr>
</table>

(1) 熱による変性

多くのたんぱく質は加熱することにより変性する。卵や食肉、魚肉を加熱すると凝固し、変色する現象がこれにあたる。しかし、牛乳中のカゼインのように凝固しないものもある。低温にしても変性が生じる。豆腐を冷凍して凍り豆腐を製造するのはこの例である。

(2) pH の変化による変性（酸変性、アルカリ変性）

たんぱく質は分子内に正（＋）と負（－）の電荷をもっている。(＋) と (－)の電荷が等しくなる pH を等電点とよび、最も水和量が少なく、沈殿しやすい状態になる。食品では pH 4.0～6.4 のものが多い。これを利用したものにカッテージチーズやヨーグルト、魚の酢洗いや酢じめがある。魚の場合には変性させると同時に、殺菌し保存性を高める働きがある。アヒルの卵の表面に石灰、木灰、食塩、茶、粘土を塗りつけて製造するピータン（皮蛋）は、アルカリ変性を利用したものである。

(3) 塩による変性

食塩を加えることにより、たんぱく質の溶解性が変化する。筋原繊維たんぱく質（ミオシン）は塩溶性たんぱく質なので、食肉や魚肉に食塩を加えてすりつぶすとゾルができ、放置すればゲルを形成する。また、食塩を振ると肉が引き締まる。

豆腐製造時に凝固剤（塩）を添加するのも、塩による変性を利用したものである。

(4) 磨砕（まさい）、混捏（こんねつ）、撹拌（かくはん）による変性

魚のすり身や食肉のひき肉をすり鉢などで磨砕すると、たんぱく質中のミオシンとアクチンが反応してアクトミオシンになり、粘弾性が生じる。つみれやハンバーグを作る際にみられる。またパン、パスタ、うどんなどを作るときには小麦粉に水を加えて混捏するが、このときは小麦粉中のグリアジンとグルテニンが網目状の構造をもったグルテンに変化し、粘弾性が生じる。どちらも食塩を加えると、反応が促進される。

メレンゲは卵白を激しく撹拌して作るが、この現象は撹拌によるたんぱく質の変性の例である。砂糖は卵白の泡立ちを抑制するが、できた泡を安定に保つ働きをする。したがって、砂糖は卵白を泡立たせてから加えた方がよい。

(5) その他の変化

たんぱく質はカビや細菌、食品中の酵素によって分解され、みそ、しょうゆ、チーズなどの発酵食品製造に利用されている。また、食肉の酵素による分解は熟成、軟化、うまみ成分の生成に関係している。

たんぱく質と糖が加熱などにより、アミノ酸のアミノ基と、糖中のカルボニル基が非酵素的に反応（メイラード反応、アミノカルボニル反応）すると、香気成分が生成し食品が褐色に変化する。代表的なものにケーキ、クッキー、みそがある。

2.2 食肉類、魚介類の骨格筋の構造とたんぱく質

鳥獣類の食肉と魚介類の魚肉は骨格筋からなり、たんぱく質の種類はほぼ同じであるが、その組成と構造が異なるため、テクスチャーが異なる。

(1) 骨格筋の構造

食肉は骨格筋であり、筋組織、結合組織、脂肪組織からなる。骨格筋の基本単位は筋線維である。筋線維は太さが、30〜100 μm、長さ数 cm に及ぶ糸状の細胞で筋内膜に覆われている。さらに、数十本程度の筋線維が、筋周膜で束ねられて筋束をつくり、多数の筋束が筋上膜に覆われて骨格筋を形成している。筋内膜、筋周膜および筋上膜は、筋線維を互いに接着させ筋線維を束ね、さらに骨格筋に束ねあげる結

合組織である。結合組織には、神経、血管および脂肪組織が分布する（図 6.30）（図 6.31）。

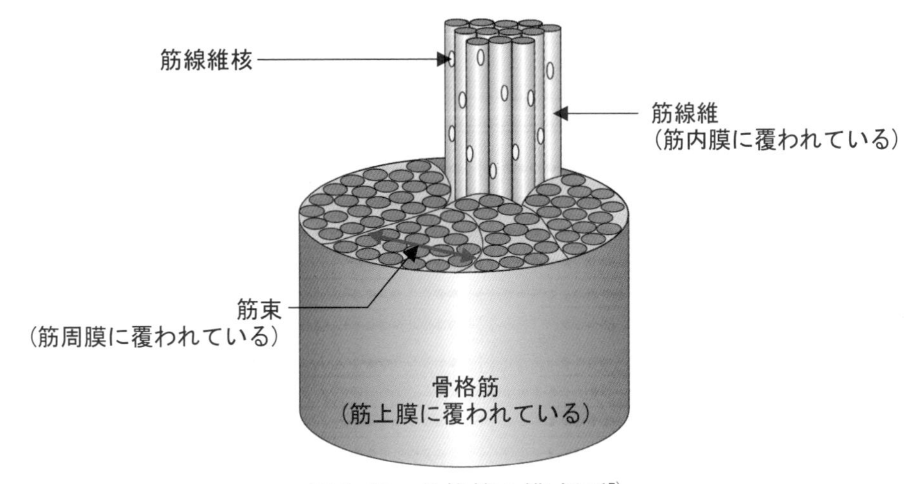

図 6.30　骨格筋の模式図[17)]

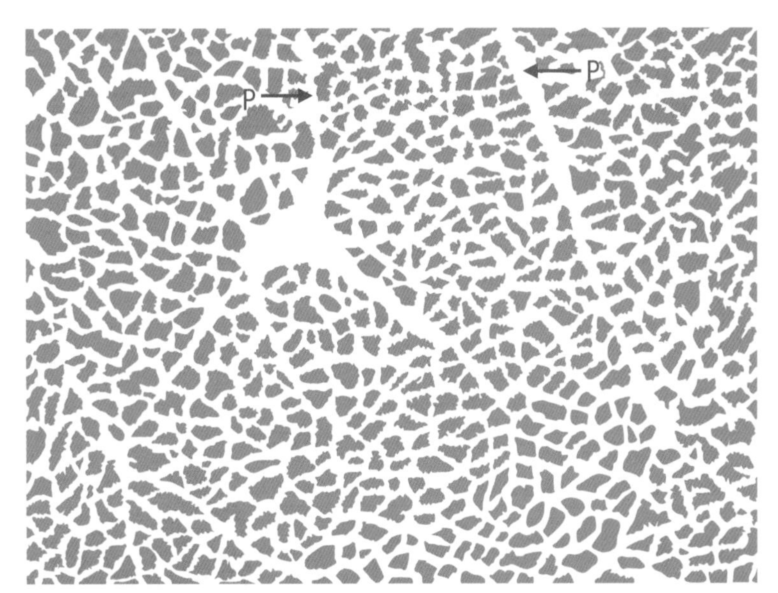

ダチョウ肉：パラフィン切片、HE染色、矢印で示した筋周膜(P)によって囲まれた筋線維群が筋束。

図 6.31　骨格筋の組織構造

筋線維の細胞内部は、筋原線維と筋形質（筋漿）で満たされている。筋形質は、筋線維の細胞質である。筋線維は横紋を示し、横紋筋線維ともよばれる。横紋は筋細線維の、A 帯（ミオシン）とＩ帯（アクチン）の配列によるもので、Ｉ帯の中央にZ 線が存在する。Z 線から次の Z 線までを筋節（Sarcomere）といい、筋細線維の単位になって、これが規則正しく、繰り返されている（図 6.32）。筋細線維は主に、ミオシン細糸とアクチン細糸からなり、これらが肉の収縮に関与している。

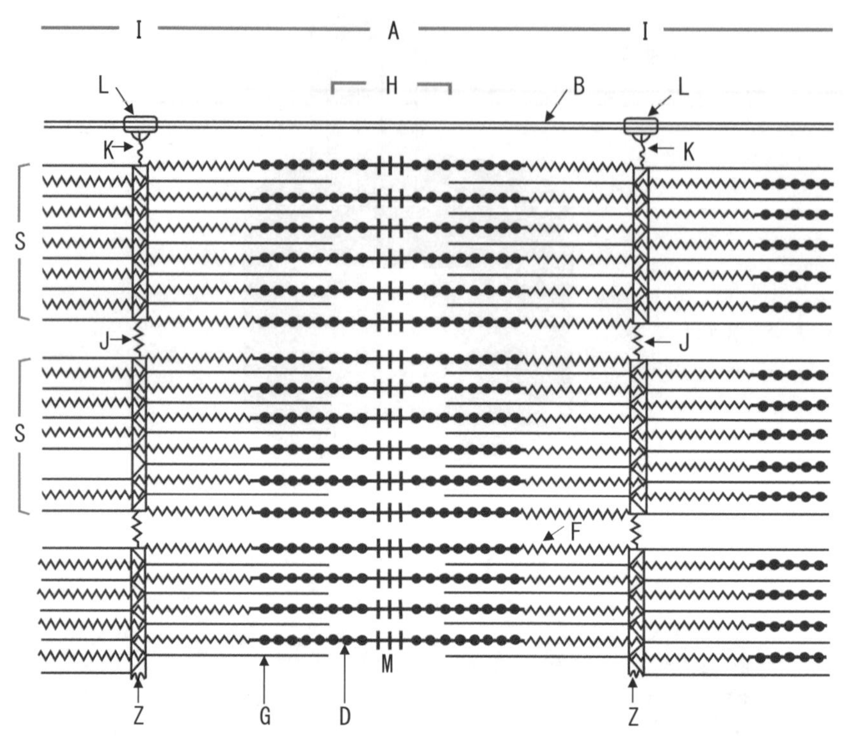

A：A帯、I：I帯、Z：Z線、H：H帯、M：M線、D：太い筋細糸（ミオシン）、G：細い筋細糸（アクチン）、F：コネクチン、J：デスミン、K：カスタメア、L：インテグリン、B：筋鞘、S：筋細線維

図 6.32　筋節の構造[18)]

魚肉の筋組織では、筋線維の基本構造は同一であるが、食肉類の筋組織とは異なり、筋束構造はなく、筋線維の配列が、筋隔とよばれる薄い結合組織で短く仕切られて、筋節（Myomere）という層状構造をとる。この筋節の層が W 字の形に折りたたまれたような構造となっている（図 6.33）。この層状構造のため魚肉の筋線維の長さは食肉に比べ短い。また、無脊椎の魚介類の筋組織は、魚肉や食肉とは構造が異なっている。

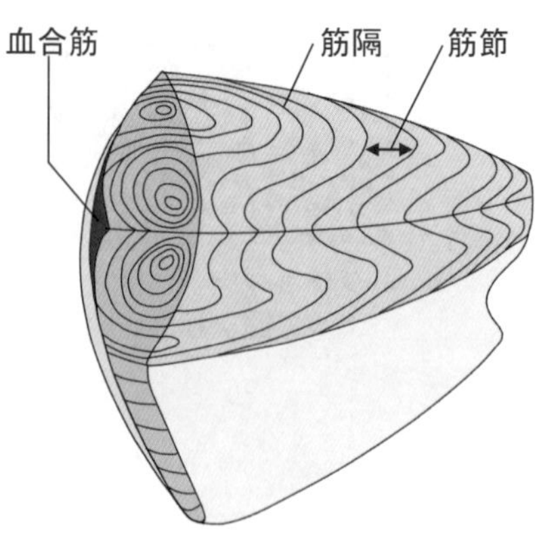

図 6.33　魚肉の筋節構造

結合組織は主に膠原線維からなり、線維を構成する膠原細線維の成分はたんぱく質であるコラーゲンである。コラーゲンは分子の構造と大きさの違いにより、十数

種の型に分類される。筋周膜のコラーゲンの含有率は、肉の硬さに影響すると考えられる。また、結合組織の線維成分には弾性線維があり、エラスチンというたんぱく質からなる。血管、肺、皮膚などに存在するが、その量は少なく、肉の硬さに影響しない。

脂質は骨格筋の結合組織に存在する脂肪組織に蓄積される。

(2) たんぱく質の種類と組成

食肉類、魚肉類のたんぱく質含量は約20%であり、アミノ酸価も100と良質である。

構成たんぱく質は筋形質たんぱく質（筋漿）、筋原線維たんぱく質、肉（筋）基質たんぱく質に大別される。筋形質たんぱく質には、ミオゲン、ミオグロビン、ヘモグロビン、筋原線維たんぱく質には、ミオシン、アクチン、トロポミオシンなど、肉基質たんぱく質は、コラーゲンやエラスチンなどが含まれる。コラーゲンの多い部位ほど、肉質は硬くなる。ミオシンは、筋原線維を構成しているたんぱく質のなかで45〜60%を占め、アクチンは15〜22%程度である。肉質を表す言葉として、（きめ）を用いるが、きめは筋線維の集まった筋束の大きさを反映する。筋束の断面積が大きいときめが粗いと表現し、肉は硬い。断面積が小さいものはきめが細かいと表現し、肉は軟らかい。

表6.10に食肉類と魚介類のたんぱく質の組成の違いを示した。食肉類は魚介類に比べ、肉基質たんぱく質含量が多いので硬い。牛肉が一番硬く、豚肉、鶏肉の順である。部位別ではすね肉が一番硬い。また、魚では貝類を除き肉基質たんぱく質が少ないので軟らかい。赤身の魚であるかつお、さばは筋形質たんぱく質が多く、白身の魚のたらは筋原線維たんぱく質含量が高い。この組成の違いにより、赤身の魚は加熱すると硬く凝固するが、白身の魚はほぐれやすい。

2.3 食肉類

(1) 種類と成分特性

食肉*29には、牛肉、豚肉、羊肉、馬肉、鹿肉、うさぎ肉および鳥肉（ニワトリ、アヒル、ウズラ、シチメンチョウ、カモ、ホロホロチョウ、キジ）などがあり、畜肉と同義的に用いられている。肉は、一般に筋肉である動物の骨格筋である。日本

＊29 食肉：日本人1人当たり1日の肉類の摂取量をみると、平成29年度国民健康栄養調査の総計で、肉類は114.9 g で魚介類の69.8 g より多く食べられている。特に15〜19歳では、魚介類63.7 g に対し、186.7 g で3倍量に近く、60歳代までは肉類の摂取量が多い。70歳以上の年齢では、魚介類の摂取が多くなる。

表 6.10　肉と魚肉のたんぱく質の組成

種　類		筋形質たんぱく質	筋原繊維たんぱく質	肉基質（筋基質）たんぱく質
形　状		球状	繊維状	繊維状・網状
溶解性	水	＋	−	−
	0.6 M 塩溶液	＋	＋	−
	希酸・希アルカリ	＋	＋	−
たんぱく質の種類		ミオゲン、グロブリン、ミオグロブリン、各種酵素	ミオシン、アクチン、トロポミオシンなど	コラーゲン、エラスチン、レティキュリン
たんぱく質の役割		筋繊維の細胞質、グリコーゲン、呈味成分含有	筋収縮、硬直、保水性、結着性	生肉の硬さの主役コラーゲンは湿式加熱により可溶化
加熱による変化		凝固	凝固・収縮	収縮・分解・ゼラチン化

種類	部　位	含　量（%）		
牛肉	背肉	25	59	16
	胸肉	25	47	28
	すね肉	25	19	56
豚肉	背肉	25	66	9
	もも肉	25	63	12
鶏肉	胸肉	25	67	8
魚介類	かつお	42	55	4
	さば	30	67	3
	たら	21	76	3
	いか	12〜20	77〜85	2〜3
	たこ	31	59	5
	はまぐり（閉殻筋）	41	57	2
	（足筋）	56	33	11
	くるまえび	32	59	5

人が日常的に食べているのは、牛肉、豚肉、鶏肉が多い。肉類は、良質な動物性たんぱく質で約 20%のたんぱく質を含み、水分 50〜75%、脂質 2〜30%である。主な肉の部位別栄養成分を**表 6.11** に示した。

牛、豚は屠殺した後に解体され、熟成を経て市場に出る。肉の他、心臓、胃、腸などの内臓、舌、肝臓も可食部分である。部位による成分やたんぱく質組成が異なるので、調理法に工夫が必要である。

1）脂肪

脂肪組織は脂肪細胞が集まって形成され、筋肉間および筋肉内に存在する。筋肉

表 6.11　肉類の部位別栄養成分

出典：日本標準食品成分表 2015

種　類	部　位	エネルギー (kcal/100g)	水分 (%)	たんぱく質 (%)	脂　質 (%)
和　牛	かたロース	411	47.9	13.8	37.4
	サーロイン	498	40.0	11.7	47.5
	ヒレ	223	64.6	19.1	15.0
輸入牛	かたロース	240	63.8	17.9	17.4
	サーロイン	298	57.7	17.4	23.7
	ヒレ	133	73.3	20.5	4.8
豚大型	かたロース	253	62.6	17.1	19.2
	ロース	263	60.1	19.0	19.2
	ばら	395	49.4	14.4	35.4
	ヒレ	130	73.4	22.2	3.7
若鶏肉	手羽	210	68.1	17.8	14.3
	むね	145	72.6	21.3	5.9
	もも	204	68.5	16.6	14.2
	ささ身	109	75.0	23.9	0.8

内脂肪は、筋束間の筋周膜に脂肪細胞が増殖して大きくなった脂肪組織であり、その分布状態で、牛肉においては、「脂肪交雑」、「さし」または「霜ふり*30」といわれる。脂肪の多少は、家畜の種類、品種および肥育の程度でも異なる。この脂肪は、肉の多汁性に関与する。

牛脂および豚脂の脂肪酸は1価不飽和脂肪酸のオレイン酸、飽和脂肪酸のステアリン酸、パルミチン酸が多く含まれる。食肉脂肪の融点は飽和脂肪酸と不飽和脂肪酸の含量により異なり、飽和脂肪酸の比率が高い牛脂や羊脂の融点は高く（牛脂 40〜50 ℃、羊脂 44〜55 ℃）、豚脂や鶏油は低めである（豚脂 28〜46 ℃、鶏油 30〜32 ℃）。牛肉や羊肉では調理後に温度が下がると脂が凝固しやすく、凝固した脂を口の中に入れても溶けない（表 6.12）。

鶏の場合、筋肉内脂肪は少なく、皮下に脂肪があるのが特徴である。皮を除けば、脂肪分*31は 15%程度減少する。

表 6.12　食肉脂肪の脂肪酸組成と融解温度

脂質の種類	飽和脂肪酸(%)	不飽和脂肪酸(%)	融解温度(℃)
牛　脂	53〜61	46〜48	40〜50
羊　脂	50〜51	40〜49	44〜55
豚　脂	38〜47	50〜62	28〜46
馬　脂	29〜44	52〜88	30〜43
鶏　油	28〜36	55〜66	30〜32
(参)大豆油	16	84	-20〜0

2）食肉の熟成と旨味成分

屠殺後、筋肉は柔軟性と伸縮性を失い、筋細線維は収縮して死後硬直を起こす。牛では、20～36 時間後、豚では 12 時間、鶏では 2～3 時間に最大硬直する。死後変化した肉は硬く、保水性が低下してうま味に欠けるが、その後、さらに放置しておくと筋肉は軟らかくなり始める（解硬）。一定期間が過ぎると、筋線維に存在するたんぱく質分解酵素による自己消化により組織が軟化する。この過程を熟成といい、熟成期間は、冷蔵において牛では約 12日、豚では 3～5日、鶏では 0.5～1日である。この変化と並行して、ATP の分解によって生じる 5′-イノシン酸、たんぱく質分解によるアミノ酸、特に L-グルタミン酸とそのペプチドで肉のうま味が増す。筋肉中の pH は上昇し、肉の保水性も向上し、調理による肉汁の損失も少ない。

(2) 調理による嗜好性・物性・組織の変化

1）加熱による変化

肉類は、生で食べることは少なく、焼く、煮る、揚げる、蒸すなど加熱して食べられる。加熱により消化されやすく、咀嚼しやすく、おいしくなり、衛生面、保存性も向上する。また、加熱により色、香り、テクスチャー、味が変化する。

（ⅰ）たんぱく質、テクスチャーの変化

筋形質たんぱく質は加熱により、凝集、凝固してゲル化する。筋原線維たんぱく質のうち、ミオシンは 55 ℃で、アクチンは 70～80 ℃で凝固し、筋線維全体は 65 ℃で凝固する。

加熱による保水性の低下は、30～40 ℃以上で起きるが、65～80 ℃でミオシンの結着性は最大になり水が収縮により押し出され、保水性が低下し肉の重量が 20～40%減少して硬くなる。挽肉調理は、肉の結着性を利用している。塩類や混捏などにより、ミオシンが溶解して糊の役割を果たし、加熱した際、結着性を示す（ハンバーグ、肉団子など）。

90 ℃以上で長時間加熱すると、結合組織の肉基質たんぱく質のコラーゲンがゼラチン化して、筋線維がほぐれて肉は軟らかくなる。

（ⅱ）脂肪組織の変化

脂肪は結合組織の網目構造の中に脂肪球として存在する。これが加熱されると、脂肪をとりまく結合組織の膜が破れ、各脂肪の融点になると溶けて組織外に流れ出す。結合組織の丈夫な豚の背脂などでは、70 ℃で加熱しても溶出しない。

＊30 霜ふり肉：脂肪を筋周膜に多量に含む柔らかく、商品価値の高い肉。黒毛和牛に代表される。100g 当たりの脂肪量は44～48%程度である。

＊31 脂肪分：とりむね肉皮つき100 g 当たり脂質5.9%、皮なし1.9%、同じくもも肉皮つき14.2%、皮なし5.0%（日本食品標準成分表2015による）

（iii）うま味の増加

熱による筋細線維の変性により、筋細胞の中や細胞間に保持していた水分を分離する。熱による筋組織の収縮により肉の硬さは増すが、肉のうま味成分は浸出しやすくなり、おいしさを感じやすくなる。

（iv）組織の変化

加熱により肉は収縮する。筋肉組織は収縮し、筋原線維も大きく収縮する。そのために、筋肉内の水溶性成分は筋鞘に押しやられ、凝固して顆粒状になる。熱変性は加熱直後、温度が約 50 ℃になったときに表面から起こり、時間とともに内部に移行し、中心部まで達する。熱凝固は熱変性に引き続いて表面で起こり、徐々に内部に移行し、中心部まで完全に凝固する。

加熱後の筋組織の密度はテクスチャーの変化や呈味成分の保持および味とも関連する。また、筋周膜の膠原線維は、加熱により束状の形を保ちながら凝縮する。膠原線維を構成するコラーゲン分子の線維構造は熱変性により収縮する。コラーゲン分子の 3 本鎖のポリペプチドをつなぐ架橋構造は、熱変性で架橋が外れ、3 本鎖のらせん構造は、それぞれのポリペプチド鎖に分かれる。これが**ゼラチン化**であり、肉が軟化する原因のひとつである。すね肉などの硬い肉を長時間煮込んで軟らかくするのは、この性質を利用している。

2）調味料などの添加物による影響

（i）塩の影響

塩、しょうゆ、みそなどは、そのイオン効果により線維状たんぱく質を可溶化するために、筋線維の構造にゆるみが生じて保水性を高める。

（ii）酸の影響（図 6. 34）

食酢やワインなどを用いて肉の等電点（pH5. 4）より低い pH3～4 にしておけば、肉の保水性は向上することが報告されている。pH が酸性になると筋肉内の酸性プロテアーゼが活性化されて、ミオシンの分解が起こり軟化する。逆に、重曹を用いて、肉の等電点より高いアルカリ側にすることでも肉の保水性は増す。

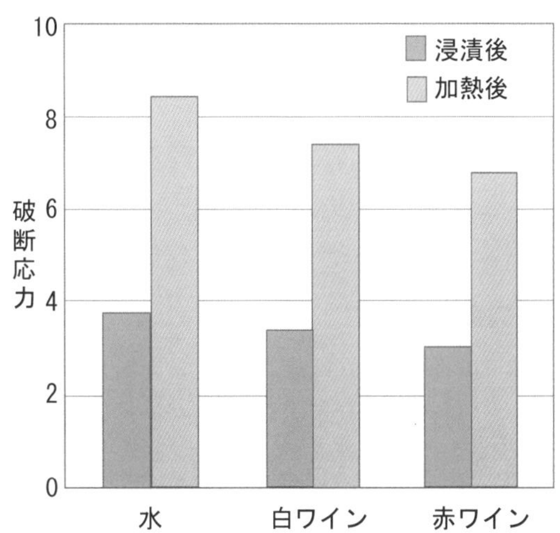

図 6. 34　ワインで煮た牛すね肉の硬さ[19]

(iii) 糖の影響

砂糖は保水性の向上と、たんぱく質の凝固を遅らせることにより肉の軟化に効果がある。

(iv) 酵素の影響

たんぱく質分解酵素は、肉を軟化することが報告されている。青いパパイアから見つかったパパイン酵素、生のパインアップルの果実に含まれるブロメライン、キウイフルーツのアクチニジンやいちじくのフィシンも同様な酵素で肉を軟化する。この他に、しょうが、なし、おろしたたまねぎなどにもプロテアーゼが含まれ、ミオシン、コラーゲンに作用して肉を軟化させる作用がある。

コラム　タルタルステーキ（たたき、ユッケ）

生の牛肉または馬肉を粗いみじん切りにし、オリーブオイル、食塩、こしょうで味つけして、たまねぎ、にんにく、ケッパー、ピクルスのみじん切りなどの薬味と卵黄を添えた料理で、全体が均一になるように混ぜて食べる。ユッケは生肉を使った韓国式のタルタルステーキ様の料理である。生の牛肉（主にランプなどのモモ肉）を細切りにし、ごまやねぎ、松の実などの薬味と、しょうゆやごま油、砂糖、コチュジャン、なしの果汁などの調味料で和え、中央に卵黄を乗せて供することが多い。なしやりんごの千切りを添えることも多くみられる。ただし、2011(平成23)年4月、富山県、福井県の焼肉店でユッケが原因とみられるO-111による男児ら4名が死亡する集団食中毒が発生したため、2011（平成23）10月1日に生食用牛肉に対する加熱処理等の新基準が施行された。

(v) 物理的操作による軟化

肉の線維に直角に包丁を入れる、筋切りをする、肉たたきでたたく（ウィンナーシュニッツェル、棒々鶏など)、ひき肉にするなどの物理的な方法で肉を軟らかくすることができる。

3) 肉色素の変化

食肉の色は、筋肉組織で酸素を貯蔵する働きをもつミオグロビン（90%）によるものであり、残存するヘモグロビン（血色素10%）も関与している。ミオグロビン含量*32が高い肉では赤色が濃い。肉を切って、しばらくするとミオグロビンが空気中の酸素と結合してオキシミオグロビンとなり明るい赤色になるが、さらに放置す

＊32 食肉のミオグロビン含量と赤色度：家兎（0.02%）、豚肉（0.06%）、仔牛肉（0.1～0.39%）、成牛（0.4～1.09）、老牛（1.6～2.0%）、馬肉（0.8%）でありミオグロビン含量が多いほど赤い。

るとメト化して、褐色を帯びた赤色になる。65℃付近の加熱により、ピンク色、75℃以上で灰赤色になる。グロビンの加熱変性と、ヘム色素の鉄イオンの酸化により、メトミオクロモーゲンに変化するためである。

牛肉では、この熱変性の程度により、ステーキの焼き加減が分かる。レアでは、内部温度は55〜65℃で全体に肉の色は赤く、ミディアムでは内部温度65〜70℃、ウェルダンでは内部温度70〜80℃で、全体に灰赤色である。

ハム、ソーセージの安定な赤色は、塩漬に用いる亜硝酸塩から生成する一酸化窒素がヘムと結合し、ニトロソミオグロビンとなり、加熱により、グロビンが変性し、ニトロソミオクロモーゲンとなることによる（図6.35）。

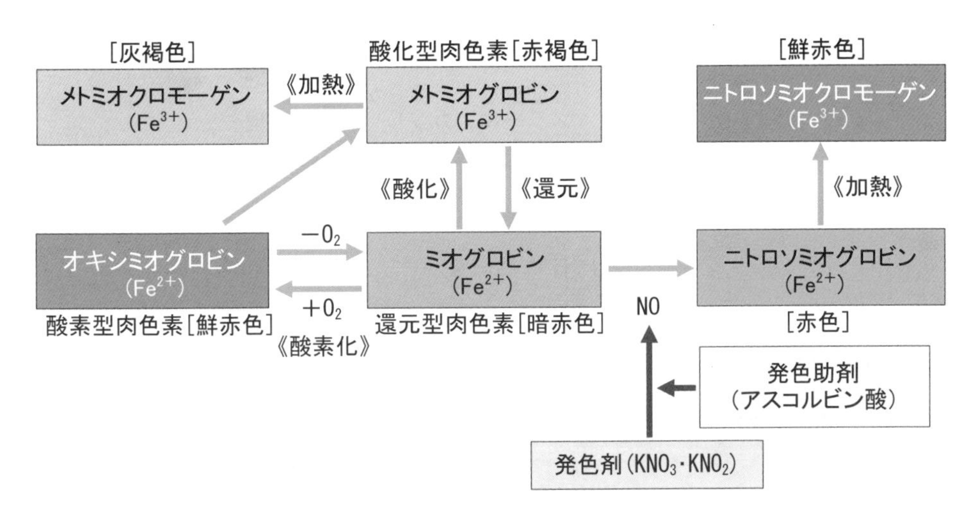

図6.35　肉色の変化

(3) 肉の種類による調理特性

1) 牛肉－縄文時代末に日本に伝来

肉用種は日本では90％を黒毛和種が占め、全国的に飼養されている。品種、年齢、性別、部位、熟成度、調理法などが味に影響する。銘柄牛として、神戸牛、松坂牛、米沢牛、前沢牛などがある。褐毛和種は高知、熊本、日本単角種は北海道、北東北に多い。乳用種はホルスタイン種が多く、雄牛は肉用として肥育されている。

部位により肉質、脂肪量および価格が異なるので、料理にあわせて使用する（図6.36）。肉質は脂肪交雑、光沢、しまり、きめなどで判定される。

ステーキに向く部位は、サーロイン、リブロース、ヒレ、ランプの部位で、牛脂の融点が高いことから、短時間加熱で熱いうちに供する。結合組織が多いもも、そともも、かたなどの部位は、長時間煮込む必要がある。牛1頭からとれる食肉部位は、体重の40％になる。

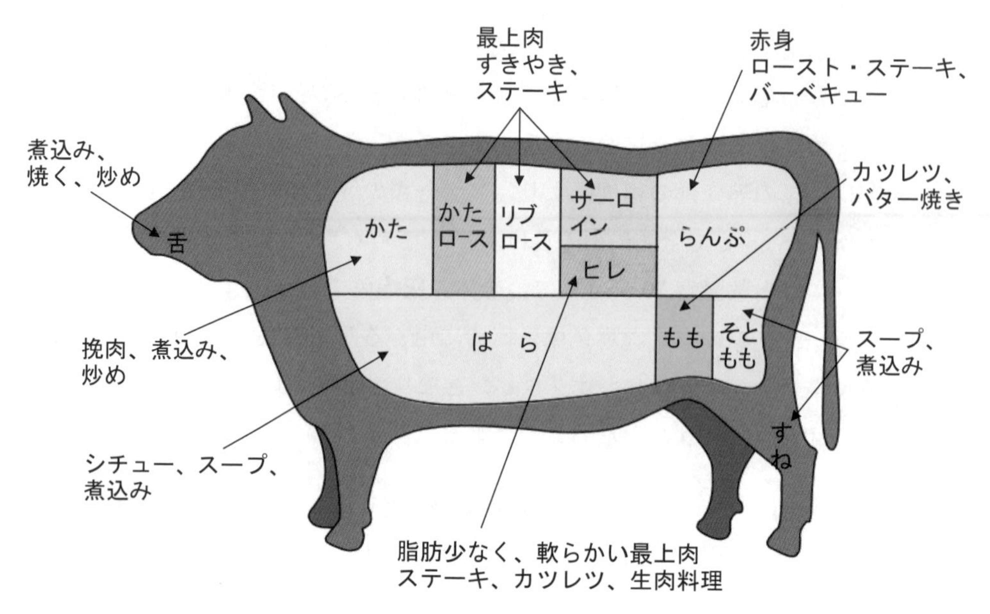

図 6.36　牛肉の部位と適する料理

2) 豚肉－西暦200年～600年代に日本に伝来

先祖のイノシシを長い歴史をかけて、改良してきた。豚の品種は、100種以上で、優良種のみでも、世界に30種もある。

養豚の盛んな地域は、ドイツ、デンマークなどのヨーロッパ、アメリカ、中国である。ヨークシャー種、バークシャー種を日本では飼育している。ハム類、ベーコン、ソーセージの加工にも利用が多い。イベリコ豚（スペイン）、黒豚（日本）などが有名で、最近では焼き肉用に脂肪を霜降り状にした豚トロ、モチ豚などが流行している。豚脂は牛脂より融点が低いので、冷めても口どけがよく、冷しゃぶしゃぶとしても身近な家庭料理になっている。豚レバーは、牛、鶏のなかで最も鉄分が多く含まれている。

豚肉は良質な動物性たんぱく質に加えて多種多様なビタミン・ミネラルを含有するのが特徴で、特にビタミンB_1の含有量は、部位別牛肉の6～10倍近くである。必須アミノ酸もバランスがよく、豊富である。

豚肉は肩、ロース、モモ、バラ、ヒレなどの部位に分けられる（図6.37）。肩肉はほどよい脂肪分を含み、色の濃いうまみがあるが、やや硬めの肉質で、シチューや豚汁に向き、ロース肉はきめが細かく、軟らかい高級部位で、とんかつやポークソティに、モモ肉は赤身が多く軟らかい肉質で、焼き豚などに、バラ肉は3枚肉とよばれ肉じゃが、カレー、角煮などに、ヒレ肉は肉のきめが最も細かく軟らかいので、ヒレカツやヒレステーキなどに向く。豚足は、長時間加熱してゼラチン化して

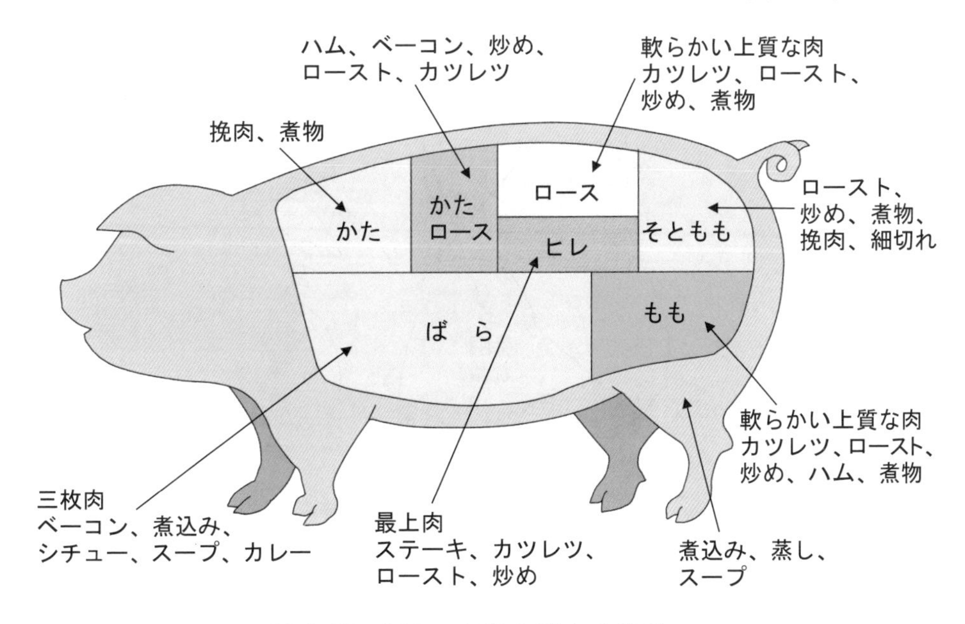

図 6.37　豚肉の部位と適する料理

食され、耳皮（ミミガー）は酢みそで和えて食する料理がある。もつ鍋にも用いられる。

3）鶏肉－紀元前 300 年～西暦 300 年に日本伝来

鶏の祖先は東南アジアの野鶏とされる。18 世紀以降に、改良されてコーチンやブラマなどのヨーロッパの肉用種の元祖となった。鶏肉は宗教的文化的な禁忌がないので、世界中で多様な料理で供されている。

鶏肉生産・消費の多くを占めるのは、アメリカで改良されたブロイラーである。フランスでは、ブレス、プレ・ノワール産の地鶏が有名で、近年では輸入されて日本のレストランでも賞味されている。日本で流通する食用の鶏は「若どり」「銘柄鶏」「地鶏」に分けられる。地鶏の定義は JAS で決められている。地鶏では、秋田県の比内地鶏、愛知県の名古屋コーチン、徳島県の阿波尾鶏、九州南部の薩摩地鶏などで、肉卵用種に改良されている。近年では、天草大王、江戸シャモ、奥久慈シャモなど有名である。

鶏肉の部位は、ムネ、モモ、ささみ、手羽、（先、中、元）などに分けられる（図 6.38）。臓物も、焼き鳥やテリーヌ、ワイン煮などで利用される。ささみは、低脂肪で高たんぱくであり、生食もできる。その際は、鮮度が高いものを用い、霜降りにして薄く切り、わさびしょうゆで食べる。もも肉は鶏肉のなかでは一番固い部位であるが、赤身でうま味成分も多くおいしい。

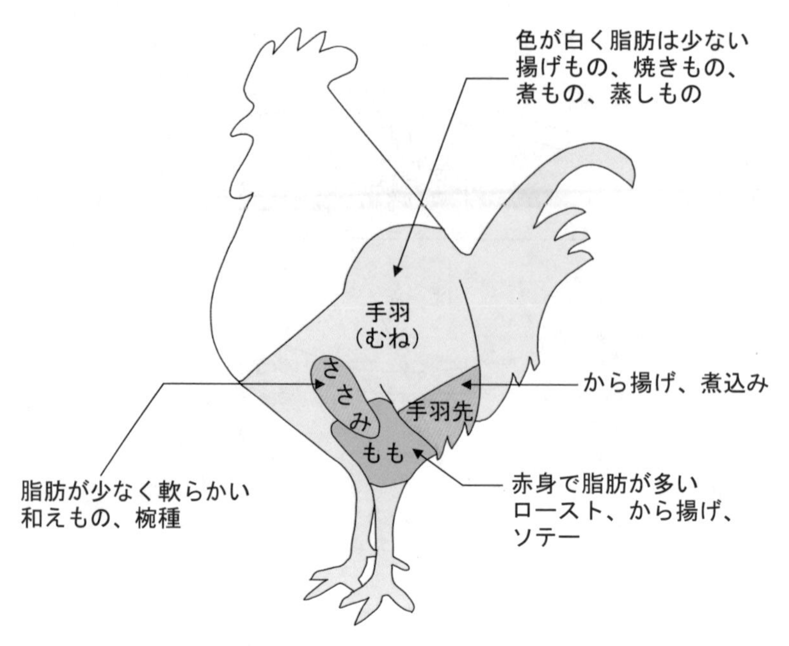

図 6.38　鶏肉の部位と適する料理

2.4 魚介類

魚介類の種類は非常に多く、特にわが国ではさまざまな種類の魚介類を食用*33としている。魚肉に含まれるたんぱく質の種類や含量は食肉とほぼ同様であるが、脂質には食肉に含まれない多価不飽和脂肪酸*34が含まれるため、健康維持には魚類の摂取が欠かせない。

(1) 種類と成分特性

1) 種類

魚の筋肉には魚肉特有の血合筋があり、回遊魚には血合筋が発達しているが、沿岸魚や底棲魚には血合筋はあまりみられない。まぐろ、かつおなどの遠洋回遊魚、いわしやさばなどの近海回遊魚は、皮の背が青いので青魚といったり、魚肉が赤みを帯びているため**赤身魚**（図 6.39）といったりする。赤身魚の赤い色は筋肉色素のミオグロビンによるもので、血合筋には血色素のヘモグロビンも多く含まれる。一方、たい、たら、ひらめなどは**白身魚**（図 6.39）とよばれ、これらの魚にはミオグロビンもヘモグロビンもあまり含まれない。さけやますなどは白身魚であるが、餌

＊33 食用にする魚介類の種類：日本で食用とされる魚介類は海水魚や淡水魚を始めとし、軟体動物のいか・たこ（頭足類）、二枚貝（斧足類）、さざえ・あわび（腹足類）、節足動物のえび・かに（甲殻類）、棘皮動物のなまこ、脊索動物のほや、刺胞動物のくらげなどである。

＊34 魚類に含まれる多価不飽和脂肪酸：魚類に含まれる多価不飽和脂肪酸の IPA や DHA は n-3 系脂肪酸（ω3 系脂肪酸）で生活習慣病の予防効果があるとされている。

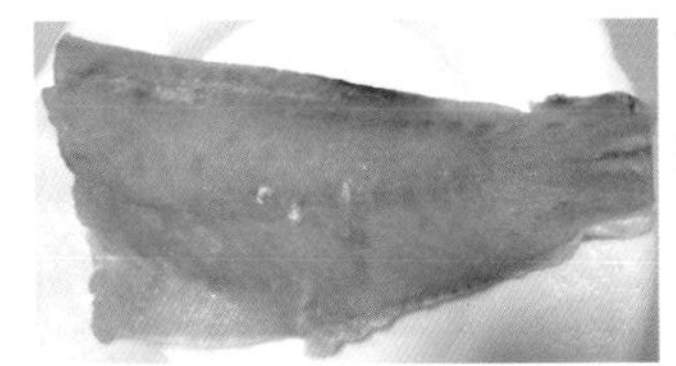

図 6.39　白身魚、赤身魚、青魚

となるおきあみやえび由来のカロチノイド系色素アスタキサンチン*35のために桃～紅色を呈している。

いかの胴部（外套膜）は2種類の筋組織層からなるが、外套膜の大部分を占めるのは体軸に対して環状に走行する環状筋層で、隣接する環状筋層は薄い放射状筋層に隔てられた構造になっている。いかを乾燥させたするめが縦には裂けず横に裂けやすいのはこのような筋肉構造によるものである。いか胴部の外皮は4枚の薄い皮が重なった構造をしていて、通常の皮むきでは1･2層目の皮が色素胞と一緒に取り除かれるが、3･4層目の皮は残っている。このうち3層目の皮は丁寧にはがせば取れるが、4層目の皮は筋肉部に密着しているのではがすことが困難である。この4層目の皮には、体軸方向にコラーゲン線維があり、体軸に垂直に走る環状筋線維とは直交している。いか肉の物性はこの外皮コラーゲン線維の影響が大きい（図 6.40）。内皮にも2層の皮がある。

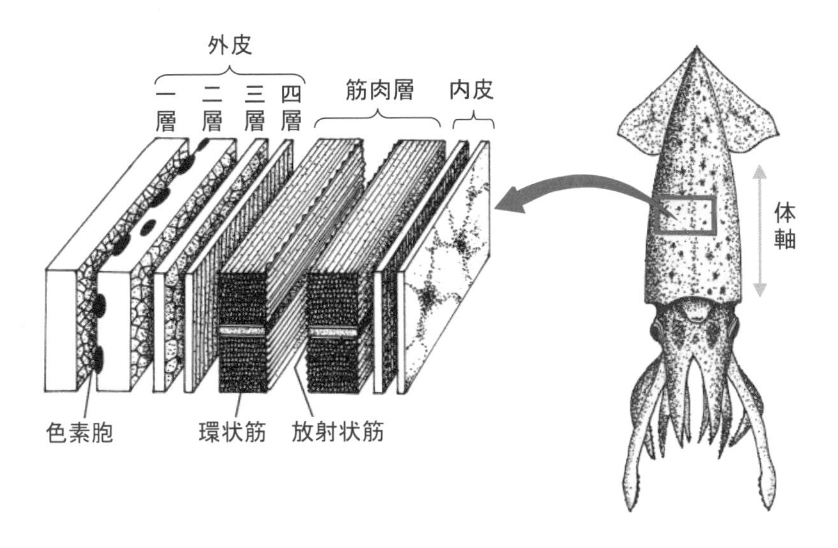

図 6.40　いか外套膜の筋肉構造

＊35 アスタキサンチン：アスタキサンチンは皮の赤い魚の色にも含まれる。甲殻類の殻にも含まれていて、加熱によって殻が赤くなるのはこのアスタキサンチンに結合しているたんぱく質が変性し、アスタシンになるためである。

2）成分

（i）たんぱく質（前項参照）

（ii）脂質

魚類の脂質含量は魚種や部位によって大きく異なり、腹側の部位の脂質含量は背側より多い。脂質含量は季節によっても変動が大きく、**旬**[*36]とよばれる産卵期またはその直前の時期には脂質含量が高くなる。また、養殖魚は天然魚より脂質含量が高いことが多い。魚類の脂質は不飽和脂肪酸が多いため融点が低く低温でも液状である。特に青魚にはイコサペンタエン酸（IPA、$C_{20:5}$）やドコサヘキサエン酸（DHA、$C_{22:6}$）といった魚類特有の多価不飽和脂肪酸が含まれる（**表 6.13**）。これらの脂肪酸は種々の機能性が注目されているが、酸化しやすいので調理においては注意が必要である。

表 6.13　魚の脂質含量とIPAおよびDHA（可食部100g当たり）

食品名	脂質含量 (g)	IPA (mg)	DHA (mg)
かつお（春どり）・生	0.5	24	88
かつお（秋どり）・生	6.2	400	970
くろまぐろ・赤身・生	1.4	27	120
くろまぐろ・脂身・生	27.5	1400	3200
まいわし・生	13.9	1200	1300
さんま・生	24.6	890	1700
真さば・生	12.1	500	700
まあじ・生	3.5	230	440
まこがれい・生	1.8	250	110
まだら・生	0.2	24	42

（iii）呈味成分

魚介類にはうま味をもつグルタミン酸や、甘みをもつグリシンやアラニンなどの遊離アミノ酸が多く含まれている。また、ATP（アデノシン三リン酸）の分解産物であるIMP（イノシン一リン酸、イノシン酸）はうま味をもち、グルタミン酸とイノシン酸によるうまみの相乗効果はよく知られている。この他、貝類に含まれるコハク酸もうま味をもつ。

＊36 魚の旬：魚の旬は産卵期前といわれるが、日本列島は南北に長く水温が異なるため産卵時期は地域によって異なっている。鰆は春という文字があり九州から瀬戸内、関西では3～5月が旬とされるが、関東地方では12～3月が旬とされる。回遊魚の場合、暖流の黒潮に乗って南から北上するものと、寒流である親潮に乗って北から南下するものがあり、同じ魚でも地域によって漁獲される時期が異なる。

3) 魚介類の死後変化

魚介類は食肉に比べ死後変化が非常に早いので、調理では鮮度を保つことが重要である。魚類の死後硬直は死後数時間のうちに始まり、魚体が小さいほど硬直の持続時間は短い。魚体の大きい魚は食肉と同様に死後硬直中は硬いので熟成させてから食用とする。死後硬直期が解けた（解硬）魚肉は、その後、魚肉中のたんぱく質分解酵素により自己消化が進み、やがて腐敗する。死後硬直は魚肉中の ATPが消失することよって始まるが、解硬後の魚肉には ATP の分解でうま味成分である IMPが生じている。刺身では、この IMP が生じたものが味がよいと好まれる場合もあるが、たいていの場合は、味だけではなく物性が重視されるので、硬直前か硬直中のものが活き*37がよいとして好まれる。

魚肉中での ATP の分解は図 6.41 に示した経路で進むが、IMP までの分解は速く、その後はゆっくりと進む。そこで、IMP 以降の分解物の量を鮮度の指標としたのが **K 値**である。

ATP → ADP → AMP → IMP → HxR → Hx

ATP：アデノシン三リン酸	ADP：アデノシン二リン酸
AMP：アデノシン一リン酸	IMP：イノシン一リン酸
HxR：イノシン	Hx：ヒポキサンチン

図 6.41　魚肉における ATP の分解経路

K 値(%)＝(HxR ＋ Hx)/(ATP ＋ ADP ＋ AMP ＋ IMP ＋ HxR ＋ Hx)×100

K 値が 20%以下であれば生食用としては良好とされ、40%以上なら加熱用として用いる（図 6.42）。

Ⅰ：即殺魚　Ⅱ：高級市販品　Ⅲ：大衆的市販品

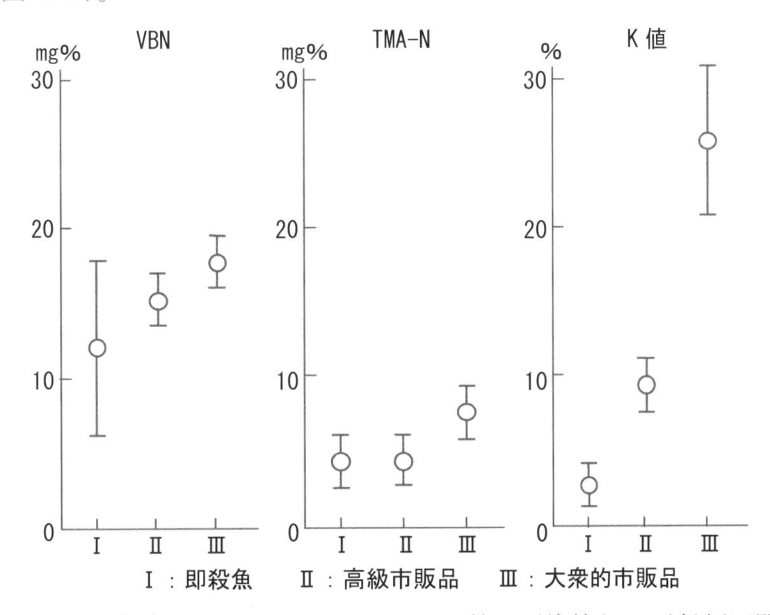

図 6.42　各種魚介類の VBN、TMA-N および K 値の平均値と 95%信頼区間[20]

この他、K値以外の生化学的指標として、トリメチルアミン（TMA）や揮発性塩基窒素（VBN）による鮮度判定法があるが、これらの値はK値に比べ初期の鮮度変化が分かりにくく新鮮さではなく腐敗程度の指標となる。トリメチルアミンは海産魚介類のうま味成分であるトリメチルアミンオキシドが表皮やエラなどに付着した細菌の作用によって還元されたもので魚臭成分の原因物質でもある。

感覚的な鮮度判定法として魚を外観で判定することができる。① 眼球の白黒がはっきりと澄んでいて、赤くなっていないもの、② エラが鮮紅色であるもの、③ 腹部が硬くしまり、肛門から汁が出ていないもの、④ 魚体全体が硬く、持ったとき尾が垂れ下がらないもの、などが新鮮魚の特徴である。

(2) 調理特性

1) 生食調理

刺身は新鮮な魚が手に入るわが国独特の調理法で、魚種により肉質が異なるので、それに応じた切り方をする。一般に赤身魚の生肉は軟らかく、白身魚の生肉は歯ごたえがある。そのため、軟らかい肉質をもつまぐろやかつおなどは角作りや平作りなど厚く切り、硬い肉質をもつひらめやふぐなどは薄作りやそぎ作りなど薄切りにする。いかは噛み切りにくいので糸作りにする。通常は歯ごたえを楽しむため体軸方向の細い糸作りにすることが多いが、体軸に直角に細く切るほうが噛み切りやすく軟らかい。

この他、魚肉表面にさっと熱湯をかけたり、焼いたりして表面のみに熱を加える霜ふりという操作がある。かつおのタタキはその代表例で、皮をつけたままの魚肉の表面を焦げ目がつくまであぶることで、加熱によって硬くなった魚肉表面の歯ごたえと内部の軟らかい肉質を同時に味わうことができ、加熱による香気も付与される。この他、たいの松皮作り（図 6.43）は、3枚におろした身の皮にだけ熱湯をかけて皮を縮れさせてからすぐに冷水で冷却したもので、皮の美しい色と食感を楽しむ料理である。また、**あらい**といって、硬直期に入っていないごく新鮮な魚肉を薄作りにして水や湯中で勢いよく振り洗いした刺身もある。身が縮んで独特

図 6.43　たいの松皮造り

＊37 生き締め： 生体のエネルギー物質であるATPは魚の致死条件によって変化し、魚が暴れたりするとATPは減少し、そのため漁獲方法で魚の鮮度は異なってくる。古くから行われてきた生き締めは、生きた魚を即殺することでATPの分解を抑え鮮度を保つ方法である。

の外観と歯ごたえのある食感となるが、これは筋肉中のATPが急激に水中に流出し、硬直と同じ状態になったためで、こいやすずき、はもなどで行われる。

2）汁物調理

新鮮な貝類や魚類はそのうま味をだし汁として利用して潮汁にする。はまぐりやたいの潮汁が代表的である。貝類は生きたものを使用し、水から加熱し貝の殻が開いたら加熱を止める。長く加熱すると身が硬くなってしまう。この他、椀種として魚肉を用いるときは、表面にでんぷんをまぶしてゆでたものを用いる（吉野魚、くずたたき）。つみれ汁は魚肉すり身を団子状にしてゆで、そのゆで汁をだし汁にするものである。魚介類を汁の身とする場合、こんぶを一緒に用いると魚のうま味成分イノシン酸とこんぶのうま味成分グルタミン酸の相乗効果によりうま味がさらに強くなる。

3）焼き魚

焼き魚は高温の乾熱調理であるため、うま味が凝縮され適度の焦げで香ばしい香りも生じる。加熱により皮が収縮し破れると外観が悪くなるので、皮に切り目を入れておくと破れることなく熱も通りやすい。鮮度のよい魚や白身魚は塩焼き、赤身魚やにおいが強い魚は照り焼きに適する。ムニエルは表面に小麦粉をまぶして油で香ばしく焼いたもので、バターを加えるとさらに香りがよくなる。表面にまぶした小麦粉が糊化して膜となるためうま味や栄養成分の流出を防いでくれる。加熱前に魚肉を牛乳に浸しておくと、生臭みが除去されるとともに、加熱時の香ばしさが増す。

4）煮魚

煮魚では浅鍋を用い、煮汁を少なくして加熱する。これは煮汁へのうま味の流出を防ぐためと、取り出すときの煮崩れを防ぐためである。落としぶたや紙ぶたをすると、少ない煮汁でも均一に味がつきやすい。

赤身魚の煮つけの場合は、生臭みを消すためにしょうがやみそを加えたりして煮る。しょうがはその香りで生臭みがマスキングされる。またみそはコロイド粒子がにおいを吸着するためと、みそ自体にも香りがあるので魚の生臭みを抑えることができる。一方、白身の魚の煮つけは、煮汁を薄めにつくり煮詰めず、魚の味を損なわないように煮る。皿に魚とともに煮汁をかけ、味が足りない場合はその煮汁をつけながら食べる。

煮汁を沸騰させてから魚を加えるのは水溶性たんぱく質の溶出を防ぐためであるが、生臭みを抑えるためにも有効である。

(3) 調理操作による嗜好性・物性・組織の変化

1) 食塩添加による変化

焼き魚において魚肉に1.5%の食塩を振りかけると、浸透作用によって魚肉から水分が浸出して魚肉がしまる。また、筋原線維たんぱく質が溶解し肉の保水性が増すので、加熱による重量減少が抑えられる。このとき、浸出してきた水分には魚臭成分のトリメチルアミンが含まれるので、これを取り除くと生臭味を軽減することができる。

魚肉に2～3%の食塩を加えてすりつぶすと、粘りのあるペースト状のすり身になる。これは筋原線維たんぱく質のアクチンとミオシンが溶解し、互いに絡まり合ってアクトミオシンを形成したものである。アクトミオシンは網目構造をもつため、このすり身を加熱すると特有の弾力のある魚肉練り製品となる。すり身にしたときのペーストになりやすさをすわりといい、加熱後の弾力をあしという。魚種によってすり身*38の特徴は異なる。

魚肉に10%の塩を表面が白くなるようにまぶす（べた塩）と、脱水して、たんぱく質は凝集し生とは異なるテクスチャーが形成される（しめさば、塩鮭など）。たんぱく質が不溶化するため塩抜きしても肉質はもとに戻らない。

2) 加熱による変化

魚肉は加熱により凝固して硬くなるが、食肉のような硬さはない。これは、魚肉のたんぱく質の組成や筋肉構造の特徴による。

魚肉たんぱく質の熱変性温度は食肉より比較的低く、加熱により最初に変性するのは結合組織の筋基質たんぱく質で、コラーゲンはおよそ40℃くらいから収縮を始め、その後ゼラチン化して溶解する。皮をつけたまま調理する煮魚では皮から煮汁に溶出したコラーゲンが冷めてゼリー状に固まった煮こごりができる。また、筋隔膜の結合組織もゼラチン化するので加熱した魚肉は筋節単位ではがれや身割れが起こりやすい。

筋原線維たんぱく質の変性温度は筋形質たんぱく質より低く、約50℃で凝固収縮し、65℃程度になると筋形質たんぱく質も凝固する。このように各々のたんぱく質は変性温度が異なるため、加熱調理では始めに高温で急速に魚肉表面を変性させるようにする。温度上昇が緩慢な場合、魚肉表面に豆腐状の凝固物が観察されることがある。これは凝固収縮した筋原線維たんぱく質の間から流出した筋形質たんぱく質が魚肉表面で凝固したものである（図6.44）。

＊38 魚の種類とすり身の特徴：つみれ汁によく用いられるいわしはすわりやすいが足の弱い魚である。かまぼこによく用いられるあじやえそはすわりやすく足の強い魚である。

筋形質たんぱく質は筋原線維たんぱく質の隙間を埋め、加熱により筋原線維を接着するように凝固するため筋形質たんぱく質の含有量が多い魚は加熱により硬くしまり崩れにくくなる。加熱した魚肉の硬さの違いはこの筋形質たんぱく質の含量に影響される（図 6. 45）。かつお節はかつおのこのような性質を利用したものである。白身魚は加熱しても魚肉は硬くならずほぐれやすいので、でんぶ*39作りに向いている。

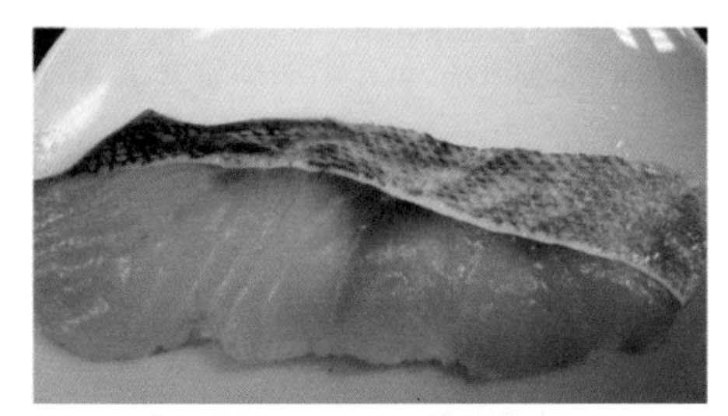

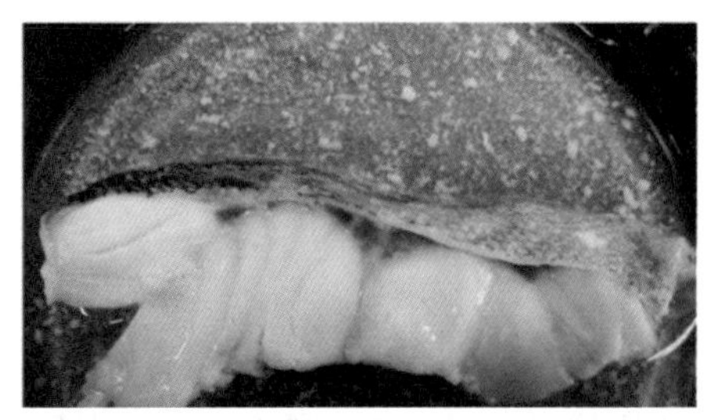

時間をかけて蒸し加熱した場合、水溶性たんぱく質により汁が白く濁り、白い凝固物がみられる。

図 6. 44　生だらと弱火で加熱したたら

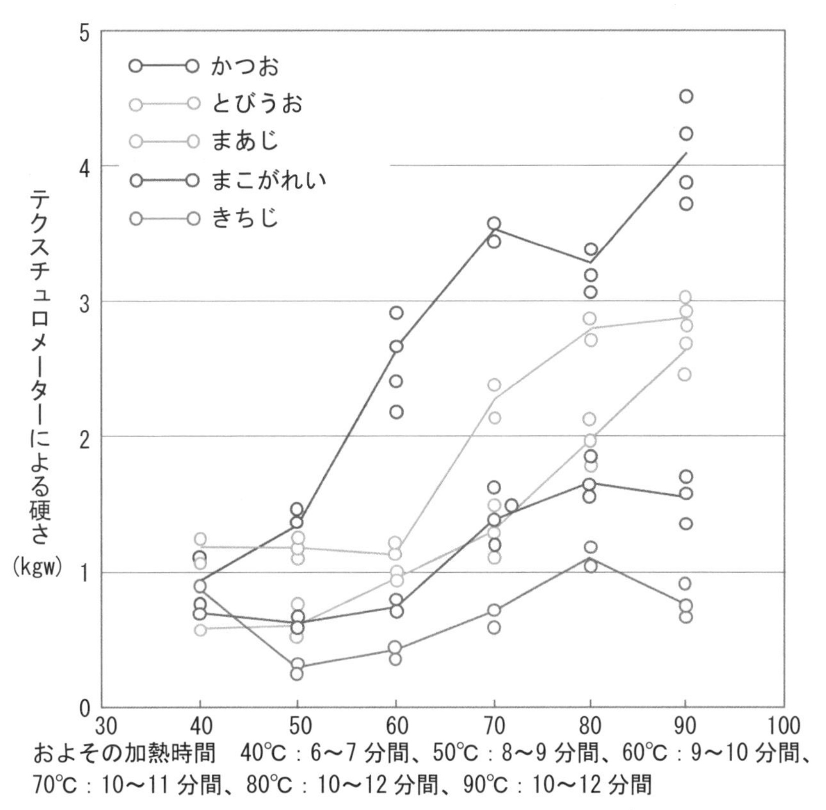

およその加熱時間　40℃：6〜7 分間、50℃：8〜9 分間、60℃：9〜10 分間、70℃：10〜11 分間、80℃：10〜12 分間、90℃：10〜12 分間

図 6. 45　加熱による魚肉の硬さの変化[21]

＊39 桜でんぶ：でんぶとは、魚肉をゆでてほぐした身を水中で洗い、湯煎などで加熱しながら調味したものである。たいやたらなどの白身魚を使用したものに食紅で薄紅色に着色したでんぶは桜でんぶといい、ちらし寿司などに用いられる。

いかは前述（p. 179）のように表皮4層目のコラーゲン線維は強靭で体軸方向に走っている。加熱するとこれが体軸方向に強く収縮するので、表面を内側にして縦方向に丸まってしまう。また、内臓側にも薄い2枚の皮があり加熱により弱く収縮する。この性質は飾り切りに利用され、いか肉は表に切り目を入れると裏側に丸まり、裏側に切り目を入れる表側に強く丸まる。華やかな飾り切りを好む中国料理では裏側に切り目を入れるが、天ぷらなどで丸まらないようにかくし包丁*40を入れる場合は表側に切り目を入れる。また、体軸方向に長い長方形に切り出すと丸まりやすい（**図6. 46～図6. 49**）。

いか肉を長時間加熱すると、コラーゲンはゼラチン化するが環状筋の筋線維が加熱によって大きく凝縮するので、加熱したいか肉は魚肉より硬く感じられる。

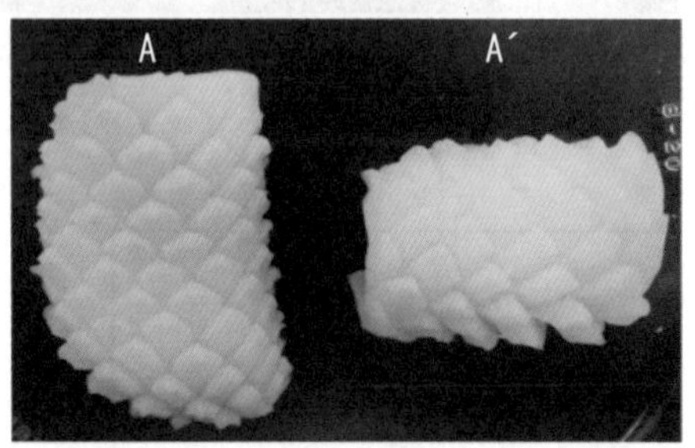

A ：表側（外皮側）に斜め格子に切り目を入れた。裏側への収縮は小さい。
A´：裏側（内蔵側）に斜め格子に切り目を入れた。表側に大きく収縮している。

図6. 46　いかの飾り切り　松笠いか

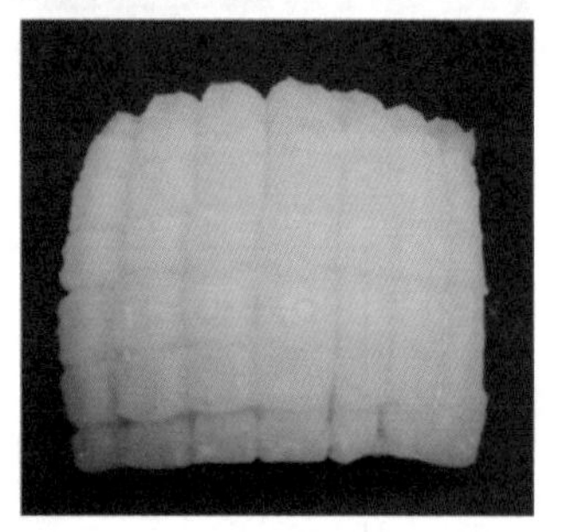

図6. 47　いかの飾り切り　鹿の子いか

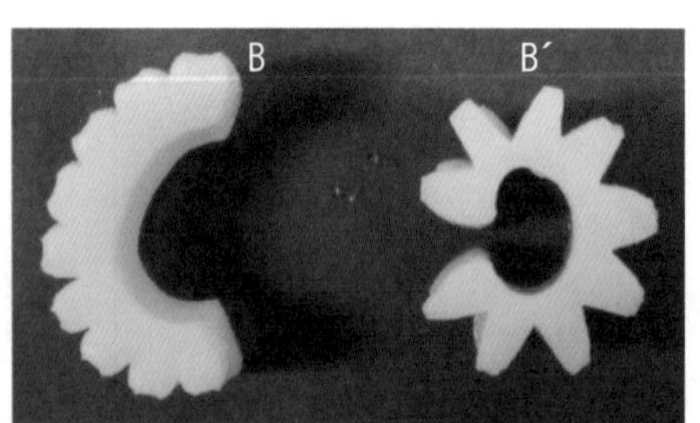

いかを適当な大きさの長方形に切り、包丁を直角に縦に5㎜幅程度に切り込みを入れ、その後、横に1㎝位の幅に切り落とし、ゆでる。
B ：表側（外皮側）に切り込みを入れると内側（内臓側）に収縮する。
B´：内側（内臓側）に切り込みを入れると表側（外皮側）に強く収縮する。
（切り込みの深さは同程度である。）

図6. 48　いかの飾り切り　歯車いか

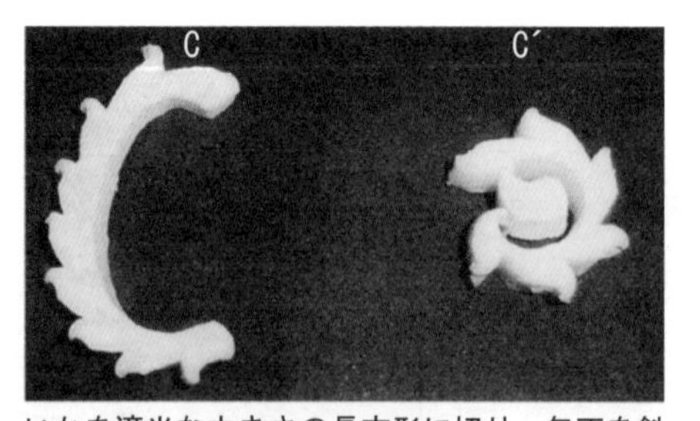

いかを適当な大きさの長方形に切り、包丁を斜めにして横に1㎝幅程度に切り込みを入れ、その後、縦に5㎜位の幅に切り落とし、ゆでる。
C ：表側（外皮側）に切り込みを入れると内側（内臓側）に収縮する。
C´：内側（内臓側）に切り込みを入れると表側（外皮側）に強く収縮する。
（切り込みの深さは同程度である。）

図6. 49　いかの飾り切り　唐草いか

*40 **飾り切りやかくし包丁の効果**：飾り切りや隠し包丁には外観をよくするだけでなく、いかをかみ切りやすくする、味をからまりやすくする、箸でつかむとき滑らずつかみやすくするなどの効果がある。いかをかみ切りやすくするためには、生食調理でも加熱調理でも、コラーゲン線維に切り目を入れるのがよい。

3) みそ漬け、粕漬け、糠漬けによる変化

魚肉をみそ漬けや粕漬け、糠漬けにすることは古くから行われてきた。みそ漬けの場合、漬け込み当初は塩分による脱水で魚肉は硬くなるが、しだいに軟らかくなってくる。これはみそに含まれるたんぱく質分解酵素のはたらきによるものである。また、たんぱく質の分解によってアミノ酸が増加し、さらに味噌の糖分や風味も移行してくる。粕や糠にもたんぱく質分解酵素が含まれるため、同様に魚肉は軟化し風味が増す。

(4) 調理による栄養価・機能性の変化

1) 酸による生臭みの抑制と保存性向上、骨の軟化

魚肉は食酢に浸すと含まれる酸により魚臭成分のトリメチルアミンが中和され生臭味が軽減されるとともに、酸による殺菌効果のため保存性が向上する。しめさばでは、はじめに食塩で身をしめることにより、食酢に浸したときに魚肉が膨潤せず硬くしまった肉質となり、鮮度低下が早く身が軟らかくなりやすいさばにあった調理法である。また、食酢浸漬中には魚肉中の酸性プロテアーゼのはたらきでうま味も増してくる。

この他、小魚を高温で揚げたあと調味酢に浸けた南蛮漬けやエスカベーシュでは、酢に漬ける時間が長くなるほど骨が軟らかくなり丸ごと食べることができるようになる（図 6.50）。

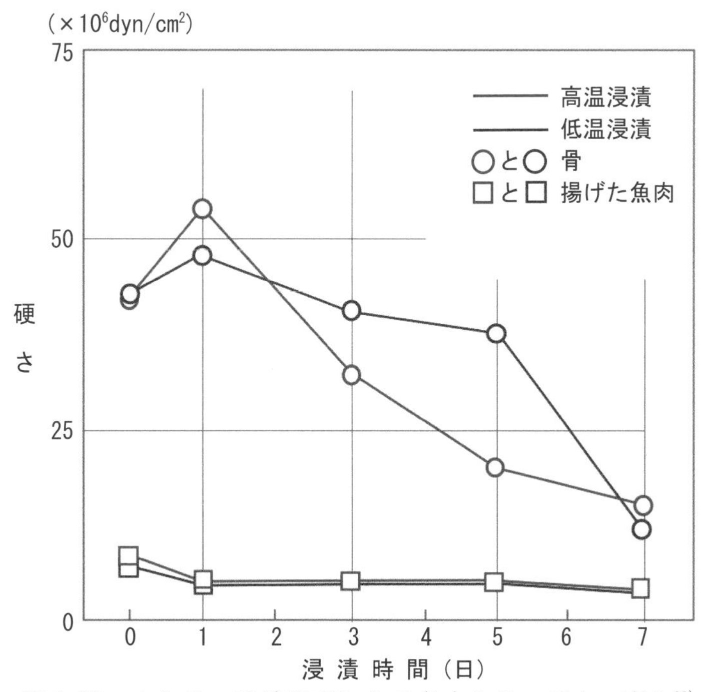

図 6.50　まあじの酢漬処理による魚肉と骨の硬さの変化[22)]

2.5 卵類

食用とされる卵類には、ニワトリの他に、ウズラ、アヒルなどがあるが、日本で消費量が多いのはニワトリである。鶏卵は、栄養価が高く、消化吸収もよく、安価であり、熱凝固性、希釈性、起泡性、乳化性などの多様な調理特性を有している。鶏インフルエンザの影響で、鶏卵の消費は低下傾向にあるが、良質な動物性たんぱく質源であり利用範囲が広い。市販されている卵のほとんどは未受精卵である。

(1) 鶏卵の構造

卵の重量は、鶏の品種、月齢、飼料、季節などが影響する。JAS 規格では、卵重により、6 区分に分けている（表 6.14）。その重量比は、卵殻 8～12%、卵白 56～62%、卵黄 27～31%である。この構成比は、卵の大きさ、鶏の品種、飼育条件、産卵率、貯蔵などによって異なる。卵重が大きいほど、卵白の割合は高くなる。

殻付卵の構造を模式図で示した（図 6.51）。卵は、卵黄を卵白が包み、さらに卵白を卵殻膜が包んで、全体を卵殻が包んでいる。卵殻部は、クチクラ、卵殻、卵殻膜、卵白部は外水様卵白、濃厚卵白、内水様卵白、カラザ、カラザ層、卵黄部は卵黄、胚から構成される。

表 6.14　卵重の区分

区 分	色分け	卵重(g)
LL	赤	70～76
L	橙	64～70
M	緑	58～64
MS	青	52～58
S	紫	46～52
SS	茶	40～46

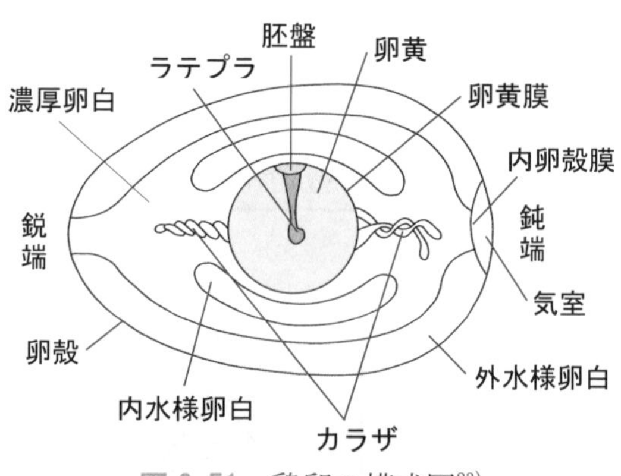

図 6.51　鶏卵の模式図[23]

1)　卵白部（egg albumen）

卵白は水様卵白（外水様、内水様）、濃厚卵白、カラザおよびカラザ層からなる。卵白の約 50%が濃厚卵白、約 25%が内水様卵白、約 25%が外水様卵白である。濃厚卵白は、割卵した際に卵黄を取り囲んで高く盛り上がる粘度の高いゲルであり、卵の鮮度低下に伴い、濃厚卵白のゲル構造は崩れて水様卵白になる。

2) 卵黄部

卵黄膜、胚盤、卵黄からなる。卵黄の主たる構成成分の卵黄球は元来球状であるが、卵黄膜の中で緊密に充填されて多面形を示す（図 6.52）。その内部には、リポ

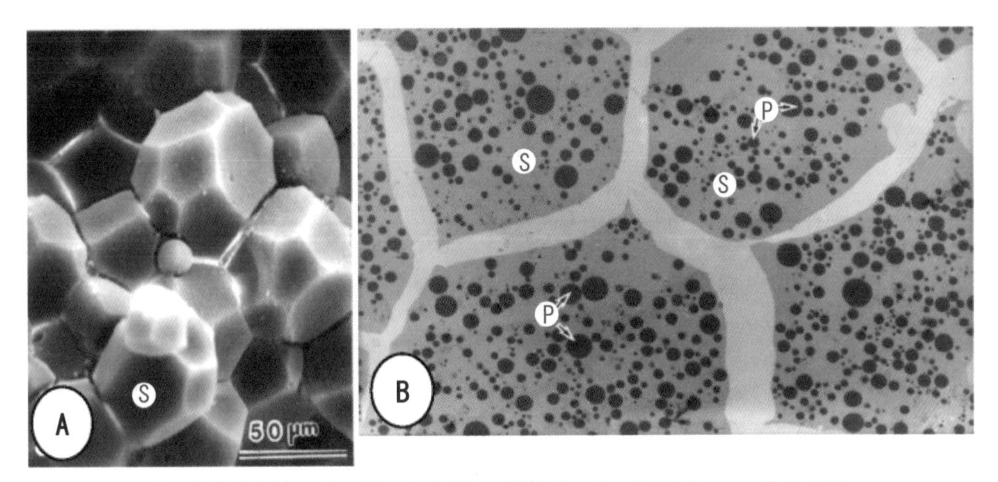

A：卵黄外層部　B：卵黄外層部の卵黄球　S：卵黄球　p：濃染顆粒

図 6.52　新鮮生卵黄の組織構造（液体窒素による凍結割断法）[24)]

たんぱく質の濃く染まった顆粒がみられる。

(2) 成分特性

鶏卵の可食部（全卵、卵白、卵黄およびゆで卵の全卵、卵白、卵黄）の成分を、日本標準食品成分表2015（七訂）から示した（表 6.15）。

表 6.15　鶏卵の全卵、卵白、卵黄の成分値

可食部 100 g 当たり

食品名		エネルギー Kcal	エネルギー kJ	水分 (g)	たんぱく質 (g)	脂質 (g)	炭水化物 (g)	ナトリウム (mg)	カリウム (mg)	カルシウム (mg)
鶏卵類	全卵 生	151	632	76.1	12.3	10.3	0.3	140	130	51
	卵黄 生	387	1,619	48.2	16.5	33.5	0.1	48	87	150
	卵白 生	47	197	88.4	10.5	Tr	0.4	180	140	6
	全卵 ゆで	151	632	75.8	12.9	10.0	0.3	130	130	51
	卵黄 ゆで	386	1,615	48.0	16.7	33.3	0.2	46	90	150
	卵白 ゆで	50	209	87.6	11.3	Tr	0.4	170	140	7

食品名		リン (mg)	鉄 (mg)	銅 (mg)	ビタミンA レチノール (μg)	ビタミンA レチノール当量 (μg)	ビタミンD (mg)	ビタミンB1 (mg)	ビタミンB2 (mg)	ナイアシン (mg)	ビタミンC (mg)
鶏卵類	全卵 生	180	1.8	0.08	140	150	1.8	0.06	0.43	0.1	0
	卵黄 生	570	6.0	0.20	470	480	5.9	0.21	0.52	0	0
	卵白 生	11	0	0.02	0	0	0	0	0.39	0.1	0
	全卵 ゆで	180	1.8	0.08	130	140	1.8	0.06	0.40	0.1	0
	卵黄 ゆで	570	5.9	0.22	440	450	5.9	0.19	0.51	0	0
	卵白 ゆで	11	0	0.02	0	0	0	0.01	0.35	0.1	0

1） たんぱく質

卵のたんぱく質は、非常にバランスのよい理想的なアミノ酸組成となっているので、食品たんぱく質の栄養価の基準となっている。全卵たんぱくの**アミノ酸価**は100であり、また主要な食物たんぱく質のなかで、最も高い消化率を示す。

卵白は約10%のたんぱく質を含み、残りのほとんどは水である。**表6.16**に卵白たんぱく質の種類と性質を示した。構成たんぱく質の大部分は水溶性の球状たんぱく質であり、その多くは糖鎖を結合する。リゾチームなどいくつかのたんぱく質は抗菌活性をもち、その他にもオボインヒビターなどプロテアーゼインヒビターをもつたんぱく質が含まれ、卵の保存性に寄与している。水様卵白と濃厚卵白は基本的に同じたんぱく質で、リゾチームと相互作用して、卵白のゲル構造に寄与している。水様卵白は可溶型オボムチン、濃厚卵白は可溶型と不溶型オボムチンから構成されている。濃厚卵白と水様卵白のゲル構造の違いは、含まれるオボムチンの性質の違いに由来すると考えられる。

卵黄は約50%の水分、約17%のたんぱく質、約30%の脂質からなる。卵黄のたんぱく質は、脂質と結合したリポたんぱく質が主成分で、卵黄固形分のほとんどを占め、水中油滴型のエマルションを形成している。なお、卵黄中に抗菌性たんぱく質は含まれず、微生物による腐敗を生じやすい。

表6.16　卵白たんぱく質の種類と性質

たんぱく質の種類	含量(%)	性　　質
オボアルブミン	54.0	熱凝固、リン糖たんぱく質
オボトランスフェリン	12.0〜13.0	鉄、鋼などを結合し静菌作用・抗菌作用、起泡性
オボムコイド	11.0	トリプシン阻害・アレルゲン物質
オボグロブリン	8.0	起泡性
リゾチーム	3.4〜3.5	抗菌作用
オボムチン	2.0〜4.0	卵白と卵黄膜のゲル状構造の保持、泡の安定性
オボインヒビター	0.1〜1.5	トリプシン、キモトリプシン阻害
アビジン	0.05	ビオチンと結合

2） 脂質

卵白中に脂質は微量で、卵黄にほとんどの脂質が含まれる。卵黄の脂質には、トリアシルグリセロール（中性脂肪）が約62〜63%、リン脂質が約33%、コレステロールが約4%、微量のカロテノイドから構成される。カロテノイドは色素成分でもある。

中性脂肪にはオレイン酸、パルミチン酸、リノール酸が含まれている。リン脂質は乳化作用があり、細胞膜の働きで重要な役割を果たしている。リン脂質で最も多いホスファチジルコリン（レシチン）は、脳の発達や機能の維持、肝臓機能の改善、がんの予防に効果があるといわれているコリンの供給源としても重要である。

鶏卵は約4%のコレステロールを含むが、鶏卵の摂取が血清コレステロール濃度を上昇させるかどうかは、一定した結果が得られていない。1日2個以内の摂取が適当であると考えられる。脂質異常症の人は食べる量に注意が必要である。

給与飼料により総脂質含量は変動しないが、中性脂質とリン脂質は変動する。

3）ミネラル

卵は、鉄、リン、亜鉛、銅の良好な供給源であり、卵黄に多い。また、卵殻に含まれる卵殻カルシウムは、消化吸収がよく、食品添加物のカルシウムとして利用されている。

(3) 品質と鮮度判定

日本の卵用鶏種は、白色レグホーン種鶏が主流で、この鶏種は産卵数も多く、加齢による影響も少なく、卵形もほぼ一定である。その卵の卵殻は白色であるが、それ以外の鶏の卵殻色には、褐色（茶玉、赤玉卵）やピンク色がある。

卵黄の色は、卵の品質評価に影響するので、ロッシュ社製のヨーク・カラーファンが使用される。栄養強化した鶏卵では、卵黄の色を高める成分を飼料に添加されていることが多く、卵黄の色は濃くなっている。

鶏卵では、市販する場合は食品衛生法施行規則および生鮮食品品質表示基準に基づき、名称、原産地、生食用であるかないかの別、賞味期限、採卵した施設または選別包装した施設の所在地、保存方法、飲食に供する際に加熱を要するかどうかを表示するものとしている。

賞味期限は常温の流通・保存後、家庭での冷蔵保存で1週間とされているが、これは生食用の場合である。

1）鮮度判定

卵を割らない場合には、卵殻がざらざらしていることが新鮮であるとされている。近年では洗卵後、市場に出ているものが多く、判定が難しいときがある。表6.17に鮮度判定法を示した。

卵白による判定で最も広く用いられるのは、**ハウ・ユニット**（Haugh unit：HU）である。ハウ・ユニットは、卵重で補正した卵白の高さから求めた値で、生食が可能かどうかの判定は、60以上とされている。

卵白係数は、鮮度低下により濃厚卵白が減少するのを利用し、平板に卵白をのせ、濃厚卵白の高さと平均直径を測定し、その比率を算出する。

表 6.17　卵の鮮度判定法[25]

検査法	手法名	方法	新鮮卵の目安	古い卵
透過検査	透光法	透過する光により、気室、卵黄位置、血斑、肉斑などをみる。	気室が小さい。	内部の水分や二酸化炭素が蒸発し大きくなる。
比重検査	比重法	15℃、11%食塩水（比重1.081、15℃）か、11.1%食塩水（比重1.089）をつくり入れる。	新鮮卵の比重は1.08～1.09であるので、横になり沈む。	内部の水分や二酸化炭素が蒸発し軽くなり浮いてくる。
割卵検査	卵黄係数	平板に卵黄をのせ、直径と高さを測定し、その比率を算出する。	0.36～0.44	卵黄膜が弱くなることにより、高さが低くなり最後には膜が破損する。
	卵白係数	平板に卵白をのせ、濃厚卵白の高さと平均直径を測定し、その比率を算出する。	0.14～0.17	濃厚卵白が水溶化し、卵白係数も小さくなる。
	濃厚卵白率	全卵白に対する濃厚卵白の重量百分率で計算する。	60%程度	比率が下がる。
	ハウユニット（HU）	国際的な評価方法で、H（濃厚卵白の高さ、mm）、W（卵重、g）を用い、$HU = 100 \times \log(H - 1.7W^{0.37} + 7.6)$で計算する。	72以上を等級AA、60以上を等級Aとしている。	重量、濃厚卵白の高さも減少し、値が小さくなる。32以上を等級Bとする。
	卵白pH	pHメーターで測定する。	7.0～7.5	産卵1日以降から、卵内の二酸化炭素の散逸に伴い、急激にpHが上昇する。市販品では、卵白のpHは8.5～9.3を示すものが多い。
	卵黄pH	pHメーターで測定する。	6.0	6.8（変化は少ない。）

卵黄の鮮度判定は、卵黄膜の強度と卵黄の高さを判定する**卵黄係数**を用いる。浸透膜である卵黄膜は、鮮度低下で卵白と卵黄の水分移行などにより、カラザ層の脆弱化、卵黄の膨化とともに、脆弱化してくるので、割卵の際に卵黄が壊れる場合は、古くなっている場合が多い。

鮮度低下は卵黄より卵白のほうが分かりやすいので卵白による係数を用いることが多い。鮮度に大きく影響するのは、保存温度で、冷蔵庫では2カ月以上でもいずれの値も低下は少ないが、25℃では、20日間で大きく低下する。

(4) 調理による嗜好性・組織・物性変化

鶏卵は、流動性、希釈性、熱凝固性、起泡性、乳化性などの多種多様な調理特性をもっており、家庭から食品企業まで広く利用される。

1) 流動性、粘性、希釈性

鶏卵は、生の状態では水を分散媒としたコロイド溶液で流動性があり、そのままあるいは、他の食材と混合して使用しやすい。卵かけごはん、すきやきのつけ卵などである。混合してから加熱すると、卵はつなぎの役割をする。卵とじ、ハンバーグステーキ、天ぷらやフライの衣などに使われる。

また、生卵は、出し汁や牛乳で任意の濃度に希釈することができる。オムレツ、卵豆腐、カスタードプディング、茶わん蒸しなどである（表6.18）。

表 6.18　希釈性を利用した料理

料　理　名	卵液濃度（%）	卵に対する希釈度	希　釈　液
オムレツ	65～75	0.3～0.5	牛乳
スクランブルエッグ	65～75	0.3～0.5	牛乳
カスタードプディング	25～33	2.5～3.0	牛乳
軟らかプリン	18～25	4.0～6.0	牛乳・生クリーム
炒り卵	66～77	0.3～0.5	だし汁
厚焼き卵	65～75	0.3～0.5	だし汁
卵豆腐	30～50	1.0～1.5	だし汁
茶わん蒸し	20～25	3.0～4.0	だし汁

希釈性の調理例：カスタードプディング（Custard pudding、Crèe caramel）

卵の希釈性・加熱凝固性を利用しているカスタードプディングは、卵に対して、牛乳は2～3倍、砂糖は、卵と牛乳の15%程度を加えて加熱する。加熱温度は、蒸し器（85～90 ℃）およびスチームコンベクションオーブン（90～100 ℃）を用い、オーブン使用の場合は、湯を張った天板に容器を並べて、160～170 ℃で加熱する。

2) 凝固性

(ⅰ) 熱による凝固

卵白および卵黄は加熱により凝固する。凝固温度が異なる種々のたんぱく質から構成されているので、凝固温度の幅が広いが、卵黄は65～70 ℃で凝固し、卵白は60 ℃前後から凝固し始めるが70 ℃ではゾル状態で、硬く凝固するには80 ℃以上の温度が必要である。この凝固温度の違いを利用して、65～68 ℃で約30分の加熱で作った**温泉卵**は、卵黄はほぼ凝固し卵白はゾル状である。また、70 ℃で15分加熱の卵は、卵白、卵黄ともに半熟である。

固ゆで卵は、沸騰後12～15分を目途とするが、ゆでる量が多い場合は凝固温度から沸騰までの時間が長くなり、凝固が進んでしまう。卵を加熱しすぎると、卵白の含硫アミノ酸の分解により、硫化水素が温度の低い中央部に移動し、卵黄の鉄と反応して硫化鉄ができ、卵黄表面が暗緑色になる。加熱後すぐ、水につけると、硫化水素が水に溶出し硫化鉄の生成を抑えるとともに、殻がむきやすくなる。

ポーチエッグを作るときに湯の1％の塩と3%の酢を入れるのは、味をつけるため(塩) と、凝固を促進させるためである。酢を入れるとpHが酸性になり、卵白の等電点に近くなり凝固しやすくなる。ゆで卵のゆで水に塩や酢を入れるのも同じ理由である。

(ⅱ) 希釈卵液のゲル化

たんぱく質の熱変性では、疎水基同士で会合してミセル結合ができる。このときたんぱく質が部分変性して、水の間隙を囲いながら、流動性を失って固まったものをゲルとよぶ。

茶わん蒸しや**カスタードプディング**では、食塩やだしの Na^{+}、牛乳の Ca^{2+} や Mg^{2+} は分子間の会合・結合を促進してゲル形成を促進する。卵にだしや塩を加えて加熱する卵豆腐や茶わん蒸しと、卵に牛乳を加えて加熱するプディングの加熱後のゲルの硬さを比較すると、塩（0.8%）を入れた茶わん蒸しより、牛乳（卵と同量）を入れたカスタードプディングのゲルのほうが硬かった。この違いは Na^{+} と、Ca^{2+} の影響もあるが、牛乳の場合は含まれるその他の塩類やたんぱく質が凝固して硬さが増すことも考えられる。

一方、砂糖の添加は、砂糖が卵アルブミン分子に結びつき、凝固が起こる前の分子の変形を妨げるために、やわらかいゲルが形成される。

すだちは、卵液中の微細な気泡が加熱により大きくなり、周囲のたんぱく質が凝固すると生ずる。卵液を濾して気泡を除き、加熱温度を90 ℃以下にすると防ぐことができる。その際、温度上昇速度が遅いと、なめらかなゲルとなり、温度上昇が早いと、ゲルの網目の水分が蒸発して空間ができ、すだちになる。

(ⅲ) 塩・アルカリによる凝固

中国の代表する卵の保存食に、アルカリや塩類に殻ごと長時間漬けこむことにより、卵たんぱく質を凝固させたものがある。**ピータン**（皮蛋)、糟蛋（酒粕漬け卵)、鹹蛋（塩漬け卵）で、鶏卵よりアヒルの卵を用いることが多い。皮蛋は炭酸水素ナトリウムや生石灰などを含む草木灰で覆って保存し、アルカリ成分が卵の内部に浸透して固まる。現在では、浸漬法により、ワラなどで覆われていないものも多い。

3) 起泡性

卵黄および卵白を撹拌すると空気を抱き込み、泡立つという特性があり、特に卵白が強い。卵白中のたんぱく質の膜が気泡を包むことによって起こる。卵白の起泡性はメレンゲ、スポンジケーキ、マシュマロ、マカロン、ムース、ババロア、泡雪羹、フリッターの衣などに利用される。泡立ち性に及ぼす添加物、温度、新古の影響について表6.19に示した。

表6.19　卵白の泡立ち性に及ぼす添加物・温度・新古の影響[26)]

	起泡性	安定性	理　　由
砂糖	△	○	砂糖は粘性がでるため、泡立ちにくくするが、安定性はある。軽く泡立ててから2、3回に分けて加える。
レモン汁・酒石酸	○	○	卵白のpHは7.5～8である。これらを添加してpHを弱酸性にすると等電点(卵白の等電点：4.8)に近づき、不安定になるので表面変性しやすくなる。
油脂	×	×	疎水性の油脂は卵白の表面変性を阻止する。
牛乳・卵黄	△	△	これらの油脂は水中油滴型で存在するので、油脂ほど阻止されない。
温度(30～40℃)	○	×	30～40℃くらいでは表面張力や粘度が下がるので泡立てやすいがもろい。低温の卵は泡立てにくいが、安定性やつやはよい。
古い卵	○	×	濃厚卵白が減少するので、泡立ちは速いが不安定である。
新鮮な卵	△	○	濃厚卵白が多いので、泡立てにくいが、安定である。

全卵を用いる場合は、卵白のみより泡立てる時間が多く必要であるので、湯煎にするなど、少し温度を高くするとよい。低温で泡立てると時間はかかるが、安定性のよい泡*41が得られる。この全卵を用いる方法を共立て（ともだて）法とよび、卵白のみを泡立てる方法を別立て（べつだて）法とよぶ。卵黄と卵白の割合が泡立ち性に影響する。共立て法の場合は卵黄34%の割合が良好で、この割合は、卵黄と卵白の重量比率に一致している。卵黄の割合が多い方が体積の大きなケーキを得ることができると考えられる。また、砂糖は、卵白の粘性を増加させ、泡立ちにくくさせるが、安定性を高め、泡のきめが細かく均一な泡が得られる。砂糖の配合量が多ければ、全卵の泡がしっかりしているために、小麦粉を入れても安定した生地を保ち、スポンジケーキの容積は大きくなる。

泡立ちが悪い場合や、十分な泡が必要なメレンゲなどの場合は、クリームタータ（酒石酸カリウム）、レモン汁、クエン酸などの酸性物質を加えると、pHが下がることにより、泡立ちの促進と泡を硬くする効果がある。

4）乳化性

卵黄自体が水中油滴型のエマルションである。卵黄中にはリン脂質であるレシチ

＊41 **泡の安定性**：泡の分離液量で判定。

ンが存在し、これはたんぱく質と結合してレシトプロテインとして存在している。レシチンは親水性の高い乳化剤である。この乳化力を利用したものがマヨネーズである。卵黄にあらかじめ、塩、からしを入れておくと乳化しやすくなり、少量の酢を入れておくと、粘度がさがり混ぜやすくなる。オランデーズソース*42や黄身酢などにも使用される。

5）つやの付与

クッキー、パイ、パンや焼き物の表面に卵液を塗って加熱すると、つやのある被膜ができる。卵黄製品（炒り卵、鶏卵そうめんなど）を加熱後放置すると光沢がよくなる。これらは、加熱により卵黄からの脂肪が表面に滲出してつやよくみえるためである。

2.6 牛乳・乳製品

牛乳は、成分調整牛乳、加工乳、乳飲料などの他に、各種乳製品に加工され、粉乳類、練乳類、クリーム類、発酵乳・乳酸菌飲料、チーズ類、アイスクリーム類、バターなどの種類がある。わが国で牛乳・乳製品の利用が一般的になったのは明治時代以降であるが、日本人の食生活に不足しがちなカルシウムが豊富に含まれることから、調理にも積極的に利用したい食品である。代表的な牛乳・乳製品の成分を表6.20に示す。

表6.20　牛乳・乳製品の主要成分（可食部100 gあたり）

食　品　名	水分(g)	たんぱく質(g)	脂質(g)	炭水化物(g)	カルシウム(mg)	レチノール(μg)
普通牛乳	87.4	3.3	3.8	4.8	110	38
クリーム・乳脂肪	49.5	2.0	45.0	3.1	60	380
ヨーグルト・全脂無糖	87.7	3.6	3.0	4.9	120	33
ナチュラルチーズ・ゴーダ	40.0	25.8	29.0	1.4	680	260
ナチュラルチーズ・パルメザン	15.4	44.0	30.8	1.9	1,300	230
ナチュラルチーズ・カテージ	79.0	13.3	4.5	1.9	55	35
プロセスチーズ	45.0	22.7	26.0	1.3	630	240
有塩バター(塩分 1.9%)	16.2	0.6	81.0	0.2	15	500

出典）日本食品標準成分表2015年版

＊42 オランデーズソース（Sauce Hollandaise）：フランス高級料理の5つの基本ソースのひとつで、バターとレモン果汁を卵黄に加えて乳化させ、塩で風味つけしたものである。フランスのソースであり、オランダのソースを模したことによる名前といわれている。低温または高温のためうまく乳化されないと分離し、ソースは乳化から「分離」した状態となり、卵黄は余熱で凝固してしまう。

(1) 成分と特徴

1) 牛乳

(ⅰ) 脂質

牛乳の脂質はほとんどが中性脂肪のトリアシルグリセロールで、直径 0.1～10μm の脂肪球*43の形で乳中に分散している。脂肪球の表面はたんぱく質を主成分とする皮膜に覆われ、さらに少量含まれているリン脂質が乳化剤となり安定した水中油滴型のエマルションを形成している。

(ⅱ) たんぱく質

約 78%はリンたんぱく質のカゼインである。カゼインは乳中のカルシウムと結合して 0.1～0.2μm のコロイド粒子となって乳中に分散していて、このコロイド粒子をカゼインミセルという。カゼインミセルはα-カゼインとβ-カゼイン、κ-カゼインからなるサブミセルが乳中のリン酸カルシウムによって強化され安定している。カゼインは熱には安定であるが酸には不安定で、pH 4.6 で酸沈殿する。

カゼイン以外の約 18%のたんぱく質は乳清たんぱく質で、β-ラクトグロブリン（10.3%）とα-ラクトアルブミン（3.5%）などからなる。乳清たんぱく質は熱に不安定でβ-ラクトグロブリンは 55℃、α-ラクトアルブミンは 81℃で変性する。

(ⅲ) 糖質

牛乳中の糖質は主に乳糖で、甘味度は低い（ショ糖の 1/5）が、牛乳にほのかな甘みを与えている。ヒトにおいては乳糖を消化する酵素（ラクターゼ）の活性が成長とともに低下するので、成人では牛乳を飲むとおなかの調子が悪くなる場合がある。乳糖は牛乳に含まれるカルシウムの吸収を助けるはたらきもする。

(ⅳ) 無機質・ビタミン類

牛乳 100mL には約 100mg のカルシウムが含まれ、このうち約 2/3 はカゼインと結合している。この他、牛乳にはビタミン A（レチノール）、ビタミン B 群などが含まれる。

2) 乳製品

(ⅰ)クリーム

クリームは牛乳を遠心分離して脂肪含量の高い部分を取り分けたもので、市販クリームには乳脂肪 20%前後のライトクリームと、乳脂肪 40～45%のヘビークリーム

＊43 脂肪球の大きさ：生乳の脂肪球の大きさは均一ではないため、保存状態によっては脂肪球が浮き上がってしまう。そのため市販牛乳では脂肪球の大きさを2μm 以下に均質化（ホモゲナイズ）してあり、脂肪球が小さくなることで消化吸収がされやすくなる。均質化によって成分が変化するわけではないが、牛乳のコクには脂肪球が影響していることから、均質化によって口あたりが薄く感じられるようになる。

がある。クリームの脂肪は牛乳同様、水中油滴型のエマルションを形成しているので、脂肪含量が高くても油っぽさは感じられない。ヘビークリームは撹拌により泡立つ起泡性があるのでホイッピングクリームとして、ライトクリームには起泡性はなくコーヒークリームとして使用される。乳脂肪の一部またはすべてを植物性脂肪に置換したものがあり、乳脂肪100%のものは生クリームとよばれる。

（ii）バター

バターはヘビークリームから乳脂肪を凝集させて固めたもので、乳脂肪は80～85%である。脂肪分をバターとして分離させるとき、クリームのエマルションは転相して油中水滴型のエマルションとなるため、バターはクリームと違い油っぽさを感じる（図6.53）。クリームに乳酸菌を加えて発酵させてから作るバターを発酵バターといい、香りがよくコクがある。バターには保存性をよくするため1～2%の塩分を加えた有塩バターと食塩不使用バターがある。わが国でよく使用されているのは非発酵の有塩バターであるが、製菓用には食塩不使用バターが用いられる。

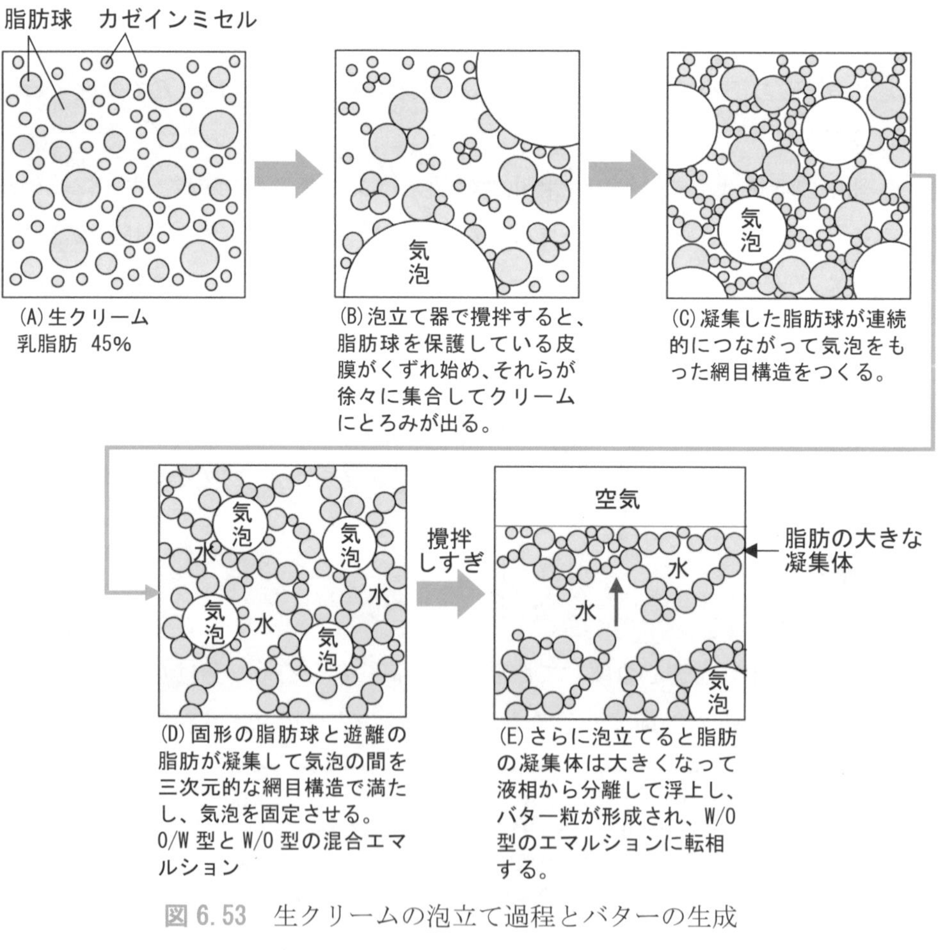

図6.53　生クリームの泡立て過程とバターの生成

(iii) チーズ

ナチュラルチーズは原料乳にスターターとして乳酸菌を加え、さらにキモシンを主成分とする凝乳酵素剤のレンネット*44を加えて牛乳中のカゼインを凝固させて、これに食塩を添加し加圧して乳清を除き成形したものである。通常は、カビや細菌で熟成させるが、熟成させないフレッシュタイプもある。熟成に伴って水分が減少し硬くなるが、たんぱく質の分解がすすみ、うま味が増加する。ヨーロッパには非常に多くの種類のチーズがあるが、それぞれ特徴が異なり、同じチーズでも熟成条件によって味が異なる。ナチュラルチーズ*45を数種混合して加熱成形したのがプロセスチーズで、わが国ではプロセスチーズの利用が多い。プロセスチーズは加熱処理がされているので保存中の変化がなく、味や性質も一定している。

(2) 調理性

1) 牛乳

(i) 料理を白く仕上げる

牛乳は乳白色の液体で料理を白く仕上げることができる。牛乳の白色はカゼインミセルのコロイド粒子や脂肪球に光が乱反射して生じたもので*46、脂肪球に含まれるβ-カロテンによりやや黄色みを帯びている。

(ii) におい成分の吸着

レバーや魚のような不快臭をもつものは、下処理として牛乳に浸しておくと不快なにおいが抑えられる。この理由は、牛乳中に分散しているカゼインミセルや脂肪球の小さい粒子（コロイド）の表面にさまざまな物質が吸着されやすいためである。牛乳に食品を浸した場合、食品中の水溶性成分の流出は水に浸した場合より少ない。

(iii) 焼き色をつける

牛乳を100℃以上の高温で長時間加熱するとアミノ酸と乳糖によるアミノカルボニル反応により褐色物質ができるので、料理に適度の焦げ色をつける。牛乳の使用量が多いホットケーキなどでは、きれいな焼き色やよい香りに牛乳が寄与している。

＊44 レンネット：キモシン（以前はレンニンとよばれていた）はκ-カゼインに特異的に働く。そのため、安定したカゼインミセルのコロイド粒子が壊されてカゼインが凝固沈殿する。

＊45 ナチュラルチーズの種類：硬さで分けると軟質、半硬質、硬質タイプがある。軟質タイプには非熟成のカテージやモッツアレラ、カマンベール（白カビ熟成）やゴルゴンゾーラ（青カビ熟成）など。半硬質タイプにはゴーダ（細菌熟成）やサムソー（細菌熟成）、硬質タイプにはエダム（細菌熟成）やチェダー（細菌熟成）などがある。

＊46 牛乳・乳製品の色：牛乳やクリームは白色であるが、牛乳からカゼインや乳脂肪を凝集させた残りの乳清は薄く黄色みを帯びた透明な液であり、クリームから乳脂肪を分離させたバターは淡黄色～黄色である。これらのことからも、牛乳の白色がカゼインミセルや脂肪球によるものであることが分かる。

(iv) ゲル化の促進

牛乳を卵液の希釈に用いると、水で希釈した場合より卵液のゲル化が促進される。これは牛乳に含まれるカルシウムなどの塩類がたんぱく質の熱変性を促進するからである（p. 194 参照）。

2) 乳製品

(i) バターの可塑性

バターは常温では固体であるが、融点の 28～38 ℃以上になると軟らかくなって溶けてくる。バターは可塑性[*47]をもち、13～18 ℃が良好な可塑性を示す温度といわれている。折り込みパイではこのバターの可塑性を利用し、温度が上がらないように冷やしながらドウを何層にも折りたたんでいく。

(ii) バターのショートニング性

バターはクッキーなどにサクサクとした砕けやすい性質を与えるショートニング性をもっている。バターの添加量が多いと、ドウのグルテンが形成されにくく、でんぷんの糊化も抑制されるため、クッキーはもろくてサクサクとした口触りとなる。

(iii) バターはよい香りを与える

バターには他の食用油脂類には含まれない揮発性低級脂肪酸が含まれる。このため、バターを使用した加熱調理ではバター独特のよい香りが生じる。

微量に含まれるたんぱく質や糖質も加熱されることにより香ばしさを与えるが、加熱による焦げの原因にもなる。このため、バターを溶かしてたんぱく質や糖質を取り除いた澄ましバターを使うと、バターが焦げることなくよい香りを付与する。

(3) 調理操作による組織・物性の変化

1) 牛乳

(i) 酸による凝固

牛乳に酸を加えるとカゼインの等電点である pH 4.6 でカゼインが凝集して固まりができる。この性質を利用したのがヨーグルトやチーズである（図 6.54）。調理では、牛乳に柑橘類やいちご、トマトなど有機酸を含むものを添加した場合に、pH が低下してカゼインの細かい凝固物が

脱脂粉乳に酸を加えてカゼインを沈殿させると、乳清が残る。

図 6.54　脱脂粉乳に酸を加えてカゼインを沈殿させた写真

＊47 **可塑性**：可塑性とは力を加えると変形し、その力を除いてもそのままその形を保つ性質をいう。

生じることがある。また、貝類を牛乳中で加熱した場合も貝類に含まれるコハク酸により同様の現象が起き、滑らかさが阻害されるので、有機酸をもつ食品と牛乳を加熱するときは、牛乳は最後に加えあまり長く加熱しないようにする。

（ii）加熱によるふきこぼれ

牛乳はコロイド溶液であるため泡立ちやすいという性質があるが、この泡が消えにくいこと、また、牛乳の表面張力が小さく、加熱によって表面張力がさらに小さくなることが泡立ちに関係している。

（iii）加熱臭

牛乳を加熱していると独特の加熱臭を生じる。これはβ-ラクトグロブリンに含まれる含硫アミノ酸からSH基が遊離して硫化水素を生じるためである。加熱温度が高く、加熱時間が長いほどにおいは強くなるが、加熱後は次第に弱くなってくる。

（iv）野菜の硬化

野菜やいもを煮る場合、牛乳を加えると軟化しにくいことが知られており、始めに水で軟らかく加熱してから牛乳を加えると、硬化現象を防ぐことができる。これは牛乳中のカルシウムが野菜のペクチンやタンニンと結合して可溶化しにくくなるためと考えられる。一方、牛乳を加えることで、必要以上の軟化を防ぎ、煮崩れ防止にもなる。

2）乳製品

（i）クリームの起泡性

生クリームを泡立てると、水中油滴型のエマルションの中に気泡が入ることで脂肪球が壊れていくつかの脂肪球が集まり、そのかたまりが気泡を囲むようになって安定する。これによって液状のクリームがしだいに硬くなってくる。可塑性のある状態に泡だったものを、角が立つ、と表現する。しかし、泡立てが過剰になって気泡が増えすぎると、エマルションが壊れて乳脂肪が分離してしまう（転相）（図 6.53）。泡立て温度が高いと、分離は起こりやすい。しかし、乳化剤が添加してある市販生クリームは長時間泡立てても分離することはほとんどなく、植物性クリームも泡立てによる分離はみられない。

泡立てによってクリームが空気を抱き込む割合をオーバーランといい、次の計算式で算出する。

オーバーラン（%）

$$= \frac{(\text{一定容積のクリームの重量}) - (\text{同容積の気泡クリームの重量})}{(\text{同容積の気泡クリームの重量})} \times 100$$

植物性クリームのオーバーランは生クリームより大きいため軽い口あたりであるが、生クリームのようなコクはない。また、生クリームは乳脂肪に含まれるβ-カロテンによりクリーム色を呈しているが、植物性クリームは純白である。

泡立ての際は5〜10℃の低温で行うと、クリームが軟らかくならず、しっかりと細かい泡が入り、デコレーションなどの成形がしやすい。砂糖を加えると泡立ちが抑えられるので、ある程度泡立てたあとに加えるのがよい。

(ⅱ) バターのクリーミング性

バターもクリーム同様、撹拌によって空気を抱き込む性質をもち、これをクリーミング性という。焼き菓子では、軟らかくしたバターに空気を入れることで軽い口あたりに仕上げることができる。

(4) 調理による栄養・機能性の変化

1) 加熱による皮膜の形成

牛乳を静かに加熱すると40℃くらいから表面に皮膜ができてくる。これは空気に触れている牛乳の表面から水分が蒸発して部分的に成分が濃縮され、液面近くで乳清たんぱく質が変性し、乳脂肪や乳糖とともに凝集したものである。この皮膜は取り除いても何回か繰り返し形成される。この現象をラムスデン現象といい、豆乳を加熱して得られる湯葉も同じ現象である。弱火でゆっくり加熱すると水分の蒸発が大きくなり皮膜ができやすい。

2) カルシウムの吸収率

牛乳に含まれるカルシウムは小魚や野菜類より消化吸収率（牛乳：40%、小魚：33%、野菜類：19%）が高いが、乳糖の関与の他に、CPP（カゼインホスホペプチド）が役立っている。CPPはカゼインが消化される際にできる分解物で、小腸でカルシウムと特異的に結合するためカルシウムが小腸粘膜を通過しやすくなる。

2.7 大豆類

(1) 種類と成分特性

大豆には黄大豆、青大豆、黒大豆がある。黄大豆が一般的であり、これで大豆加工品も作られる。たんぱく質（35.3%前後）、脂質（19%前後）が多く、でんぷんはほとんどない。たんぱく質はアミノ酸組成がよくアミノ酸価は100（1985年パターン）であり、「畑の肉」ともいわれている。たんぱく質の他、オリゴ糖、ポリフェノール、食物繊維、イソフラボン、サポニン、レシチンなどの機能性成分を多く含んでいる。

(2) 調理による嗜好性・物性・組織の変化

1) 大豆の調理法

大豆は組織が密で、軟化させるのに時間がかかる。そこで大豆を煮るときは、添加物として食塩や、重曹を入れたり、圧力鍋を使用するという方法がある。食塩は1％、重曹は0.3%が適量である。圧力鍋の場合は112℃15分程度がよい。

(ⅰ) 吸水曲線

異なる溶液に浸漬させた大豆の吸水速度はほぼ同じである。

(ⅱ) 物性試験

異なる溶液中で加熱した茹で大豆の物性試験では、水、食塩水、重曹水加熱豆は弾性と粘性は相関がある。しかし、圧力鍋加熱豆は弾性が同程度でも、粘性が非常に高い（図6.55)。

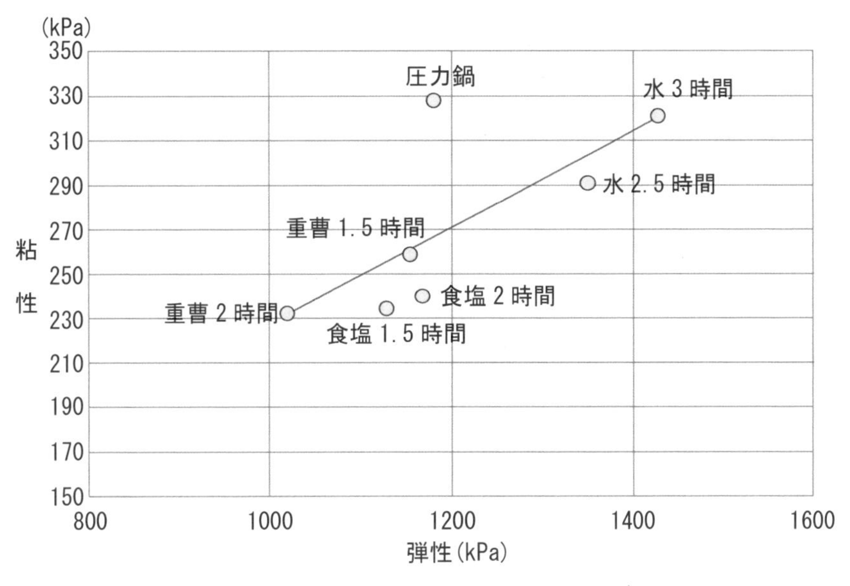

図6.55　各種ゆで大豆の弾性と粘性[27)]

(ⅲ) 組織観察

各茹で大豆を透過型電子顕微鏡で撮影した写真が図6.56である。普通加熱のものは、細胞壁もプロテインボディーも損傷なくきれいな形をしている。1％食塩水加熱豆のプロテインボディーは形が崩れていて、たんぱく質が塩で可溶化していることが示唆される。また重曹加熱豆は、細胞壁の損傷、プロテインボディーの損傷がみられる。圧力鍋加熱豆はその両方に損傷がみられ、前述の物性試験で圧力鍋加熱豆は同じ硬さでも、粘性が強いのは、圧力をかけることによりプロテインボディーの膜が壊れ、凝集していることによると推察される。

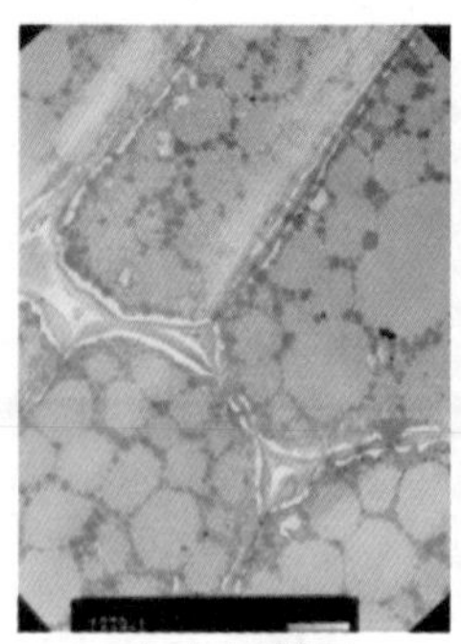
A 水加熱豆 ×800

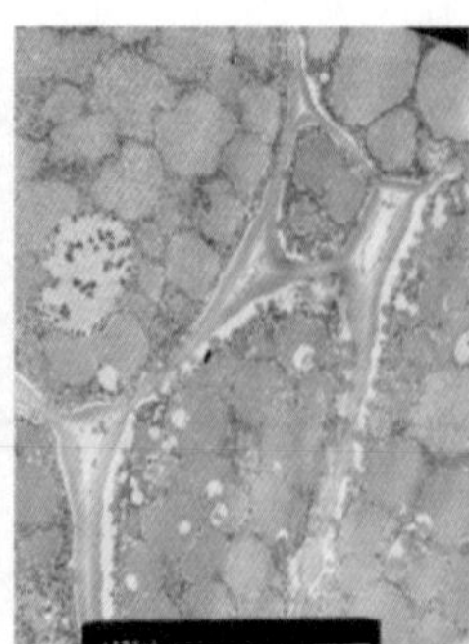
B 1%食塩水加熱豆 ×800

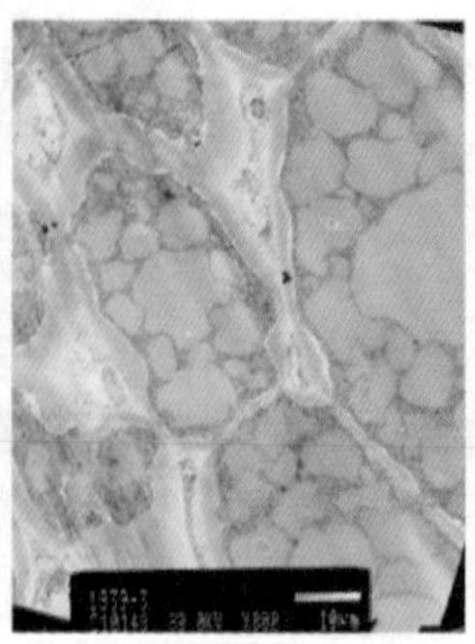
C 0.3%重曹水加熱豆 ×800

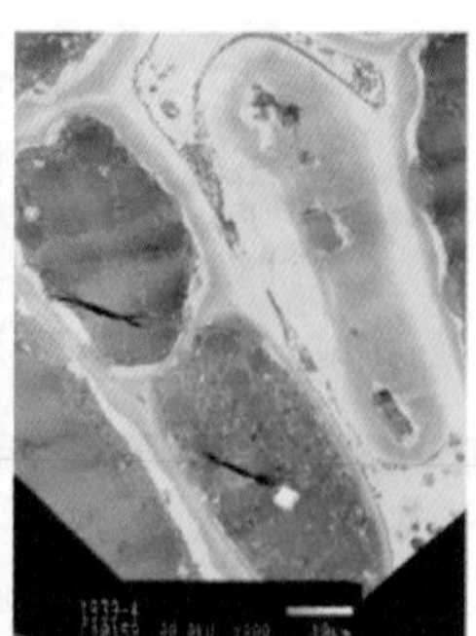
D 圧力鍋加熱豆 ×800

図 6.56　加熱方法の異なるゆで大豆の顕微鏡写真（TEM）[27]

2）黒豆の調理法

黒豆はお節料理で欠かせない食品であるが、煮豆には2種類ある。ひとつの方法は黒豆を柔らかくなるまで水か重曹水（0.3%）で煮て、その後砂糖を加える。この方法では黒豆にしわがより、しわが出るまで元気でいられるようにという意味がある。もうひとつの方法は、水、砂糖、しょうゆ少々を入れた重曹（0.3%）などの煮汁に一晩浸漬後、軟らかくなるまで煮る方法で、しわがよらずふっくらと仕上がる。

黒豆の色素はアントシアンのひとつのクリサンテミンである。この色素は鉄とキレートをつくり安定した黒紫色となる。黒豆を煮るときに、鉄釘や鉄卵*48を入れると色がきれいに仕上がる。

(3) 調理による栄養価・機能性の変化

大豆はビタミンB_1が豊富である。ビタミンB_1は水溶性であり、熱にも弱い。加熱によるビタミンB_1量を図 6.57に示した。

生大豆に比べ、加熱豆の量は減少しているが、添加物によりその値は変化がない。ビタミンB_1はアルカリに弱いといわれているが、重曹水で加熱しても、豆中のB_1は影響されないということである。機能性のうち、血圧降下については豆類で述べた。また大豆にはイソフラボン*49が含まれる。イソフラボンの調理による変化については、大豆はゆでると煮汁にイソフラボンが流出するが、蒸す操作では損失が少ないとの報告がある。

また、大豆には種の保存のため、トリプシンの活性を阻害するトリプシンインヒビターが存在し、生で食べると消化不良を起こす。この活性は加熱により作用がなくなるので、よく加熱して食べる必要がある。

＊48 鉄卵：鉄を卵型にしたものである。今は鉄釘が家庭にないので、このような商品が市販されている。
＊49 イソフラボン：大豆のイソフラボン類は、女性ホルモンのエストロゲンと似た作用を示し、骨粗しょう症予防などの機能性が注目されている。しかし、過剰症も報告されている。

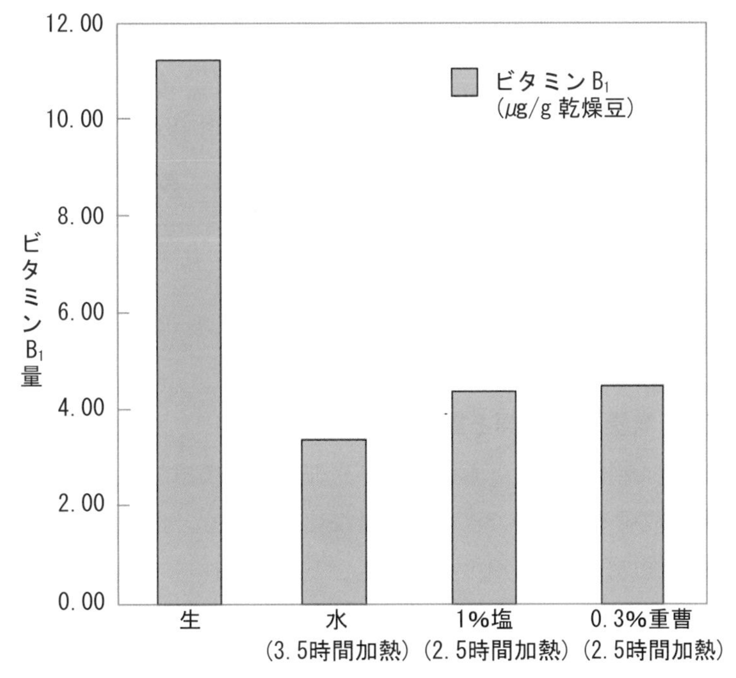

図 6.57　調理法によるゆで大豆のビタミンB_1含量[28)]

(4) 大豆加工品

1) 豆腐

豆乳に凝固剤を加え固めたものである。白和えを作るときは、さっと熱湯をとおし（殺菌のため）、布巾で重量の 2/3 まで絞るとよい硬さに仕上がる。豆腐を加熱するときは、高温で長時間加熱するとすだちが起こる。食塩（0.5～1％）を入れるとすだちが起こらない。

2) 湯葉

豆乳を加熱し皮膜ができる際に、たんぱく質が脂質や炭水化物を取り込んだもの。生湯葉は日持ちが悪く、干し湯葉は貯蔵できるが、長期間になると脂質が酸化する。

3) 油揚げ・生揚げ・がんもどき

調理の際には、湯通しを行い表面の油を流してから行うと油臭さもとれ、調味液の浸透もよくなる。

4) 納豆

納豆*[50]の粘質物は主としてグルタミン酸からなるポリペプチドと糖の混合物である。pH 7.2 付近で安定なので、しょうゆなどの酸性調味料を加えると粘りは弱まるが、塩、砂糖では強まる。

*50 **納豆**：浜納豆、大徳寺納豆、寺納豆、豆鼓は煮大豆を麹菌で発酵させ、塩水を加え熟成させたものであり、糸引き納豆は蒸煮した大豆に納豆菌（Bacillus natto）を作用させて発酵させたもの。

5) 高野豆腐

豆腐を凍結乾燥させたものである。現在市販されている高野豆腐*51は重曹処理され伝統製法のものに比べ、硬さが1/3〜1/4程度で非常に軟らかく、別の食品といえるほど食感も異なる。その軟らかさから煮崩れしやすく、真水で煮ると崩れるので、組織を引き締め煮崩れを防ぐために初めから塩が含まれただし汁で煮る。

3 ビタミン・無機質の給源となる食品

3.1 ビタミン・無機質の種類と調理

ビタミンおよび無機質は、ともに体内の生理作用や代謝など生命維持に関係し、ヒトが体内で合成することができない微量栄養素である。食品に含まれる量もわずかであるため、調理における損失を抑えることが望まれる。有機化合物であるビタミンは、調理中の分解および食品組織からの溶出により損失し、一方、無機質は、溶出による損失が主である。

(1) ビタミン類の調理による変化

食品に含まれるビタミン類は、保存や調理過程において光や熱による分解、酸、アルカリ、酵素作用による酸化や分解などが起こり、その安定性はビタミンの種類により異なる（表6.21）。また、調理に用いる水や油への溶出、ドリップによる損出が起こる。

全体的にみると、食品に含まれる脂溶性ビタミンは水溶性ビタミンよりも調理中の損出は少ない。脂溶性ビタミンは、湿式調理において水への溶出が起こりにくいことが影響している。また、同じビタミンでも含まれる食品によって安定性は異なり、葉菜類に比べてじゃがいもでは比較的保持される（表6.22）。また、調理操作ごとにビタミン類の損失程度に違いがみられる（表6.23）。

一方、ビタミン類が増える例として、きゅうりやだいこんなどのぬかみそ漬があり、ビタミンB_1、B_6の成分値が増えている（表6.22）。これは、米ぬかに含まれるビタミンがぬか床の中で野菜に移行するためと考えられる。

＊51 高野豆腐：伝統のある製法では、硬く水切りした豆腐を適当な大きさに切り、寒中の屋外に放置する。夜間は凍結し、日中に溶けることを繰り返すうちに完全に水分が抜け乾物となる。水分が凍るとき内部に無数の氷の結晶ができるので、溶ける際にその部分が小さな穴として残る。こうして、スポンジ状の多孔質な高野豆腐ができあがる。高野山で冬期に豆腐を屋外に放置してしまったことから偶然に製法が発見されたといわれている。東北地方では凍み豆腐（しみどうふ）とよばれる。

表 6.21　主なビタミンとその特徴、多く含む食品

種　類	性質	特　　徴	多く含む食品	
ビタミンA	脂溶性	一般の調理では比較的安定。光や熱で不安定。	レチノール	肉類のレバー、魚のきも
			β-カロテン	緑黄色野菜、海苔
ビタミンD		光・熱・空気・酸化に弱く、分解する。	いわし、にしん、きくらげ、いくら	
ビタミンE		光・熱などにより酸化が促進する。	綿実油、アーモンド、ひまわり油	
ビタミンK		熱に安定、光に不安定。	緑黄色野菜、納豆、わかめ	
ビタミンB_1	水溶性	熱やアルカリ性に不安定。	豚肉、大豆、胚芽つき穀類	
ビタミンB_2		熱に安定、光に不安定、酸化還元を受けやすい。	肉類（特にレバー）、魚類、卵	
ビタミンC		熱・アルカリ性・酸素の存在で不安定。酸性ではやや安定。	緑黄色野菜、果物（柑橘類、柿、キウイなど）	
ナイアシン		熱や酸化に強く、化学的に安定。	魚類（特にたらこ）、落花生、肉類（特にレバー）	

表 6.22　食品の生と調理後のビタミン、無機質の成分値

可食部 100g 当たり

食品		重量変化率 (%)	カリウム (mg)	カルシウム (mg)	マグネシウム (mg)	鉄 (mg)	β-カロテン当量 (μg)	ビタミンK (μg)	ビタミンB_1 (mg)	ビタミンB_6 (mg)	ビタミンC (mg)
ほうれんそう（葉、通年平均）	生		690	49	69	2.0	4200	270	0.11	0.14	35*
	ゆで	70	490	69	40	0.9	5400	320	0.05	0.08	19**
	油いため	58	530	88	52	1.2	7600	510	0.08	0.09	21
キャベツ（結球葉）	生		200	43	14	0.3	50	78	0.04	0.11	41
	ゆで	89	92	40	9	0.2	58	76	0.02	0.05	17
	油いため	80	250	53	17	0.4	78	120	0.05	0.15	47
にんじん（根・皮むき）	生		270	26	9	0.2	8300	18	0.07	0.10	6
	ゆで	87	240	29	9	0.2	8700	18	0.06	0.10	4
	油いため	69	400	35	13	0.3	12000	22	0.11	0.14	5
だいこん（根・皮むき）	生		230	23	10	0.2	0	微量	0.02	0.05	11
	ゆで	86	210	25	10	0.2	0	0	0.02	0.04	9
だいこん（根・皮むき・漬物）	ぬかみそ漬	73	480	44	40	0.3	0	1	0.33	0.22	15
たまねぎ（りん茎）	生		150	21	9	0.2	1	微量	0.03	0.16	8
	ゆで	89	110	18	7	0.2	1	微量	0.03	0.11	5
	油いため	70	210	24	11	0.2	2	7	0.04	0.22	9
じゃがいも（塊茎）	生		410	3	20	0.4	微量	微量	0.09	0.18	35
	水煮	98	340	2	18	0.4	微量	推定値 0	0.06	0.18	21
	ﾌﾗｲﾄﾞﾎﾟﾃﾄ	52	660	4	35	0.8	微量	18	0.12	0.35	40

出典）日本食品標準成分表 2015 年版（七訂）

＊夏採りの場合20mg、冬採りの場合60mg　＊＊夏採りの場合10mg、冬採りの場合30mg
※調理の前後それぞれの可食部 100 g 当たりの成分値のため、調理後に増えているようにみえる成分もあるが、重量変化率を考慮に入れてみること。

表 6.23　調理操作による栄養成分の損失（ほうれんそうの場合）[29]

(%)

成　分	解　凍	振り洗い 水さらし	ゆでる 煮　る	蒸　す	炒める	電　子 レンジ
カロテン	—	—	10～25	5～10	3～5	—
ビタミン B_1	10～30	—	20～30*	20～25	10～25	—
ビタミンC	20～50	20	30～55*	30～40	—	20～30
カルシウム	—	10～15	20～35	—	—	20
鉄	—	5～10	40～50	—	—	30

*煮汁を利用するとビタミン B_1 は約10%、ビタミンCは約20%の損失率となる。

1) ビタミンC（L-アスコルビン酸）

ビタミンC（L-アスコルビン酸）は、多くの野菜や果物に含まれているが、水溶性のため液体への溶出が起こりやすく、かつ酸化されやすい（図 6.58）。多くの野菜は切って水にさらしたり、加熱調理によりビタミンCが減少し、だいこんおろしでは時間の経過に伴いビタミンCの酸化・分解が進み減少する。

L－アスコルビン酸は酸化されてデヒドロアスコルビン酸になるが、生体に摂取されたデヒドロアスコルビン酸は還元されて存在し、ビタミンC効力をもつことが確認され、日本食品標準成分表ではこの２つの化合物の合計量をビタミンCの成分値としている。アスコルビン酸酸化酵素*52をもつにんじんは、ミキサーにかけると酵素作用によりL－アスコルビン酸が酸化されるが、デヒドロアスコルビン酸までの酸化であればビタミンC効力の損失はない。

図 6.58　ビタミンC（L-アスコルビン酸）の酸化と分解

(2) 無機質の調理による損失

無機質は身体に含まれる元素のうち、酸素、炭素、水素、窒素以外の元素をさすが、日本食品標準成分表2015年版ではヒトにおいて必須性が認められているナトリウム、カリウム、カルシウム、マグネシウム、リン、鉄、亜鉛、銅、マンガン、ヨウ素、セレン、クロムおよびモリブデンが収載されている。

野菜は主にカリウム、カルシウム、マグネシウム、鉄などの供給源として、果物はカリウムの供給源である。野菜類を洗って水に浸漬すると無機質の溶出が起こる

***52 アスコルビン酸酸化酵素**：アスコルビン酸酸化酵素をもつ野菜には、にんじん、きゅうりなどがある。市販の野菜ジュースの加工では、にんじんは加熱して用いられている。

が、切ってから水に漬ける場合には、千切りのように切断面の総面積が広いと溶出が大きい。加熱調理では、液体の中で茹でる、煮る操作により食品中の無機質の溶出がある一方で、揚げものなどの乾式加熱や電子レンジ加熱では溶出しにくく、煮る操作でも煮汁ごと供する料理では全体として損失が抑えられる。

無機質類は、多く保持することが常に望ましいわけではない。例えば、無機塩類が多く含まれると不味成分と感じられるため、野菜や山菜類のアク抜きとして、適度に除去する。またナトリウムは、塩（NaCl）を含む調味料からの摂取がほとんどであり、日本人の食生活では一般に過剰な摂取を避けることが望まれている。

以上のようにビタミン、無機質は、調理操作により減少するものが多い。しかし、野菜は、加熱をすることで食べやすく量的に多く摂取できることや、加熱で組織が軟化することによる消化・吸収率の変化も考慮すると、調理による影響は、各微量栄養素の含量の変化のみで捉えることはできない。

3.2 野菜・果実類

(1) 野菜・果実類の種類と特徴

野菜・果実類は種類や品種が多く、色、味、香り、テクスチャーなどの特性もさまざまで、食卓に彩りを添える食品である。野菜は食する部位により葉菜類、茎菜類、根菜類、花菜類、果菜類などに分類される。果物と野菜との区別には、はっきりした定義がなく、生産・流通・消費などの分野で分類の仕方が異なるものもある。農林水産省では、統計をとるうえで果実を果樹として分類し、いちご、メロン、すいかなどは野菜（果実的野菜）と分類している。

成分の特徴としては、水分が多く、たんぱく質や脂質は少ない。糖質の含量は種類によって異なる。微量成分であるビタミン、無機質の供給源である。また、食物繊維、ポリフェノール類をはじめとする各種の機能性成分が含まれ、健康維持、疾病予防の点から注目されている。

1) 味の成分

野菜・果実類の味の成分には、糖（ショ糖、果糖、ブドウ糖など）、有機酸*53（クエン酸、リンゴ酸、コハク酸、酒石酸、シュウ酸など）、遊離アミノ酸（グルタミン酸、アスパラギン酸）に加え、その野菜や果実を特徴づける呈味成分がある。果実類は野菜類に比べて甘味を呈する糖類を多く含む。糖と酸の含量は果実の種類や熟度によって異なり、未熟果は酸味が強く、成熟するにつれて酸味が減り、甘味が増

＊53 有機酸：果実の有機酸はクエン酸、リンゴ酸が多く、酸味の強いレモンはほとんどがクエン酸である。

す。果糖にはα型とβ型があり、低温にすると甘味の強いβ型が増えるので、りんご、なし、すいかなどの果糖の多い果実は、冷やしたほうが甘く感じる。

グレープフルーツには苦味成分としてナリンギンが含まれている。

2）香りの成分

野菜類の香りは多様で、味成分やテクスチャーとともにその食味を特徴づけている。香気成分はアルコール類、エステル類、含硫化合物などで、もともと細胞に含まれるものだけでなく、酵素の作用*54で生成する香りもある。ねぎ、しょうが、しそ、わさびなど香りが強く、刺激のある味のものは、薬味として少量用いられ、しょうがは青魚の煮物など好ましくない他の臭いのマスキングにも使われる。

果実類の香気成分の主なものはエステル類、テルペン類などで、柑橘類の果皮のリモネン（テルペン類）、バナナの酢酸イソアミルなどのように、特徴ある芳香を与える。

3）品質の低下

生鮮野菜・果実は呼吸・蒸散などの生理作用を営んでおり、時間の経過に伴い外観、物性、成分に変化がみられる。たまねぎなどのように数カ月の保存が可能なものがある一方で、いちごのように数日でいたみがみられるもの、収穫して適切な追熟期間を経て食べ頃となるものもある。保存適温は多くの場合、冷蔵 0～5 ℃であるが、低温障害のみられる野菜は 10 ℃付近や室温で品質がよく保たれる（表 6.24）。いずれにおいても表面が乾燥しないように湿度を保つ包装をすると保存性が高い。

表 6.24　野菜・果物の低温障害

低温障害のみられる主な野菜・果物	障害の主な様相
きゅうり、なす、オクラ、ピーマン、さつまいも、バナナ、しょうが	ピッティング（表面の小陥没）、果皮の褐変、果肉の褐変、種子の褐変、

(2) 調理特性

1）生食調理と加熱調理

野菜・果実類は加熱せずに食べられるものが多い。生食には、口に入れたときに好ましいテクスチャーであることが望まれ、その野菜に応じた切り方、サイズなどが工夫される。根菜類などの硬い野菜は薄くあるいは細めに切り、葉菜類など柔らかい野菜は口に入れたときに好ましいサイズに切る。刺身に添えられることの多いだいこんの細い千切りは、上下に走る繊維の方向に沿って切りそろえると歯ごたえ

*54 **酵素の作用**：にんにくの香気成分（アリシン、アリルスルフィド類）は酵素アリイナーゼの作用、野菜の青臭さは酵素リポキシゲナーゼが作用している。

が残り、繊維を断ち切る方向に切ってまとめると、柔らかく感じられる。野菜の調味には塩、しょうゆ、みそ、合わせ調味料、ドレッシングなどを用いて塩味、酸味や油分を付与する。

果実類は糖度の高いものが多く、加熱や調味をせずに生食できるものが多い。そして熟度により、味や硬さが変化する。

野菜は、煮る、焼く、揚げるなどさまざまな方法により調理されるが、加熱中に見られる変化の主なものとして表 6.25 のようにあげることができる。野菜や果物は、加熱により組織の軟化が起こり、テクスチャーが変化する。また、果物ではジャム、コンポートなど砂糖を添加した加熱が多く、甘味の付与だけでなく保存性向上の目的もある。

表 6.25　野菜の加熱調理の主な目的

①組織の軟化
②アク（不味成分）の除去、呈味成分の溶出
③調味料の浸透
④でんぷんの糊化（でんぷんの多い野菜）
⑤高温調理での香味の付与（メイラード反応）
⑥寄生虫や微生物の死滅
⑦劣化を招く酵素の失活

2）酵素プロテアーゼと調理

野菜や果物には数多くの酵素が含まれているが、調理に影響を及ぼすものとしてたんぱく質分解酵素プロテアーゼ*55がある。生のパインアップル、キウイ、パパイヤ（未熟果）、しょうが、いちじくなどに含まれ、すりおろして肉料理の下処理に使うと、肉を軟化*56させることができる。また、パインアップルやキウイの生果肉と接触したかまぼこやハムは、常温で数時間後には表面の組織が溶けることがあるので、弁当などでの注意が必要である。

強いプロテアーゼを含む果実のゼリーを作る際、ゲル化剤にゼラチンを使うときは、果実や果汁を加熱し酵素を失活させる必要がある。ゼラチンはたんぱく質が主成分であり、凝固力を失うためである。一方、紅藻類を原料とした寒天などの糖質系ゲル化剤であれば生果汁でもゼリーを作ることができる。

＊55 プロテアーゼ：含まれるプロテアーゼは、パインアップルはブロメライン、キウイはアクチニジン、パパイヤはパパイン、いちじくはフィシンである。
＊56 軟化：プロテアーゼの作用だけでなく、果物に含まれる有機酸により筋肉の pH がたんぱく質の等電点より低くなるので、保水性が高まること、並びに pH の低下により筋肉中の酸性プロテアーゼが活性化されることも肉の軟化の要因である。

(3) 調理による組織・物性変化

1) 水分の移動と物性変化

野菜は水分含量が90%以上のものが多く、少量の水の移動が外観やテクスチャーの変化に影響する。千切りにしたキャベツや葉物野菜は水に浸すと、細胞に水が浸透して張りのある状態になる。一方、きゅうりやかぶを切り食塩を適量ふると、水が外に出てしんなりとした状態になる。その原理は細胞壁と細胞膜の性質の違いによる。細胞壁は全透膜であり、溶質も溶媒も通すが、細胞膜は半透膜であり、溶媒や非常に低分子の溶質のみ通す膜である。図6.59に示すように細胞内外の浸透圧に差がある場合、それを等しくするように水の移動が起こる。細胞外液の浸透圧が高いときは水が外へ引き出され、それが進むと原形質分離が起こり細胞膜の半透性が消出して全透膜となる。その結果、調味液中で拡散による物質移動が起こり食品に味がつく。

きゅうりなどの野菜は、合わせ酢で和える前に塩揉みをすることで、味の浸透をよくすることができる。一方、生野菜のサラダには食べる直前にドレッシングをかけることで、表面だけに味をつけ、野菜の内部の水分を失わず歯ごたえのあるテクスチャーを味わうことができる。

野菜は加熱操作によっても細胞膜の半透性が消失し全透膜となる。その結果、煮物において調味料の成分が食品内部に浸透する。

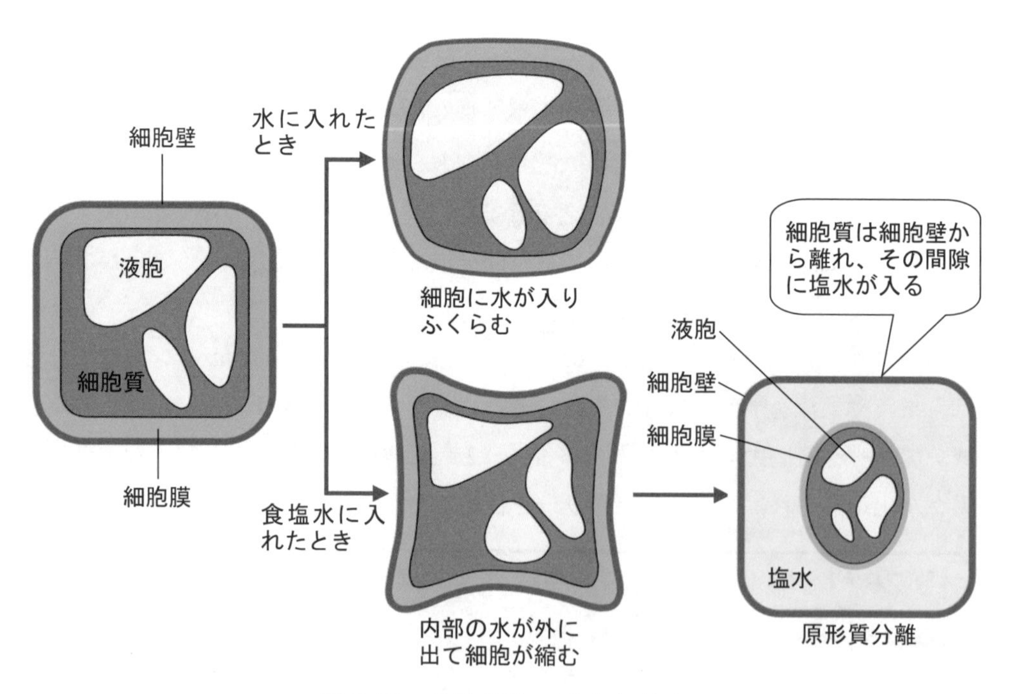

図6.59　植物細胞の吸水と脱水

2) 加熱とペクチン質

ペクチン質は植物の細胞壁内や細胞間に存在し、細胞の接着剤の役割を果たしている。野菜を加熱すると、ペクチン質が分解、溶解することで組織が軟化し、煮崩れのしやすさにも関わっている。

ペクチンは図 6.60 のように、ガラクツロン酸を主鎖とする化合物であり、ガラクツロン酸のカルボキシル基は、種々の程度にメチルエステル化されている。野菜を酸性の水溶液中（pH3 以下）で加熱すると、ペクチンの加水分解が起こり、中性（pH 5 以上）またはアルカリ性の水溶液中で加熱すると、メチルエステル化されたペクチンが β-脱離（トランスエリミネーション）により分解する。いずれもその結果、野菜は軟化する。ゆで加熱時に重曹を入れると軟化しやすいのは、ゆで汁がアルカリ性になるためである。

一方、ペクチンの β-脱離は弱酸性（pH 4 付近）では起こりにくい。そのため、食酢を入れた液中でさっと加熱するれんこんは、歯ごたえを残して仕上げることができる。

野菜の加熱では、ペクチン質による硬化も起こる。60～70℃の温度では細胞壁に存在する酵素ペクチンメチルエステラーゼが活性化して脱エステル化反応が起こり、そこにカルシウムイオンのような 2 価のイオンが結合し、ペクチン鎖間に新たな架橋が生成される。その結果、β-脱離が起こりにくくなり硬化する。

ペクチン質を利用した調理にジャム、マーマレードがある。ペクチン質と有機酸を適度に含む果実は、砂糖（果実重量の60～75％）を加えて加熱し、煮詰めて冷却するとゲル化が起こる（p. 252「ペクチン」を参照）。

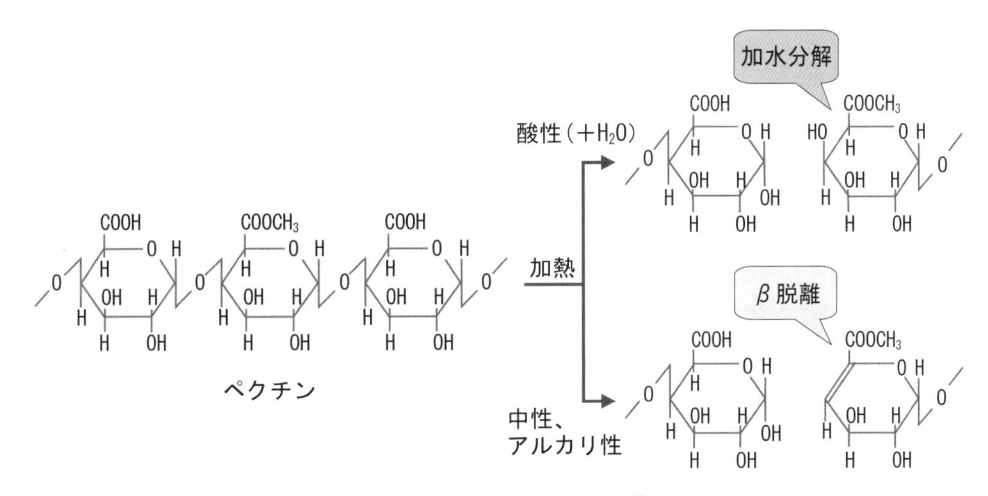

図 6.60　ペクチンの分解[30]

(4) 調理による栄養・機能性の変化

1) 色素とその変化

野菜・果実類に含まれている主な色素を表 6.26 に示した。野菜類・果実類の色は、緑、赤、黄、紫など特徴的な色をもち、熟度や鮮度の指標ともなり、また、外観の嗜好性に関わるだけでなく、色素成分の多くは抗酸化性を始めとした機能性をもつ。

また、生鮮野菜に本来含まれている色素だけでなく、調理操作中に酵素の働きで生成する色素もある。

表 6.26　野菜・果物に含まれる主な色素

<table>
<tr><th colspan="2">色素（大きな分類）</th><th>主な色素名</th><th>所在食品の例</th><th>溶解性</th></tr>
<tr><td colspan="2">クロロフィル
（緑色）</td><td>クロロフィル a, b</td><td>葉菜類、緑色の表面をもつ野菜</td><td>脂溶性</td></tr>
<tr><td rowspan="6">カロテノイド
（黄色～オレンジ～赤色）</td><td rowspan="2">カロテン類</td><td>α-カロテン
β-カロテン</td><td>緑葉、にんじん、かぼちゃ、マンゴー、アセロラ</td><td rowspan="5">脂溶性</td></tr>
<tr><td>リコピン</td><td>トマト、ガァバ、すいか</td></tr>
<tr><td rowspan="4">キサント
フィル類</td><td>ルテイン</td><td>緑葉、アボガド、黄色の花、卵黄</td></tr>
<tr><td>β-クリプト
キサンチン</td><td>温州みかん、柿、とうがらし</td></tr>
<tr><td>カプサンチン</td><td>パプリカ</td></tr>
<tr><td>クロシン</td><td>クチナシ、サフラン</td><td>水溶性</td></tr>
<tr><td colspan="2" rowspan="4">フラボノイド
（無色～黄色）</td><td>ケルセチン</td><td>たまねぎの褐色の皮</td><td>脂溶性</td></tr>
<tr><td>ルチン</td><td>そば、トマト</td><td rowspan="3">水溶性</td></tr>
<tr><td>ヘスペリジン</td><td>みかん、レモンなどの果皮や薄皮</td></tr>
<tr><td>ナリンギン</td><td>グレープフルーツ、夏みかん</td></tr>
<tr><td colspan="2" rowspan="5">アントシアニン
（赤・青・紫色）</td><td>カリステフィン</td><td>いちご</td><td rowspan="5">水溶性</td></tr>
<tr><td>クリサンテミン</td><td>黒豆</td></tr>
<tr><td>シソニン</td><td>赤しそ</td></tr>
<tr><td>ナスニン</td><td>なすの果皮</td></tr>
<tr><td>デルフィニジン
-3-グルコシド</td><td>赤ぶどう果皮</td></tr>
<tr><td colspan="2">クルクミノイド
（黄色）</td><td>クルクミン</td><td>ウコン</td><td>脂溶性</td></tr>
</table>

(i) クロロフィル

緑色色素クロロフィルは、緑色野菜の細胞に存在する。その構造は、ポルフィリン環の中央にマグネシウム（Mg^{2+}）があり、フィトール基の長鎖をもつ（図 6.61）。水に溶けず脂溶性である。クロロフィル色素は、調理過程において構造に変化が生じ、色の変化がみられる。その要因には酵素、加熱、酸素、光、酸、金属イオンなどがある。

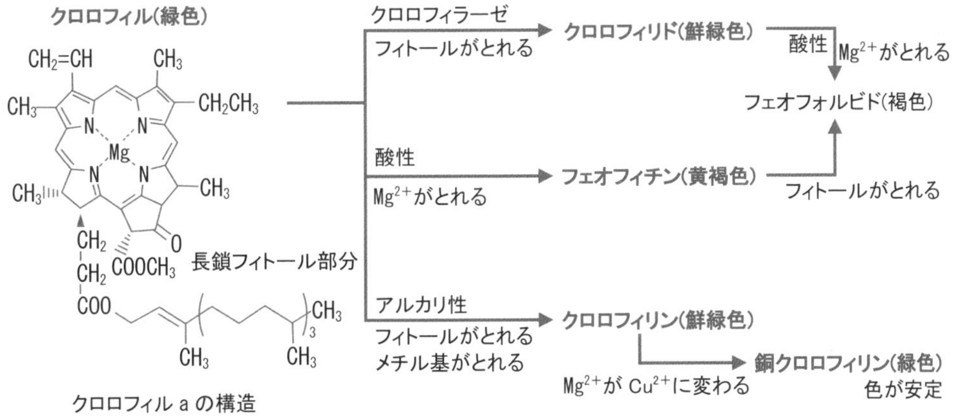

クロロフィル（緑色）
クロロフィラーゼ
フィトールがとれる
クロロフィリド（鮮緑色）
酸性
Mg^{2+}がとれる
フェオフォルビド（褐色）
長鎖フィトール部分
酸性
Mg^{2+}がとれる
フェオフィチン（黄褐色）
フィトールがとれる
アルカリ性
フィトールがとれる
メチル基がとれる
クロロフィリン（鮮緑色）
Mg^{2+}が Cu^{2+}に変わる
銅クロロフィリン（緑色）
色が安定
クロロフィル a の構造

図 6.61　クロロフィルの構造と色の変化

長時間の加熱や、酸性の条件下でクロロフィルはフェオフィチン（黄褐色）となり鮮やかな緑色を失う。さらに酸性下の加熱を続けるとフィトールが取れフェオフォルビド*57（褐色）となる。酸性となる調理には、ドレッシングや酢による調味、トマト煮、みそ汁などがある。青菜を色よく茹でるためには、約 5〜10 倍量の水を沸騰させた中で、ふたをせずに短時間ゆでた後急冷するのがよい。ふたをしないのは、野菜自身に由来する有機酸を揮発させ、茹で水が酸性になるのを少しでも抑えるためである。

緑黄色野菜中には、酵素クロロフィラーゼがあり、これが働くとクロロフィリド（鮮緑色）になるが、酸性下ではフェオフォルビド（褐色）になる。緑黄色野菜を冷凍する際は、ブランチング処理により、この酵素が不活性化される。

わらび、よもぎなどの山菜を灰や重曹をいれた液中でゆでると、アクが除かれ、色もきれいに仕上がる。これはアルカリ性の液中で加熱すると、クロロフィルからフィトールとメチル基が取れて鮮緑色のクロロフィリンとなるためである。しかし、緑色が鮮やかになる一方で、過度な軟化、ビタミン C の損失の原因にもなるので注意が必要である。クロロフィリンのマグネシウムを銅におきかえたものは、安定な緑色色素となり添加物として使われている。

（ii）カロテノイド

カロテノイド色素は、主として植物性食品に含まれる赤やオレンジ、黄色の色素で、にんじんやかぼちゃの色に代表される（表 6.26）。同時に、α、β、γ ーカロ

*57 **フェオフォルビド**：クロロフィルの分解産物である。あわびの肝、野沢菜漬けなどの食品中に蓄積したフェオフォルビドを摂取して光にあたると、光過敏症としての皮膚炎を起こすことが報告されている。

テン、β-クリプトキサンチンは、プロビタミンA*[58]とよばれ、生体内でビタミンAに転換される。また、抗酸化作用、抗発がん作用などの機能性が知られている。

カロテノイドは濃い緑色の野菜にも含まれ、成熟してクロロフィルが分解すると、共存しているカロテノイドの色が表れる。

脂溶性のβ-カロテンは水溶性ビタミンに比べて湿式調理での損失が少なく、調理に使う程度の酸やアルカリでは影響を受けないため、比較的安定な色素である。また、加熱により抽出性が高くなり、生体での利用率が上がる。

カロテノイド色素の中でも、きんとんに使うクチナシやパエリアに使うサフランの黄色色素クロシンは水溶性なので、色出しにはぬるま湯が使われる。

（iii）フラボノイド

フラボノイド*[59]は無色から淡黄色の水溶性の色素で、植物中に広く分布する。酸性では無色または白色だが、アルカリ性で加熱すると黄色や褐色に変色する。調理中にみられるフラボノイド色素の変色の例としては次のようなものがある。カリフラワーをゆでると褐色になるが、湯に食酢を加えると白くゆで上がる。小麦粉にはフラボノイド色素が含まれるため、重曹を用いた蒸しパンや、かん水を用いた中華麺では、生地がアルカリ性になり黄褐色に着色する。フラボノイドは鉄イオンと反応すると褐色あるいは緑色になるため、鋼（はがね）の包丁でたまねぎなどの野菜を切ったときに褐色化がみられる。

（iv）アントシアニン

いちごの赤色、なすやぶどうの果皮の紫色に代表されるアントシアニンは、植物中に広く存在する水溶性の色素である。色素成分そのものをアントシアニジン、それに糖類がついた配糖体をアントシアニンとよび、多くの種類がある。調理上は不安定な色素であり、水に溶け出しやすく、酸性では赤、中性では紫～藍色、アルカリ性では青～緑色に変色する。また、アントシアニンは熱に弱いため、いちごジャムを作る際、加熱時間が長いと鮮やかな赤色を失う。なすの果皮のアントシアニン（ナスニン色素）は煮物など100℃以下の調理では退色しやすいが、油で揚げる、炒めるなど油脂を使った高温短時間の加熱では色が保たれる。

＊58 プロビタミンA：生体内でビタミンA（レチノール）に転換される物質の総称である。
日本食品標準成分表2015年版（七訂）ではレチノール活性当量（Retinol activity equivalents:RAE）への換算を次式のように示している。
β-カロテン当量(μg)＝β-カロテン(μg)＋1/2 α-カロテン(μg)＋1/2 β-クリプトキサンチン(μg)
レチノール活性当量(μgRAE)＝レチノール(μg)＋1/2 β-カロテン当量(μg)

＊59 フラボノイド：広義のフラボノイドはポリフェノール化合物をさし、アントシアンやカテキンも含む。

アントシアニンは、鉄、アルミニウムなどの金属イオンと錯塩を形成し、色が安定化する。それを利用しているのが、なすのぬか漬けに使うミョウバン（アルミニウム化合物)、黒豆を煮るときに使う鉄釘などである。

2) 酵素による色素の生成

植物性食品には多種類のポリフェノール物質が含まれるが、その一部が酵素的褐変により、褐色色素を生成する（図 6.62)。生のじゃがいも、りんご、ごぼうなどを切る、すりおろす、皮をむくときに顕著にみられる。細胞組織中では無色のポリフェノール物質が空気に触れ、酸化酵素（ポリフェノールオキシダーゼ）が働いてメラニン系の褐色物質が生成されるのである。褐変防止には、①水に漬ける（空気中の酸素を遮断)、②酢水、塩水に漬ける（酵素作用の抑制)、③レモン汁をかける（酵素作用の抑制、アスコルビン酸の還元作用)、④加熱（酵素の失活）などがある。

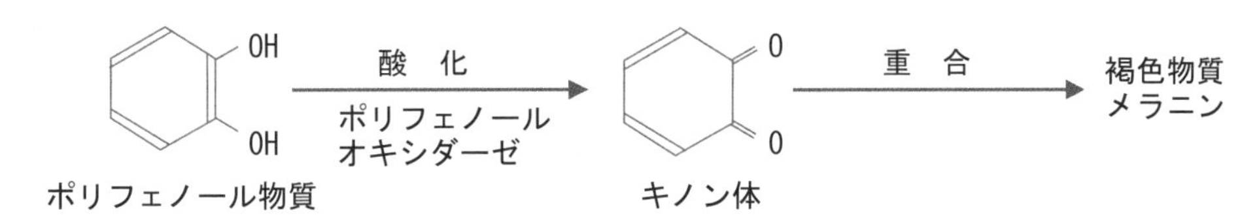

図 6.62　酸化酵素による褐色物質の生成

3) 味と香りの変化

えぐ味・苦味・渋味などを呈する成分は、少量の存在でその野菜の特有のおいしさをもたらすが、多量に含まれると好ましくない味で**アク**＊60とよばれる。これらの成分の多くは水溶性であるため、水漬けやゆでる操作で適度に除去される（表 6.27)。

表 6.27　アクのある野菜の下処理

アクのある野菜の下処理	
たけのこ（ホモゲンチジン酸）	米ぬかとともにゆで、アクをぬかに吸着させる。
わらびなど山菜類	灰や重曹を用いてアルカリ性にし、アクの溶出を促す。
ほうれんそう（シュウ酸）	ゆでて、水にさらす。
うど	酢水につける。
野菜類のアクの成分	
無機塩、有機酸、アルカロイド、ポリフェノール類、タンニンなど	

＊60 アク：調理において“アク”や“アクが出る”と表現されるのは、植物性食品に含まれる不味成分だけでなく、酵素的褐変による色素生成や、動物性食品を煮る過程で表面にみられる茶褐色の泡や膜のこともさし、それぞれ異なる成分によるものである。

野菜の辛味成分には、香気成分でもあるイソチオシアネート類がある。生のだいこんにはグルコシノレートが含まれており、すりおろして細胞が破壊されると酵素ミロシナーゼが働き、辛味成分イソチオシアネートが生成される。だいこんはグルコシノレートが多い先端部ほど辛味が強い。わさびの辛味もミロシナーゼの作用により生成する。

生のたまねぎは特有の香気や辛味を放つ。切ることで細胞中に含まれる前駆物質が酵素アリイナーゼと反応し、含硫化合物のチオスルフィネートが生成し、催涙性物質も同時に生成する。その後加熱するとチオスルフィネートは分解し、ジスルフィド、トリスルフィドなどの化合物が生成して特有の好ましい加熱香気をもたらす。そのとき食味の変化として辛味が消え、甘味を強く感じることが知られている。この甘くなる現象の要因は、水分蒸発による糖濃度の上昇、辛味や刺激性成分の減少、組織の破壊や軟化による糖の溶出しやすさ、甘い香気の影響が考えられている。

4）調理と機能性成分

野菜や果物にはL-アスコルビン酸、β-カロテン、α-トコフェロールおよび多種のポリフェノール化合物などさまざまな抗酸化性成分が存在する。そして調理過程においてそれらの成分とその活性がどう変化するか、有効な調理法もあわせて研究されつつある。L-アスコルビン酸は不安定な化合物で加熱により減少するが、一方で比較的安定な抗酸化性成分もある。加熱により食品組織が軟化し、機能性をもつ成分が溶出しやすくなることも考慮すると、野菜は加熱調理後も抗酸化性をもつ食品として期待できる。

3.3 きのこ・藻類

(1) きのこ類

1）種類と成分特性

きのこは菌類の子実体で、秋に収穫するものが多く秋の味覚とされてきたが、近年の栽培技術の発達に伴い栽培されたものが一年中、多く出回っている。量産されているものは、えのきだけ、きくらげ、しいたけ、えりんぎ、マッシュルーム、なめこ、ひらたけ、ぶなしめじ、まいたけなどがある。

エネルギーや栄養素に乏しいが、独得の味や香り、歯ざわりを楽しむために、低エネルギー食品として利用されている。エネルギー利用率が人により大きく異なることから、「日本食品標準成分表2015版（七訂）」のエネルギー値は、Atwaterの係数（1g当たり炭水化物4kcal、たんぱく質4kcal、脂質9kcal）より計算した値に0.5をかけて、暫定値として表示している。

成分はキチンを始めとする食物繊維が2～5%、微量成分としてはカルシウム、リン、カリウム、ビタミンB_1、B_2、D、ナイアシン、エルゴステロールなどが含まれている。マッシュルームにはポリフェノールオキシダーゼが含まれているために褐変しやすく、保存には注意が必要である。

2）調理による嗜好性・組織・物性変化

（i）呈味成分

5´-グアニル酸がきのこ類のうま味成分の本体である。しいたけや「味しめじ」といわれるようにほんしめじに多い。干ししいたけの5´-グアニル酸は、水戻し、加熱の調理過程で核酸のRNAに酵素ヌクレアーゼが作用して生成される。うま味には遊離アミノ酸も関係しているので、戻しが高温で長時間であると苦味アミノ酸が増加する。うま味成分が多く苦みの少ない干ししいたけの戻し方は5℃で5～10時間程度といわれる。

（ii）粘質成分

なめこのようなきのこは、粘質物のムコ多糖類に全体が覆われているのが特徴で、このぬめりが風味には欠かせない要素になっている。乾燥を防ぐために水や食塩水に入れたり脱気したり、加工して瓶詰の状態にして流通させている。

（iii）香気成分

ほとんどのきのこには匂いがある。まつたけは人工栽培技術が確立しておらず、すべて天然物である。独特の香りを有し、この主成分はマツタケオール（1-オクテン-3-オール）やケイ皮酸メチルである。しいたけは生ではレンチニン酸という前駆物質の状態で含まれ、干ししいたけになることにより増加し、一部はレンチオニンに変化する。さらに水戻しと加熱の過程で変化が進み香りが強まる。

（iv）きのこの調理

きのこの嗜好的価値は、味、香り、歯ざわりにある。きくらげ（黒きくらげ、白きくらげ、あらげきくらげ）は味も香りもほとんどしないが、クラゲに似たコリコリした食感が好まれている。きのこ独特の料理には「土瓶蒸し」、包み焼きなどがある。マッシュルームのみ生食が可能であるが、他のきのこ類は火を通して食べる。

3）調理による栄養価・機能性の変化

（i）ビタミンD源

生しいたけに微量含まれているプロビタミンDであるエルゴステロールは紫外線によりビタミンD_2に変化するので、天日干しされた干ししいたけはビタミンDのよい供給源になる。

(ⅱ) コレステロール低下作用

エリタデニンを含むしいたけ（マッシュルームにも微量だけ含有）は血漿コレステロール低下作用が認められている。成分は明らかではないが、えのきだけ、なめこ、きくらげにも同作用が認められている。

(ⅲ) 制がん作用

しいたけ、ひらたけ、なめこ、えのきたけ、まつたけ、まいたけなどに強い抗腫瘍性が報告されている。

(ⅳ) 血圧降下作用

干ししいたけに血圧降下作用があり、その作用を示すγ-アミノ酪酸の存在が認められている。

(2) 藻類

1) 種類と成分特性

藻類には淡水産のものと海水産のものがあり、海水産のものを海藻とよんでいる。色により褐藻類、緑藻類、紅藻類、藍藻類に分類されている。おごのり、とさかのり、もずくのように生のままで利用されるものの他に、こんぶやひじきのように保存性をよくするために乾燥させてから使用するものや、わかめのように乾燥だけでなく、そのまま、あるいは湯通しをした後に塩蔵したり、灰にまぶしてから乾燥して保存し、水で戻してから使用するものもある。てんぐさ（寒天）やえごのり（おきゅうと）は加工原料となる。てんぐさを煮溶かして濾したものがところてんで、ゲル状のところてんを凍結乾燥させたものが寒天である（p. 245 参照）。

成分は生のものや水で戻したものの約 90%は水分で、炭水化物、たんぱく質、無機質、ビタミンが豊富に含まれる。炭水化物は乾燥物中に約 40%含まれるが、それらを構成する糖類は、緑藻類ではグルコース、褐藻類ではアルギン酸とフコースからなるフコイダン*61、紅藻類ではガラクタンが主となっているため消化されにくく、食物繊維源として注目されている。たんぱく質はあまのりや岩のりに多く、乾燥品中に約 40%含まれている。リシンが第一制限アミノ酸であり、アミノ酸スコアは小麦粉と同等である。無機質は乾燥品の 15～30%を占め、カリウム、ナトリウム、マグネシウム、リン、鉄など、食品のなかで最も多くの種類の元素を含んでいる。なかでもヨウ素は藻類が主な供給源となっていて、わが国においてヨウ素欠乏症がな

＊61 フコイダン： 硫酸多糖の一種。こんぶ、わかめ（めかぶを含む）、もずくなど褐藻類の粘質物に多く含まれる。主にL-フコースがα1-2、α1-4 結合で数十から数十万個も繋がった化合物で、平均分子量は約20,000 である。グルクロン酸を含む U-フコイダン、硫酸化フコースだけからなるF-フコイダン、ガラクトースを含む G-フコイダンなどに分けられる。

い要因となっている。ビタミンはプロビタミンAであるβ-カロテンやB_1、B_2、C、ナイアシンなどが豊富に含まれている。エネルギー利用率の変動が大きいことから、日本食品標準成分表2015年版（七訂）では、Atwater係数（1g当たり、炭水化物4kcal、たんぱく質4kcal、脂質9kcal）から求めたエネルギー値に0.5を乗じたものを、暫定値として用いている。なお藻類の香気は硫化ジメチルのような含硫化合物や、ギ酸や酢酸のような有機酸など多くの化合物が関係していて、複雑な香りを醸し出している。

2）調理による嗜好性・組織・物性変化

（i）呈味成分

こんぶには、だしに使われる真こんぶ、羅臼こんぶ（おにこんぶ）、利尻こんぶ、煮しめやこんぶ巻などに使われる日高こんぶ（三石こんぶ）、ながこんぶなどがある。真こんぶは最も品質がよく、だしや、おぼろこんぶ、とろろこんぶ、塩こんぶに加工される。

うま味成分は遊離のグルタミン酸が中心であるが、その他にアスパラギン酸、アラニン、5′-ヌクレオチド類などが含まれる。表面の白い粉は糖アルコールのマンニット（マンニトール）で甘味を呈するので、こんぶは洗わずに湿った布巾で汚れを落として用いる。

だしの取り方は、真こんぶなどの上質なこんぶの場合は、水出し法（冬場は3時間、夏場は1時間水につける）がよい。一般的なこんぶの場合は、水から入れて加熱し沸騰寸前に取り上げるが、100℃で5分程度に出したほうがうま味の強いだしがとれるという報告もある。

（ii）粘質成分

こんぶの粘質物質（ぬめり成分）はアルギン酸である。

（iii）色と香り

表6.28に藻類の色素の種類を示した。緑藻類にはクロロフィルとカロテノイドが含まれる。褐藻類には、クロロフィル（緑色）の他にキサントフィルのフコキサンチン（黄褐色）が含まれるために褐色を呈している。わかめに熱湯を通すと褐色から緑色に変化する。わかめのクロロフィルは熱に比較的安定であるのに対し、フコキサンチンはたんぱく質と結合して赤色を呈しているが、熱湯をかけるとたんぱく質が変性し黄褐色になり、クロロフィルの色が鮮やかに見えるためである。緑色を残したい場合には、長時間の加熱を避け、酢の物やサラダなどは食べる直前に和えるようにする。汁物の実、酢の物、ぬた、煮物、サラダなどに広く使われる。

あまのり（のり、浅草のり）は一般に「のり」とよばれ、紙状に乾燥したもので

表 6.28　藻類の色素と種類

	クロロフィル				カロテノイド		フィコビリン*		
色　素	a	b	c	d	カロテン	キサントフィル	フィコエリスリン	フィコシアニン	食　品
色	青緑	黄緑	薄緑	緑	橙黄	黄褐	紅	青	
緑藻類	○	○			β-カロテン	ルテイン			あおさ、あおのり
褐藻類	○		○		β-カロテン	フコキサンチン			こんぶ、わかめ ひじき、もずく
紅藻類	○			○ わずか	β-カロテン	ルテイン	○	○	てんぐさ、あまのり、おごのり、えごのり、ふのり、とさかのり
藍藻類	○				β-カロテン			○	すいぜんじのり

＊フィコビリンは藻類に分布する色素であり、たんぱく質と共有結合している。
※緑藻類のクロロフィルはａとｂがおよそ３：1～２：1の割合で存在している。

ある。紅藻類であるあまのりは、緑色のクロロフィル、黄色のβ-カロテン、紫紅色のフィコビリンを含み、つやのある黒色をしている。吸湿によりクロロフィルが分解し、紫紅色になり香りも変化する。火であぶると緑色になるのは、フィコエリスリンに結合しているたんぱく質が変性しその色を呈さなくなり、クロロフィルの残存が多いために緑色を呈すると考えられている。また、あぶることによりジメチルスルフィドの香ばしい香りも出てくる。

(ⅳ) 物性の変化

乾燥わかめを水戻し後、15分加熱すると軟化し、5%酢酸液に15分浸漬すると硬く歯ごたえが出る。これは煮ることによりアルギン酸が汁中に流出するため、酢酸浸漬では不溶性のアルギン酸が増えるためと考えられる。

こんぶを煮るときは、酢水に浸漬したり、酢水で煮たりして軟らかくしてから調味することがある。酸によりこんぶが軟化するのは、細胞壁を構成する物質の溶出、細胞壁に存在するアルギン酸カルシウムが遊離のアルギン酸になること、アルギン酸が低分子化することなどが考えられている。また、食塩と有機酸中で煮るとこんぶの軟化が速く、糖類とグルタミン酸ナトリウム中では軟化が緩慢であることも報告されている。

3) 調理による栄養価・機能性の変化

もずくなど褐藻類の粘質物に多く含まれるフコイダンは、抗がん作用があるといわれているがまだ不明な点も多い。

3.4 種実類

(1) 種類と成分特性

種実類は食用植物の種子のうち、穀類、豆類、香辛料以外のもので、外果皮が固い堅果（ナッツ）類と種子類に大別できる。堅果類は、アーモンド、カシューナッツ、くるみ、落花生などが、種子類にはごま、ひまわりや松の実などがある。種実類は発芽に必要な成分をすべて備えているために、栄養価が高い。種皮や殻を除去して乾燥させたものが食用となっているが、油脂で揚げたり、砂糖や食塩で味をつけたりするなどの加工をすることもある。そのまま食用にする他に、製菓の材料として、あるいはサラダなどのトッピング材として用いられる。

成分別にココナッツ、アーモンド、ごま、落花生のように脂質含量の多いものと、くり、ぎんなん、はすの実のように炭水化物含量の多いものの2種類に分類される。脂質含量の多いものの水分は1～6%と少なく、100 g 当たりでは500～700 kcalという高エネルギーで、成分はたんぱく質10～30%、脂質45～70%、炭水化物10～30%である。なお脂質を構成する脂肪酸は不飽和のものが多く、コレステロールはほとんど含まれていない。一方、くりなどでは脂質は0.5%と少ないが、炭水化物が36.9%と多い（表6.29）。

表6.29　主な種実類の成分の違い

（100g当たり）

種実名	エネルギー (kcal)	脂質 (g)	炭水化物 (g)
ココナッツ	668	65.8	23.7
アーモンド(乾)	587	51.8	20.9
ごま(乾)	578	51.9	18.4
落花生(乾)	585	47.5	18.8
くり(日本栗、生)	164	0.5	36.9
ぎんなん(生)	171	1.6	34.8
はす(熟成、乾)	344	2.3	64.3

出典）日本食品標準成分表2015年版（七訂）

落花生は殻付きのまま、または殻を除いてゆでたり、炒ったりして食用にする。ゆでる、あるいは炒った落花生の殻を除去してから油で処理し、食塩で味つけした物がバターピーナッツである。そのままの形や刻んだり粉末状にしたりして、和洋中の菓子や料理に使われる。落花生は落花生油にも加工される。

アーモンドは核内の仁を食用にしている。ナッツとして食用にしているスイート種と、製油として用いるビター種がある。スイート種は炒ったり油で炒めたり、フライにして食べる他に、そのままあるいは粉末状にしてマジパンや製菓材料として使われている。

コラム　杏仁

杏仁豆腐の「杏仁」はアンズ（杏）の果実中の種子の中の核（仁）のことで、「あんにん」、「きょうにん」（中国語ではシンレン）ともよばれ、古くから薬用として利用されていた。中国の杏仁には、苦味種（北杏）と甘味種（南杏）の2種類があり、苦味種は杏仁（きょうにん）として漢方で利用され、咳を鎮めたり、喘息に効果がある。甘味種は食用に使われ、その核を割り、内部から種子を取り出し乾燥させ粉末状にしたものが杏仁粉（杏仁霜）で、杏仁豆腐に使われる。杏仁には青梅と同じ青酸配合体（アミグダリン）が含まれるので、多量の摂取は避ける。

(2) 調理による嗜好性・物性・組織の変化

1) 色・香りの変化

ごまは色により白ごま、黒ごま、金ごま、形態や処理の仕方により洗いごま（生ごま）いりごま、すりごま、みがきごま（白ごまの皮をむいたもの）、ペーストなどの種類がある。黒ごまの色素はアントシアン系といわれてきた。福田らは水溶性ではあるが、化学的性質はカテコール型タンニンの呈色反応と同じであることから、カテコール型タンニンが主成分であろうと推察している。代表的な精進料理にごま豆腐がある。白ごまをすり、葛でんぷんと水を入れ、でんぷんが糊化するまで加熱し型に入れて固める。すりごまとくずでんぷんが同じ重量比のものが風味と滑らかさがよいという報告がある。

くりの黄色はカロテノイドである。渋皮にはもちろん、果肉にもタンニンが含まれるので皮をむいた後は水につけておく。くりの甘露煮のときはアク抜きと、煮崩れを防ぐためにミョウバン液につける。ミョウバンの成分のアルミニウムが細胞膜と結合し不溶化するため、煮崩れを防ぐといわれている。

炒ると香ばしい香りがでるのは、種実類に含まれる糖、アミノ酸、脂質などの加熱による変化（アミノカルボニル反応）で生じる物質のためで、その種類や比率により、種実特有の香りが生じると考えられている。

(3) 調理による栄養価・機能性の変化

ごまは成分としては脂質が約50%と最も多く、圧搾するとごま油が得られる。焙煎せずに搾油した白ごま油もある。脂肪酸としてはリノール酸やオレイン酸が多い。たんぱく質も約20%含まれているが、トリプトファンやメチオニンが多く含まれ、栄養的に優れている。カルシウム、鉄、ビタミンB_1、ビタミンEのような微量成分も多く含まれている。ごま油は強い酸化安定性をもち、これはビタミンE（γ-トコフェロール）とセサモールによるといわれてきたが、近年、ごま油精製過程でできるセサミノールが、焙煎ごま油では、セサモールが抗酸化物質だと説明されている。

ビタミン類ではビタミンEがアーモンド、ヘーゼルナッツや落花生に、ビタミンB_1がくるみに、ビタミンB_6がピスタチオに、葉酸はくるみやごまに、パントテン酸が落花生やヘーゼルナッツに含まれている。カルシウムはアーモンド、くるみやごまなどに、カリウムはピスタチオ、アーモンドや落花生などに、鉄はごま、カシューナッツやアーモンドなどにというように無機質も豊富に存在している。

脂質含量の多いものは脂質が酸化されやすいので、保存には注意しなければならない。堅果類は栄養に富むのでカビ汚染を受けやすい。落花生やピスタチオは発がん性を有するアフラトキシンに汚染されやすいので、注意を要する。

4 成分抽出素材

4.1 でんぷん

(1) でんぷんの種類と特徴

でんぷん*62は根、茎、種実などの細胞中に粒の形で蓄えられている貯蔵多糖類であり、分離・精製したものを食材として用いている。これらは、でんぷんが貯蔵される場所により分類され、植物の種子に貯蔵される米、小麦、とうもろこし、豆類などの**種実（地上）でんぷん***63、植物の地下茎や根に貯蔵されるじゃがいも、さつまいも、くず、タピオカなどの**根茎（地下）でんぷん**、サゴヤシやそてつのように樹幹に多量にでんぷんが蓄積される**樹幹でんぷん**がある。これらのでんぷん粒は、種類や起源により特有の大きさや形状をしている。主なでんぷん粒の走査電子顕微鏡写真を図 6.63 に示した。

(2) でんぷんの構造

でんぷんは**グルコース**が多数結合した高分子化合物で、**アミロース**や**アミロペクチン**などのでんぷんの分子が集まって粒を形成している。アミロースはグルコース

***62 でんぷん：**とうもろこしでんぷんはコーンスターチ、じゃがいもでんぷんは片栗粉、さつまいもでんぷんはわらび粉と称されて販売されている。

***63 種実でんぷん：**種実（地上）でんぷんである米、とうもろこしなどは水分の少ない環境下で蓄えられるため、でんぷん粒は小さく角ばっている傾向にある。一方、じゃがいもやさつまいもなどの（地下）でんぷんは、水分の多い環境下ででんぷんが蓄えられるため、でんぷん粒か大きく、形状は丸いものが多い。

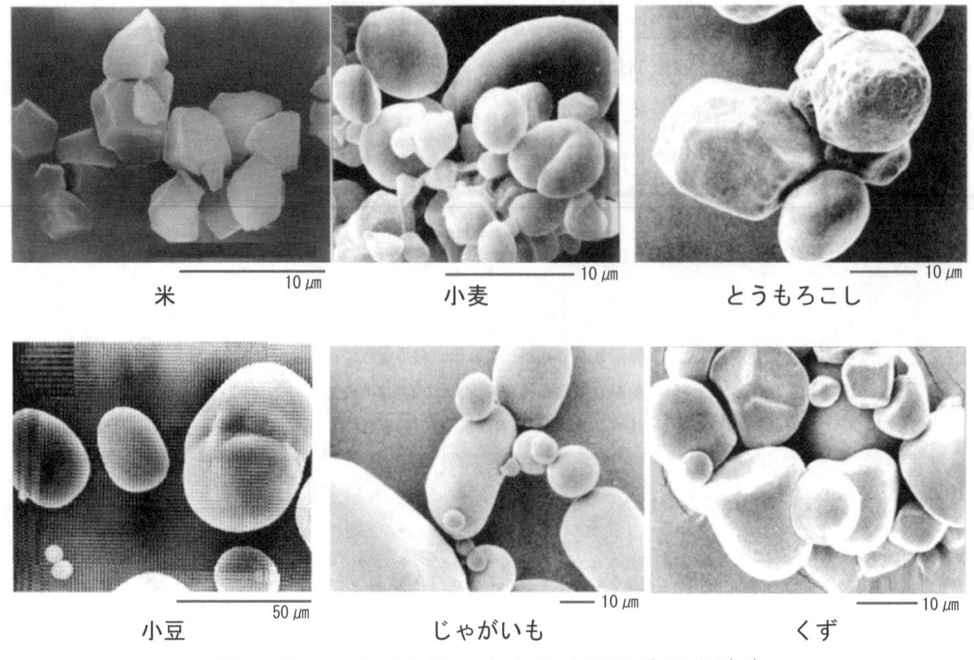

図 6.63　でんぷん粒の走査電子顕微鏡写真[32)33)]

がα-1,4結合によって直鎖状に重合し、らせん形の鎖状構造をしている。一方、アミロペクチンはこのアミロース鎖の途中からα-1,6結合によって分岐し、房状の構造をしていると考えられている（p.123参照）。

また、でんぷん粒子はグルコースの鎖の一部が規則正しく配列している部分と不規則な部分が入り混じっている。規則正しく配列している部分を**ミセル**といい、ミセルは生（raw）の状態でみられる（p.123参照）。

(3) でんぷんの調理特性

でんぷんは生の状態（β-でんぷん*64）ではミセルが緻密な構造となっており、水分が入ることができないため、酵素の作用を受けにくく消化が悪い。そのため、でんぷんを食すときには、通常は水を加え、加熱してから用いる。

1) でんぷんの糊化

でんぷんに水を加えて加熱すると、水およびでんぷんの分子の運動が盛んになってミセル構造にすき間が生じ、そのすき間に水分が侵入していき、でんぷん粒が膨潤し、糊状になる。これをでんぷんの**糊化**（gelatinization）という。糊化には30%以上の水と適切な加熱が必要である。さらに加熱を続けるとミセルは完全にほどけて多くの水に囲まれた状態となる。この状態のでんぷんを**糊化でんぷん**（α-

＊64 β-でんぷん：生でんぷんを日本ではβ-でんぷんとよんでいる。ただし、国際的には用いられない。

でんぷん[*65]）とよんでいる。α-でんぷんはミセル構造が崩れているので、消化酵素の作用を受けやすく、消化がよくなり、食味も向上する。

2）でんぷんの老化

糊化したでんぷんを放置しておくと、徐々に粘性や透明度を失い、水分が離漿してくる。この現象を**老化**[*66]（retrogradation）とよんでいる。これはでんぷんの分子の配列が再び規則性をもつようになり、元の生でんぷんの状態に近づくためである。ただし、ミセル構造における結晶性は生（β-）でんぷんよりも低く、β´-でんぷんとして区別している。老化が進むと不溶性となり、消化酵素が作用しにくく、口触りなどの食味が低下する。

老化の進行は、水分含量、温度、アミロース含量、糊化の程度によって異なる。老化速度は水分30～60％の場合が最大で、クッキーやせんべいなどのように10％以下の乾燥状態や多量の水中では起こりにくい。温度は0～5℃が最も老化しやすく、60℃以上の高温あるいは凍結状態では老化は起こりにくい。また、直鎖状のアミロースが多いほど老化しやすい。でんぷんの糊化が不十分な場合においても老化しやすいので、十分に糊化させる必要がある。

(4) でんぷんの調理による物性の変化

1）でんぷんの種類と物性

でんぷんは種類によって、でんぷんの粒形や構造が異なり、でんぷんの性状によって**糊化開始温度**、粘度、ゲルの状態、透明度など異なった性質を示す。主なでんぷんの種類と特徴は表6.30に示した。小麦やとうもろこしなどの種実（地上）でんぷんはアミロース含量が高く、**糊化開始温度**は高く、ゲルの状態は不透明でもろく硬い傾向にあり、老化性も高い。これに対し、じゃがいもやくずなどの根茎（地下）でんぷんはアミロース含量が低く、糊化開始温度は低く、ゲルの状態は透明で粘着性が高く、老化性は低い傾向にある。このことから、でんぷんを調理に用いる際には、原料でんぷんの特徴をふまえ、目的に応じて使用する必要がある。

2）でんぷんの調味料による影響

でんぷんは各調味料を添加することにより、糊液やゲルの性状に影響を及ぼす。

(i) 砂糖による影響

でんぷんに砂糖を30％まで添加する場合は、砂糖の量が多くなるにしたがい、粘

＊65　α-でんぷん：日本での通称であり、国際的には用いられない。
＊66　老化：でんぷんが老化して固くなった飯やパンを、再加熱するとでんぷんの一部が加熱でんぷんに戻り、おいしく食べられる。飯は水分が60～62％であるため、冷蔵庫に保存すると老化が進む。そのため冷凍保存が望ましい。パンも冷凍保存し直接再加熱する。

表 6.30　でんぷんの種類と特徴[34)]

	種　類	粒　形	平均粒径(μm)	アミロース(%)	でんぷん 6%		ゲルの状態(でんぷん 7%)	透 明 度
					糊化開始温度(℃)	最高粘度(BU)		
種実でんぷん	米	多面形	5	17	67.0	112	もろく、硬い	やや不透明
	小麦	比較的球形	21	25	76.7	104	もろく、軟らかい	やや不透明
	とうもろこし	多面形	15	28	73.5	260	もろく、硬い	不透明
	緑豆	卵形	15	34	73.5	900	もろく、非常に硬い	やや不透明
根茎でんぷん	じゃがいも	卵形	33	22	63.5	2200	強い粘着性	透明
	さつまいも	球形、楕円形	15	19	68.0	510	強い粘着性	透明
	くず	卵形	10	23	66.2	450	弾力性、硬い	透明
	タピオカ*	球形	20	18	62.8	750	強い粘着性	透明
	かたくり	卵形	25	18	54.2	980	強い粘着性	透明
その他	サゴヤシ	楕円形	31	26	71.0	135	さくっと割れやすい	透明～不透明

*キャッサバともいう。　BU：粘度（ブラベンダーユニット）

度および透明度は増し、冷えるとゲル強度を高め、老化を抑制する。しかし、砂糖を50%以上添加すると、砂糖の親水性によりでんぷん粒の吸水が阻害されるため、粘度は低下する。そのため、砂糖の添加量が多い求肥などを調理する際には、でんぷんを糊化させた後、砂糖を加えるとよい。また、近年、工業的に用いられるようになったトレハロースは、非還元糖であるため安定性が高く保水性もあり、でんぷんの老化を抑制する効果がある。

(ii) 食塩による影響

じゃがいもでんぷんに食塩を添加すると粘度は低下する。しかし、とうもろこしでんぷんやタピオカでんぷんにはその影響は少なく、食塩の影響はでんぷんの種類によって異なる。

(iii) 酸による影響

でんぷんに酸を加えて加熱すると加水分解が起こり、粘度が低下する。pH 3.5 以下では特に著しいため注意が必要である。

(iv) 牛乳による影響

とうもろこしでんぷんやじゃがいもでんぷんに牛乳を加えると、軟らかいゲルが得られる。特に、じゃがいもでんぷんは糊化開始温度が上昇し、最高粘度が著しく低下する。

(v) 油脂による影響

じゃがいもでんぷんに油を添加するとでんぷん粒の膨潤糊化を抑制するが、でんぷん糊の粘度は高くなる（図 6.64)。また、食塩やしょうゆ、食酢を加えただけの場合は粘度が低下するが油が共存（溜菜など）すると粘度の低下が抑制される。

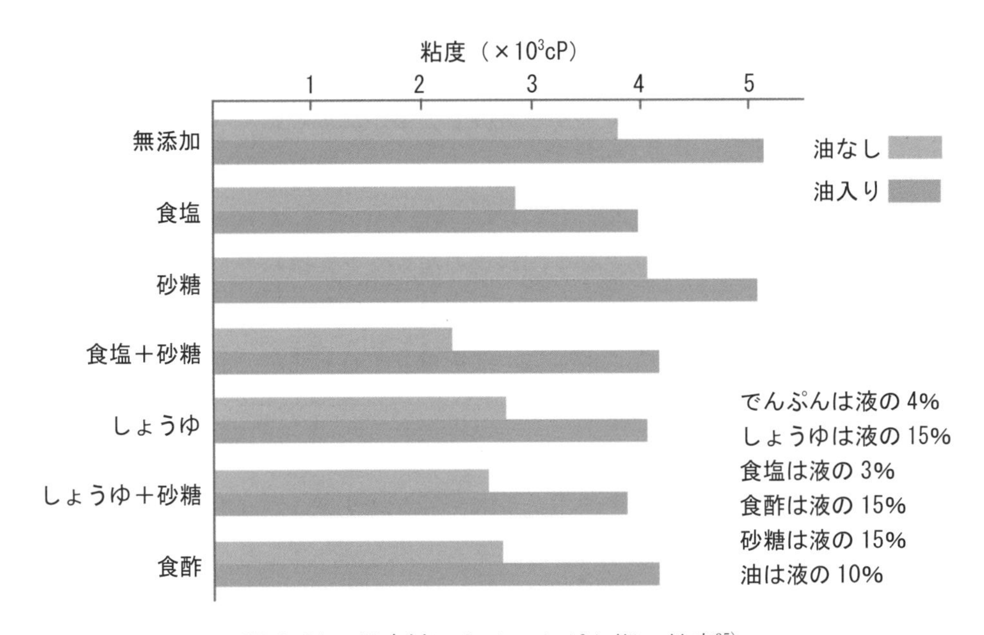

図 6.64　調味料によるでんぷん糊の粘度[35)]

(vi) 乳化剤による影響

でんぷんにショ糖脂肪酸エステルなどの乳化剤を添加するとアミロースやアミロペクチンと複合体をつくり、老化を抑制する。近年、パンやケーキ、麺などに添加されている。

(5) でんぷんの調理への応用

でんぷんは種類によって糊液の粘性、**糊化度**、ゲルの硬さ、透明度などが異なるため、そのでんぷんのもつ特徴を活かし、さまざまな調理に利用されている。その調理と使用するでんぷんおよび濃度を表 6.31 に示した。

表 6.31　でんぷんを用いた調理と使用濃度

調　理　名	でんぷんの種類	使用濃度(%)
薄くず汁	じゃがいも、くず	1～2
黄身酢	じゃがいも	1～3
くずあん	じゃがいも、くず	3～6
葛湯	じゃがいも、くず	5～8
カスタードクリーム	とうもろこし、小麦	7～8
ブラマンジェ	とうもろこし	8～12
ごま豆腐	くず	15～20
くず桜	じゃがいも、くず	15～20

1) 低濃度（でんぷんゾル）での利用

でんぷん濃度を1～8%くらいの範

囲で水とともに加熱すると、透明または半透明になり、粘度を生じた液状（**ゾル**）となる。

（ⅰ）薄くず汁、かきたま汁

粘性があり、透明度の高いじゃがいもでんぷんやくずでんぷんを用いる。透明であるため汁の光沢が得られ、椀種の色どりが映える。適度な粘性があるため、なめらかな口触りやのどごしを与え、対流を抑制するので保温性も高い。かきたま汁では卵を加えると表面積が広く軟らかく凝固し、卵が沈まないように均一に分散させることにも役立つ。

（ⅱ）くずあん・溜菜

日本料理の煮物にかけるあんや中国料理の溜菜などにはじゃがいもでんぷんが用いられる。でんぷんでとろみをつけた調味液は付着性があるため材料によく絡まり、料理に光沢を付与する。また、溜菜には油を付与すると油が分散しやすく、調味液による粘度の低下を抑制する。

（ⅲ）カスタードクリーム、黄身酢

いずれも卵黄を用いた料理である。カスタードクリームには牛乳、卵、砂糖にとうもろこしでんぷんあるいは小麦粉を加える。黄身酢にはじゃがいもでんぷんを加えて加熱し、80 ℃になってから卵黄を加えると適度な粘性が得られる。

2）高濃度（でんぷんゲル）での利用

8～20％くらいの濃度のでんぷんは加熱糊化させた後に冷却すると凝固し、**ゲル化**する。この機能を活かした料理として、ブラマンジェ、ごま豆腐、くず桜などがある。

（ⅰ）ブラマンジェ

西洋菓子のブラマンジェ*67では、ゲル形成能のよいとうもろこしでんぷんが用いられている。しかし、とうもろこしでんぷんは糊化開始温度が高いため、加熱が不十分であると、食感が悪く、べたついたブラマンジェとなってしまう。そこで、中火または強火で表面に大きな泡が出始めて（80 ℃）から4～5分間加熱を続ける必要がある。このことにより、でんぷん糊液の温度は96 ℃までに達し、でんぷんが十分に糊化され、粘弾性が高く歯切れのよいブラマンジェになる。

（ⅱ）ごま豆腐

ごまの風味を活かしたごま豆腐には、なめらかな舌触りと腰の強い弾力性が求められ、くずでんぷんが利用される。

＊67 ブラマンジェ：フランス語で白い食べ物という意味である。コーンスターチは種実でんぷんで糊化しても半透明であるので用いられる。今は コーンスターチトゼラチンを併用して作る方法もある。

(iii) くず桜

くず桜はあんをでんぷんの皮で包んだ和菓子であり、この皮は透明で弾力があり、歯ごたえのあるでんぷんゲルが好ましく、くずでんぷんが適当である。しかし、でんぷん衣は半糊化状態であんを包んで蒸すため、くずでんぷんだけでは付着性が高く調製しにくい。この欠点を補うために、透明度が高く付着性の少ないじゃがいもでんぷんをくず：じゃがいも＝3：1の割合で混合すると、調製しやすく食感および外観もよい。

また、現在はくず桜に似た水まんじゅうもある。これは、でんぷん、くず粉、ブドウ糖、寒天、増粘多糖類、乳化剤を原料としている。糊化させたでんぷん衣を、型にあんを包むように流し込み、水中で冷やし固めたものである。くず粉のみのゲルと比べ水まんじゅうのゲルは半透明であり、冷凍保存も可能である。

3) 粉状での利用

でんぷんの吸水性を活かし唐揚げの衣として用いたり、肉団子やはんぺんなどのつなぎとして利用される。また、くずうち（くずたたき）では材料の表面にまぶしたでんぷんが糊化して膜を形成し、食品の成分の流出を防ぐとともになめらかな食感を与える。

4) パール状でんぷんの利用

保存性がよく、スープの浮き実、ゼリー、プディングなどの調理に広く用いられるようになってきている。ゆでるときは、表面のでんぷんを素早く糊化させる必要があるので、必ず沸騰した湯の中に入れる。ただし、大粒のパールでは、調理する際に煮崩れしやすく、芯が残りやすいなどの問題もある。このため、熱湯を入れた魔法瓶にパール状でんぷん*68を加えて3～4時間放置すると、透明で形状がよく、歯切れのよい食感を得ることができる。

(6) でんぷんの調理・加工による栄養、機能性の変化

でんぷんは水に溶けず、いったん糊化しても老化しやすいなど欠点がある。そこで、利用目的に応じ、天然のでんぷんを酵素処理、酸・アルカリなどの化学的処理および湿式・乾式加熱などの物理的処理を施した**化（加）工でんぷん**が開発された。**化（加）工でんぷん**は原料でんぷんの利用特性を助長、改良したことにより、近年、

＊68 パール状でんぷん：でんぷんをドラムの中で少量の水を霧状に吹きかけ、回転させながら半糊化状にローストした後、乾燥してパール状にしたもの。主にサゴパール（粒形2㎜）とタピオカパール（粒形5～6㎜）がある。サゴパールはサゴヤシの樹幹からとれたでんぷんを用い、タピオカパールはキャッサバいもからとれる根茎でんぷんを用いている。さらに、タピオカパールをカラメル色素やイカスミなどで着色した黒パール（ブラックパール）、花などの天然色素で着色したカラーパールが加工されるようになり、これらの調理用途は増えてきている。

食生活の変化に伴って増加している加工食品において、品質保持のため食品添加物として使用されている。

1）デキストリン

でんぷんを加水せずに120〜200℃で加熱すると、でんぷん分子が切断されて生じる。この現象を**デキストリン化**という。デキストリンは加熱されても糊状にならず可溶性となり、粘性を抑えたいソースやスープなどの**ルウ**として利用される。

2）α化でんぷん（糊化済みでんぷん）

でんぷんを糊化し、老化する前に脱水、乾燥後水分10〜15%以下の粉末状にしたもの。冷水でも糊化状態が再現でき、粘性、保水性、粘着性がある。嚥下障害をもつ人の誤嚥防止として、**増粘剤**としても利用されている。

3）湿熱処理でんぷん

でんぷんを100℃前後の飽和水蒸気中で加熱したもの。アミロースの結晶構造が強固となるため、耐酸性、耐熱性で、100℃以下の温度ではほとんど糊化膨潤せず、物性変化が起こりにくい。化学的な処理は施していないため安全性が高く、ベーカリー食品、麺類、フライ食品など幅広く利用できる。

4.2 油脂類

油脂はさまざまな動植物性食品中に広く分布している。その主成分はグリセロールに3個の脂肪酸が結合したトリグリセリドである。食用油脂は、油脂含量の多い食品から油脂を抽出・精製（脱ガム、脱酸、脱色、脱ロウ、脱臭）、または加工したものをいい、単独あるいは数種を混合して、調理・加工に幅広く用いられている。

(1) 種類と特徴

食用油脂は融点*69（melting point）により分類され、一般には常温（25℃付近）で液状のものを油（oil）、固体状のものを脂（fat）とよんでいるが、この区別は明白なものではない。融点は油脂を構成する脂肪酸組成によるもので、脂肪酸は同一の炭素数であれば不飽和度が高いほど融点は低く液状となる。また、不飽和脂肪酸は、炭素数が多くなると融点は高くなる。油脂類の分類と種類を**表6.32**に示す。

「油」には、なたね油、大豆油、とうもろこし油、サフラワー油、オリーブ油、ごま油など、主に植物性由来のものが多い。オリーブ油やハイオレイック種を原料とするひまわり油およびサフラワー油には、一価不飽和脂肪酸のオレイン酸（C18：1）が多く含まれている。また、とうもろこし油、ごま油、ハイリノール種を原料とす

＊69 **融点**：固体脂は常温（25℃付近）以上のある温度で、液状の油に変化する。液状油は低温のある温度で固体状の脂に変化する。この温度を融点という。

表 6.32　食用油脂の種類

油脂の分類		食用油脂の種類
植物油脂	油(液体)	乾性油*1：あまに油、えごま油、大豆油など
		半乾性油*1：なたね油、とうもろこし油、綿実油、米ぬか油、ごま油など
		不乾性油*1：オリーブ油、ひまわり油、サフラワー油、落花生油など
	脂(固体)	パーム油、パーム核油、やし油、カカオ脂など
動物油脂	油(液体)	魚油(いわし油、まぐろ油、さば油など)、たら肝油など
	脂(固体)	牛脂(ヘット)、豚脂(ラード)、鶏油(脂)など
加工油脂	油(液体)	MCT(中鎖脂肪酸トリグリセロール)、植物性ステロール強化油など
	脂(固体)	バター、マーガリン、ショートニング
調 合 油	油(液体)	サラダ油、天ぷら油、ごまサラダ油*2など

*1：油脂の品質検査法のひとつであるヨウ素価（油脂 100g に吸収されるヨウ素の g 数）により、
　乾性油（130 以上)、半乾性油（100～130)、不乾性油（100 以下）に分類される。
*2：未焙煎のごま種子から搾油、脱ロウを含めた精製工程を行う。無味無臭無色である。

るサフラワー油には、多価不飽和脂肪酸で必須脂肪酸*70（essential fatty）のリノール酸（C18：2）が多く、えごま油や亜麻仁油にはα-リノレン酸（C18：3）が50%以上含まれている。

「脂」には動物性の牛脂（ヘット：独)、豚脂（ラード）などがあるが、魚油はアラキドン酸（C20：4)、イコサペンタエン酸（IPA（C20：5))、ドコサヘキサエン酸(DHA（C22：6)）などの不飽和脂肪酸の割合が高く常温で液状である。魚油や植物油などの液状油を水素添加して得られる硬化油や、それを原料とするマーガリン、ショートニング、また、生乳を原料とするバター、飽和脂肪酸を多く含むパーム油、パーム核油、やし油などは融点が高く固体状である。

なたね油や大豆油を主原料とするサラダ油*71は、生食用を前提として精製されたもので、低温下で白濁したり固まらないように精製工程でウインタリング*72（脱ロウ）を行っている。主な食用油脂の特徴と調理用途を表 6.33 に示す。

(2) 調理特性

油脂は単独に味わうことはほとんどないが、特有の風味と滑らかな舌触りがあり、

＊70 必須脂肪酸：リノール酸、α-リノレン酸、アラキドン酸。これらの脂肪酸をn-6 系列とn-3 系列に機能上分類（脂肪酸構造式のメチル基から数えて 6 番目または 3 番目に二重結合があることによる）し、両脂肪酸の摂取量については食事摂取基準（%エネルギー）に、目安量と目標値が設定されている。リノール酸、アラキドン酸は n-6 系脂肪酸、α-リノレン酸は n-3 系脂肪酸。

＊71 サラダ油：(成分表では**調合油**で記載されている)
2 種類以上の油を配合して調製したものである。冬季または冷蔵庫内で、結晶やロウの出るのを防ぐための工程を通している。JAS 規格では0 ℃で 5 時間 30 分清澄であることが定められている。食品成分表に収載してある調合油は、「大豆油」と「なたね油」を 1 ： 1 で配合したものである。

＊72 ウインタリング：高融点のアシルグリセロールを除去すること。「脱ロウ」ともいう。

多くの食品の風味やテクスチャーを特徴づけている。一般に油脂含量の多い食品や油脂を多く用いた調理加工品は、コクのある濃厚なおいしさをもっている。しかし、コクのある濃厚感は油脂の存在状態により一様ではない。脂肪分をおよそ50%含むピーナツなどのナッツ類は油脂が硬い組織の中に含まれているため油っこさをあまり感じない。マヨネーズは油脂を65〜80%含むにもかかわらず、それが水中油滴型エマルションであるため、油脂含量のわりに油っこく感じられない。同様に、生クリームは45%程度の脂肪を含むにもかかわらず、軽い舌触りなのは、水中油滴型のエマルションであることの他に泡立てにより空気が含まれていることによる。

1）風味・食味の付与

トリグリセリドそのものは無味無臭であり、完全に精製すれば化学的な味は存在しない。しかし、非加熱および加熱調理の過程で用いることにより油脂に含まれる微量の揮発性成分は、油脂特有の風味とおいしさを付与する。

生野菜にドレッシングやマヨネーズをかけると油の香味とともに、塩や酢を単独にかけた場合とは異なるまろやかな味となり、口あたりはやわらかくなる。揚げ物では油脂と揚げ材料の成分が反応（アミノカルボニル反応）して香ばしいフレーバーを生じる。

呈味成分の感じ方は、特にエマルションの乳化型によって異なる。水中油滴型エマルションのマヨネーズは、水溶性の呈味物質が直接味蕾に作用するため、はっきりとした酸味や塩味を感じるが、油中水滴型エマルションのマーガリンやバターでは、油が味蕾を覆うため、はっきりとした味を感じるよりも全体として油っぽさや油脂の風味を感じる（p. 237参照）。

また、油脂の風味は食文化と深い関わりをもっている。ごま油は主に韓国料理に、ラードをはじめ落花生油やごま油は中国料理に、オリーブ油やバターは西洋料理に用いられ、それぞれの油脂がもつ独特の風味によりその国の料理らしさを特徴づけている。

2）テクスチャーの変化

油脂を用いて調理した食品は、一般になめらかな口あたりとなり、好ましい食感となる。炒め物では油が食品の周りを薄く被うため、なめらかなテクスチャーとなる。揚げ物では高温の油中で食品を加熱することにより食品中の水分は蒸発し、代わりに揚げ油が吸収されて水と油の交代が起こる。水と油の交代の良否は、仕上がった衣の口触りに影響し、交代のよいものはからっとした軽い感じになる。

また、牛脂やラードなどの固体脂は口の中で溶ける程度によって食感が異なる。牛脂の融点はおよそ40〜50℃で、冷えると凝固し口触りが悪く、食味も低下する。

表 6.33　主な食用油脂の特徴と調理用途

種　類	性状・特徴など	調理用途
大豆油	リノール酸に富みオレイン酸、α-リノレン酸を含む。家庭用にはなたね油と調合してサラダ油に利用。独特のうま味とコクを生かして天ぷら油として利用。	生食サラダ用（ドレッシング、マヨネーズ） 加熱用全般
なたね油（カノーラ油）	別名：キャノーラ油。従来のなたね種を品種改良したカノーラ種を圧搾・抽出。オレイン酸が多くリノレン酸も含む。風味が軽く、単独または調合サラダ油として多く消費。	生食サラダ用（ドレッシング、マヨネーズ） 加熱用全般
とうもろこし油	別名：コーン油。でんぷん抽出後のとうもろこし胚芽から圧搾・抽出。リノール酸に富み、オレイン酸も多い。リノレン酸が少ないので酸化安定性に優れる。	生食サラダ用 加熱（揚げ物）用
サフラワー油	別名：べにばな油。べにばなの種子から圧搾・抽出。ハイリノール種（リノール酸約 75%含有）、ハイオレイック種（オレイン酸約 75%含有）の 2 品種がある。	生食サラダ用 加熱用全般
米ぬか油	別名：米油。米ぬかを原料として抽出。オリザノール（抗酸化作用）を含む。独特の香ばしい風味をもつ。	米菓スナックなどの製造用フライ油
綿実油	リノール酸に富む。口あたり、風味がよく独特のうま味がある。安定性が高いのでフライ油に使用。	
ごま油	焙煎ごま油：種子を焙煎後、搾油したもの。濃い褐色で香ばしい風味を持つ。精製せずにろ過などにより不純物を除去したものが多い。抗酸化物質のリグナン類を多く含み、酸化安定性が高い。未焙煎のごまサラダ油も同様。	生食サラダ用（風味付、ドレッシング） 加熱（炒め物、揚げ物など）用全般
ひまわり油	ひまわり種子を脱穀、圧油法により製造。ハイリノール種とハイオレイック種の 2 品種がある。ハイオレイック種の油は酸化安定性が高い。風味が軽い。	生食サラダ用 加熱（揚げ物）用
オリーブ油	オリーブ果実の果肉から採油。圧縮法で製造された油は黄緑色の色調と特有の風味を有する。エキストラバージンオイルはオレイン酸を77%程度含み酸化しにくい。	生食サラダ用（風味付） 油漬け用
パーム油	パーム果肉から圧搾。パルミチン酸、オレイン酸が多い。	製菓用、マーガリン、ショートニングの原料
パーム核油 やし油	パーム果実の核、ココヤシの核から圧搾・圧抽。やし油の別名はココナッツオイル。共にラウリン酸（約50%）が主体。天然抗酸化剤トコフェロールを含まないが、酸化安定性に優れる。	製菓用、乳製品類、マーガリン、ショートニングの原料
えごま油	別名：シソ油。植物由来の多価不飽和脂肪酸であるα-リノレン酸を 60%前後含む。加熱により酸化しやすい。	生食サラダ用（ドレッシング）
亜麻仁油	別名：フラックスシードオイル。α-リノレン酸を 55%以上含む。欧米では古くから食用として用いられてきた。	生食サラダ用（ドレッシング）
牛　脂（ヘッド）	オレイン酸、パルミチン酸とステアリン酸を多く含む。 融点 35～50℃で、冷めると口あたりが悪くなる。	加熱用
豚　脂（ラード）	パルミチン酸、オレイン酸を多く含む。天然のトコフェロール量が少なく、酸化安定性が悪い。独特のコクと風味。	加熱用
バター	生乳、牛乳または特別牛乳から得られた脂肪粒を練圧したもの。 加塩バターでは乳脂肪分 80%以上、水分 17%以下。 特有のバター臭は酪酸による。	製菓・製パン用、 食卓用 加熱用

ラードの融点は 28～46℃で口溶けしやすく、やわらかい食感を与える。

3) 熱の媒体

油脂は加熱すると100 ℃以上の高温調理が可能となる。油脂の比熱は水に比べておよそ2分の1で小さいため短時間に100 ℃以上の高温が得られ熱効率がよい。揚げ物や炒め物は、油脂を熱媒体として利用した調理法である（P. 86､87参照）。

4）接着の防止と防水

油脂は水に溶けず、水とは混ざり合わない性質（疎水性）をもっている。この性質を利用して、食品と食品の付着、食品が器具や容器に付着するのを防ぐことができる。焼き網、鉄板、容器にうすく油脂を塗ることにより食品の接着を防いでいる。ピラフの場合、米を炒めるバターは、米と米が付着するのを防ぐと同時に、米への水の吸収を抑制する。また、サンドイッチやカナッペの食パンの表面に塗るバターは、具となる材料とパンを接着し、材料の水分がパンにしみこむのを防ぐ役目をする。

5）可塑性

牛脂、ラード、バターなどの固体脂は可塑性を示す。可塑性とは外力を加えなければ変形せず、外力を加えると変形する性質をいう。可塑性を示す温度範囲は、固体脂の種類によって異なる（表 6. 34）。折り込み式パイにバターを用いたり、パンにバターやマーガリンを塗るのは可塑性を利用した例である。

表 6. 34　可塑性を示す固体脂の温度範囲

（℃）

	可塑性を示す温度	融点
牛　脂（ヘッド）	35～38	40～50
豚　脂（ラード）	10～25	28～48
バター（牛酪脂）	13～18	28～38
カ　カ　オ　脂	32～37	32～39

6）ショートニング性

クッキー、クラッカー、パイなどの小麦粉を用いた生地に油脂を添加すると、歯もろく砕けやすいサクサクとしたテクスチャーとなる。この食感をショートネスといい、それを与える性質をショートニング性という。ショートニング性は、油脂が小麦粉中のでんぷんやたんぱく質の周囲を薄い膜で包み込む結果、水分が入りにくくなり、でんぷんの膨潤やグルテン形成が抑制されるために生じる。油脂量が多いほどショートネスは大きくなる。

7）クリーミング性

固体脂には撹拌すると空気が細かい気泡となって分散し、気泡を抱き込む性質がある。この性質をクリーミング性といい、バタークリームやバターケーキ、ホイップ用生クリームに利用される。空気を充分に含んだ状態になると、ふんわりとしたクリーム状になり軽い口あたりとなる。クリーミング性は、バター<マーガリン<ショートニングの順で大きくなる。クリーミングの程度を表わした値をオーバーラン*73といい、よく泡立てられたクリームは100%以上となる。

8) 乳化性

油と水は本来混ざり合わないが、乳化剤を加えて撹拌すると、どちらか一方が細かい滴となってもう一方の液体中に分散し乳濁液になる。この乳濁液（または乳化物）をエマルションといい、エマルションになる性質を乳化性という。

乳化剤が存在すると、水と油は分離することなく安定な状態となる。エマルションには、油が細かい油滴となって水の中に存在する水中油滴型（O/W：oil in water）と、水が細かい水滴となって油の中に存在する油中水滴型（W/O：water in oil）がある（図 6.65）。卵黄を乳化剤とし、食酢、食塩、香辛料を加えた中にサラダ油を油滴として分散させたマヨネーズは、O/W 型エマルションである。他に牛乳があり、さらに牛乳から分離された脂肪含量の高い生クリームがある。一方、W/O 型エマルションには、水分を 15%程度含むバターやマーガリンがある。

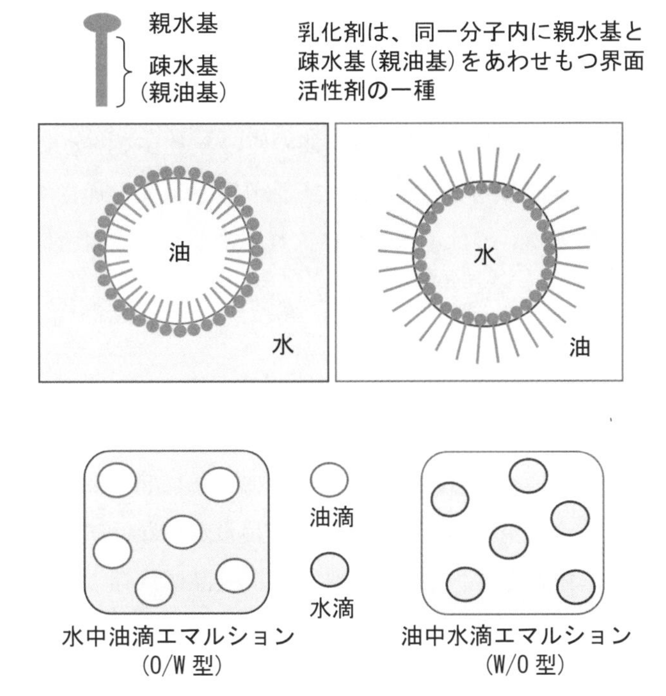

図 6.65　乳化の型

＊73 オーバーラン：クリーミングの程度を表わした値（空気の抱きこむ程度を、百分率で表わしたもの）。

(3) 油脂を用いる調理

油脂はさまざまな料理に用いられる。使用する油脂にはそれぞれ特徴があり、適した油脂を用いることで調理効果や嗜好性は向上する。

1) 揚げ物

揚げ物に使用される油脂は、主に大豆、なたね、綿実、とうもろこしなどの植物性油で、いずれも不飽和脂肪酸であるオレイン酸とリノール酸などを多く含んでいる。牛脂やラードなどの固体脂も加熱すれば液状になるため用いられるが、常温になると油脂が固まるため乾いた感じになる。冷めると固体に戻り口ざわりが悪くなるので、調理後は直ちに食するのが好ましい。

油の使用回数が多くなると、不快なにおいを生じるようになり、それに伴って油の粘度も増し、揚げ種の周囲に消えにくい泡立ち（かに泡）がみられるようになる。揚げ種の表面に油が多く付着して、水と油の交代が不十分となり、カラリと揚がりにくくなる。

調理に用いた油脂は、加熱や保存により酸化し変敗する。酸化の要因には酸素、光、微生物、温度、金属イオン、加水分解、酵素作用などがある。また脂肪酸組成、精製度、揚げ材料の種類、加熱温度や時間、使用油や材料の量、使用後の処理や保存法なども関与する。家庭における調理では、揚げ油の温度を必要以上に上げないようにし、さし油をしつつ使用するほうが油の使い方としては効果的である。また、使用後の油は熱いうちにろ過して揚げかすを取り除き、光を通さず空気との接触面の小さい容器（金属製のものは避ける）に入れて密閉し、冷暗所に保存するなどの注意が必要である。

2) 炒め物

炒め物にはサラダ油の他に、種々の植物性油やバター、マーガリン、ラードなどの固体脂も用いられる。鍋に少量の油脂を入れ、食品を高温短時間で撹拌加熱する調理法である。食品は炒め油と鍋からの熱伝導により加熱されるとともに、油が食品のまわりを薄く被う。揚げ物に比べて油の使用量が少ないにもかかわらず、油を感じやすい。この理由として、揚げ物に比べて、食品に残存する水分が多いため、油脂味を感じやすく、また、空気との接触面積が大きい状態で加熱されるため、油脂が劣化しやすい。

3) サラダ用ドレッシング

ドレッシングの基本となるのはフレンチドレッシング（ビネグレットソース）とマヨネーズソースである。いずれも生野菜に直接かけて食するため、油は精製度が高く新鮮なものを用いることが大切である。

フレンチドレッシングはサラダ油をはじめオリーブ油、ごまサラダ油などの植物性油に食酢（果実酢、ワインビネガーなど）を加えたもので、その配合割合は酢：油を1：2～3である。使用する直前によく撹拌して用いる。市販品のなかには乳化剤の添加により、乳化状態を保つようになっているものもある。

マヨネーズは卵黄を乳化剤として植物性油を65%以上用い、食酢、食塩、香辛料を加えて撹拌したO/W型エマルションである。主材料の配合割合は油が65～85%、卵黄6～18%、食酢9～12%程度である。加える油の量が多くなるとマヨネーズは硬くなる。卵黄はそれ自体が天然のO/W型エマルションで、その乳化力は卵黄中のレシチンを含むリポたんぱく質*74による。酢はマヨネーズに酸味を付与するとともに、微生物の繁殖を抑える働きがある。食塩はマヨネーズに塩味を与え、一定量の食塩添加はエマルションの安定性を高める。また、エマルションの油滴粒子径が小さいほど硬く安定したマヨネーズができる。マヨネーズソースを基本とした応用例として、タルタルソース、オーロラソース、アイオリソース（にんにく、レモン汁配合）などがある。

4）製菓・製パン

ショートニング、マーガリン、バターなどの固体脂が有する可塑性、ショートニング性、クリーミング性、乳化性などの調理特性は、マドレーヌやパウンドケーキ、ビスケット・クッキー、パイなどの菓子類およびパン類に利用されている。

(4) 新機能性油脂

現在、市販されている食用油脂のなかには、食後の血中中性脂肪の上昇やコレステロールの体内吸収を抑制する機能を掲げた製品がある。中鎖トリグリセリド*75（MCT）を多く含む油や、大豆から抽出した植物ステロールの含有量を高めた食用油は、いずれも一般の食用油と同様に利用できることを前提に開発されたものである。これらの油は、現在、特定保健用食品*76として厚生労働省から認可されている。また、特定保健用食品とは別に、国の認可申請や届け出の必要のない栄養機能食品*77としてビタミンEを多く配合した油や、オレイン酸の含有量を高めた食用油もある。

＊74 リポたんぱく質：リポたんぱく質（脂質たんぱく質）は、リン脂質を介して脂肪と結合しているたんぱく質である。リン脂質であるレシチンやたんぱく質にはひとつの分子中に疎水（親油）基と親水基をもつため乳化剤となる。

＊75 中鎖トリグリセリド：炭素数8～10の脂肪酸で、やし油やパーム核油から分別抽出した中鎖脂肪酸をグリセリドで再エステル化し合成したもの。体脂肪蓄積抑制効果が認められている。

＊76 特定保健用食品：食品そのものに科学的根拠がある特定の保健機能を有する成分を含み、それを摂取することにより、特定の保健に役立つ旨の表示がされている個別評価型食品。

＊77 栄養機能食品：身体の健全な成長、発達、健康の維持に必要な栄養成分（12種類のビタミン、5種類のミネラル）の補給、補完に資する食品で、栄養成分の生理機能が科学的に検証され、過去の食経験からも確立されている旨の表示が認められている。規格基準型食品である。

(5) 加工油脂製品

1) マーガリン

マーガリンはパーム油、パーム核油、なたね油、大豆油などの植物性油や牛脂、豚脂などの動物性脂に水素添加してできた硬化油に、食塩や乳化剤などを加えた加工品である。油脂含有量が80%以上、水分17%以下のもの。製菓用などさまざまな用途にバターの代用として使われる。バターに比べて展延性がよく扱いやすいが風味はやや劣る。

製造過程で水素添加により発生するトランス脂肪酸*78の健康上のリスクが指摘される。

2) ショートニング

マーガリンと同様に目的や用途によって単独または数種類の油脂を混合して用いられる固形脂である。水分を含まず油脂および油溶性の食品添加物のみからできている。風味はなく無味無臭で、製菓・製パン用などさまざまな用途がある。特にパンやクッキーの口あたりやサクサクとした食感（ショートネス）を付与する目的で使用される。

4.3 ゲル化食品

成分抽出素材としてのゲル化食品には、動物性と植物性がある。一般的に家庭で使用される動物性のゲル化食品にはゼラチンが、植物性では寒天があげられる。その他、添加物（増粘剤、乳化剤など）としても使用されるカラギーナンやペクチンも植物性ゲル化食品のひとつである。

ゲル化食品の最大の特徴は、液体状態であるゾル*79（sol）を冷やすことにより流動性を失わせ、ゼリー状（ゲル状（gel））にすることである。

本項では、供食時の形態が主としてゼリー状であるゲル化食品について解説する。表6.35に主なゲル化剤の種類と調理特性、表6.36にその他のゲル化剤の種類と調理特性を示した。

＊78 トランス脂肪酸：リ天然の不飽和脂肪酸はシス型であるが、マーガリンやショートニングの製造過程で一部トランス型が生成する。トランス脂肪酸の過剰摂取は、LDLコレステロールの増加、心疾患や動脈硬化症のリスクを高めるといわれ2003年以降、摂取量の低減が奨められている（デンマーク、アメリカなど）。日本では通常の食生活ではトランス脂肪酸は健康への影響は小さいと考えられるとして（2012年）表示の義務や濃度に関する基準値はない。

＊79 ゾル：コロイド粒子が液体の中で均一に分散し、液体にみえる状態。この項では、ゼラチンや寒天を加熱溶解したときの状態を意味する。

表 6.35 主なゲル化剤の種類と調理特性

	動物性	植物性			
	ゼラチン	寒天	カラギーナン（κ、ι、λ）	ペクチン	
				HM ペクチン	LM ペクチン
原料	牛、豚などの骨や皮	まくさ、えごのりなどの紅藻類	すぎのり、いばらのりなどの紅藻類	柑橘類などの果実や野菜	
主成分	たんぱく質（コラーゲン）	多糖類（アガロースとアガロペクチン）	多糖類（ガラクトース）	多糖類（ガラクチュロン酸 ガラクチュロン酸メチルエステル）	
製品の形状	板状、粉状	棒状、糸状、粉状	粉状	粉状	
溶解の下準備	吸水膨潤	吸水膨潤	砂糖とよく混合しておく	砂糖とよく混合しておく	
溶解温度	40～50℃	90℃以上	90℃以上	90℃以上	
適した濃度	1.5～3.0%	0.15～0.6%	0.3～1.0%	0.3～1.0%	
凝固温度	要冷蔵	常温で固まる	常温で固まる	常温で固まる	
その他（凝固の条件）	たんぱく質分解酵素を含まないもの、あるいは酵素を失活したもの	酸の強いものを添加後再加熱しない、混合時の温度は60℃にする	種類によってはカリウム、カルシウムイオン	糖濃度 65 度以上、pH3.5 以下	カルシウム、マグネシウムイオン（1.5～3.0%）
融解温度	25℃以上	70℃以上	60℃以上	60～80℃	30～40℃
ゲルの物性（口あたり）	軟らかく独特の粘りをもつ。口の中で溶ける	粘りがなく、硬く、もろいゲル。ツルンとした喉ごしをもつ	やや軟らかく、やや粘弾性をもつゲル	かなり弾力のあるゲル	やや軟らかいゲル
保水性	高い	離水しやすい	やや離水する	最適条件から外れると離水する	
熱安定性	弱い（夏季には崩れやすい）	室温では安定	室温では安定	室温では安定	
冷凍耐性	冷凍できない	冷凍できない	冷凍保存できる	冷凍保存できる	
消化吸収	消化吸収される	消化されない	消化されない	消化されない	
栄養価	約 3.5kcal/g	ほとんどなし	なし	なし	

(1) ゼラチン（gelatin）

ゼラチン*[80]の原料は、動物（牛、豚など）の皮（真皮*[81]）や骨の中にあるコラーゲン（collagen）である。骨や皮にコラーゲンが含まれていることは、鶏肉を煮込んだ後に煮汁が冷えるとゼリー状になることでも分かる。原料は不純物を取り除き、

表 6.36　その他のゲル化剤の種類と調理特性
（とろみ剤としても使用される代表的多糖類）[36]

	微生物由来			種子由来	
	キサンタンガム	ジェランガム	カードラン	ローカストビーンガム（カロブビーンガム）	グァーガム
原料	キサントモナスの培養液から分離精製	シュードモナスエロデアの産出物から分離精製	アグロバクテリウムまたはアルカリゲネスの生産物から分離精製	マメ科のカロブ樹の種子の胚乳部を粉砕精製	マメ科グアーの種子の胚乳部を粉砕精製
主成分	多糖類（グルコース、マンノース、グルクロン酸）	多糖類（グルコース、ラムノース、グルクロン酸）	多糖類 直鎖の β-1,3-グルカン（D-グルコースが1-3位で β-グルコシド結合）	多糖類（ガラクトマンナン）	多糖類（ガラクトマンナン）
溶解温度	冷水でも可（但し、だまになりやすい）	80℃以上	50℃以上	85℃以上	冷水に可溶
特徴	低濃度で高い粘性を示す。また、不溶性成分の分散効果がある。耐酸、耐塩、耐酵素、耐凍結および耐解凍に優れる。ローカストビーンガムやグァーガムとの併用によりゲルが安定し、増粘効果もある。	脱アシル型はカチオンの存在下では溶解しにくいので、イオン交換水を用いる。ゲル化にはカチオンが必要。透明性に優れ、耐熱、耐酸を有する。ネイティブ型は、溶解時に高い粘性を示し、ゲル化温度が高く、耐凍結および耐解凍を有する。また、不溶性成分の分散効果がある。	水には溶解しないが、冷水には容易に分散する。60℃までの加熱後、40℃以下の冷却で熱可逆性のゲルを形成し、80℃以上の加熱で熱不可逆性のゲルを形成する。広域のpHでもゲル化が可能で、耐冷凍性に優れる。	水溶液は曳糸性*がなく、高い粘度を示す。耐酸、耐塩、耐熱性を有する。キサンタンガムや κ 型カラギーナンなどとの併用で粘弾性のあるゲルを形成する。	わずかな豆臭さがある。高い粘性を示す。塩分、熱、酸に安定。キサンタンガムとの併用による増粘効果もある。

＊液体が糸を引く性質
注1）とろみ調整食品剤（とろみ剤）、嚥下困難者用の調理食品や飲料に使用される。でんぷん系、グァーガム系、キサンタンガム系がある。
注2）食品に添加される多糖類が2種類以上の場合は、増粘多糖類として表示される。

酸またはアルカリ処理が行われ、前処理が終了した物は洗浄し、ゼラチンの加熱抽出を行う。得られたゼラチンは濃縮され、殺菌や冷却などの後、製品化される。

ゼラチンゲルは、3本のポリペプチド鎖*82の一部が1本の螺旋状となり、螺旋状

＊80 ゼラチン：骨から精製したオセイン（ossein：主成分はコラーゲン）をさらに精製してゼラチンは抽出される。
＊81 真皮：表皮の下部にあり、繊維性結合組織からなる。真皮の多くはコラーゲンが占める。
＊82 ポリペプチド鎖：3個以上の同種または異種の α-アミノ酸がペプチド結合したもの。

となったものどうしがネットワークを形成することにより網目構造をつくり、水分を内包し独特の粘弾性をもつようになったものである（図 6.66）。

ゼラチンの主成分はたんぱく質であり、およそ 90%を占める。しかし、必須アミノ酸のトリプトファン（tryptophan）を含まないためケミカルスコア*83は 0 となり栄養価は低くなる。また、実際に使用される量も少ないことから、低カロリー食の食材のひとつとしても用いられる。さらには、消化吸収がよく口あたりもよいため咀しゃく困難者用のゲル化剤としても利用されていた。

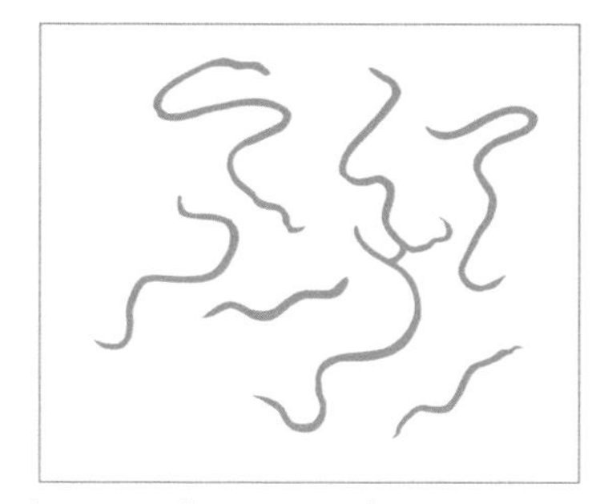
ゼラチンゾルのランダムコイル

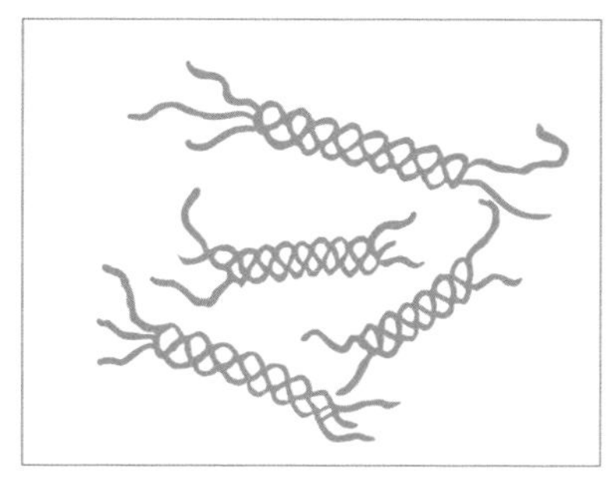
ゼラチンゲルの螺旋構造ネットワーク

図 6.66　ゼラチンの構造

1）吸水膨潤

市販されているゼラチンには板状と粉末状（図 6.67）のものがあり、一般的に使用されているのは粉末状のものである。本来ゼラチンを使用する場合は、板状で 20 溶分以上、粉末状で 5 分以上ゼラチンの 10 倍量の水に浸漬し吸水膨潤させてから加熱解を行う。この方法は板状の場合では必ず行われる工程でありゼラチンの溶解を完全に行うために必要な下処理といえるが、粉末状の場合は調理条件によって吸水膨潤の工程を省くことができる。

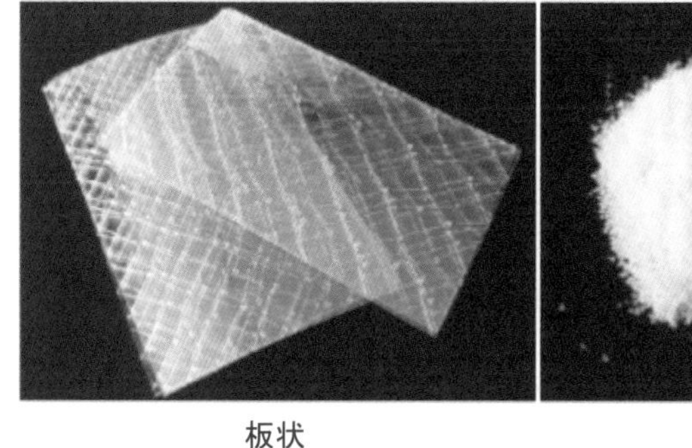
板状

粉末状

図 6.67　ゼラチンの種類

＊83 ケミカルスコア：ケミカルスコアは 0 でも、生物価は 0 とは限らないので注意する。

ゼラチンゼリーを作る場合のゼラチンの濃度は2～4%であるが、粉末状のゼラチンでは溶解する液量が多い場合は直接振り入れてから加熱溶解することが可能である。しかし、マシュマロやレアチーズケーキなど、溶解する液量が少ない場合は振り入れたゼラチンの外側の一部が吸水膨潤し、吸水されなかったゼラチンを包み込むためかたまり（継子だま）になりやすく完全な溶解が難しくなる。基本的にゼラチンは溶解温度が低いため、加熱温度を上げることによってかたまりを溶かすことは可能であるが、過度の高温加熱はゼラチンを凝固しにくい状態にするので注意が必要である。このような高濃度のゼラチンを加熱溶解する場合は直火法を避け、湯煎法で行うと水分の蒸発量は少なく焦げ付きを防げる。

2）溶解と凝固

ゼラチンは溶解温度が低く40～50℃で溶解する。ゼラチンを溶解する液量が多い場合は直火法での加熱溶解は可能であるが沸騰させないようにする。吸水膨潤でも記したが、高温で溶解した場合はたんぱく質が変性するために凝固しにくい状態になるので注意する必要がある。また、湯煎で行う場合は50～60℃の湯を使用し、ゼラチン液を50℃位になるようにして溶解するとよい。

ゼラチンゾルはゼラチン濃度が高くなると凝固温度は高くなるが、通常のゼリーの濃度（2～4%）では10℃以下に冷却することでゲル化する。冷却は、冷蔵庫内で緩慢に行う方法と氷を用いて急速に行う方法があるが、緩慢に冷却した場合は軟らかいゲルとなり、急速に冷却した場合は硬いゲルとなる。いずれの方法も冷却時間が長くなると硬さの違いはなくなる。さらに、ゲル化したゼリーは室温（25℃前後）で融解しゾルとなるが、再度冷却することによってゲル化する（可逆性*84）。したがって、人間の体温での融解が容易であることからも口ざわりはなめらかとなる。

3）添加物の影響

ゼラチンゼリーを作る際には砂糖の他に果汁や果物などを加えるが、添加するものや調理操作によってゲルの形成に影響を与える。

（ⅰ）砂糖の影響

砂糖の添加は、ゼラチンゾルの凝固温度を高くし、ゼラチンゲルの融解温度と透過率も高くする。また、ゼラチンゲルは軟らかく、口腔内で容易に融解するため甘さを感じやすいので、砂糖の添加量は20%以内にするとよい。

（ⅱ）果物（酸・酵素）の影響

クエン酸などを多く含む酸味の強い果汁を添加すると、ゼラチンゲルの強度は低

＊84 可逆性：条件を加えると逆の方向に変化が起こり、もとの状態に戻ること。ここではゲル→ゾル→ゲルの状態を意味する。

くなる。また、ゼラチンの主成分がたんぱく質であることから、たんぱく質分解酵素を含むパパイア（パパイン*85：papain）、パインアップル（ブロメリン*85：bromelin）、キウイフルーツ（アクチニジン*85：actinidin）などを添加するとゲル化しなくなるため、生の果物を用いる場合は果肉や果汁を一度加熱して酵素を失活させる必要がある。

4）ゼラチンゲルの調理上の特徴

ゼラチンゲルはきわめてしなやかな物性を示すが、凝固温度、添加物により変化し、またゼラチン濃度にも影響される。通常のゼリー濃度より濃いゲルは硬く、室温でも融けにくくなる。マシュマロなどは高濃度のゼラチンを泡立てた卵白と混合してつくるが、常温で凝固し、口中においても速やかに融解することはない。

一般的にゼラチンゲル（ゼリー）は、温度の高い場所や長時間室温に放置しておくと融解し始めるが、それ以前の状態は比較的安定しており離漿*86も少ない。また、付着性が強いことから、2色あるいは3色ゼリーを作る場合は層が付着しやすく、はがれにくいという特徴をもつ。一方で、ゼリー型などから取り出すことは困難になるが、50℃位の湯に型ごと3〜5秒間つけてゼリーの表面をわずかに融解させると取り出しやすい。また、ババロアのように乳脂肪を含む物を材料としている場合には前もって型にサラダ油を薄く塗っておく方法もある。

(2) 寒天（agar）

寒天は、テングサ科のまくさ*87、オゴノリ科のおごのり、イギス科のえごのりなどの紅藻類を原料として作られる。原料から寒天質を抽出して固め、ところてんを作り凍結乾燥させたものが寒天となる。市販されている寒天には角（棒）状、糸状、フレーク状、固形、粉末とある（図6.68）。角（棒）状、糸状、フレーク状は冬季に外気を利用してところてんを凍らせてつくることから天然寒天ともいわれるが、

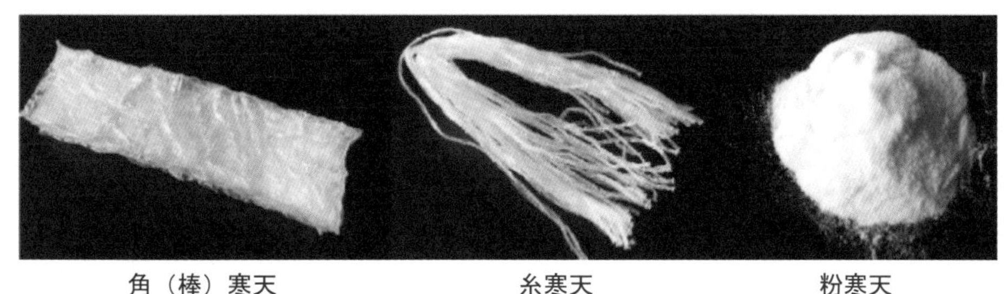

角（棒）寒天　　糸寒天　　粉寒天

図6.68　寒天の種類

＊85 **パパイン、ブロメリン、アクチニジン**：それぞれに含まれるたんぱく質分解酵素

＊86 **離漿**：ゲルを放置しておくとゲル中の水分が徐々に分離してくる状態。

＊87 **まくさ**：一般的には、テングサ科のまくさやひらくさなどを総称して“てんぐさ”と表現している。

粉末寒天は工場内で精製して作られたところてんを強制的に圧搾脱水し、乾燥粉砕して製造するため工業寒天といわれる。固形寒天は粉末寒天を一定量固めたものである。また、工業寒天は精製濃縮されているため、液量に対して天然寒天（角状）と同じ濃度でゲル形成を行うと硬いゼリーとなる。天然寒天のゲルと同じ硬さにするにはおよそ半分くらいの濃度で行うとよい。

寒天の主成分はガラクトースを構成分とする多糖類*[88]であり、ゲル化力が強い中性多糖類のアガロース（70%）（図 6.69）とゲル化力が弱い酸性多糖類のアガロペクチン（30%）からなる。寒天ゾルを冷却すると2重のらせん構造を示しネットワークを形成するため細かい網目構造をもつゲルとなる（図 6.70）。これらは、体内に存在する消化酵素の作用を受けない食物繊維*[89]（Dietary Fiber：DF）であるため、栄養的にはエネルギー源にはならない。また、吸水膨潤した天然寒天（糸寒天）をサラダや和え物として手軽に食すことも可能なことから、ゼリー以外の用途でも広く利用されている。

CH_2OH　O　CH_2OH　O
HO　O　O　CH_2　HO　HO　O　O　CH_2　HO
—O　O　O　O—
OH　OH

—3— D-G[1] —4— L-AG[1] —3— D-G[1] —4— L-AG[1] —
←— AB —→

Β-D-galactopyranose(D-G)と3,6-anhydro-α-L-galactopyranose(L-AG)が1：1で結合した二糖類のagalobiose(AB)が基本の構成単位としてつながっている。なお、アガロペクチンはアガロースと同じ結合様式であるが、部分的に硫酸基などの側鎖をもっている。

図 6.69　アガロースの構造

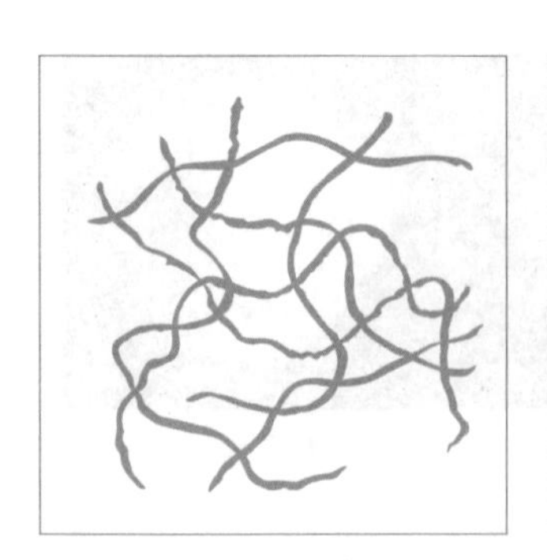

寒天ゾルのランダムコイル

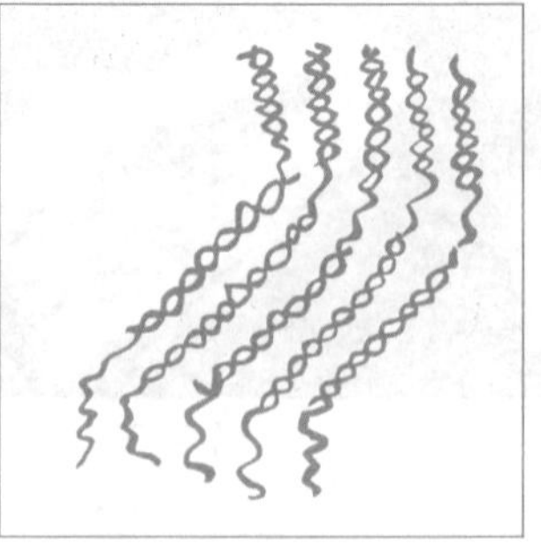

寒天ゲルの2重らせん
ネットワーク

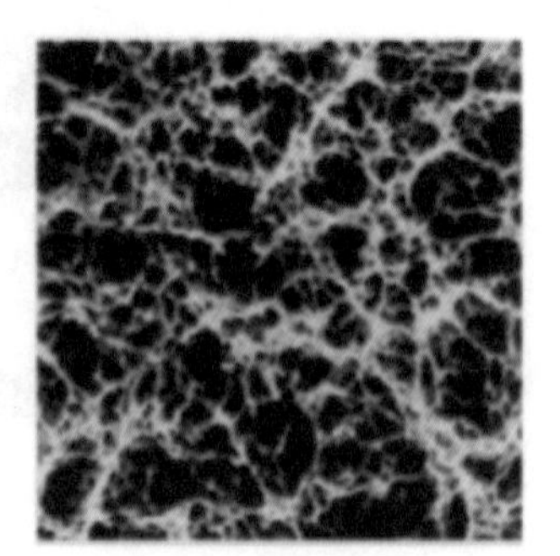

寒天の網目構造

図 6.70　寒天の構造

1） 吸水膨潤

角および糸寒天は水に浸けて軟らかくなったところで軽くもみ洗いし、ほこりなどを取り除いてから水に30分以上浸漬しておく。膨潤した寒天は固く絞ってちぎるか細かく切った後加熱溶解する。

粉寒天は、加熱溶解の工程で水が沸騰するまでの間に吸水するため、特に吸水膨潤を必要とはしない。しかし、寒天を高濃度で使用する場合は加熱溶解を行う数分前には分量の水に振り入れておくとよい。

また、寒天は水以外での浸漬は吸水膨潤がわずかではあるが妨げられ、加熱溶解に影響を与えるので注意する。

2） 溶解と凝固

寒天の溶解温度は90℃以上であり、通常は沸騰を継続させることで完全溶解する。また、寒天ゾルは40℃位から流動性を失い常温でゲル化する。さらに、ゼラチンと同様に可逆性をもつことから、ゲル化したものを再加熱し融解した場合でも、冷却することにより再びゲル化する。

角および糸寒天では中心の軟らかい部分は溶解しやすいが、かどの硬い部分は溶解が困難である。そこで、溶解する際の水の分量をでき上がり重量の1.5倍前後とし、でき上がり重量まで加熱濃縮するとよい。溶解状態はへらなどですくい上げ、透明なフィルム状態となった寒天が完全に消失していれば終了である。溶解した寒天ゾルは、不純物や溶解しきれなかった寒天のかどの部分が残っている場合があるので、晒しなどで漉してから使用するとよい。

粉寒天は溶解しやすいものではあるが、水と混合すると透明になり溶解したかどうかの見極めが難しく、溶けたと勘違いして失敗する例が比較的多い。加熱溶解には水の量を少し多めに入れ、2～5分間沸騰を継続させることが必要である。加熱時は粉寒天が鍋の下に沈むので、焦げつかないように鍋の底から静かに攪拌しながら行う。寒天は、一般的にゼリー濃度は1％前後であるが、2％以上の濃度で使用する場合には水の量を2倍以上にして加熱溶解し、必要な濃度（重量）まで加熱し濃縮するのが望ましい。

また、砂糖と一緒に加熱溶解すると、砂糖は寒天よりも親水性[*90]があり寒天の溶解を妨げるので、寒天が完全に溶解したのを確認してから砂糖を混入するのがよい。

＊88 **多糖類**：ガラクトースが多数結合し、ガラクタンとして存在する。紅藻類の細胞壁成分として含まれている。
＊89 **食物繊維**：植物細胞壁の構造物質である難消化性多糖類などであり、ここでは海藻多糖類を示す。
＊90 **親水性**：水との相互作用が大きく、水との間で水素結合することから水と混ざりやすい性質。

3）添加物の影響

寒天ゲルはところてんとして調味料をかけて、またはシロップをかけてデザートとして食すなど添加物を必要としない調理法がある。しかし、多くの場合は砂糖を添加したデザートとして供される。

（ i ）砂糖の影響

添加する砂糖濃度は高くなるほど硬く、弾力性もありゼリー強度は強くなる。また、凝固温度と透過率（透明度）も高くなり（図6.71）、離漿を少なくする作用がある。寒天は水と水素結合*91するが、親水性である砂糖もまた水と水素結合し自由水*92を少なくするために離漿が抑えられる。

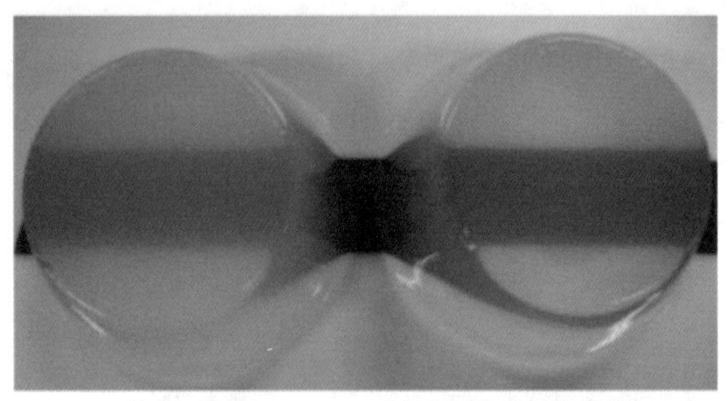

0.8%寒天　　0.8%寒天＋砂糖20g

図6.71　寒天ゲルの砂糖添加による透過性の違い

（ ii ）果汁の影響

寒天ゾルが熱いうちに有機酸を含む果汁を加えると、寒天分子が加水分解*93され低分子化するためにゲル形成能は低くなる。酸度が低いものほどゲルは形成されにくく、ゼリー強度も低下する。さらに、果汁添加後再加熱した場合はゲルの形成は阻害される。果汁の添加は、寒天液の温度を60℃位まで下げてから混合するとよい。ただし、添加する果汁の量が多い場合には混合時の温度が60℃より高くてもゲル形成に影響はない。逆に、冷たい果汁を60℃で混合すると、全体の液温が下がってゲル化が急速に行われ、型に流し込むことが困難になるので注意が必要である。

＊91 水素結合：水素原子より、電気的に陰性度が大きい窒素や酸素などが水素原子を介して弱く結びつく結合。

＊92 自由水：食品成分と結合していない水。食品成分は自由水の中に溶けている。微生物が利用できる水で、凍結すると凍る。（結合水：食品成分と水素結合またはイオン結合している。微生物は利用できず、凍結しても凍らない。）

＊93 加水分解：化合物に水が反応して酸と塩基に分解する反応。

(iii) 牛乳の影響

牛乳を加えたゲルは、牛乳の添加量が増えるほど硬さやもろさが減少する。牛乳には脂質やたんぱく質（カゼイン*94）が含まれており、ゲル強度を弱くする原因となっている。

(iv) あんや卵白の影響

あんは比重が重く、水ようかんなどを作る際に寒天液とあんを混合した後温かいゾルの状態で型に流し込むとあんは沈殿し 2 層に分離する。分離を防ぐにはあん混合ゾルを撹拌しながら 40～50 ℃まで冷まし、ゾルの粘度が増してから流し込むとよい。寒天ゾルは粘度を増すと抵抗が生じるため、あんなどの比重の重いものが沈殿する速度を遅くする。その間、寒天ゾルのゲル化は進行するためあんの沈殿を防ぐこととなる（図 6. 72）。一方、淡雪かんのように比重の軽い卵白を混合すると、卵白の泡が上昇し分離する。寒天ゾルと卵白の泡との分離を防ぐためには、ゾルが 60 ℃以下の温度帯で混合するのがよい。ただし、卵白の温度が低い場合には、混合している間にゾルが粘性を示してくるので 40 ℃以上は保つようにするとでき上がりがきれいに仕上がる。また、寒天ゼリーに果物などを浮かせたいときにもゾルの粘度を増してから投入するとよい。

あんを混合し45℃まで冷まし型に流し込んだ　　あんを混合し熱いうちに型に流し込んだ※

※あんを混合し熱いうちに型に流し込んだ場合、あんは比重が重いため下に沈む。図は冷却後型から取り出した状態であり、上下が逆になっている。

図 6. 72　あん添加後の温度条件の違いによる水よかんのでき上がりの状態

4) 寒天ゲルの調理上の特徴

寒天ゲルは、寒天濃度の増加とともに硬さと強度が増す。また、添加物による影響も大きく、砂糖濃度が増加すると粘弾性は高くなるが、通常の濃度で 2 色の寒天を層にする場合には、ゲル化した 1 層に 2 層目を流し込んでもゼラチンゲルのよう

*94 **カゼイン**：牛乳中に存在する主要たんぱく質であり、たんぱく質中の約80%を占める。

な付着性がないためはがれやすくなる。

このような場合は、2層目は熱いうちに流し込むか、1層目の中心部分がまだ凝固しないうちに流し込むなどの工夫が必要となる。

(3) ゼラチンと寒天の混合

ゼラチンゼリーは軟らかく、なめらかな口ざわりである。しかし、凝固に時間がかかり、融解しやすく付着性も強いために型からの取り外しが困難であるなどの問題もある。一方、寒天ゼリーは凝固時間が短く室温でも融解することなく、型からの取り出しはゼラチンゼリーよりも容易であるが、離漿があり口ざわりも悪いという欠点がある。そこで、これらの問題点や欠点を補うためにゼラチンと寒天を混合する方法がある。ゼラチン2％、寒天0.5％濃度のものをそれぞれ50℃位のときに混合すると凝固温度、融解温度ともに高くなり、離漿量は減少する。また、ゼラチンと寒天の混合ゲルはカラギーナンゲルに近い食感を示す。

(4) カラギーナン（carrageenan：カラギナン、カラゲナン）

カラギーナンは、紅藻類のすぎのりなどを原料とする多糖類である。D-ガラクトースと3,6-アンヒドロ-D-ガラクトースおよび硫酸基からなり、3,6-アンヒドロ-D-ガラクトースの存在の有無、硫酸基の数や結合している位置によりκ型（カッパ）、ι型（イオタ）、λ型（ラムダ）に分類され、硫酸基を含む割合が高くなると溶解性が増すなど特徴もまた異なっている（図6.73）。市販食品では、プリンや多くのゼリー食品などのゲル化剤として使用される他、アイスクリーム、飲料、ドレッシングなどには増粘剤や安定剤としても使用されている。

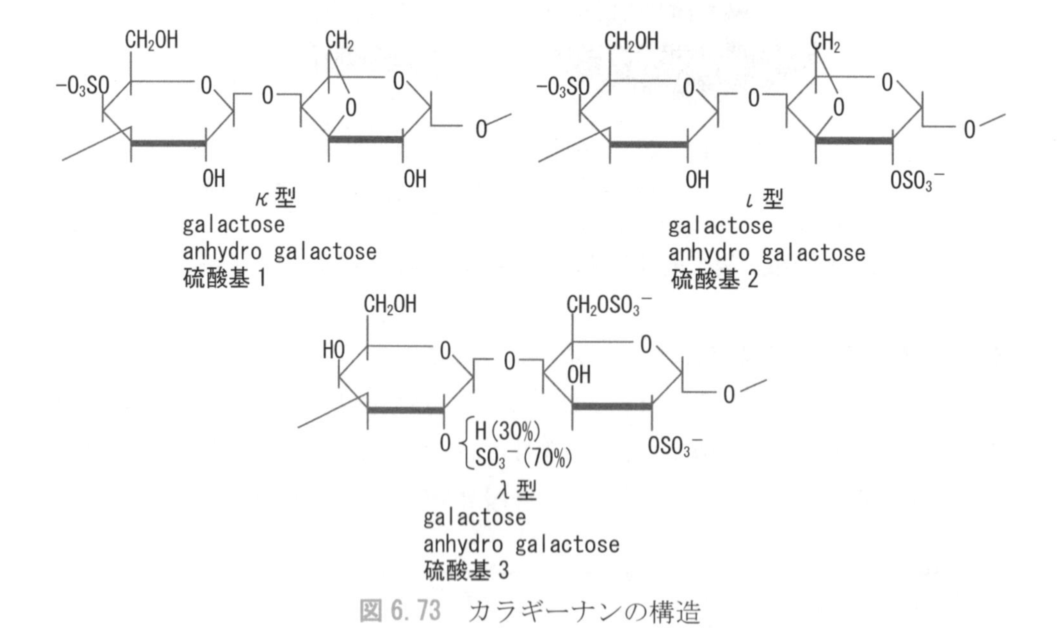

図6.73　カラギーナンの構造

1）カラギーナンの種類と特徴

(ⅰ) κ型

比較的もろく硬いゲルを形成し、カラギーナンのなかでは離漿も多いという特徴をもつ。溶解時に塩類を多く含んでいると溶解温度は高くなる。また、カリウムやカルシウムなどの陽イオンを含んでいるとゲル化温度は高くなり、ゲル強度も増加する。しかし、陽イオンを多く添加した場合はゲルの形成は阻害される。

(ⅱ) ι型

κ型とλ型の中間的なゲルを形成する。弾力があり、しなやかなゲルを形成しλ型の特徴である保水性をもつため離漿は少ない。カルシウムイオンの添加により粘弾性のあるゲルとなる。

(ⅲ) λ型

冷水に溶けやすい性質をもつが、構造の不規則性と硫酸基が多いことから分子鎖どうしが網目構造をつくることができずゲル化はしない。しかし、強い増粘性と保水性をもっていることから、アイスクリームの増粘剤として口ざわりをなめらかにする目的で用いられたり、魚肉加工品の保水目的で用いるなど広く添加物として利用されている。

2）吸水膨潤・溶解・凝固

使用の際には吸水膨潤が必要であるが、均等に分散することが難しいため事前に砂糖と混合した状態のものを撹拌しながら少量ずつ水に振り入れ、10分前後吸水させる。溶解は、κ型で70～80℃、ι型は40～50℃で可能であるが、直火法よりも湯煎で行うほうが失敗は少ない。凝固は、寒天同様40℃位でゲル化するので室温でも可能である。寒天やゼラチンと同様に可逆性がある。

3）添加物の影響

(ⅰ) 砂糖の影響

砂糖の添加により粘弾性の増加と離漿を少なくする効果がある。

(ⅱ) 果汁の影響

酸の強い果汁を添加するとカラギーナンは加水分解し、ゲル強度は低下する。添加温度や保存温度が高く長いほど、また、pHが低いほどゲル強度の低下は著しい。pH 3.5以下ではゲルの形成は不可能である。

(ⅲ) 牛乳の影響

牛乳中のカルシウムイオンによりゲルの強度は増加するが、カゼインとの相互作用により強度は一層増加する。

4）カラギーナンゲルの調理上の特徴

ι型の特徴でも記したが、カラギーナンは硫酸基をもっているため静電的反発により網目構造の阻害が生じる。硫酸基を多く含むλ型はゲル化しないが、κ、ι型ゲルは寒天ゲルと比較すると凝集性は大きく破断強度は弱いが、軟らかく、しなやかで口ざわりもなめらかな物性となる。また、寒天よりも透過性がよい点ではゼラチンに近い特性をもつが、濃度が増すと透過性は減少する。

カラギーナンは、市販の粉末プリンミックスやゼリーの素などにゲル化剤として添加されている。カラギーナンゲルは、寒天よりは軟らかく、口ざわりがよく、融けやすく、ゼラチンよりは固まりやすく融けにくいという特徴をもち、添加物としての利用が多く、κ型とローカストビンガム*95の併用などが行われている。また、冷凍解凍の安定性がよいことから、冷凍保存用の食品などにも広く用いられている。

(5) ペクチン（pectin）

1）ペクチンの種類と特徴

ペクチンは、植物の細胞膜に含まれている細胞間構成物質である。未熟のときには不溶性のプロトペクチン、完熟では可溶性のペクチン、過熟ではペクチン酸として存在する。D-ガラクチュロン酸（galacturonic acid）がα-1,4-グリコシド（glycoside）結合によって直鎖状に縮重合した構造をもち（図6.74）、側鎖のカルボキシル基が一部メトキシル基になっている。これをペクチニン酸といい、いわゆるペクチンである。カルボキシル基がすべてメトキシル基に置き換わったときのメトキシル基の含量は16.32%である。一般に7%以上のものを高メトキシル（HM：High Methoxyl）ペクチン、7%未満のものを低メトキシル（LM：Low Methoxyl）ペクチンと区別している。

(i) 高メトキシル（HM）ペクチン

酸（pH 3.5以下）や糖（55%以上）によりゲル化する水素結合型のゲルである。一般的にジャムをつくるときのゲル化の条件と同じである。

(ii) 低メトキシル（LM）ペクチン

カルシウムやマグネシウムなどの2価の陽イオンによりゲル化する。したがって、牛乳に溶解すると凝固する。特に酸や糖を必要としないため、市販されている低糖ジャムなどはゲル化剤としてLMペクチンを使用している。

2）吸水、溶解、凝固

特に吸水は必要としないが、分散が悪いので事前に砂糖と混合しておくとよい。

＊95 ローカストビンガム：マメ科植物のカロブ樹の種子の胚乳部に含まれる多糖類で、ガラクトマンナン（D-ガラクトースとD-マンノース）を主成分とする。

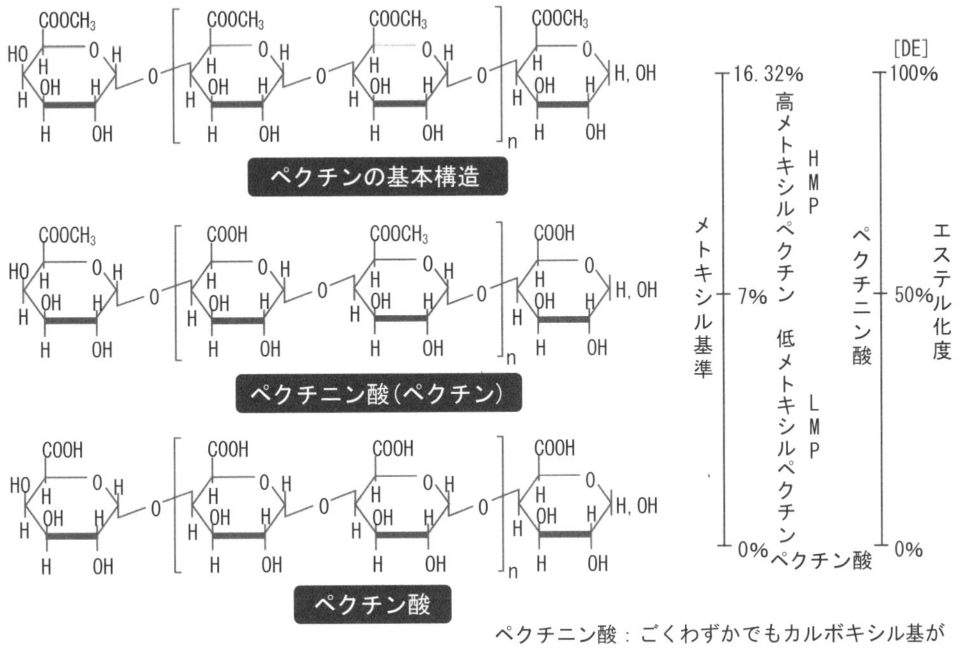

ペクチンの基本構造

ペクチニン酸（ペクチン）

ペクチン酸

メトキシル基準　16.32%　7%　0%

高メトキシルペクチン　HMP

低メトキシルペクチン　LMP

ペクチニン酸　ペクチン酸

[DE]　100%　50%　0%　エステル化度

ペクチニン酸：ごくわずかでもカルボキシル基がエステル化されているもの

図 6.74　ペクチン主成分の構造

溶解には 90 ℃以上の加熱を必要とする。HM ペクチンは凝固温度が 70 ℃前後と高く、室温でもゲル化する。一方、LM ペクチンは 2 価の陽イオンでゲル化するため、牛乳などを混合する場合には少量の水で溶解したものを加えるとよい。いずれにしてもゲル化しやすいので、手早い操作が必要である。

3) ペクチンの調理上の特徴

粘調製のあるゲルである。LM ペクチンを用いたミルクゼリーは粘性のある軟らかいゲルとなる。

ペクチンは、ゼラチンなどと同じような形態で販売されているが、調理への利用は低糖あるいはペクチンの少ない（ほとんど含まれない）食品を用いたジャムなどを作るときに使用され、多くは安定剤などの添加物として利用されている。

(6) グルコマンナン（glucomanna：コンニャクマンナン）

グルコマンナンは、サトイモ科のこんにゃくいもなどの根茎に含まれる貯蔵性多糖類である。こんにゃくを作る際に用いられるこんにゃく粉を精製し、グルコマンナンの純度を高くしたものをコンニャクマンナンといい、β-D-グルコースとβ-D-マンノースがおよそ 1：1.6 の割合でβ-1,4 結合したものを主鎖とする（p. 155 参照）。グルコマンナンは水溶性の食物繊維であるが、アルカリを混合して加熱すると粘度が増し、ゲル化することにより不可逆性の非水溶性となる。いわゆる、こんにゃくの状態である。また、腸管内では消化吸収されないため、ダイエット食や健康食として利用されている。

1）吸水・溶解・凝固

こんにゃく粉に凝固材として消石灰を加え攪拌すると、カルシウムイオンの架橋ができてゲル化（水和ゲル）し、これを加熱すると不可逆性の弾性ゲル（こんにゃく）となるが、グルコマンナンは特に凝固剤がなくてもゲル化が可能である。

グルコマンナンは、保水性が高く、粘性の高い多糖類である。水に撹拌しながら振り入れ、吸水膨潤させたものを80℃以上で加熱溶解し、冷却してゲル化させるが、グルコマンナンの量が多いと吸水後のゾルと他の食品（ジュースなど）との混合が強い粘性のため均一にならず、作業が難しくなるので注意が必要である。

4.4 新食品類

新食品類と聞いて、関心を示すことはあっても認知している人はごくわずかであろう。農水省食品流通局消費生活課では、『「新食品」とは一般加工食品のうち、健康の維持・増進を目的として、栄養成分等を加えたり、除去あるいは減じたりした食品のことをいう。』と記しているが、本項であげる新食品類は上記に記す一般加工食品とは異なり、栄養性、経済性、機能特性などの観点から開発され、そのまま食用として加工されたり加工食品に添加されるなど広く利用されている成分抽出素材であるたんぱく質について解説する。

(1) 大豆たんぱく質

大豆は畑の肉とも称されるが、種子中には35%（窒素換算）のたんぱく質が含まれている。大豆の油分を溶媒で抽出した脱脂大豆は、たんぱく質含量が50〜55%になる。これを水に入れ、よく攪拌したものを遠心分離して不溶成分を除いた上澄液のたんぱく質は90%ほどになる。さらに上澄液をpH 4.5〜4.8の酸性にすると、たんぱく質の約80%が等電点沈殿（酸沈殿たんぱく質）するので再度遠心分離し、得られたたんぱく質を中和して噴霧乾燥したものが分離大豆たんぱく質（粉末状）となる。この他に、脱脂大豆をエタノールまたは水で糖類などの可溶性成分を除いてから粉砕したものを濃縮大豆たんぱく質（たんぱく質含量70〜75%）、脱脂大豆を粉砕したものを脱脂大豆粉（たんぱく質含量56%）がある。

分離大豆たんぱくをアルカリ性とし、細い孔から酸性溶液に向けて押出し繊維状に凝固させたものを繊維状たんぱく質といい、濃縮大豆たんぱく質、脱脂大豆粉を押出し成型または水蒸気造粒して粒状にしたものを粒状たんぱく質という。

適当な太さ、長さのものを熱凝固性たんぱく質と一緒に束ねて加熱凝固させ、成形した繊維状たんぱく質は、肉様の食感を有する。また、粒状たんぱく質は挽肉のような外観と食感を有しており、低脂肪のたんぱく質としてそのまま、あるいは挽肉と混合するなどに利用されている。

大豆たんぱく質の機能特性としては、ゲル形成能、保水性、乳化性、起泡性、粘稠性などに優れている。脱脂大豆から抽出した上澄液は、卵白に触れたときのようなべたつき感と粘着性を強く感じる。粉末状の分離たんぱく質を水と混合した18%濃度のゲルと、同ゲルをケーシング後加熱して得られた加熱ゲルは、いずれも粘弾性に富み、加熱ゲルは蒲鉾に近い食感となる。したがって、物性の変化や結着性を利用するために魚肉練り製品などに用いられることもある（表 6.37）。また、乳化状態も比較的安定しており（図 6.75）、食品の加工には利用されやすい特性を有しているといえる。

表 6.37　大豆たんぱく質の機能特性

機能特性	主な作用	加工食品	使用たんぱく質
溶解性	たんぱく質の水和	スープ、豆乳、ソース	分離・濃縮・大豆粉
凝集性	たんぱく分子のランダムな会合	豆腐	濃縮・大豆粉
保水性と水分吸着性	水の保持、離水の防止	肉類、ソーセージ、パン、ケーキ	濃縮・大豆粉
粘性	濃厚化、水和	スープ、肉汁	分離・濃縮・大豆粉
ゲル形成能	水和と 2 次結合による会合	肉類、練製品、豆腐、麺	濃縮・大豆粉
粘着性	粘着性	肉類、ソーセージ、パン、練製品、麺	分離・濃縮・大豆粉
弾性	s-s 結合と 2 次結合	肉類、パン、練製品	大豆粉
乳化性	エマルションの形成と安定性	ソーセージ、スープ、菓子	分離・濃縮・大豆粉
脂肪吸着性	疎水基による結合	肉類、ソーセージ、油揚げ、ドーナツ	分離・濃縮・大豆粉
泡特性	泡形成能とその安定性	デザート、泡立ち菓子	分離
伸展性	加熱による空気の膨張と補足	油揚げ	濃縮・大豆粉
組織化 塊や層形成	熱、圧力による 2 次結合	人造肉	分離・大豆粉
線維形成	アルカリによるランダム化と 2 次結合	人造肉	分離
フレーバー結合性	吸着、補足、放香	人造肉、パン	分離・濃縮・大豆粉
色の調整	リポキシゲナーゼによる漂白	パン	大豆粉

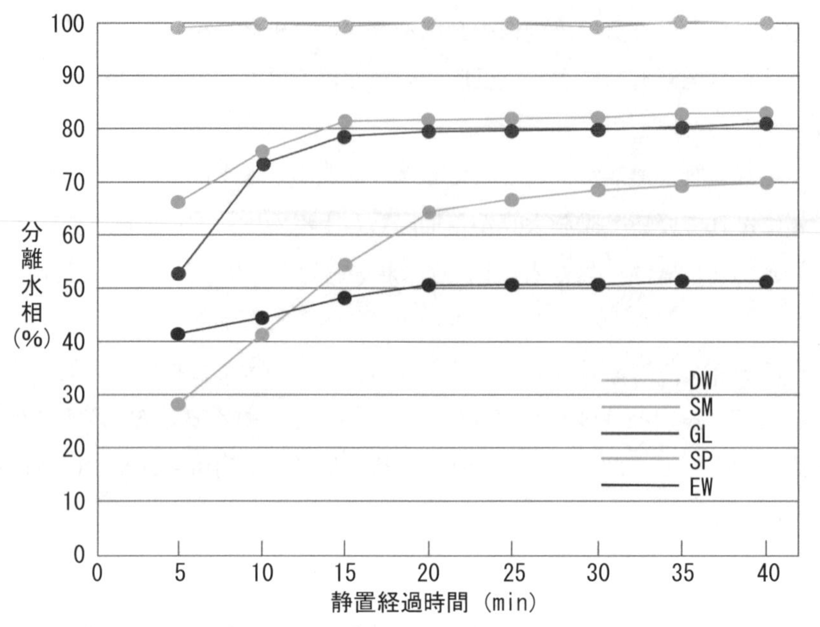

DW:蒸留水、SP:分離大豆たんぱく質、GL:ゼラチン、SM:スキムミルク、EW:卵白

図 6.75　乳化の安定性

(2) 小麦たんぱく質

小麦粉に含まれるたんぱく質の約85%はグリアジンとグルテニンであるが、小麦粉に水を加えてドウをつくり、水中ででんぷんと水溶性成分を洗い流した後に残る粘弾性の黄色い塊をグルテンという（本章 1.3 小麦類 参照）。工業的には小麦でんぷん製造の副産物として製造されているが、グルテンとグルテン分解物は増粘安定剤として食品添加物リストにあげられている。

グルテンは、冷凍して、あるいは粉末状、粒状、繊維状などに加工されたものが流通している。これまでは主としてグルタミン酸ソーダ製造の原材料として使用されていたが、今日では麸の原料としても利用されている。また、グルテンの機能特性としては、粘弾性、保水性、結着性があげられるが、その機能特性から練製品や肉の加工食品、パンや麺類などにも添加物として使用されている。

(3) 乳たんぱく質

牛乳に含まれるたんぱく質の約80%がカゼインである（本章 2.6 牛乳・乳製品 参照）。カゼインは、脂肪を取り除いた脱脂乳を20℃でpH 4.6の酸性処理を行い沈殿させたもので、これをアルカリで中和しナトリウム塩としたものがカゼインナトリウムである。カゼインナトリウムは、指定添加物にあげられている。また、酸性処理を行った際の上澄液の乳清たんぱく質（ホエー）も乳化性、起泡性、ゲル形成などに優れた素材として商品化されている。

カゼインナトリウムの機能特性は、安定性や乳化性などである。この特性を利用してアイスクリームや食肉加工品、生乳以外の原材料で製造されたコーヒーホワイトナー（粉末状）などに添加物として用いられている。

5 調味料

調味料は、食べ物の風味づけや色調改善、保存性の向上などに用いられ、おいしさを高める機能をもっており、食材を調理する上で不可欠なものである。

5.1 調味料とその調理性

調味料には、塩味を付与する塩やしょうゆ、甘味を付与する砂糖やみりん・みりん風調味料、酸味の食酢、うま味のL-グルタミン酸ナトリウムなどの基本調味料がある。その他に、複雑な風味を付与する風味調味料や酒類、さらに独特の風味を与える加工調味料などがある。

(1) 塩

塩はさまざまな料理における調味の基本であり、生理的にも重要である。塩の主成分は塩化ナトリウム（NaCl、分子量：58.5）であるが、炭酸マグネシウム、塩化マグネシウムなどが添加されたものである。表6.38に塩事業センターが供給する生活用塩の種類を示した。塩は、食べ物に塩味を付与するとともに、防腐作用、酵素活性の抑制、脱水作用、たんぱく質の熱凝固促進、グルテン形成促進、クロロフィルの安定など、さまざまな調理性をもっている（表6.39）。

表6.38　生活用塩の種類

<table>
<tr><th>種類</th><th>NaCl</th><th>食品添加物</th><th>製造法</th></tr>
<tr><td>食卓塩</td><td rowspan="4">99%以上</td><td rowspan="4">炭酸マグネシウム(0.4%)</td><td rowspan="6">輸入天日塩を溶かし不純物を除いて煮詰める</td></tr>
<tr><td>ニュークッキングソルト</td></tr>
<tr><td>キッチンソルト</td></tr>
<tr><td>クッキングソルト</td></tr>
<tr><td>精製塩</td><td>99.5%以上</td><td>炭酸マグネシウム(0.3%、25kgの商品にはなし)</td></tr>
<tr><td>特級精製塩</td><td>99.8%以上</td><td>なし</td></tr>
<tr><td>漬け物塩</td><td rowspan="4">95%以上</td><td>リンゴ酸、塩化マグネシウム、クエン酸、塩化カルシウム</td><td>輸入天日塩を粉砕洗浄し添加物を加える</td></tr>
<tr><td>原塩</td><td>なし</td><td>輸入天日塩</td></tr>
<tr><td>粉砕塩</td><td>なし</td><td>輸入天日塩を粉砕</td></tr>
<tr><td>並塩</td><td>なし</td><td rowspan="3">国内の海水をイオン交換膜法で濃縮、煮詰める</td></tr>
<tr><td>食塩</td><td>99%以上</td><td>なし</td></tr>
<tr><td>新家庭塩</td><td>90%以上</td><td>なし</td></tr>
</table>

表 6.39　塩の調理性

	調　理　性	例
呈味性	塩味をつける 対比効果 抑制効果	調理全般 塩飴 塩魚に柑橘類を添える
防腐効果	微生物の繁殖を抑制する	漬物・佃煮・塩蔵品
酵素反応の抑制	酸化酵素の活性を抑える	野菜・果物の褐変防止 ビタミンCの保持
脱水作用	野菜や魚・肉の水分を除く テクスチャーを変化させる 魚臭を除く	野菜、魚、肉のふり塩、漬物 野菜の塩もみ 魚のふり塩
たんぱく質への働きかけ	熱凝固を促進する 魚肉・食肉ペーストの粘弾性を増す 小麦粉生地のグルテン形成を促す	茶碗蒸し、卵豆腐 魚肉練り製品、ハンバーグステーキ、 パン、うどん、餃子皮
その他の働き	クロロフィルを安定させる 粘出物を除去する 発酵を調整する	青菜の塩ゆで さといもの下処理 パン生地のイースト発酵抑制

(2) しょうゆ

しょうゆはわが国の伝統的な発酵調味料であり、原料としては大豆、小麦粉、塩水、麹が用いられる。しょうゆには、濃口しょうゆ、淡口しょうゆ、たまりしょうゆ、再仕込みしょうゆ、白しょうゆ、減塩しょうゆなどがある（**表 6.40**）。しょうゆの一般成分は、アミノ酸、ペプチドなどの窒素成分、糖類および脂肪酸、有機酸、香気成分などである。塩味やうま味とともにしょうゆ特有の色と香りを与える調理機能をもっている。塩分濃度は濃口しょうゆ 14.5%、淡口しょうゆ 16%、減塩しょうゆ 7%程度である。濃口しょうゆは煮物やたれなどに利用され、淡口しょうゆは色を薄く仕上げたい煮物や吸物などに用いられる。

(3) みそ

原料は大豆*[96]、塩、麹であるが、麹の種類、味、色、塩分濃度、産地などによって多種類のみそがある（**表 6.41**）。みその一般成分は、糖類、有機酸、アミノ酸、グルタミン酸、エステル類などである。みそは次のような調理性をもつ。

1）塩味、うま味、香りをつける

みそは、汁物をはじめ多くの調理に用いられ、塩味をつけるとともにうま味、香りをつける。みそを加えた後の長時間の加熱は好ましくない。これはみそのコロイド粒子がうま味成分を吸着しながら結合し大きな粒子となることから、うま味が少なく、ざらざらした口ざわりになるためである。また、加熱しすぎるとみそ特有の香りも損なわれる。

表 6.40 しょうゆの種類と特徴

種 類	塩分濃度(%)	特 徴
濃口しょうゆ	13～16	・調理全般、食卓用 ・全国のしょうゆ生産量の約 82%を占める
淡口しょうゆ	15～18	・色の薄いしょうゆ ・食塩を濃口しょうゆより約10%多く使用 ・全国生産量の約15%を占める ・素材の色をいかす調理に使用 ・関西地方で好まれる
たまりしょうゆ	13～15	・とろみと濃厚な味が特徴 ・すし、さしみ、照り焼き、せんべいなどに使用 ・中部地方を中心に使用される
再仕込みしょうゆ	12～15	・他のしょうゆは麹を食塩水で仕込むのに対して、再仕込みしょうゆはしょうゆで仕込む ・さしみ、すしなどの食卓用 ・味、香りが濃厚で、甘露しょうゆともよばれる ・山口県を中心に用いられる
白しょうゆ	16～18	・淡口しょうゆよりもさらに薄い色で、琥珀色のしょうゆ ・甘味が強いがあっさりしている ・素材の色をいかす調理に使用 ・愛知県を中心に用いられる
減塩しょうゆ	7.0～9.0	・醸造しょうゆとして製造した後、塩分のみを除き、塩分を半量にしたもの ・治療食に利用

表 6.41 みその種類と特徴

分類	麹の種類	味、色による区分		食塩(%)	産地・銘柄	醸造期間	特 徴
米みそ	米麹	甘口	白	5～7	白みそ、西京みそ、讃岐みそ	5～20日	米麹は大豆の2倍
			赤	5～7	江戸甘みそ	5～20日	短期熟成
		甘口	淡	7～11	相白みそ(静岡)、中甘みそ	5～20日	甘味と塩味が共存
			赤	10～12	中みそ(瀬戸内沿岸)、御膳みそ(静岡)	3～6カ月	みその色は醸造時間をかけることで着色
		辛口	淡	11～13	信州みそ、白辛みそ	2～6カ月	酸味をもつ
			赤	12～13	仙台みそ、越後みそ	3～12カ月	わが国の代表的みそ
麦みそ	麦麹	甘口	淡	9～11	九州、四国、中国	1～3カ月	農家の自家用みそとしても作る
		辛口	赤	11～12	九州、埼玉、栃木	3～12カ月	
豆みそ	豆麹	辛口	赤	10～11	八丁みそ、三州みそ	1～3年	長期間熟成する。苦味と渋みをもつ

＊96 **大豆たんぱく質の消化吸収率：**みその大豆たんぱく質は、ほとんどがペプチドやアミノ酸にまで分解されており、消化吸収率は高い（約85%）。煎り大豆、豆腐の大豆たんぱく質消化吸収率は、それぞれ約60%、約95%である。

2）消臭作用

みそには魚や肉類の臭みを消去する作用がある。コロイド粒子の吸着作用や、揮発するみその香り成分が臭みをマスキングすることによるものである。

3）緩衝能

みそには、酸性やアルカリ性の物質を加えても pH が変化しにくい緩衝能があるため、みそ汁にさまざまな材料を用いても味の変動は少ない。

4）機能性

みそが抗酸化性、がん予防、血圧降下作用をもつことはよく知られており、疾病や老化予防の効果が期待されている。

(4) 砂糖

砂糖の主成分はショ糖であり、甘味調味料の代表である。図 6.76 に砂糖の種類を示した。原料は主としてさとうきび（甘藷）とサトウだいこん（甜菜）であるが、サトウカエデ（カエデ糖・メープルシロップ）なども使われる。原料に関係なく、製造法により含蜜糖と分蜜糖に分けられる。甘味料には砂糖を含む糖質甘味料と非糖質甘味料がある。

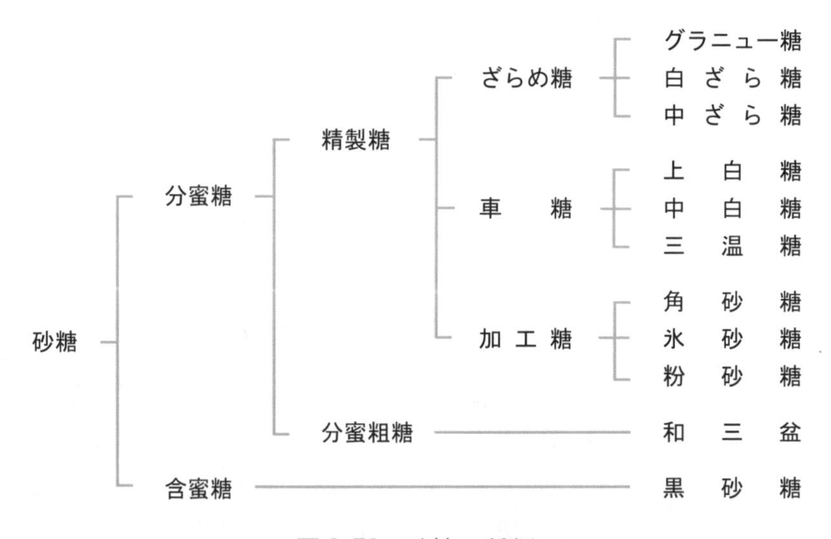

図 6.76　砂糖の種類

(5) 本みりん・みりん風味調味料

本みりんはもち米、米麹、焼酎を原料として発酵・糖化させてつくられる醸造調味料で、アルコール分を約 14%含み酒類に分類される。本みりんの一般成分は糖類やアルコール、アミノ酸、有機酸、香気成分である。本みりんの糖類の大部分がブドウ糖であり、甘味は砂糖の約 1/3で、調理では砂糖の約 3 倍量のみりんを用いると、砂糖と同等の甘味となる。みりん風調味料は糖類、アルコール、アミノ酸、有機酸、香気成分を含み、アルコール分１%以下の甘味調味料である。本みりんでは煮切り操作*97を行ってアルコール分を飛散させることもあるが、みりん風調味料ではその必要はない。みりんの調理性としては、上品な甘味をつける、照り・つやをだす、臭みを消去し風味をつける、煮崩れを防ぐなどがあげられる。

(6) 食酢

食酢は酢酸を 3〜5%程度含む酸味調味料である。原料になる穀物または果実から酒を醸造し、これに酢酸菌を添加して酢酸発酵させてつくる。食酢の一般成分は、酢酸、乳酸、コハク酸、リンゴ酸、クエン酸などの有機酸類やアミノ酸、エステル類、アルコール類、糖類である。食酢は製造工程によって醸造酢、合成酢、加工酢（ポン酢など）に、原料によって穀物酢と果実酢に分類される。表 6.42 に醸造酢の種類と特徴を示す。食酢には次のような調理性がある。

表 6.42　醸造酢の種類と特徴

分類		種類	特徴
穀物酢	米酢 米が 1L 中に 40g 以上	米酢	米を原料、すし飯・酢の物など和風調理
		玄米酢	玄米を原料、調理全般、飲料
		黒酢	玄米と麦を原料、調理全般、飲料
	穀物酢 穀物が 1L 中に 40g 以上	穀物酢	米・小麦・コーンなどの複数の穀物を原料、調理全般
果実酢 （果汁が１L中に 300g以上）		りんご酢	りんご果汁・りんご酒を原料、フルーティな風味、ドレッシング・マリネなどの洋風調理
		赤ぶどう酢	赤系ぶどう果汁・ワインを原料、ドレッシング・ソースなどの洋風調理
		白ぶどう酢	白系ぶどう果汁・ワインを原料、洋風調理
		バルサミコ酢	ブドウ濃縮果汁・ワインを原料、長期にわたる樽熟成
		梅酢	梅干しを漬けるときに出る汁、和風調理
		柿酢	柿果汁・柿酒を原料、和風調理

1) 酸味をつける

酢は、食べ物に酸味をつける働きがあるが、甘味に対する対比効果（継時）をもっている。甘味の後に味わう柑橘類に強い酸味を感じるなどがその例である。また、

＊97 煮切り操作：アルコール分が料理の味を損なう場合、本みりんを加熱して揮発性のアルコール分を除去し、アルコール臭を取り除くこと。主にあえ物、酢の物やめんつゆなど、加熱しない料理に用いる。

酸味は塩味、甘味をやわらげ、うま味をひきたてる。

2）色素の変化

食酢はアントシアン系色素を赤く発色させる（例：紫キャベツ、紫じそ）。フラボノイド系色素は酸で安定し白く仕上がる（例：カリフラワー）。また、クロロフィルを褐色（フェオフィチン）にする（例：きゅうりのピクルス）。

3）テクスチャーの変化

食酢を用いると軟らかいテクスチャーとなる（例：こんぶの煮物、魚の酢煮、魚のマリネ）。

4）たんぱく質への働きかけ

食酢はたんぱく質の熱凝固を促進する。落とし卵をつくるとき、食酢を添加すると凝固しやすくなるのはこの例である。また、魚を塩で締めて、食酢に浸すと身がしまる。

5）殺菌・防腐効果

食酢は微生物の繁殖を抑える（例：すし飯、酢漬け）。

6）酵素活性の抑制

ポリフェノールオキシダーゼ（酸化酵素）はpHが低いと活性が抑えられるので、ごぼうやれんこんを酢水に浸し褐変を防ぐ。また、りんごではレモン汁を添加する。

7）魚臭除去

食酢はトリメチルアミンを酢酸化合物にし、魚臭を除く（例：魚の酢じめ）。

8）機能性

酢酸に血圧降下作用があることが報告され、食酢は健康的意義も大きい。また、食酢の血糖値上昇抑制効果も確認されている。

(7) うま味調味料

うま味調味料は、L-グルタミン酸ナトリウム、5´-イノシン酸ナトリウム、5´-グアニル酸ナトリウムなどのうま味成分を水に溶けやすく使いやすくしてある。うま味を補うとともに食材に含まれているうま味成分との相乗作用によってより効果が高まる。

(8) 風味調味料

風味調味料とは、化学調味料および風味原料（かつお節、こんぶ、貝柱、干ししいたけなどの粉末または抽出濃縮物をいう）に糖類・食塩など（香辛料を除く）を加え、乾燥し、粉末状、顆粒状などにした調味料であって調理の際、風味原料の香りおよび味を付与するものである（日本農林規格）。和洋中の各種風味調味料が市販されており、料理に香り・風味・こくを簡便に与えることができるが、素材から抽出した天然だしと比べると香りに欠ける。

(9) 酒類

本みりんなどの甘味の付与を主としない酒類の種類と特徴（調理・製菓用）を**表 6.43** に示した。酒類には、矯臭作用、風味の改善、こく・光沢の付与、**肉類の軟化**＊98などの調理性がある。和洋中の料理では、料理をいかす酒類が使われ、和風では清酒、洋風では赤・白ワイン、中国風では紹興酒が用いられる。

表 6.43　酒類の種類と特徴（主に調理・製菓用）

種　類		特　徴
醸造酒	清酒	米を原料　煮物・飯物など和風料理
	ワイン	ぶどうを原料　製菓用・洋風料理
	紹興酒	もち米を原料　中国風料理　長期にわたり熟成させたものが老酒
	リキュール類	蒸留酒に香料や色素、果実、種子などを加えたもの　製菓用　コアントロー、オレンジキュラソー、グランマニエ、フランボワーズ、クレーム・ド・カシスなど
蒸留酒	ブランデー	ぶどうを原料　製菓用　ぶどう以外の果実からつくられるものとしてカルバドス(りんご)など
	ラム酒	サトウキビから得られる糖蜜を原料　製菓用
	キルシュ酒	さくらんぼを原料　製菓用

(10) その他の調味料

ウスターソース類、トマトピューレ・トマトケチャップ、ドレッシング類、チリソース、タバスコソース、魚醤、豆板醤、蠣油（オイスターソース）、芝麻醤、甜麺醤、コチュジャンなどがある（**表 6.44**）。

6 その他の食品

その他の食品には嗜好飲料、嗜好食品（菓子類）などがある。

嗜好品は栄養摂取を目的とするものではなく、むしろ個人の嗜好や人との関係を円滑にさせ、生活に潤いと楽しさを与えるものである。嗜好飲料には糖類を豊富に含んでいたり、砂糖を加えたりすることがあり、嗜好食品には糖類、油脂類が多く含まれているので、これらを摂取するときには注意しなければならない。

＊98 **肉類の軟化**：肉をワインに漬けておいてから焼くと軟らかい。ワインの pH は 3.5 前後であり、肉たんぱく質の等電点（pH5.4）より低いため肉は軟らかくなる。肉たんぱく質は等電点のときに保水性が最も小さくなり、等電点から離れるほど保水性は増加する（p. 141参照）。

表6.44　その他の調味料の種類と特徴

種類		特徴
ウスターソース類		野菜・果実の搾汁やピューレなどに塩、糖類、食酢、香辛料を加えて調整、熟成した液体調味料 濃度によってウスターソース、濃厚ソース、中濃ソースに分類
トマト加工品	トマトピューレ	完熟トマトを加熱後、裏ごし濃縮したもの（無塩可溶性固形分が24%未満）　煮込み、トマトソースなどの各種ソースに利用
	トマトペースト	トマトピューレを無塩可溶性固形分24%以上に濃縮したもの トマトピューレよりも濃度が高くこくがある
	トマトケチャップ	トマトピューレに糖類、塩、食酢、タマネギ、香辛料を調合して加工したもの
ドレッシング類		植物油、食酢、調味料、香辛料を基本材料として混合・乳化した調味料分離タイプと乳化タイプに分類 マヨネーズもドレッシング類に分類（日本農林規格）
アジアの調味料	魚醤	魚やえびに塩を加えて漬け込み、長期間発酵させ、魚肉たんぱく質をアミノ酸にまで分解した液体が魚醤であり、濃厚なうま味と特有のにおいをもつ しょっつる(秋田)、いしる(石川)が日本の伝統的な魚醤 ユーロウ（中国)、ナムプラ(タイ)、ニョクマム(ベトナム)がアジアの魚醤
	豆板醤	蒸したそら豆を発酵させ、唐辛子、塩を加えてつくる唐辛子みそ　中国料理の麻婆豆腐、えびの辛味ソース炒めなどに利用
	蠣油(オイスターソース)	牡蠣を塩で漬け込み発酵させて濃縮し、カラメル色素、酸味料などを加えたもの 中国料理の炒めものや煮込みに利用
	芝麻醤	煎ったごまを磨り潰してペースト状にし、ごま油やサラダ油、調味料を加えたもの 中国料理の棒々鶏や涼拌麺に利用
	甜麺醤	小麦粉に塩、麹を加えて醸造した黒色のみそ 中国料理の回鍋肉や北京ダック、春餅に利用
	コチュジャン	蒸したもち米を発酵させ、唐辛子、塩、糖類などを加えてつくる唐辛子みそ 韓国料理のビビンバ、焼き肉などに利用

6.1 嗜好飲料

嗜好飲料には茶、コーヒー、ココア、炭酸飲料、果実飲料、スポーツドリンク、アルコール飲料などがある。近年、茶やコーヒー中に種々の機能性成分が含まれていることが判明し、研究が進んでいる。嗜好飲料はアルコールを含んでいない非アルコール系飲料と、アルコールを含んでいるアルコール系飲料とに大別される。

(1) 非アルコール系飲料

1) 茶

茶の木は、ツバキ科ツバキ属（*Camellia sinensis*）の常緑樹で、それぞれの茶に適した品種が使われている。

茶は発酵の有無により不発酵茶、半発酵茶、発酵茶に分類される（図6.77)。

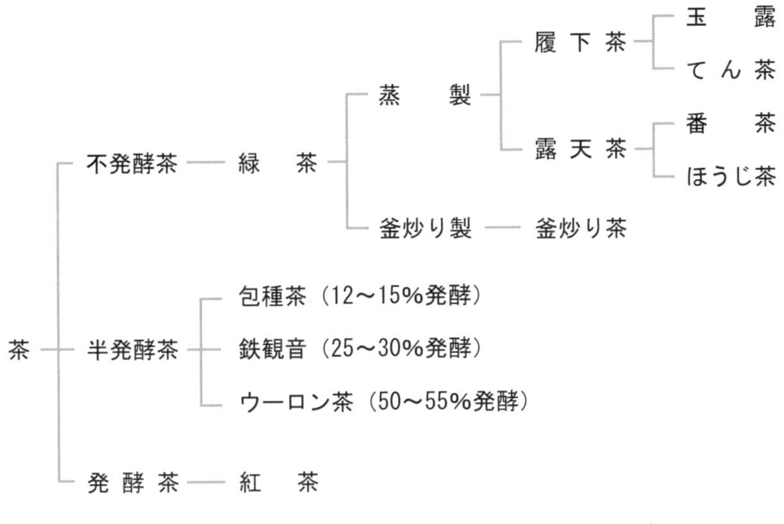

図 6.77　茶の分類

（i）不発酵茶

まったく発酵をさせないで製造されるのが緑茶である。文字通り茶は緑色を呈しているのが特徴で、日本や中国で多く生産されている。栽培方法により露天茶（一般的な茶）と覆下茶（玉露、てん茶）に、さらに摘採時期により新茶（一番茶)、二番茶、三番茶と区別されている。また夏以降に収穫した茶葉を使った番茶、てん茶を石臼で挽いて微粉末にした抹茶、下級煎茶や番茶を焙煎したほうじ茶、炒った米を煎茶や番茶に混合した玄米茶などがある。

うま味成分はアミノ酸の一種であるテアニンで、渋み成分のタンニンや苦味成分のカフェインよりも低温（50 ℃程度）で抽出されるために、テアニンを多く含んでいる玉露や煎茶は 60～80 ℃の湯で 1～2 分間抽出するとよい。番茶やほうじ茶は沸騰した湯を用いる。ビタミン C が含まれるのが特徴である。

（ii）半発酵茶

発酵茶と不発酵の中間（発酵度 10～60%）の茶で、包種茶、鉄観音茶、ウーロン茶がこれに相当し、主として中国と台湾で生産されている。抽出液にはタンニンやカフェインが含まれるが、無機質やビタミンなどはほとんど含まれない。熱湯を使い 2～3 分間抽出する方法が一般的で、中国料理のような油を使った料理との相性がよい。

（iii）発酵茶

茶葉中の酸化酵素により茶葉成分を完全に酸化したもので、紅茶がこれにたる。産地（ダージリン、アッサムなど)、収穫期（ファーストフラッシュ、セカンドフラッシュなど)、茶葉の形状（リーフグレード、ブロークングレード、CTC など）により分類される。沸騰したての湯で2〜3分間、保温しながら抽出し、ミルクや砂糖などを加えることが多い。

なお紅茶の色の成分はカテキン類が酸化重合して生成した橙紅色のテアフラビンと赤褐色のテアルビジンで、レモンやレモン汁を加えると退色するのは、テアルビジンが酸により薄い色になるためである。紅茶を入れて放置しておくと白濁するのはクリームダウンといわれる現象で、カフェインとタンニンが結合して生じる。良質の紅茶ほどこれらの含量が高いのでクリームダウンが生じやすい。アイスティーは、通常より濃度の濃い紅茶を容器に入れた氷の上に注いで急冷すると、クリームダウンを防ぐことができる。

2) コーヒー

コーヒーはアカネ科コーヒー属の種子を炒って粉末状にし、熱湯で抽出したものである。コーヒー豆はコーヒーベルトといわれる赤道をはさんだ地域で生産され、国名、山域、積出港、栽培されている地名でよばれている。成分ではタンニンとカフェインが多いことが特徴で、焙煎中に化学変化が起こり、独特の苦味や香りを生成する。この他にたんぱく質や脂質も含まれている。抽出は紙や布でろ過をするドリップ式、エスプレッソマシーンを使用する方法、サイフォンによる方法、パーコレータによる方法などで行われている。

コーヒーに砂糖を加えると苦味が、クリームや牛乳を加えると酸味が和らぐ。コーヒー中の酸が、古い牛乳やクリーム中のたんぱく質と結合し、凝固することがあるが、これをフェザリングとよんでいる。

コーヒーは、覚醒・神経興奮作用の他に抗酸化性を有するなど、さまざまな生理活性が注目されている。

3) ココア

ホットチョコレート、あるいはショコラともいわれ、茶やコーヒーと異なり、使用した材料すべてを摂取する。

カカオの果実から採取した種子を焙煎して外皮、胚芽を除去、脱脂して微粉砕したものがココアパウダーである。ココアにはピュアココア（純ココア）とミルクココア（インスタントココア）がある。どちらも少量の熱湯で十分に練ってから火にかけ、水または牛乳でのばしたものを飲む。

100g当たり脂質含量が21.6g、たんぱく質18.5g、カリウム、マグネシウム、鉄、亜鉛、銅といった無機質や、カロテン、ビタミンB_1、B_2、ナイアシンが豊富に含まれ、栄養価が高い飲料である。この他に神経興奮、利尿、強心作用があり、苦味成分でもあるテオブロミンやカフェインが含まれている。なおココアパウダーは飲料のみでなく、製菓用としても使用されている。

4) その他の非アルコール飲料

その他の非アルコール飲料には、炭酸飲料、果実飲料、スポーツ飲料、乳性飲料（ヨーグルト）、米麹飲料（甘酒）などがある。

炭酸飲料は炭酸ガスを圧入したもので、何も加えていないもの、甘味料、酸味料、香料、着色料、植物の抽出物などを添加したものがある。

果実飲料には、濃縮果汁、果実ジュース、果実ミックスジュース、果実・野菜ミックスジュースなどがあり、日本農林規格（JAS）で規定されている。

スポーツ飲料はアイソトニック飲料ともいわれ、運動したときなどに水分や塩分補給を目的とした飲料で、浸透圧を体液の浸透圧と同じくしている。

(2) アルコール飲料

酒税法ではアルコール飲料のうち、1％以上のアルコールを含む飲料を酒類といい、表 6.45 のように分類されている。

表 6.45　酒税法における酒類の分類

分　類	品　名
発泡性酒類	ビール、発泡酒、その他の発泡性酒類（ビール及び発泡酒以外の酒類のうちアルコール分が10度未満で発泡性を有するもの）
醸造酒類	清酒、果実酒、その他の醸造酒
蒸留酒類	連続式蒸留焼酎、単式蒸留焼酎、ウイスキー、ブランデー、スピリッツ 原料用アルコール
混成酒類	合成清酒、みりん、甘味果実酒、リキュール、粉末酒、雑酒

1) 清酒

日本酒ともいう。蒸した白米の米麹による糖化と、酵母によるアルコール発酵を同時に行う並行複発酵のため、アルコール含量が微生物の発酵の限界である 15～20％にも達する。原料や製造方法などにより吟醸酒、大吟醸酒、純米酒、純米吟醸酒、純米大吟醸酒、特別純米酒、本醸造酒、特別本醸造酒に分類される。発酵によりアルコールの他に有機酸類、アミノ酸類、糖類、エステル類、ケトン類、アルデヒド類、アミン類などが生成し、うま味、コク、香りの成分となっている。味に特徴のあるものは 40 ℃程度で、香りに特徴のあるものは 60 ℃程度で、一般には 50～60 ℃に燗をして飲むが、最近では冷やして飲むことも行われている。日本各地に特徴をもった地酒が存在する。

2) ワイン

ぶどう酒ともいう。ぶどうをアルコール発酵させたもので、色により白ワイン、ロゼワイン、赤ワインに分類される。ぶどうの品種や産地により、さらに細分化される。アルコール含量は7～14%で、酒石酸のような有機酸や、カリウムをはじめとするミネラルを含む。ワインは料理とともに飲む酒で、白ワインは魚介類と、赤ワインは肉類と、ロゼワインは何にでもあうとされ、白ワインやロゼワインは5～13℃に冷やして、赤ワインは16～20℃で飲用される。この他にシャンパンなどの発泡ワイン、糖分を完全にアルコールにまで発酵させないで10～20%残したスイートワイン、ワインに蒸留酒を加えてアルコール度18～20%にした強化ワインがある。近年、ワイン中のポリフェノール類が有する生理活性が注目されている。

3) ビールと発泡酒

大麦の麦芽、ホップ、水を主原料として、酵母でアルコール発酵させたもので、麦芽の焙燥（焙煎しながら乾燥させる）の程度により、淡色、中間色、黒色のビールになる。原料の麦芽量が少なくなると発泡酒となり、酒税上、ビールと区別される。ビールは発酵後、加熱して発酵を完全に停止させるが、生ビールはろ過しただけのものである。ラガービールは主発酵の後、貯蔵工程で後発酵を行い熟成させたビールで、日本のビールのほとんどがこれにたる。ビール中にはアルコール分が4.6～7.6 (v/v) % 含まれ、この他に大麦由来のビタミンB_1、B_2、ナイアシンも含まれる。なお、ビールの飲用時の適温は4～8℃といわれている。

4) 焼酎

米、麦類、いも類、そばなどのでんぷんを麹で糖化してアルコール発酵を行った後に蒸留したものである。原料によりいも焼酎、米焼酎、麦焼酎、そば焼酎、黒糖焼酎などの種類がある。水とアルコールが主成分で、アルコール含量が35度、25度、20度のものが市販されている。エステル類、プロピルアルコール、イソアミルアルコールなども含まれ、揮発性の微量成分が焼酎の特徴を出している。飲み方はストレート、オンザロック、お湯割り、水割りがある。

5) その他のアルコール飲料

蒸留酒のウイスキー、ブランデー、ジンなどや、蒸留酒に薬草や果実などのフレーバー、糖分、色素などを添加したリキュール（オレンジ・キュラソー、クレーム・ド・カシス、梅酒など）がある。その他にも合成清酒、アルコール入りの白酒などがある。これらは飲用されるのみでなく、カクテルや菓子などの香りづけにも使われている。

6.2 嗜好食品（菓子類）

菓子は大部分が甘味の食品であり、食生活を豊かにするのに一役買っている。食事の最後に食べる菓子は満足感を与え、栄養補給とともに楽しみのひとつになっている。材料は穀物、鶏卵、乳製品、砂糖、油脂などで、煮る、焼く、蒸す、揚げる、練る、冷却するなど、あらゆる調理操作が使われている。歴史や文化と結びついたその土地独特のものが存在し、種類が非常に多い。表 6.46 に菓子の分類の一例を示した。食生活を潤いのあるものにする一方で、エネルギー量が多いので、質や量に注意しなければならない。

表 6.46　菓子の分類

分類		品名
和菓子	生菓子	おはぎ、大福餅、まんじゅう、かるかん、どらやき、ういろう
	半生菓子	最中、鹿の子、すあま、ようかん、甘納豆
	干菓子	落がん、あられ、せんべい、おこし、ボーロ、かりんとう、揚げ米菓、揚げ芋
洋菓子	生菓子	ショートケーキ、シュークリーム、タルト、ゼリー、プディング
	半生菓子	スポンジケーキ・バターケーキ・タルトの一部、マロングラッセ、オレンジピール
	干菓子	ドロップ、キャラメル、ビスケット、プレッツエル、ウエハース
中華菓子		月餅、芝麻球、麻花、中華饅頭、杏仁酥

引用文献

1) 松本・福場「調理と米」p.87 学建書院 1979

2) 貝沼やす子、調理科学研究会編「調理科学」p.248 光生館 1984

3) 馬橋由佳、大倉哲也、香西みどり「日本調理科学会誌40(5)」2007

4) 関千恵子、貝沼やす子「日本家政学会誌27(3)」173-179 1976

5) 伊藤純子、香西みどり、貝沼やす子「日本食品科学工学会誌51(10)」538-631 2004

6) Wheat Flour Institute “From Wheat to Flour” (1976)

7) 日清製粉、長尾精一

8) Huebner F.R.: Baker’s Dig, 51, 154,(1977)

9) 桜井芳人監修「洋菓子製造の基礎」p.77 光琳書院 1969

10) 松元文子、松本エミ子、高野敬子「家政学会誌11」348-352 1960

11) 大沢はま子、中浜信子「家政学雑誌24」p.361 1973

12) 渋川祥子、畑井朝子編「ネオエスカ調理学第2版」p.106 同文書院 2007

13) 下村道子他編「調理科学講座植物性食品Ⅱ」p.20 朝倉書店 1993

14) 小倉他「日本食品科学工学会誌Vol.48.(3)」p.218 2001

15）津久井亜紀夫編著「食べ物と健康食品学各論」p. 29 八千代出版2003

16）吉田恵子：未発表データ

17）山口高弘、渡邊康一「“ファイバー” スーパーバイオミメイックス」エヌ・ティー・エス 2006

18）鈴木惇、田村咲江編「食品・調理・加工の組織学」p. 103 学窓社 1999

19）奥田和子、上田隆蔵「日本家政学会誌40」1993

20）遠藤金次「調理科学６」14-19 1973

21）鴻巣章二監修、畑江敬子著「魚の科学」p. 140 朝倉書店 1994

22）下坂智恵「日本調理科学会誌32(1)」77-82 1999

23）野並慶宣「畜産食品科学と利用」p. 281 文永堂出版 1990

24）田村咲江監修、小川宣子著「食品・調理・加工の組織学」p. 142 学窓社 1999

25）渋川祥子、畑井朝子編「ネオエスカ調理学」同文書院 2006

26）木戸詔子他編「調理学」化学同人 2003

27）吉田恵子、四十九院成子、熊田薫、岡本洋子、伊部さちえ、関根正裕「日本調理科学会平成19年度大会研究発表要旨集p. 34」2007

28）吉田恵子：未発表データ

29）和田淑子、大越ひろ編著「改定健康・調理の科学」建帛社 2010

29）畑江敬子、香西みどり編「調理学第２版」p. 125 東京化学同人 2011

30）松裏容子、香西みどり、畑江敬子、島田敦子「野菜の快適加熱時間の予測」日本食品工業学会誌36 97-102 1989

31）渋川祥子、杉山久仁子「新訂調理学」同文書院

32）金谷昭子「食べ物と健康調理学」医歯薬出版

33）川端晶子他著「Ｎブックス調理学」p. 115 建帛社 2002

34）寺本芳子「家政学雑誌25」p. 188 1974

35）河田昌子「お菓子「こつ」の科学21版」一部改変柴田書店 2001

参考文献

1.1

・荒井綜一編「食品学総論」樹林房 1996

・長尾慶子編著「調理を学ぶ」八千代出版 2009

・渋川祥子、畑井朝子編著「ネオエスカ調理学」同文書院 2008

・大越ひろ、品川弘子編著「健康と調理のサイエンス」学文社 2010

1.2

・竹生新次郎監修「米の科学」朝倉書店 1995

・長尾慶子編著「調理を学ぶ」八千代出版 2009

・大越ひろ、品川弘子編著「健康と調理のサイエンス」学文社 2010

・畑江敬子、香西みどり編「スタンダード栄養・食物シリーズ6 調理学」東京化学同人 2003

1.3

・山崎清子、島田キミエ、渋川祥子、下村道子、市川朝子、杉山久仁子共著「New 調理と理論」同文書院 2011

・長尾精一編「小麦の科学」朝倉書店 1995

1.4

・有田政信編「マスター食品学Ⅰ」建帛社 2010

・大谷、三崎他「日本栄養・食糧学会誌Vol.38.363.」1985

・(株)明治屋本社「明治屋食品辞典」1995

・武他著「食と調理学」弘学出版 1987

・下村、橋本編著「調理科学講座植物性食品Ⅱ」朝倉書店 1993

・「新版食材図典生鮮食材編」小学館 2003

1.5

・Lui, K., Philips, D., Humg, Y., Stewfelt, R. L. and McWatters, K. H.：J. Food Sci., 57,1155-1160 (1992)

・Lui, K., McWatters, K. H. and Phillips, R. D.：J. Agric. Food hem., 40,2483-2487 (1992)

・小嶋道之、森田武志、大橋美穂、清水英樹、大庭潔、伊藤精亮「マメ類のポリフェノール抽出物の抗酸化・ラジカル消去活性日本農芸化学会誌講演要旨集73」1999

・吉田恵子、四十九院成子「つくば国際短期大学紀要32、113-123」2004

・伊藤華子、吉田望、白岩紀江、青柳康夫「日本食品科学工学会55、253-257」2008

・四十九院成子、山岸美穂、吉田恵子「平成18年度日本調理科学会大会研究発表要旨集 2006

1.6

・山崎清子他著「調理と理論」同文書院 2003

・木戸しょう子他「編調理学」化学同人 2003

2.1

・豊田正武、田島真編「食物・栄養系のための基礎化学」丸善 2003

・知地英征編著「食べ物と健康Ⅰ」三共出版 2005

2.2

・清水亘他訳「食肉の化学」地球出版 1964

・藤田尚男、藤田恒夫「標準組織学総論第３版」医学書院 1988

・伊藤良編「動物資源利用学」文永堂出版 1998

・星野忠彦「食品組織学」光生館 1998

2.3

・吉松藤子、塩田教子、成田裕美「家政誌］27巻 1976

・和辻敏子、宮本悌次郎「調理科学18巻」1985

・妻鹿絢子、三橋富子、田島真理子、荒川信彦「家政誌38巻」1987

・農文協編「地域食材大百科第4巻」農文協 2010

・渋川祥子、杉山久仁子「調理学」同文書院 2005

・安原安代、柳沢幸江編「調理学健康・栄養・調理」アイケイコーポレーション 2009

2.5

・渡邊乾二編、山形徳光著「食卵の科学と機能」アイケイコーポレーション 2008

・鶏卵公正取引協議会（www.jpa.or.jp/keiran/index.html）

・峯木、小林「日本家禽学会35巻285-294」1998

・佐藤泰他５名：日本畜産学会報57巻361-371（1986）

・市川朝子、渡辺雄二、神戸恵、平江陽子、川嶋慶子、下村道子「日本調理科学会、Vol.34, No.2」2001

・新井映子他「日本家政学会誌42巻161」1991

・下村道子、橋本慶子編、田名部尚子著「動物性食品」朝倉書店 1993

・峯木真知子、松本エミ子「日本家政学会誌38巻７号651-656」1987

・下村道子他編「調理科学講座５　動物性食品」朝倉書店 1993

・山崎清子他著「調理と理論」同文書院 2003

・S. H. Zeisel：Journal of American Cholesterol Nurtrion, 11、473（1992）

2.6

・川端晶子編、亀城和子著「調理学」学建書院 1997

・河田晶子「お菓子の“こつ”の科学」柴田書店 1987

・上西一弘他「日本栄養・食糧学会誌51.5、259-266」1988

2.7

・吉田恵子、小松明美、柳生純代、江面恵子「つくば国際大学紀要35、52-58」2007

・春日敦子、荻原英子、青柳康夫、木村廣子「日本食品科学工学会、53、365-372」 2006

3.2

・日本ビタミン学会編「ビタミン総合事典」朝倉書店 2010

・高宮和彦編「野菜の科学」朝倉書店 1993

・伊藤三郎編「果物の科学」朝倉書店 1991

・下村道子、和田淑子共編著「新版調理学」光生館 2003

・渕上倫子編著「調理学」朝倉書店 2006

・畑江敬子、香西みどり編「調理学」東京化学同人 2003

・和田淑子、大越ひろ編著「改定健康・調理の科学」建帛社 2010

・辻村卓、青木和彦、佐藤達夫著「野菜のビタミンとミネラル」女子栄養大学出版部 2003

・時友裕紀子「タマネギのにおいと調理」日本調理科学会誌、Vol36、No.3、2003

・小島彩子、小関彩、中西朋子、佐藤陽子、千葉剛、阿部皓一、梅垣啓三、Vitamins (Japan),91(1),1-27 2017

・小島彩子、小関彩、中西朋子、佐藤陽子、千葉剛、阿部皓一、梅垣啓三、Vitamins (Japan),91(1),87-112 2017

・山口智子「調理過程における野菜類の抗酸化性の評価に関する研究」日本調理科学会誌 Vol.45,No.2,88-95 2012

3.3

・Horold McGee 著、北山薫、北山雅彦訳「マギーキッチンサイエンス」共立出版 2008

・江口文陽「きのこを利用する」地人書館 2006

・長田博光「食品と科学４」光琳2001

・杉田浩一他編「日本食品大事典」医歯薬出版 2006

・大石圭一編「海藻の科学」朝倉書店 1993

・天野秀臣他編「海藻由来の食品素材」FOOD STYLE 8 2007

・佐々木弘子、酒井登美子、青柳康夫、菅原龍幸「日食工誌40, 107」1993

・菅原龍幸「食生活総合研究会誌3(2)、9」1992

3.4

・小西洋太郎、辻英明編「食品学各論食べ物と健康第２版」講談社サイエンティフィック 2007

・Horold McGee著、北山薫、北山雅彦訳「マギーキッチンサイエンス」共立出版 2008

・大澤俊彦「CMC ライブラリー食品素材と機能」シーエムシー出版 2005

・久保田紀久枝、森光康次郎編「食品学－成分と機能性」東京化学同人 2008

・福田靖子「日食工誌38、95」1991

・村田安代、池上茂子、松元文子「家政誌25, 596」1974

・下村道子、橋本慶子編「植物性食品Ⅱ」朝倉書店 1993

・青柳康夫編「改訂食品機能学第2版」建帛社 2010

4.2

・編集委員会編「油脂・脂質の基礎と応用－栄養・脂質から工業まで－」(社)日本油化学会、2009
・「油脂・脂質の基礎と応用」第3版、5.4トランス脂肪酸 (公社)日本油化学会 2009
・(公社) 日本油化学会編「第4版 油化学便覧－脂質・界面活性剤－」丸善株式会社 2001
・文部科学省「七訂日本食品食品成分表」資料編　女子栄養大出版部 2019
・界面と界面活性剤編集委員会編「界面と界面活性剤－基礎から応用まで－」(社)日本油化学会 2009
・厚生労働省「日本人の食事摂取基準　2015年版」第一出版 2014
・山崎清子、島田キミエ、渋川祥子、下村道子、市川朝子、杉山久仁子「NEW 調理と理論」同文書院 2016
・日本サプリメントアドバイザー認定機構編「サプリメントアドバイザー必携第３版増補」臨床栄養協会、薬事日報社 2010
・戸谷洋一郎、原節子「食物と健康の科学シリーズ　油脂の科学」朝倉書店 2015

4.3

・香川芳子監修「五訂増補食品成分表」女子栄養大学出版部
・今堀和友監修「生化学辞典」東京化学同人
・山崎清子他「新版調理と理論」同文書院
・日本調理科学会編「総合調理科学事典」光生館
・社団法人全国調理師養成施設協会編「改訂調理用語辞典」調理栄養教育公社
・小原哲二郎他監修「簡明食辞林」樹村房
・長倉三郎他編「岩波理化学辞典」岩波書店
・橋本慶子他編「調理科学講座食成分素材・調味料」朝倉書店

5.4

・小田原誠、荻野裕司、瀧澤佳津枝、木村守、中村訓男、木元幸一「高血圧自然発症ラットに対する大麦黒酢の血圧降下作用」日本食品科学工学会誌55(3)、81-86、2008-03-15
・梶本修身、大島芳文、多山賢二他「食酢配合飲料の正常高値血圧者および軽症高血圧者に対する降圧効果」健康・栄養食品研究6(1)、51-68、2003
・長野正信、上野知子、藤井暁、侯徳興、藤井信「黒酢もろみ末のII 型糖尿病モデルマウスKK-A^y に対する高血糖抑制効果」日本食品科学工学会誌57(8)、346-354,2010-08-15
・稲毛寛子、佐藤由美、榊原章二他「健常な女性における食酢の食後血糖上昇抑制効果」日本臨床栄養学会雑誌27(3)、321-325、2006

6.1

・中村敏郎他「コーヒー焙煎の化学と技術」弘学出版1995

・グュエン・ヴァン・チュエン、石川俊次編「コーヒーの化学と機能」アイ・ケイコーポレーション2006

・田主澄三、小川正編「食べ物と健康２」化学同人 2008

・森友彦、河村幸雄編「食べ物と健康３」化学同人 2006

・小西洋太郎、辻英明編「食品学各論食べ物と健康」講談社サイエンティフィック 2007

・大鶴勝編「食品学・食品機能学」朝倉書店 2009

・杉田浩一他編「日本食品大事典」医歯薬出版 2006

6.2

・久保田紀久枝、森光康次郎編「食品学-成分と機能性」東京化学同人 2008

・吉田勉監修「わかりやすい食物と健康２」三共出版 2009

・杉田浩一他編「日本食品大事典」医歯薬出版 2006

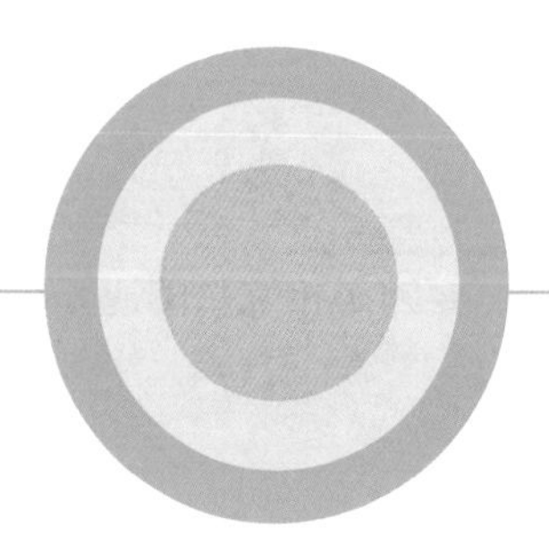

自習問題

監修　つくば国際大学　　教授　吉田惠子
高崎健康福祉大学　教授　綾部園子

自習問題の利用法

自習問題は実力を試す問題集ではなく、教科書の内容を効果的に理解する目的で作られている。問題文は教科書の文章とほぼ同じであり、国家試験の頻出内容や重要事項を空欄にしてあるので、有効に利用して欲しい。

Step　1．まず第１に教科書を精読する。

Step　2．内容が理解できたら、次に自習問題の空欄にいれるべき適切な語句を考え記入する。

Step　3．再度、教科書を読み返して確実に空欄を埋める。

Step　4．さらに自習問題の有効な利用法として、ファイル帳に綴じて４年間にわたる国家試験対策ノートとして活用する。

第２章　食べ物の嗜好性（おいしさ）

1　おいしさとは

(1) 食べ物のおいしさは、(①　　　) 要因と (②　　　) 要因が相互に関連しながら、総合的に評価されたものである。

2　食べ物の特性要因

2.1 味

(1) 5つの基本味は、(①　　　)、(②　　　)、(③　　　)、(④　　　)、(⑤　　　) である。

(2) 甘味

(2) 果糖の甘味は、ショ糖の (⑥　　　) 倍である。

(3) ブドウ糖や (⑦　　　) などは水溶液中でα型とβ型の (⑧　　　) が存在するので、同一の糖でも甘味度が異なる。

(4) 果糖を含む果物では、(⑨　　　) のほうが甘味が強い。

(3) 酸味

(5) 酸味は、(⑩　　　) の解離によって生じる。

(4) 塩味

(6) 食塩の塩味は、(⑪　　　) と (⑫　　　) の解離によって生じる。

(6) うま味

(7) こんぶのうま味成分として (⑬　　　)、かつお節のうま味成分として (⑭　　　)、干ししいたけのうま味成分として (⑮　　　) があげられる。

(8) 呈味の閾値

(8) 味の特性が判断できる最小濃度を (⑯　　　) 閾値という。

(9) 味の相互作用

1) 同時作用

(ⅰ) 対比効果

(9) しるこやあんに少量の食塩を加えると、甘味が強められるのは、(⑰　　　) による。

(ⅱ) 抑制効果

(10) 柑橘類に砂糖をかけると、酸味が緩和されるのは、(⑱　　　) による。

(iii) 相乗効果

(11) こんぶとかつお節からとっただし汁にうま味を強く感じるのは、グルタミン酸とイノシン酸の（⑲　　　）による。

2.3 テクスチャー

(12) テクスチャーは、口あたり、歯ごたえなどの口中感覚に対応する（⑳　　　）特性をさす。

(2) 食品のコロイド特性

(13)（㉑　　　）とは、液体中に固体粒子が分散したコロイドで、（㉒　　　）や果汁などがある。

2.4 温度

(14) 食べ物をおいしく感じる温度は、体温±（㉓　　　）℃である。

3 食べる人側の要因

(1) 食べる人自身と環境的背景から、（①　　　）要因、（②　　　）要因、食事環境、背景的要因などがある。

4 おいしさの評価

(1) おいしさを評価する方法には、人の感覚器官を判断の基準とする（①　　　）によるものと、機器による測定法がある。

4.1 官能評価とは

(1) 官能評価の種類

(1) 官能評価には（②　　　）と（③　　　）がある。

第３章　食事の設計

1 食事設計の基本

(1)適切な食事を設計するには、まず対象者および対象集団の（①　　　）を基に、エネルギーおよび栄養素の（②　　　）を設定後、献立を立案する必要がある。

2.1 エネルギー及び栄養素と食事摂取基準

(2) 栄養素レベルで何をどれぐらい摂取すべきかの基準となるのが、厚生労働省の発表する（③　　　）である。これは（④　　　）年ごとに発表され、2020年度版は令和（⑤　　　）年4月から適用されている。

(3) 2020年度版においては、高齢化の進展や(⑥　　　)の有病者数が増加している背景から、栄養素の過不足のリスク回避、(⑥　　)の発症予防および重症化予防に加え、高齢者の低栄養予防や(⑦　　　)も視野に入れて策定されている。

(4) 健康である、もしくは概ね自立している個人および集団を対象とする場合には、この(⑧　　　)に基づいて食事設計を行う。設定指標として、エネルギーについては(⑨　　　)が採用され、34種類の栄養素については、(⑩　　　)、(⑪　　　)、(⑫　　　)、(⑬　　　)、(⑭　　　)を用いている。

2.2 食事バランスガイド

(5) 食事バランスガイドは、1日に(⑮　　　)を(⑯　　　)食べたらよいか(⑰　　　)で示したものである。

3 献立作成

3.3 食品構成表の作成

(1) 食品群別荷重平均栄養成分表の作成

(1) 食品構成の作成に用いる各食品群の栄養成分表を、(①　　　）という。これは定まったものではなく、各施設で独自に作成することが望ましい。

4 供食

4.2 日本料理

(2) 形式

1) 本膳料理

(1) 平安時代の（①　　　）料理を基礎として、鎌倉時代には（②　　　）社会や禅宗の影響を受け、室町時代に武家の供応食として形式が整った。現在は（③　　　）などの儀式料理としてわずかに名残りを留める程度であるが、日本料理の供食形式の原点といえる。

2) 懐石料理（茶懐石）

(2) 懐石料理は（④　　　）会に先立って出されるおしのぎ程度の簡素な食事を意味

する。茶道を大成させた（⑤　　）により完成された。

3）会席料理

(3)（⑥　　）時代中期に（⑦　　）での酒宴向きの供応料理として発達した。形式よりも料理のおいしさを重視した料理である。

4）精進料理

(4) 鎌倉時代に(⑧　　)の寺院で発達した、仏教思想を基本とした料理で、一般には（⑨　　）の際の料理とされる。殺生を禁じる戒律を守り、(⑩　　）性食品のみを用いる。

5）普茶料理

(5)（⑪　　）時代に中国から帰化した禅宗の僧侶（⑫　　）禅師により広まった、中国式の精進料理である。禅宗の僧侶が（⑬　　）を飲みながら一堂に会して行う儀式や会合の後の食事に由来している。

6）卓袱料理

(6)（⑭　　）時代中期に（⑮　　）で発達した料理である。和風の料理に中国風とオランダ風の料理が組み合わさったもので、(⑯　　）とよばれるすまし仕立てのお椀に始まる。

第４章　調理操作

1 調理操作の分類

(1) 調理操作は、下ごしらえから仕上げの盛り付けまでに、熱を加えないで行う（①　　）と、煮る、焼く、揚げるなどの（②　　）に大別される。

2 非加熱調理操作

2.3 浸漬

(1) 浸漬操作とは、食品を水、食塩水、酢水、調味液などの液体に浸す操作で、（①　　)、不要成分の除去、(②　　)、(③　　)、調味液の浸透、テクスチャーの向上などの目的で行われる。

(2) 不要成分の除去

(2) 食品に含まれる不味成分や悪臭成分などを除去するために、浸漬液につけて不要成分を除去する操作を（④　　)という。アク成分の多くは水溶性であるため、浸水によりかなり除去できるが、食品によっては（⑤　　）や（⑥　　)、木灰汁などの（⑦　　）、牛乳などに浸漬して除く。

2.9 冷却・冷蔵・冷凍

(3) 冷凍

(3) 氷結晶が生成する温度帯〔−1〜−5℃〕を（⑧　　）といい、この温度帯を30分以内で通過する場合を（⑨　　）、30分以上かかる場合を（⑩　　）という。

(4)（⑪　　）では、氷結晶が膨張して細胞が破壊されやすいため、解凍時に（⑫　　）として水分とともにうま味成分や栄養も失われ、食品自体の食感も損なわれるなど、品質低下を招く（⑬　　）が起こりやすい。

3 加熱調理操作

3.1 熱の伝わり方

(1) 熱は温度の（①　　）方から（②　　）方へ移動し、同じ温度になろうとする性質がある。

(2) 熱が伝わることを（③　　）といい、（④　　）、（⑤　　）、（⑥　　）の3種類がある。

3.2 加熱調理操作の分類

(3)（⑦　　）は、水を熱の媒体として使用する（⑧　　）と、水を熱の媒体としない（⑨　　）、さらに、熱源がなく（⑩　　）を用いて食品自体を発熱させる（⑪　　）に分けられる。

(4)（⑫　　）は、電磁誘導の原理を利用して鍋自体を発熱させるので、熱効率が高い。

(1) 湿式加熱

(5) 湿式加熱には、（⑬　　）、（⑭　　）、（⑮　　）、（⑯　　）操作がある。

(6) 湿式加熱は、熱媒体が水、水蒸気または調味液で、通常は（⑰　　）℃を超えないので温度管理が比較的（⑱　　）であり、（⑲　　）により比較的速く食品の表面が温められ、加熱温度が均一になりやすい。

(2) 乾式加熱

(7) 乾式加熱の特徴は、（⑳　　）として（㉑　　）を使わずに加熱する方法で、100℃を越える（㉒　　）での調理が可能であるが、温度が上昇し過ぎて焦げることもあり、温度管理が湿式加熱よりも（㉓　　）。

4 調味について

4.2 調味の原理

(1) 生野菜や生魚に塩をふると、食品中の細胞膜は(①　　　)であるため、(②　　　)によって脱水する。

(2) 加熱中の調味は、(③　　　)は加熱により全透膜となるので、調味料は(④　　　)により、食品内部へと移動する。

4.5 調味時期

(1) 非加熱操作

3) 和え物

(3) 和え物を和えるタイミングは供する（⑤　　　）がよい。

第5章　調理機器

1 非加熱調理機器

(1) 非加熱調理機器には、計量する、洗浄する、(①　　　)、混ぜるなどの機器がある。

1.4 冷凍冷蔵庫

(2) 冷凍冷蔵庫の温度帯は、冷蔵庫は（②　　　）℃、冷凍庫は（③　　　）℃以下である。

3 加熱調理器具

3.3 電子レンジ（Microwave Oven）

(1) 電子レンジは（①　　　）短波がマグネトロンからでてこれが食品に（②　　　）され、分子の運動により（③　　　）がでるので、温度が上がり加熱されるのである。

(2) 電子レンジの電波は、ラップや陶器は（④　　　）し、食品には吸収され、金属には（⑤　　　）する。

(3) 使用できる容器は、(⑥　　　)、(⑦　　　)、(⑧　　　）などであり、ポリエチレン、ポリカーボネートや金属食器は使えない。

3.4 電磁調理器（Induction Heater）

(4) 電磁調理器は火のない調理器として便利であるが、(⑨　　) をもつ鍋でないと使用できなかったり、使用できても従来の IH より熱量が (⑩　　) ことがある。

3.5 オーブン

(5) オーブンの加熱法は自然対流式と (⑪　　) がある。(⑪　　) は火力が強く、庫内の (⑫　　) 上昇が高く、調理時間が (⑬　　) できる。
(6) オーブン加熱は (⑭　　) 伝熱、伝導伝熱、(⑮　　) 伝熱の複雑な (⑯　　) 加熱である。

3.6 鍋類

(1) 鍋の材質と調理

(7) 鍋の材質には種々あるが、熱伝導率が高い順に、(⑰　　)、(⑱　　)、アルマイト、(⑲　　) である。
(8) ステンレスは (⑳　　) が低く、熱が伝わりにくいので多重構造の鍋のように中に (㉑　　) などを挟んでいる。

(2) 圧力鍋

(9) 圧力鍋は、鍋内の圧力を (㉒　　) ことにより、沸騰温度を (㉓　　)、調理時間の (㉔　　) を図ったものである。

4 新調理システム

(1) 新調理システムとは、従来の調理方式である (①　　) に加え、真空調理、クック (②　　) システム、クック (③　　) システムを組み合わせてシステム化した集中生産方式である。

4.1 真空調理

(2) 真空調理は、食材を生のまま、または下処理した後、調味液とともに (④　　) 包装し、湯煎器や (⑤　　) で低温長時間加熱される。

4.2 クックチル・クックフリーズシステム

(3) クックチルシステムは、中心温度75℃で１分間以上加熱した料理を (⑥　　) 分以内に (⑦　　) ℃まで急速冷却し、低温のまま冷蔵保存し、必要な時に中心温度 (⑧　　) ℃、(⑨　　) 分以上再加熱して供食するシステムである。

第6章　食品の調理性

1 炭水化物を主成分とする食品

1.2米類

(1) 米の種類と特徴

(1) うるち米のでんぷんは、(①　　　) が約20%、(②　　　) が約80%を占め、もち米は (②　　　) が100%で飯の粘りが強い。

(2) うるち米の調理特性

1) 炊飯

(2) 日本で通常行っている炊飯方法は (③　　　) で、水分 (④　　　) %の米に水を加えて、水分 (⑤　　　) %の飯にする工程である。

(ⅱ) 加水

(3) 加水量は米の (⑥　　　) 量と加熱中の (⑦　　　) 量で、米の重量の (⑧　　　) 倍、米容積の (⑨　　　) 倍とする。

3) 圧力鍋による炊飯

(4) 圧力鍋による炊飯は、(⑩　　　) ℃の高温で炊飯するので (⑪　　　) の強い飯になる。

4) 味付け飯・炊き込み飯

(5) 味付け飯の、塩分濃度は炊きあがった飯の (⑫　　　) %で、これは、米重量の (⑬　　　) %、加水量の (⑭　　　) %に相当する。調味料の添加は浸漬中の吸水を (⑮　　　) ため、水だけで浸漬した後、加熱直前に調味料を加える。

5) 炒め飯

(6) (⑯　　　) は米を (⑰　　　) %の油脂で炒めてから炊き、(⑱　　　) は飯を油脂で炒める。

6) すし飯

(7) すし飯の合わせ酢は、米の容量の (⑲　　　) %とし、硬めに炊いた白飯に (⑳　　　) に合わせ酢を混ぜる。

7) かゆ

(8) 全粥は米容量の (㉑　　　) 倍の水を加え、(㉒　　　) 鍋で沸騰後1時間加熱する。

(5) 米粉の調理

(9) 上新粉は (㉓　　　) を原料とし、(㉔　　　) でこね、白玉粉は (㉕　　　) を原料とし、(㉖　　)でこねる。

1.3 小麦類

(1) 小麦粉の種類と特徴

(10) 小麦粉のたんぱく質は(㉗　　)%、小麦の(㉘　　)はたんぱく質によって支配されており、たんぱく質の量により(㉙　　)、(㉚　　)、(㉛　　)に分類される。

(11) 小麦粉に水を加えて混捏すると、たんぱく質の(㉜　　)と(㉝　　)はからみあって(㉞　　)を形成する。

(2) 小麦粉の調理特性

1) 小麦粉のグルテン形成

(12) 小麦粉に50〜60%の水を加えた手でまとめられるような硬さの生地を(㉟　　)といい、100〜200%の水を加えた流動性のある生地を(㊱　　)という。

2) 小麦粉生地の物性に影響する要因

(iii) 混捏操作

(13) ドウははじめはぼそぼそしているが、(㊲　　)続けると(㊳　　)な生地になる。さらに(㊴　　)によって、(㊵　　)が促進され、(㊶　　)が減じて伸ばしやすくなる。

(iv) 添加物

(14) 小麦粉生地に食塩を加えると(㊷　　)が増し、(㊸　　)も増加する。砂糖を加えると(㊹　　)と(㊺　　)が増すが、グルテン形成を(㊻　　)する。油脂を添加すると(㊼　　)が増すが、グルテン形成を(㊽　　)する。

(3) 調理による組織・物性変化

1) 小麦粉の膨化調理

(15) 小麦粉の膨化調理では、加熱によりまず、生地中の(㊾　　)が膨張し、その(㊿　　)により、(51　　)も膨張する。その後、グルテン膜は(52　　)し、でんぷんは(53　　)して組織の骨格を作る。

2) 麺、皮、パスタ類

(16) 小麦粉生地にかん水を加えると、(54　　)を黄色に変化させる。

3) ルウ・ソース

(17) ホワイトルウは(55　　)℃、ブラウンルウは(56　　)℃を終点とし、ルウは炒めることにより、(57　　)としたソースになる。

4) 天ぷらの衣

(18) 天ぷらの衣はグルテンの形成を（㊿　　）すると、からりと揚がる。小麦粉は（59　　）を使い、水の温度は（60　　）℃前後、攪拌は（61　　）にして、調製後（62　　）に揚げる。重曹を0.2%前後加えると加熱中に（63　　）が発生して水と油の交代が（64　　）なる。

1.4 いも類

(1) じゃがいも

1) 種類と成分特性

(19) 粉質系のいもは（①　　）、北あかりなどがあり、（②　　）や粉ふきいもに適し、粘質系の（③　　）、紅丸などは、煮崩れしにくいので、煮物などに用いられる。

2) 調理による嗜好性・組織・物性変化

(ⅱ) 細胞分離させる調理

(20) マッシュポテトは（④　　）に裏ごしをする。冷めると（⑤　　）が流動性を失い、裏ごしが困難になる。

3) 調理による栄養性・機能性の変化

(ⅲ) ごりいも

(21) （⑥　　）とはいもを70℃以下の低温で加熱したり、途中で加熱を中断した場合に、いもの組織が硬くなることをいう。

(2) さつまいも

2) 調理による嗜好性・組織・物性変化

(ⅰ) 加熱による糖度の変化

(22) さつまいもには（⑦　　）が含まれており、加熱中に（⑧　　）が生成されて甘味度が増す。オーブンや蒸し器で加熱すると電子レンジに比べ糖度が（⑨　　）い。

1.5 豆類

(2) 調理による嗜好性・組織・物性変化

1) 乾燥豆類の吸水

(23) 多くの豆は浸水後6、7時間まで急激に吸水し、約（⑩　　）倍になる。小豆は吸水を始めるのが（⑪　　）い。

2) 煮豆

(24) 豆を軟らかく水煮しても、調味料を入れて煮汁の濃度が急激に高まると（⑫　　）により（⑬　　）し硬くなる。最初から（⑭　　）で煮るか、液の砂糖濃度を（⑮　　）上げていくと防ぐことができる。

3）あん

(25) あんは、豆の（⑯　　　）が細胞内で膨潤し、これを囲む（⑰　　　）が凝固し、その外側は丈夫な細胞膜で囲んでいるので、細胞の１つずつが分離しても、細胞自体は壊れない。

(3) 調理による栄養価・機能性の変化

(26) 小豆やささげは（⑱　　　）、（⑲　　　）などのアク成分を取り除くために（⑳　　　）という操作を行う。

1.6 砂糖類

(2) 砂糖の調理性

1）呈味性

(27) 砂糖は、食べ物に甘味をつけ、塩味、酸味、苦味に対する（㉑　　　）がある。

3）保水性とでんぷんの老化防止

(28) 砂糖は（㉒　　　）（㉓　　　）があり、粉類をあらかじめ砂糖と混ぜておけば溶液へ分散しやすくなり、糊化でんぷんと共存すると（㉔　　　）が抑えられ、乾燥や品質の低下を防ぐ。

4）たんぱく質への作用

(29) 砂糖は卵白泡を（㉕　　　）させ光沢を与え、たんぱく質の熱凝固を（㉖　　　）ため、卵焼き、カスタードクリームなどの熱凝固温度を高め（㉗　　　）する。また、アミノ酸とアミノカルボニル反応を起こし、（㉘　　　）と（㉙　　　）を生成する。

5）物性の変化

(30) 砂糖は寒天やゼラチンのゼリー強度を（㉚　　　）とともに、（㉛　　　）を抑える。

6）防腐効果

(31) 高濃度砂糖溶液では、微生物の繁殖を抑制する（㉜　　　）がある。ジャムなどでは高メトキシルペクチンの（㉝　　　）に働く。

2 たんぱく質を主成分とする食品

2.1 たんぱく質の種類と調理性

(1) 食品中のたんぱく質は、溶解度により（①　　　）（水に溶解）、（②　　　）（中性の塩類に溶解）、（③　　　）（70～80％アルコールに溶解）、（④　　　）（希酸、希アルカリに溶解）に分けられる。

(1) 熱による変性

(2) たんぱく質は（⑤　　）により変性し、凝固する。

(2) pH の変化による変性（酸変性、アルカリ変性）

(3) たんぱく質は酸やアルカリにより変性する。pH を酸性にして凝固させたものが（⑥　　）などである。

2.2 食肉類、魚介類の骨格筋の構造とたんぱく質

(2) たんぱく質の種類と組成

(4) 食肉類、魚介類のたんぱく質含量は約（⑦　　）%であり、（⑧　　）も100と良質である。

(5) 食肉類、魚介類の構成たんぱく質は、（⑨　　）たんぱく質、（⑩　　）たんぱく質、肉基質たんぱく質に分けられる。

(6) 食肉類は魚介類に比べ、肉基質たんぱく質含量が（⑪　　）ので硬めである。

(7) 牛肉が一番硬めであり、（⑫　　）、（⑬　　）の順である。部位では（⑭　　）が一番硬い。

(8) 赤身の魚である（⑮　　）、（⑯　　）は筋形質たんぱく質が多く、加熱により凝集、（⑰　　）してゲル化する。

(9) 白身の魚である（⑱　　）は（⑲　　）たんぱく質が多く、加熱するとほぐれる。

2.3 食肉類

(1) 種類と成分特性

1) 脂肪

(10) 牛脂、豚脂の脂肪酸は、1価不飽和脂肪酸の（⑳　　）、（㉑　　）のステアリン酸、パルンミチン酸が多く、約5℃で固体である。鶏油は融点が約（㉒　　）℃であるの、口腔内で溶ける。

(2) 調理による嗜好性・物性・組織の変化

1) 加熱による変化

(ⅰ) たんぱく質、テクスチャーの変化

(11) 加熱により肉の保水性は（㉓　　）℃で低下する。これはミオシンの結着性が最大になり、水が収縮により押しだされるためである。

(ⅲ) うま味の増加

(12) 熱による筋組織の収縮により肉の硬さは（㉔　　）が、うま味成分は浸出し

やすくなりおいしさを感じやすくなる。

2）調味料などの添加物による影響

（ⅱ）酸の影響

（13）肉を食酢やワインにつけたり、（㉕　　）で処理するとたんぱく質の（㉖　　）から離れるので保水性が増す。

（ⅳ）酵素の影響

（14）しょうが、なし、パイナップルに含まれる（㉗　　）は、ミオシン、コラーゲンに作用して肉を軟化させる効果がある。

3）肉色素の変化

（15）肉の色素は（㉘　　）によるものであるが、これは酸素と結合すると（㉙　　）になり鮮赤色を呈する。加熱すると（㉚　　）になり、（㉛　　）を呈する。ソーセージやハムがピンク色を呈しているのは、（㉜　　）や（㉝　　）が添加されているからである。

2.4 魚介類

(1) 種類と成分特性

1）筋肉組織

（16）イカの胴部は2種類の筋組織層からなる。大部分を占めるのは、体軸に対して環状に走行する（㉞　　）である。するめが横に裂けやすいのはこのためである。

（17）イカの表には（㉟　　）、裏には（㊱　　）の皮がある。通常の皮むきでは、1・2層目が色素胞と一緒にのぞかれるが、3・4層目が残る。このうち3層目は丁寧にとれば除けるが、4層目の皮には体軸方向に（㊲　　）がある。この繊維を利用して、イカの飾り切りができる。

3）魚介類の死後変化

（18）魚は一般的に（㊳　　）か、硬直中のものが活きがよいと好まれる。

（19）魚肉中のATPの分解は（㊴　　）までは速く、その後はゆっくり進む。IMP以降の分解物の量を鮮度の指標としたものが（㊵　　）である。

2.5 卵類

(2) 成分特性

1）たんぱく質

（20）卵白は約（㊶　　）%のたんぱく質を含み、残りのほとんどは水である。リゾチームは（㊷　　）をもつ。オボアルブミンは（㊸　　）に関与し、オボグロブリンは(㊹　　　)に関与する。

(21) 卵黄は約50%の水分、約(㊺　　　)%のたんぱく質、約(㊻　　　)%の脂質からなる。卵黄のたんぱく質は脂質と結合したリポたんぱく質が主成分で、(㊼　　　)型のエマルションを形成している。

(4) 調理による嗜好性・組織・物性変化

(22) 卵の調理性には(㊽　　　)、(㊾　　　)、(㊿　　　)、(51　　　)、(52　　　)、(53　　　)がある。

2.6 牛乳・乳製品

(1) 成分と特徴

1) 牛乳

(ⅰ) 脂質

(23) 牛乳中の脂質は(54　　　)型のエマルションとして存在する。

(ⅱ) たんぱく質

(24) 牛乳中のたんぱく質の約(55　　　)%はカゼインであり、熱には(56　　　)であるが酸には不安定でpH(57　　　)で凝固する。

(2) 調理性

1) 牛乳

(25) 牛乳の調理性は、(58　　　)、(59　　　)、(60　　　)、(61　　　)などがある。

2.7 大豆類

(1) 種類と成分特性

(26) 大豆は畑の肉ともよばれ、(62　　　)組成がよい。

(2) 調理による嗜好性・物性・組織の変化

1) 大豆の調理法

(27) 大豆は軟化させるのに時間がかかるが、(63　　　)、(64　　　)でゆでたり、(65　　　)を用いると軟化が速い。

2) 黒豆の調理法

(28) 黒豆を煮るときに鉄をいれると、(66　　　)が鉄とキレートを作り安定した黒紫色になる。

3 ビタミン・無機質の給源となる食品

3.1 ビタミン・無機質の種類と調理

(1) 野菜類・果実類・藻類は（①　　）および（②　　）の供給源として重要である。

(2) 野菜類の脂溶性ビタミンは水溶性ビタミンよりも調理による損失は（③　　）、ほうれんそうなどの葉菜類は調理中の損失が（④　　）傾向にある。

(3) 野菜類を水に漬ける場合には、（⑤　　）のように切断面の総面積が広いと無機質の溶出が（⑥　　）。加熱調理では、揚げものなどの乾式加熱や電子レンジ加熱では損失が起こり（⑦　　）。

3.2 野菜・果実類

(1) 野菜・果実類の種類と特徴

1) 味の成分

(4) 果実の糖類の中でも（⑧　　）は、低温にすると甘味の強い（⑨　　）が増えるので、果糖の多い果実は、冷やしたほうが（⑩　　）感じる。

3) 品質の低下

(5) 野菜類の保存適温は多くの場合（⑪　　）℃であるが、（⑫　　）の見られる野菜は10℃付近や室温で品質がよく保たれる。

(2) 調理特性

2) 酵素プロテアーゼと調理

(6) 生の（⑬　　）、（⑭　　）、（⑮　　）、（⑯　　）などにはたんぱく質分解酵素（⑰ ）が含まれ、肉料理の下処理に使うと肉を（⑱　　）させることができる。また、（⑲　　）ゼリーを作るときは、果実や果汁を加熱し酵素を失活させる必要がある。

(3) 調理による組織・物性変化

1) 水分の移動と物性変化

(7) 生野菜を水に浸すと（⑳　　）し、食塩をふると（㉑　　）する。これは、細胞膜は（㉒　　）であり、細胞内外の浸透圧に差がある場合、それを（㉓　　）ように水が移動するためである。

2) 加熱とペクチン質

(8) 野菜をゆでる時、（㉔　　）を添加すると軟化しやすく、一方、れんこんは（㉕　　）を入れた液中でさっと煮ると、適度な歯ごたえを残して仕上がる。

(9) 野菜は加熱調理を行う際は、ペクチン質の分解による（㉖　　）だけでなく（㉗　　）も起こる。硬化の現象は主として（㉘　　）℃の比較的低温域で起こっている。

(4) 調理による栄養・機能性の変化

1) 色素とその変化

(i) クロロフィル

(10) 緑色色素クロロフィルは、長時間の加熱や、酸の影響を受けると（㉙　　）となり鮮やかな緑色を失う。また、アルカリ性の液中で加熱すると、(㉚　　）のクロロフィリンとなる。

(11) 緑黄色野菜を冷凍する際は、(㉛　　）により、酵素（㉜　　）を不活性化して緑色を保つ。

(ii) カロテノイド

(12) (㉝　　）や（㉞　　）の色に代表される色素であるカロテノイドは熱に強く、また、調理に使う程度の酸やアルカリでは影響を受けないため、調理中に(㉟　　）な色素である。

(iii) フラボノイド

(13) フラボノイドは、酸性では無色または（㊱　　）だが、アルカリ性で加熱すると（㊲　　）や褐色に変色するので、カリフラワーをゆでる時は（㊳　　）を加えると白く茹で上がる。

(iv) アントシアニン

(14) アントシアニンは、調理上は（㊴　　）な色素で、酸性では（㊵　　）、アルカリ性では（㊶　　）に変色する。

(15) アントシアニンは鉄、アルミニウムなどの金属イオンと錯塩を形成し、色が (㊷　　）するので、なすのぬか漬けに（㊸　　）を使う。

2) 酵素による色素の生成

(16) じゃがいも、りんご、ごぼうなどの皮をむくと褐色になるのは、ポリフェノール物質が空気に触れ、(㊹　　）が働いてメラニン系の褐色物質が生成されるからである。

3.3 きのこ・藻類

(1) きのこ類

2) 調理による嗜好性・組織・物性変化

(i) 呈味成分

(17) きのこのうま味成分は (㊺　　）であり、干ししいたけでは、(㊻　　)、(㊼　　）の過程で酵素ヌクレアーゼが作用して生成する。

(2) 藻類

2) 調理による嗜好性・組織・物性変化

(ⅰ) 呈味成分

(18) こんぶのうま味成分は（㊽　　　）が中心であり、表面の白い粉は（㊾　　　）で甘味を呈する。

(ⅲ) 色と香り

(19) わかめに熱湯をかけると、褐色のフコキサンチンが退色し、(㊿　　　）の色が鮮やかになる。

3.4 種実類

(1) 種類と成分特性

(20) 種実類は（51　　　）含量の多いアーモンド、ごまなどと（52　　　）含量の多いくり、ぎんなんの2つに分類される。

(2) 調理による嗜好性・物性・組織の変化

1) 色・香りの変化

(21) くりの甘露煮で（53　　　）液につけるのは、(54　　　）と、(55　　　）のためである。

(3) 調理による栄養価・機能性の変化

(22) ごま油は強い酸化安定性をもつが、これは（56　　　）や（57　　　）による。

4 成分抽出素材

4.1 でんぷん

(3) でんぷんの調理特性

1) でんぷんの糊化

(1) でんぷんに水を加えて加熱すると、でんぷんは（①　　　）して、消化がよくなり、食味も向上する。

2) でんぷんの老化

(2) 糊化でんぷんを放置しておくと、(②　　　）する。老化が進むと水分が離漿し、不溶性となり、消化酵素が作用しにくく、口触りなどの食味が低下する。

(3) 老化の進行は、水分含量、温度、アミロース含量、糊化の程度によって異なり、水分は（③　　　）%が、温度は（④　　　）℃が最も老化しやすい。また、直鎖状のアミロースが（⑤　　　）ほど、でんぷんの糊化が（⑥　　　）な場合も老化しやすい。

(4) でんぷんの調理による物性の変化

1) でんぷんの種類と物性

(4) 一般に種実（地上）でんぷんは（⑦　　　）温度は高く、ゲルの状態は（⑧　　　）で（⑨　　　）傾向にあり、根茎（地下）でんぷんは、糊化開始温度は低く、ゲルの状態は（⑩　　　）で（⑪　　　）が高い傾向にある。

2) でんぷんの調味料による影響

(i) 砂糖による影響

(5) でんぷんに砂糖を30%まで添加する場合は、(⑫　　　）および（⑬　　　）は増し、(⑭　　　）を高め、(⑮　　　）を抑制する。

(ii) 食塩による影響

(6) じゃがいもでんぷんに食塩を添加すると粘度は（⑯　　　）する。食塩の影響はでんぷんの種類によって異なる。

(iii) 酸による影響

(7) でんぷんに酸を加えて加熱すると（⑰　　　）が起こり、粘度が（⑱　　　）する。

(v) 油脂による影響

(8) じゃがいもでんぷんに油を添加するとでんぷん糊の粘度は（⑲　　　）なり、食塩やしょうゆ、食酢を加えた場合は粘度が（⑳　　　）するが油が共存すると粘度の低下が（㉑　　　）される。

(vi) 乳化剤による影響

(9) でんぷんに（㉒　　　）を添加するとアミロースやアミロペクチンと複合体を作り、老化を（㉓　　　）する。パンやケーキ、麺などに添加されている。

(6) でんぷんの調理・加工による栄養、機能性の変化

1) デキストリン

(10) でんぷんを加水せずに120～200℃で加熱すると、でんぷん鎖が切断、すなわち（㉔　　　）して可溶性となるので、粘性を抑えたいソースやスープなどの（㉕　　　）に利用される。

4.2 油脂類

(1) 種類と特徴

(11) 必須脂肪酸である（㉖　　　）はn-3 系の多価不飽和脂肪酸で、アレルギー体質改善で注目されている。多く含む食用油に（㉗　　　）や（㉘　　　）がある。

(12) 魚油には、(㉙　　) 系の多価不飽和脂肪酸のIPA (イコサペンタエン酸) や、(㉚　　) が多く含まれている。

(13) (㉛　　) には抗酸化物質のリグナン類が多く含まれている。

(14) (㉜　　) は精製した動植物油脂や食用精製加工油に乳化剤や水素を添加したもので、水分を15%程度含む。天然の油脂にはほとんど存在しない (㉝　　) が多い。

(2) 調理特性

3) 熱の媒体

(15) 油の比熱は水の (㉞　　) で、温度上昇速度は水の (㉟　　) 倍となり、短時間で高温が得られる。

7) クリーミング性

(16) ショートニング、マーガリン、バターの順でクリーミング性は (㊱　　) なる。クリーミング性の程度を表した値を (㊲　　) という。

8) 乳化性

(17) 牛乳から分離された脂肪含量の高い生クリームは (㊳　　) のエマルションであり、バターは (㊴　　) のエマルションである。

(3) 油脂を用いる調理

1) 揚げ物

(18) 油を長時間加熱すると油の (㊵　　) が促進され、不快なにおいを生じ (㊶　　) は上昇する。

3) サラダ用ドレシング

(19) 卵黄を乳化剤とする (㊷　　) は、油を65%以上含むことが、(㊸　　) 規格で定められている。

4.3 ゲル化食品

(1) ゼラチン (gelatin)

2) 溶解と凝固

(20) 動物性たんぱく質である (㊹　　) は、溶解温度は (㊺　　) ℃と溶けやすく、ゲル化させるためには必ず (㊻　　) する必要がある。

3) 添加物の影響

(ⅱ) 果物 (酸・酵素) の影響

(21) ゼラチンは、パインアップルなどの (㊼　　) を含む果物を添加すると (㊽　　) しない。

(2) 寒天（agar）

2) 溶解と凝固

(22)（㊾　　　）を原料とする寒天は、溶解温度が90℃と高く（㊿　　　）させて溶解する必要がある。ゲル化温度は40℃と高いので（51　　　）で凝固する。

3) 添加物の影響

(ⅰ) 砂糖の影響

(23) 砂糖は、ゼラチンゲルと寒天ゲルの（52　　　）と（53　　　）を高め、さらに寒天においては硬く、（54　　　）を増し、（55　　　）も高め（56　　　）を抑制する。

(ⅱ) 果汁の影響

(24) 寒天では、（57　　　）の強いジュースなどをゾルが（58　　　）うちに混合すると、（59　　　）が低くなる。

(5) ペクチン（pectin）

1) ペクチンの種類と特徴

(ⅰ) 高メトキシル（HM）ペクチン

(25) ペクチンでは、（60　　　）ペクチンのゲル化には55%以上の糖と酸を必要とする。

(ⅱ) 低メトキシル（LM）ペクチン

(26)（61　　　）ペクチンのゲル化には（62　　　）などの陽イオンを必要とし、特に酸や糖は必要としない。

4.4 新食品類

(1) 大豆たんぱく質

(27) 大豆たんぱく質は、たんぱく質含量の多いものから（63　　　）、（64　　　）、（65　　　）に分かれ、機能特性としては、（66　　　）、保水性、（67　　　）、（68　　　）、粘稠性などに優れている。

(2) 小麦たんぱく質

(28) 小麦たんぱく質の（69　　　）の機能特性は、（70　　　）、（71　　　）、（72　　　）であり、（73　　　）や肉の加工食品、（74　　　）や麺類などに利用される。

(3) 乳たんぱく質

(29) カゼインは、（75　　　）を酸性処理した後、アルカリで中和し（76　　　）として流通し、（77　　　）や（78　　　）などの機能特性があり、アイスクリームなどに利用されている。酸性処理を行った際の上澄液の（79　　　）も乳化性、（80　　　）、ゲル化性の特性がある。

5 調味料

5.1 調味料とその調理性

(1) 塩

(1) 塩は味を付ける以外にも、微生物の繁殖を抑制する（①　　）効果、酸化酵素の活性を（②　　）する、魚や野菜の水分を抜く（③　　）作用、たんぱく質の凝固を（④　　）するなどの調理性をもつ。

(3) みそ

1) 塩味、うま味、香りをつける

(2) みそは、塩味以外に（⑤　　）、（⑥　　）をつける。

2) 消臭作用

(3) みそは魚類や肉類の臭みを（⑦　　）する作用がある。

(4) 砂糖

(4) 甘味料には砂糖を含む（⑧　　）と、（⑨　　）がある。

(5) 本みりん・みりん風味調味料

(5) みりんはアルコールを約（⑩　　）%含み酒類に分類されるが、みりん風調味料はアルコール分が（⑪　　）%以下の甘味調味料である。

(6) みりんの甘味は砂糖の約（⑫　　）であるので、砂糖の（⑬　　）倍量のみりんを用いると、砂糖と同等の甘さになる。

(6) 食酢

3) テクスチャーの変化

(7) 酢は酸味をつける以外に、食材を（⑭　　）作用がある。こんぶの煮物や魚の酢煮、魚のマリネなどである。

(8) 風味調味料

(8) 風味調味料は、化学調味料に（⑮　　）や、（⑯　　）・食塩などを加え粉末状、顆粒状にしたものである。

6 その他の食品

6.1 嗜好飲料

(1) 非アルコール系飲料

1) 茶

(1) 茶は、発酵の程度により、不発酵茶（①　　　）、半発酵茶（②　　　）、発酵茶（③　　　）に分けられる。

(iii) 発酵茶

(2) 発酵茶は紅茶である。紅茶を入れて放置すると白濁するのは、（④　　　）と（⑤　　　）が結合して生じるためである。良質のものほどこれらの含量が高いため濁る。

(2) アルコール飲料

(3) 酒税法では、（⑥　　　）%以上のアルコールを含む飲料を酒類という。

(4) 酒のうち蒸留酒は（⑦　　　）、（⑧　　　）、（⑨　　　）などがある。

2) ワイン

(5) ワインはアルコール含量は（⑩　　　）%であり、酒石酸のような（⑪　　　）やミネラルを含む。

(6) 白ワインやロゼワインは（⑫　　　）℃に冷やして、赤ワインは（⑬　　　）℃で飲用される。

3) ビールと発泡酒

(7) ビールは大麦の麦芽、（⑭　　　）、水を主原料として（⑮　　　）でアルコール発酵させた酒である。原料の麦芽含有量が少なくなると（⑯　　　）となり、酒税上ビールと区別される。

6.2 嗜好食品（菓子類）

(8) 菓子類は、大部分が（⑰　　　）の食品であり満足感を与え、（⑱　　　）とともに楽しみの１つであるが、エネルギー量が（⑲　　　）ので質や量に注意する。

自習問題 解答

第２章 食べ物の嗜好性（おいしさ）

1 おいしさとは

①②食べ物の特性　食べる人の特性

2 食べ物の特性要因

2.1 味　①②③④⑤甘味　酸味　塩味　苦味　うま味

(2) 甘味　⑥1.2～1.7　⑦果糖　⑧立体異性体　⑨低温

(3) 酸味　⑩水素イオン

(4) 塩味　⑪⑫ナトリウムイオン　塩素イオン

(6) うま味　⑬グルタミン酸　⑭イノシン酸　⑮グアニル酸

(8) 呈味の閾値　⑯認知

(9) 味の相互作用

1) 同時作用

(ⅰ) 対比効果　⑰対比効果

(ⅱ) 抑制効果　⑱抑制効果

(ⅲ) 相乗効果　⑲相乗効果

2.3 テクスチャー　⑳物理的

(2) 食品のコロイド特性　㉑懸濁液(サスペンション)　㉒みそ汁

2.4 温度　㉓25～30

3 食べる人側の要因

①②生理的　心理的

4 おいしさの評価

①官能評価

4.1 官能評価とは

(1) 官能評価の種類　②③分析型官能評価　嗜好型官能評価

第３章食事の設計

1 食事設計の基本

①食事評価　②給与目標

2.1 エネルギー及び栄養素と食事摂取基準　③日本人の食事摂取基準　④5　⑤2
⑥生活習慣病　⑦フレイル予防　⑧食事摂取基準　⑨BMI　⑩⑪⑫⑬⑭推定平均必要量
推奨量　目安量　耐容上限量　目標量

2.3 食事バランスガイド　⑮何　⑯どれだけ　⑰料理レベル

3 献立作成

3.3 食品構成表の作成

(1) 食品群別荷重平均栄養成分表の作成　①食品群別荷重平均栄養成分表

1) 本膳料理　①宮廷　②武家　③冠婚葬祭

2) 懐石料理（茶懐石）　④茶　⑤千利休

3) 会席料理　⑥江戸　⑦料理茶屋

4) **精進料理**　⑧禅宗　⑨仏事　⑩植物
5) **普茶料理**　⑪江戸　⑫隠元　⑬茶
6) **卓袱料理**　⑭江戸　⑮長崎　⑯鰭(ひれ)椀

第4章調理操作

1 調理操作の分類

①非加熱調理操作　②加熱調理操作

2 非加熱調理操作

2.3 **浸漬**　①②③水分付与　褐変防止　うま味成分の抽出

(2) **不要成分の除去**　④アク抜き　⑤⑥酢水　食塩水　⑦アルカリ性溶液

2.9 **冷却・冷蔵・冷凍**

(3) **冷凍**　⑧最大氷結晶生成帯　⑨急速凍結　⑩緩慢凍結　⑪緩慢凍結　⑫ドリップ　⑬風味の変化

3 加熱調理操作

3.1 **熱の伝わり方**　①高い　②低い　③伝熱　④⑤⑥伝導伝熱　対流伝熱　放射伝熱

3.2 **加熱調理操作の分類**　⑦加熱調理操作　⑧湿式加熱　⑨乾式加熱　⑩電磁波　⑪誘電加熱〔マイクロ波加熱・電子レンジ加熱〕　⑫誘導加熱

(1) **湿式加熱**　⑬⑭⑮⑯ゆでる　煮る　蒸す　炊く　⑰100　⑱容易　⑲対流伝熱

(2) **乾式加熱**　⑳熱媒体　㉑水　㉒高温　㉓難しい

4 調味について

4.2 **調味の原理**　①半透性　②浸透作用　③細胞膜　④拡散現象

4.5 **調味時期**

(1) **非加熱操作**

3) **和え物**　⑤直前

第5章　調理機器

1 非加熱調理機器

①切る

1.4 **冷凍冷蔵庫**　②3～5　③－18

3　加熱調理器具

3.3 **電子レンジ（Microwave Oven）**　①超　②吸収　③熱　④透過　⑤反射　⑥⑦⑧ポリプロピレン　ラップ　陶器

3.4 **電磁調理器（Induction Heater）**　⑨磁性　⑩低い

3.5 **オーブン**　⑪強制対流式　⑫温度　⑬短縮　⑭⑮対流　放射　⑯間接

3.6 **鍋類**

(1) **鍋の材質と調理**　⑰銅　⑱アルミニウム　⑲鉄　⑳熱伝導率　㉑アルミニウム

(2) **圧力鍋**　㉒上げる　㉓上げ　㉔短縮

4 新調理システム

①クックサーブ　②③チル　フリーズ

4.1 **真空調理**　④真空　⑤スチームコンベクションオーブン

4.2 **クックチル・クックフリーズシステム** ⑥30 ⑦0～30 ⑧75 ⑨1

第6章 食品の調理性

1 炭水化物を主成分とする食品

1.2 米類

(1) **米の種類と特徴** ①アミロース ②アミロペクチン

(2) **うるち米の調理特性**

1) **炊飯** ③炊き干し法 ④15.5 ⑤60～65

(ii) **加水** ⑥吸水 ⑦蒸発 ⑧1.5 ⑨1.2

3) **圧力鍋による炊飯** ⑩110～120 ⑪粘り

4) **味付け飯・炊き込み飯** ⑫0.6～0.7 ⑬1.5 ⑭1 ⑮妨げる

5) **炒め飯** ⑯ピラフ ⑰7～10 ⑱炒飯

6) **すし飯** ⑲10 ⑳熱いうち

7) **かゆ** ㉑5 ㉒厚手の

(5) **米粉の調理** ㉓うるち米 ㉔熱湯 ㉕もち米 ㉖水

1.3 小麦類

(1) **小麦粉の種類と特徴** ㉗8～13 ㉘調理性 ㉙㉚㉛強力粉 中力粉 薄力粉 ㉜㉝グリアジン グルテニン ㉞グルテン

(2) **小麦粉の調理特性**

1) **小麦粉のグルテン形成** ㉟ドウ ㊱バッター

2) **小麦粉生地の物性に影響する要因**

(iii) **混捏操作** ㊲混捏 ㊳なめらか ㊴ねかし ㊵グルテン形成 ㊶伸展抵抗

(iv) **添加物** ㊷粘弾性 ㊸ガス保持力 ㊹もろさ ㊺焼き色 ㊻阻害 ㊼ショートネス ㊽阻害

(3) **調理による組織・物性変化**

1) **小麦粉の膨化調理** ㊾ガス ㊿膨圧 (51)グルテン膜 (52)変性 (53)糊化

2) **麺、皮、パスタ類** (54)フラボノイド

3) **ルウ・ソース** (55)120～140 (56)160～180 (57)さらり

4) **天ぷらの衣** (58)抑制 (59)薄力粉 (60)15 (61)最小限 (62)直ち (63)CO_2 (64)よく

1.4 いも類

(1) **じゃがいも**

1) **種類と成分特性** ①男爵 ②マッシュポテト ③メークイン

2) **調理による嗜好性・組織・物性変化**

(ii) **細胞分離させる調理** ④熱いうち ⑤ペクチン

3) **調理による栄養性・機能性の変化**

(iii) **ごりいも** ⑥ごりいも

(2) **さつまいも**

2) **調理による嗜好性・組織・物性変化**

(i) **加熱による糖度の変化** ⑦β-アミラーゼ ⑧マルトース（麦芽糖） ⑨高

1.5 豆類

(2) 調理による嗜好性・組織・物性変化
1) 乾燥豆類の吸水 ⑩2 ⑪遅
2) 煮豆 ⑫浸透作用 ⑬脱水 ⑭調味液 ⑮徐々に
3) あん ⑯でんぷん粒子 ⑰たんぱく質
(3) 調理による栄養価・機能性の変化 ⑱⑲タンニン サポニン ⑳渋切り
1.6 砂糖類
(2) 砂糖の調理性
1) 呈味性 ㉑抑制効果
3) 保水性とでんぷんの老化防止 ㉒㉓親水性 保水性 ㉔老化
4) たんぱく質への作用 ㉕安定 ㉖遅らせる ㉗軟らかく ㉘㉙色 香気
5) 物性の変化 ㉚高める ㉛離漿
6) 防腐効果 ㉜防腐作用 ㉝ゲル形成
2 たんぱく質を主成分とする食品
2.1 たんぱく質の種類と調理性 ①アルブミン ②グロブリン ③プロラミン ④グルテリン
(1) 熱による変性 ⑤熱
(2) pH の変化による変性（酸変性、アルカリ変性） ⑥ヨーグルト
2.2 食肉類、魚介類の骨格筋の構造とたんぱく質
(2) たんぱく質の種類と組成 ⑦20 ⑧アミノ酸価 ⑨⑩筋形質 筋原線維 ⑪多い ⑫豚肉 ⑬鶏肉 ⑭すね肉 ⑮⑯かつお さば ⑰凝固 ⑱たら ⑲筋原線維
2.3 食肉類
(1) 種類と成分特性
1) 脂肪 ⑳オレイン酸 ㉑飽和脂肪酸 ㉒20～32
(2) 調理による嗜好性・物性・組織の変化
1) 加熱による変化
(ⅰ) たんぱく質、テクスチャーの変化 ㉓65～80
(ⅲ) うま味の増加 ㉔増す
2) 調味料などの添加物による影響
(ⅱ) 酸の影響 ㉕重曹 ㉖等電点
(ⅳ) 酵素の影響 ㉗プロテアーゼ
3) **肉色素の変化** ㉘ミオグロビン ㉙オキシミオグロビン ㉚メトミオクロモーゲン ㉛灰褐色 ㉜㉝亜硝酸塩 硝酸塩
2.4 魚介類
(1) 種類と成分特性
1) 筋肉組織 ㉞輪層筋層 ㉟4層 ㊱2層 ㊲コラーゲン繊維
3) 魚介類の死後変化 ㊳死後硬直前 ㊴IMP ㊵K値
2.5 卵類
(2) 成分特性
1) たんぱく質 ㊶10 ㊷抗菌性 ㊸熱凝固 ㊹起泡性 ㊺17 ㊻30 ㊼水中油滴
(4) 調理による嗜好性・組織・物性変化 ㊽～㊾流動性 希釈性 熱凝固性 起泡性 乳化性 つやの付与

2.6 牛乳・乳製品

(1) 成分と特徴

1) 牛乳

(ⅰ) 脂質　㊺水中油滴

(ⅱ) たんぱく質　55 80　56安定　57 4.6

(2) 調理性

1) 牛乳　58 59 60 61料理を白く仕上げる　におい成分の吸着　焼き色をつける　卵液のゲル化促進

2.7 大豆類

(1) 種類と成分特性　62アミノ酸

(2) 調理による嗜好性・物性・組織の変化

1) 大豆の調理法　63 64 1%食塩水　0.3%重曹水　65圧力鍋

2) 黒豆の調理法　66クリサンテミン

3 ビタミン・無機質の給源となる食品

3.1 ビタミン・無機質の種類と調理　①②ビタミン　無機質　③少なく　④大きい　⑤千切り　⑥大きい　⑦にくい

3.2 野菜・果実類

(1) 野菜・果実類の種類と特徴

1) 味の成分　⑧果糖　⑨β型　⑩甘く

3) 品質の低下　⑪冷蔵0～5　⑫低温障害

(2) 調理特性

2) 酵素プロテアーゼと調理　⑬⑭⑮⑯パインアップル　キウイ　パパイヤ(未熟果)　しょうが　⑰プロテアーゼ　⑱軟化　⑲ゼラチン

(3) 調理による組織・物性変化

1) 水分の移動と物性変化　⑳吸水　㉑脱水　㉒半透膜　㉓等しくする

2) 加熱とペクチン質　㉔重曹　㉕食酢　㉖軟化　㉗硬化　㉘60～70

(4) 調理による栄養・機能性の変化

1) 色素とその変化

(ⅰ) クロロフィル　㉙フェオフィチン（黄褐色）　㉚鮮緑色　㉛ブランチング処理　㉜クロロフィラーゼ

(ⅱ) カロテノイド　㉝㉞にんじん　かぼちゃ　㉟安定

(ⅲ) フラボノイド　㊱白色　㊲黄色　㊳食酢

(ⅳ) アントシアニン　㊴不安定　㊵赤　㊶青～緑色　㊷安定化　㊸ミョウバン

2) 酵素による色素の生成　㊹ポリフェノールオキシダーゼ

3.3 きのこ・藻類

(1) きのこ類

2) 調理による嗜好性・組織・物性変化

(ⅰ) 呈味成分　㊺5′-グアニル酸　㊻㊼水戻し　加熱

(2) 藻類

2) 調理による嗜好性・組織・物性変化

（ｉ）呈味成分　㊽グルタミン酸　㊾マンニット（マンニトール）
（iii）色と香り　㊿クロロフィル
3.4 種実類
(1) 種類と成分特性　51脂質　52炭水化物
(2) 調理による嗜好性・物性・組織の変化
1) 色・香りの変化　53ミョウバン　54 55アク抜き　煮崩れ防止
(3) 調理による栄養価・機能性の変化　56 57セサミノール　セサモール

4 成分抽出素材

4.1でんぷん
(3) でんぷんの調理特性
1) でんぷんの糊化　①糊化
2) でんぷんの老化　②老化　③30〜60　④0〜5　⑤多い　⑥不十分
(4) でんぷんの調理による物性の変化
1) でんぷんの種類と物性　⑦糊化開始　⑧不透明　⑨もろく硬い　⑩透明　⑪粘着性
2) でんぷんの調味料による影響
（ｉ）砂糖による影響　⑫⑬粘度　透明度　⑭ゲル強度　⑮老化
（ii）食塩による影響　⑯低下
（iii）酸による影響　⑰加水分解　⑱低下
（ｖ）油脂による影響　⑲高く　⑳低下　㉑抑制
（vi）乳化剤による影響　㉒乳化剤　㉓抑制
(6) でんぷんの調理・加工による栄養、機能性の変化
1) デキストリン　㉔デキストリン化　㉕ルウ
4.2 油脂類
(1) 種類と特徴　㉖α-リノレン酸　㉗㉘えごま油　亜麻仁油　㉙n-3　㉚DHA（ドコサヘキサエン酸）　㉛ごま油　㉜マーガリン　㉝トランス型脂肪酸
(2) 調理特性
3) 熱の媒体　㉞1/2　㉟2
7) クリーミング性　㊱大きく　㊲オーバーラン
8) 乳化性　㊳水中油滴型　㊴油中水滴型
(3) 油脂を用いる調理
1) 揚げ物　㊵酸化　㊶粘度
3) サラダ用ドレシング　㊷マヨネーズ　㊸JAS
4.3 ゲル化食品
(1) ゼラチン（gelatin）
2) 溶解と凝固　㊹ゼラチン　㊺40　㊻冷却
3) 添加物の影響
（ii）果物（酸・酵素）の影響　㊼たんぱく質分解酵素　㊽ゲル化
(2) 寒天（agar）
2) 溶解と凝固　㊾紅藻類　㊿沸騰　51常温
3) 添加物の影響

(ⅰ) 砂糖の影響　㉒㉓凝固温度　透過率　㉔弾力性　㉕ゼリー強度　㉖離漿

(ⅱ) 果汁の影響　㉗酸性　㉘熱い　㉙ゲル形成能

(5) ペクチン (pectin)

1) ペクチンの種類と特徴

(ⅰ) 高メトキシル (HM) ペクチン　㊵HM（高メトキシル）

(ⅱ) 低メトキシル (LM) ペクチン　㊶LM（低メトキシル）　㊷カルシウム（マグネシウム）

4.4 新食品類

(1) 大豆たんぱく質　㊸分離大豆たんぱく質　㊹濃縮大豆たんぱく質　㊺脱脂大豆粉

㊻㊼㊽ゲル形成能　乳化性　起泡性

(2) 小麦たんぱく質　㊾グルテン　㊿⑰⑱粘弾性　保水性　結着性　⑲練製品　⑳パン

(3) 乳たんぱく質　⑮牛乳　⑯ナトリウム塩　⑰⑱安定性　乳化性　⑲乳清たんぱく質（ホエー）　⑳起泡性

5 調味料

5.1 調味料とその調理性

(1) 塩　①防腐　②抑制　③脱水　④促進

(3) みそ

1) 塩味、うま味、香りをつける　⑤⑥うま味　香り

2)消臭作用　⑦消去

(4) 砂糖　⑧⑨糖質甘味料　非糖質甘味料

(5) 本みりん・みりん風味調味料　⑩14　⑪1　⑫1/3　⑬3

(6) 食酢

3) テクスチャーの変化　⑭軟らかくする

(8) 風味調味料　⑮風味原料　⑯糖類

6 その他の食品

6.1 嗜好飲料

(1) 非アルコール系飲料

1) 茶　①緑茶　②ウーロン茶　③紅茶

(ⅲ) 発酵茶　④⑤カフェイン　タンニン

(2) アルコール飲料　⑥1　⑦⑧⑨ウイスキー　ブランデー　焼酎

2) ワイン　⑩7～14　⑪有機酸　⑫5～13　⑬16～20

3) ビールと発泡酒　⑭ホップ　⑮酵母　⑯発泡酒

6.2 嗜好食品（菓子類）　⑰甘味　⑱栄養補給　⑲多い

索　引

数　字

ギリシャ文字

和　文

あ

い

す

せ

そ

た

U

V

W

Z

栄養管理と生命科学シリーズ
新版 調理学

2012年8月28日 初版第1刷発行
2018年3月20日 初版第4刷発行
2020年2月27日 新版1版第1刷発行
2021年3月16日 新版1版第2刷発行

編著者 吉田 恵子
綾部 園子

発行者 柴山 斐呂子

発行所 理工図書株式会社

〒102-0082 東京都千代田区一番町27-2
電話03（3230）0221（代表）
FAX03（3262）8247
振替口座 00180-3-36087番
http://www.rikohtosho.co.jp

 Printed in Japan ISBN978-4-8446-0894-3
印刷・製本 丸井工文社